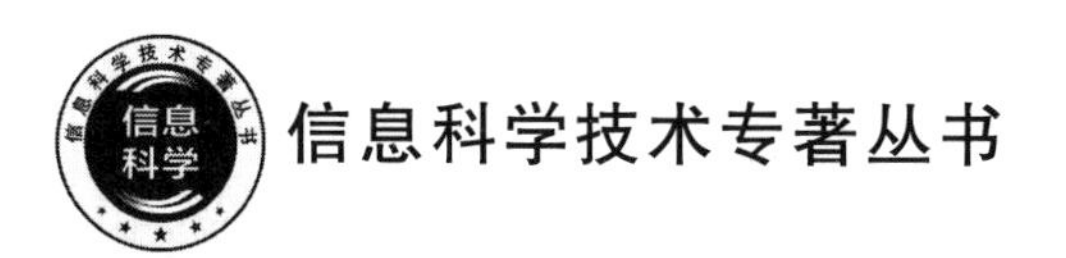

多用户安全无线通信

王　强　著

北京邮电大学出版社
www. buptpress. com

内 容 简 介

无线通信技术的飞速发展带动了移动互联网络和其应用的发展，无线通信的安全性、隐私性问题越来越受到重视。由于无线传输媒介的开放性和广播性，所以从信源到目的接收者的安全通信一直以来都是一个重要的挑战。对于这种天然存在的安全问题，自 1948 年香农创立信息论至今，学术界对其的研究从未停止。

本书根据作者近年来在多用户无线通信领域的研究成果所写。本书从基本的多天线传输技术和多用户传输模型引入，进而从安全自由度的角度对多用户无线传输系统的性能进行分析。本书针对有独立窃听者的 Wire-tap 类信道模型和无独立窃听者的机密消息传输信道模型分别进行了具体的模型分析和安全传输技术研究，还对多跳等其他场景的多用户无线传输及安全问题进行了分析。本书可作为从事无线通信安全相关方向工作的工程师的参考书，也可作为研究物理层安全方向的学生的工具书。

图书在版编目(CIP)数据

多用户安全无线通信 / 王强著. -- 北京：北京邮电大学出版社，2021.7
ISBN 978-7-5635-6434-7

Ⅰ. ①多… Ⅱ. ①王… Ⅲ. ①无线电通信—安全技术 Ⅳ. ①TN92

中国版本图书馆 CIP 数据核字（2021）第 145614 号

策划编辑：马晓仟　　**责任编辑：**王小莹　　**封面设计：**七星博纳

出版发行：北京邮电大学出版社
社　　址：北京市海淀区西土城路 10 号
邮政编码：100876
发 行 部：电话：010-62282185　传真：010-62283578
E-mail：publish@bupt.edu.cn
经　　销：各地新华书店
印　　刷：唐山玺诚印务有限公司
开　　本：787 mm×1 092 mm　1/16
印　　张：13.5
字　　数：350 千字
版　　次：2021 年 7 月第 1 版
印　　次：2021 年 7 月第 1 次印刷

ISBN 978-7-5635-6434-7　　定　价：49.00 元

·如有印装质量问题，请与北京邮电大学出版社发行部联系·

前　　言

近年来，移动通信系统迅速发展，从1G到5G几乎每十年进行一代更新，已经深刻地改变了人们的生活和沟通方式，拉近了人与人之间的交流距离。移动通信技术的进步同时孕育了大量的新型信息服务业务，从基本的“衣食住行”、媒体文娱到金融商务等均可以及时而又方便地通过移动终端这种灵巧的载体呈现在面前，使人们获得不亚于线下的服务体验。新一代移动通信系统向更加高带宽、大容量、低延时的方向发展，其服务对象开始逐步从个人服务向工业生产和管理领域拓展，并逐步成为赋能各种行业发展的重要技术引擎。移动通信对各行各业的深度渗透带来安全隐患，特别是大数据应用的爆发增加了人们对隐私泄露的担心，这使得人们对移动通信系统的安全问题越来越重视。传统上，通信系统的安全通过签名认证、密码技术等实现，而随着系统结构越来越复杂，研究者们开始从网络内生安全角度出发，考虑基于网络内生结构的安全性能与保护技术。

由于无线传输媒介的开放性和广播性，所以从信源到目的接收者的安全通信一直以来都是一个重要的挑战。对于这种天然存在的安全问题，自1948年香农创立信息论至今，学术界对其的研究从未停止。在信息与通信理论的先驱研究者Wyner和Maurer等进行了单点至单点传输模型的基础理论研究之后，众多学者再次开展了对物理层安全的相关研究。物理层安全的基本前提是在窃听者在场的情况下，通过无线介质交换机密消息，而不依赖于更高层次的加密技术。信息的泄露可能发生在独立的外部窃听者或攻击者，也可能发生在不同的合法接入用户之间，这是近年来无线通信传输安全的基本研究点之一。

自移动通信系统引入多天线技术以来，空间资源得到有效利用，系统的传输容量大幅提升，天线空间资源的利用方法已经成为移动通信系统的重要基础技术之一。理论上，可以通过不断增加天线数目的方式来持续地增加系统的容量，当然实际系统还要考虑尺寸和功耗等各方面问题。在4G系统中，天线数目还比较少，但在5G系统中，天线数目可以达到百根以上。而目前面向下一代移动通信系统研究也涌现了智能反射面、多点对多点的非蜂窝传输方式，进一步利用发挥了空间资源的优势。其中，从信息理论基本模型来看，相比点对点的香农经典模型、点对多点广播信道模型，多点对多点的干扰信道传输是近年来的研究热点和难点之一，其基本结构的安全性和保护技术更加有挑战性。

本书共分为8章。第1章是概述。第2、3章分别介绍多天线技术和多用户通信的基础。第4～8章针对不同基本模型讲述安全无线通信技术：第4章针对存在独立窃听者的无线通信系统模型，分析了无线传输的安全性能以及介绍可靠的传输方式；第5章详细介绍了中继系统的物理层安全传输技术，并分别讨论了单中继、多中继、多窃听者的情况；第6章针对多用户中继网络，讨论在当前中继系统下干扰对齐的工作，分析无干扰传输的条件及安全性能；第7章针对非对称信道的安全无线传输，从基础的机密干扰信道模型出发，分析系统的安全自由度，进而分析安全自由度的可达性；第 8 章针对非满秩信道的安全无线传输，分析机密信息广播信道和机密信息干扰信道的安全自由度，进而分析非满秩信道的干扰网络性能。

本书包含了作者近年来在无线安全传输领域的研究成果，在本书写作的过程中作者得到了近年来所指导相关方向的研究生的倾心支持，本书之所以能成文离不开他们的工作，特别是在本书资料的编辑和整理过程中，少不了陈镜伊、梁彬彬等同学提供的帮助。在此感谢国家自然科学基金委员会对作者工作及本书的支持。最后，感谢北京邮电大学出版社的大力支持和高效工作，使本书能尽早与读者见面。

本书基于作者对相关方向的研究和该领域的理解，并且撰写时间紧张，书中难免存在不周之处，敬请读者谅解，并希望读者批评指正，提出宝贵意见。

王　强

目　　录

第1章　多天线无线通信

1.1　无线通信历史

移动通信从20世纪70年代贝尔实验室提出蜂窝小区开始，成为向公众的生产生活提供通信服务的重要技术。数十年来，移动通信系统每隔十年左右进行一代技术更迭和演进。20世纪80年代第1代移动通信系统(1G)商用，如今全球已经进入第5代移动通信系统(5G)大规模商用部署阶段，新技术和标准化研究开始向第6代移动通信系统(6G)迈进。

(1) 第一代移动通信技术(1G)

1G是指第一代移动通信技术，于20世纪80年代系统商用，基于频分多址(Frequency Division Multiple Access, FDMA)和模拟调频多址技术，如高级移动电话系统(Advanced Mobile Phone System, AMPS)。其中AMPS最初在美国推出。在1G中，语音呼叫被叠加在更高的频率上，以便在塔之间传输。该行为可通过频分复用技术来完成。1G作为较早的移动通信技术，具有较多的缺点，如传输慢，存在较多的干扰问题，没有安全性，语音连接差，交接不可靠和设备不轻便等。

(2) 第二代移动通信技术(2G、2.5G、2.75G)

2G主要基于全球移动通信系统(Global System for Mobile Communications, GSM)。2G系统所使用的基本技术包括有数字时分多址技术(Time Division Multiple Access, TDMA)和码分多址技术(Code Division Multiple Access, CDMA)。CDMA是多路复用的一种类型。它允许各种信号使用同一个的传输信道，以提高可用带宽的使用率。2G主要于20世纪90年代系统商用，与1G相比，2G的频谱效率提高了2倍或更多。电路交换技术的使用能够支持互联网浏览，如文本信息、图片信息和多媒体信息服务(Multimedia Message Service, MMS)等。2G利用编译码器对数字数据进行压缩和复用，不仅能够使语音更清晰，同时也可以减少噪音。由于2G使用的是数字信号，所以其消耗的电池电量较少，且有助于手机寿命的延长。使用2G时需满足一定的要求，如发送者和接收者都需要有足够的安全性。其原因是2G使用数字信号进行数据传输，数据将被发送到预定的接收方。2G以较低的成本提供更好的服务质量(Quality of Service, QoS)和更高的容量。

(3) 第三代移动通信技术(3G)

3G也被国际电信联盟(ITU)规范称为IMT-2000。具体的系统标准主要包括W-CDMA、CDMA2000、TD-SCDMA、WiMAX。3G中的通信是通过使用网络语音协议(Voice over Internet Protocol, VoIP)来完成的。该技术于2000年引入，以提供更高的数据速率。其数据传输率要求从车速移动下的144 kbit/s，提高至室内状态的2 Mbit/s。此外，3G采用了更高的频率，且频谱效率得到提高。3G 系统有更高的数据速率，支持了视频会议等无线服务，网页浏览速度更高，单位区域的网络容量也更高。

(4) 第四代移动通信技术(4G)

4G 又被称为无处不在的移动宽带，且常被称为 MAGIC(Mobile Multimedia Anywhere Global Mobility over Customized Services)。4G 所使用的技术是 LTE/WiMAX，其下载速度为 100 Mbit/s。4G 移动数据的传输速率高达 20 Mbit/s，且在静止状态下的传输速率为 1 Gbit/s。而在移动状态下，传输速率约为 100 Mbit/s。OFDM 的传输数据速率为 54～70 bit/s，这比 CDMA 系统高得多。此外，4G 使用的技术还有正交频分复用(Orthogonal Frequency-Division Multiplexing, OFDM)、功率预测和自适应调制等。

4G 具有以下优势：使用软件定义无线电，具有更高的效率，速度在 20 Mbit/s 到 100 Mbit/s 之间和安全度高等。同时，4G 也具有以下劣势，即昂贵、难以实施以及硬件复杂。因此，4G 存在以下几点有待解决的问题，如切换、位置协调、QoS 支持、网络认证和网络故障等。

(5) 第五代移动通信技术(5G)

5G 高度支持无线万维网。它具有高容量和高速度。5G 速度高于 1 Gbit/s。5G 有效地解决了使用 4G 时所面临的问题。5G 不仅能够提供更准确可靠的数据传输，支持虚拟专用网络，还具有更高的下载和上传速率。移动中，5G 可达 1 Gbit/s 左右的数据速率。此外，5G 还具有更广的覆盖面、更高的软件定义的无线电(Software Definition Radio, SDR)安全性、更便宜的流量费、更高的频谱效率、更低的电池消耗等特点。5G 中所使用的技术有大区域同步码分多址接入技术、正交频分复用、多载波码分多址、超宽带、本地多点分布服务等。表 1-1 展示了 1G～5G 技术的相似性和差异性。

表 1-1　1G～5G 技术的相似性和差异性

参数	1G	2G	3G	4G	5G
数据带宽	2 kbit/s	64 kbit/s	2 Mbit/s	1 Gbit/s	>1 Gbit/s
技术	模拟蜂窝技术	数字蜂窝技术	CDMA 2000	WiMAX LTE WiFi	WWW
服务项目	移动电话(声音)	数字语音、短信	视频和数据	可穿戴设备	AI 功能
复用	FDMA	TDMA/CDMA	CDMA	CDMA	CDMA
交换	电路	电路和分组	分组	全分组	全分组
核心网络	公共交换电话网络	公共交换电话网络	分组网络	互联网	互联网

1.2　无线通信系统安全

无线介质具有两个基本特性，即广播和叠加。在具有对抗用户时，上述两个基本特性对确保可靠和/或安全的无线通信提出了不同的挑战。无线通信的广播特性使得发送信号很难不被非预期的接收者接收，而叠加会导致多个信号在接收者重叠。因此，对抗用户通常被建模为：①在未被检测到的情况下，试图从正在进行的传输中提取信息的未授权接收者；②试图减少目标接收者信号的恶意发送者(干扰者)[2]。无线通信系统安全一直是学术界关注的焦点。

在 Wyner 和 Maurer 进行了一些初步的理论研究之后[3]，众多学者再次开展了对物理层安全的相关研究。物理层安全的基本前提是允许在未经授权的窃听者在场的情况下，通过无线介质交换机密消息，而不依赖于更高层次的加密。这主要可以通过以下两种方式实现：第一种方式是通过智能设计传输编码策略，不需要密钥；第二种方式是在公共信道上利用无线通信介质开发密钥。物理层安全的基本原理是利用噪声和通信信道的固有随机性，来限制未经授权的接收者可以提取的信息量。更重要的是，在不考虑窃听者在计算资源和网络参数知识方面的限制的情况下，可以精确量化所获得的安全性。通过设计编码和传输预编码方案，以及利用任何可用的信道状态信息，物理层安全方案可以在无线介质上实现秘密通信，而无须加密密钥的帮助[4]。即物理层安全解决方案利用无线信道的随机特性来生成用于加密机密信息的密钥，以及利用一系列其他复杂的技术来降低窃听者和其他恶意用户接收到的信号质量。在复杂的信号设计和信号处理技术的帮助下，它们也能够支持不需要密钥的安全传输[5-6]。

物理层安全有望在 6G 网络中提供除上层加密技术之外的另一层防御[7-9]。物理层安全技术利用先进的信道编码、大规模 MIMO、太赫兹等技术，可以实现无线信号的安全传输。此外，物理层密钥和物理层认证可以为空中接口提供轻量级的安全保护。

1.3　本书章节安排和内容梗概

针对前文所述的无线通信历史和无线通信系统的安全问题，本书将从技术背景、理论分析和多用户安全无线通信技术三部分，针对多天线安全无线通信展开阐述与探讨。各部分和章节安排如下。

技术背景部分：以本书第 2 章为主，介绍多天线技术，其中包括分集技术、空间复用技术、DMT 分集复用折中以及波束赋形技术。

理论分析部分：以本书第 3 章为主，介绍多用户无线通信。首先介绍广播信道模型，然后介绍多址 MIMO 系统，并分析多址 MIMO 接收机如何消除多址干扰、自干扰和噪声。最后考虑多用户干扰信道，包括重要指标如自由度(DoF)以及干扰对齐算法。

多用户安全无线通信技术部分：包括本书第 4 章至第 8 章，具体章节安排如下。

第 4 章针对存在独立窃听者的无线通信系统模型，分析了无线传输的安全性能以及介绍了可靠的传输方式。在此基础上，进而介绍了多用户 MIMO 窃听信道的模型和性能分析，对 MIMO Wire-tap 信道的安全传输技术做了详细描述。

第 5 章在第 4 章的基础上引入中继传输技术。中继传输技术作为无线通信网络的关键技术之一，具有显著提高无线通信的吞吐量和扩大网络覆盖范围的特点。该章详细介绍了全双工中继系统的物理层安全传输技术，并分别讨论了单中继、多中继、多窃听者的情况。

第 6 章介绍多用户多跳网络。首先讨论在已有的中继系统下干扰对齐的研究，接下来根据中继干扰网络场景，给出无干扰传输的条件，并分析干扰中和技术的可行性。最后，从不同角度分析多用户多跳网络的安全性能，和衡量系统性能的容量指标。

第 7 章介绍非对称信道的安全无线传输。针对非对称信道，从基础的机密干扰信道模型出发，理论推导系统的安全自由度，进而分析安全自由度的可达性。

第 8 章介绍非满秩信道的安全无线传输。针对非满秩信道，理论推导机密信息广播信道(Broadcast Channel with Confidential Messages，BCCM)和机密信息干扰信道(Interference Channel with Confidential Messages，ICCM)的安全自由度，进而分析非满秩信道的干扰网络性能。

本章参考文献

[1] Stark W E, Mceliece R J. On the capacity of channels with block memory[J]. IEEE Transactions on Information Theory, 1988, 34(2):322-324.

[2] Kashyap A, Tamer Başar, Srikant R. Correlated jamming on MIMO Gaussian fading channels[J]. IEEE Transactions on Information Theory, 2004, 50(9):2119-2123.

[3] Wyner A D. The wire-tap channel[J]. Bell Labs Technical Journal, 1975, 54(8).

[4] Mukherjee A, Fakoorian S A A, Huang J, et al. Principles of physical layer security in multiuser wireless networks: A Survey[J]. IEEE Communications Surveys & Tutorials, 2014, 16(3):1550-1573.

[5] SunL, Du Q. Physical layer security with its applications in 5G networks: a review[J]. China Communications, 2017.

[6] Wu Y, Khisti A, Xiao C, et al. A survey of physical layer security techniques for 5G wireless networks and challenges ahead [J]. IEEE Journal on Selected Areas in Communications, 2018, 36(4):679-695.

[7] Yang P, Xiao Y, Xiao M, et al. 6G wireless communications: vision and potential techniques[J]. IEEE Network, 2019, 33(4):70-75.

[8] Mahmood N H, Alves H, Lopez O A, et al. Six key enablers for machine type communication in 6G[EB/OL]. https://arxiv.org/pdf/1903.05406.pdf.

[9] Tariq F, Khandaker M R A, Wong K K, et al. A speculative study on 6G[J]. IEEE Wireless Communications, 2020, 27(4):118-125.

第2章　多天线技术

2.1 分集技术

在通信系统中,我们需在保持较高频谱效率的前提下,提高发射机和接收机之间通信工作的可靠性。对分集技术的应用是一种有效的解决方案。可以应用于通信系统的分集技术有很多,本节主要从接收分集和发射分集两个方面展开讨论。此外,分集技术还可以划分为时间分集、频率分集和空间分集或这三种分集的任意组合。在时间分集中,同一信息承载信号在不同的时隙中传输。当传输同一符号的两个时隙之间的持续时间大于信道的相干时间时,可以获得良好的增益。在频率分集中,同一信息承载信号在不同的子载波上传输。当子载波之间的分离度大于相干带宽时,就可以获得良好的分集增益。在空间分集中,相同的信息承载信号通过不同的天线进行传输或接收。当信道中发生的衰落是独立的或低相关的时,可以获得最大的增益。在接收机中,可以通过合并独立或低相关信道来实现分集增益。

2.1.1 接收分集

我们首先考虑接收分集的情况,即指额外的接收天线对系统性能的影响。为了隔离接收分集的影响,我们考虑一个发射机有单根天线、接收机有多根天线的传输系统。这种系统也被称为单输入多输出系统(SIMO)。需注意的是,此处的"输入"和"输出"指的是信道,而不是设备。即在该系统中,一个信号进入信道,N 个信号出信道。

在 SIMO 中,每个接收天线都会接收到一个独立的信号副本。在接收机上,所有这些信号可以合并成一个更强的信号。因此,SIMO 系统的信道容量为

$$C=\log_2(1+\rho(\|h_1\|^2+\cdots+\|h_{N_{RX}}\|^2)) \tag{2-1}$$

由于可以将不相关信号的功率相加以求出总功率,所以接收端的平均信噪比是各个路径的信噪比之和。假设所有路径的信噪比衰减大致相同,则多天线接收机的平均信噪比将近似于 N_{RX}。其中,SNR 为单信道的信噪比。因此可得一个使用接收分集的系统的信道容量近似值:

$$C=\log_2(1+N_{RX}\rho\|h_{avg}\|^2) \tag{2-2}$$

由实验可知,接收分集在容量上有很大的提升。1×1 系统在 10 dB SNR 下提供的理论容量为 2.92 bit/(s · Hz),而 1×2 系统的可提高到 4.05 bit/(s · Hz)。1×3 系统的为 4.73 bit/(s · Hz),1×4 系统的为 5.19 bit/(s · Hz)。这种改进是在不增加功率或带宽的情况下实现的,该改进完全依靠 MIMO 信道中的额外自由度。该结果体现了 MIMO 系统的惊人潜力。为了在 1×1 系统中获得类似从 2.92 bit/(s · Hz)到 5.19 bit/(s · Hz)的改进,需要

提高约 8dB 的功率或增加 70%的带宽。在功率受限和带宽受限的系统中,我们不能自由地提高功率或增加带宽,因此 MIMO 是增加吞吐量的唯一可用途径。

在接收侧的空间分集中,接收机中使用了多根天线。各天线之间有足够的间距,因此降低了天线之间的相互关联性,从而使分集增益增加[1]。为了得到接收机的分集增益,需将来自不同天线的接收信号进行组合。组合方法有四种,即选择合并(Select Combining, SC)、最大比合并(Maximal-ratio Combining, MRC)以及等增益合并(Equalgain Combining, EGC)、平方律合并(Square Law Combining,SLC)。表 2-1 为各组合方法的比较。从性能的角度来看,MRC 是最优的,即是性能最好的。前三种组合方法都是线性的,而最后一个需要非线性的接收机。线性合并方案的简单框图如图 2-1 所示。在 SC 中,SNR 最大分支处的信号被选择,而其他接收信号被丢弃。加权向量是大小为 M 的特征矩阵的第 N 列,其中第 N 个分支的 SNR 最大。

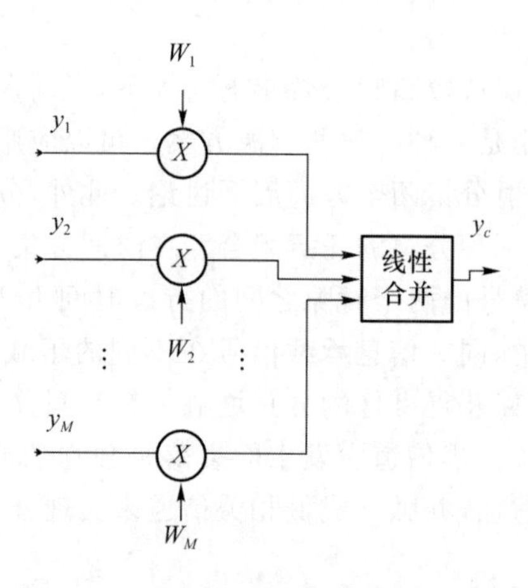

图 2-1 线性合并方案的简单框图

表 2-1 四种组合方法之间的比较

方法	是否需要 CSI	中断概率 $F(x)$	应用
SC	不需要	$F(x)\ [1-\mathrm{e}^{-\frac{x}{\bar{y}_c}}]^M$	无约束
MRC	需要	$1-\mathrm{e}^{-\frac{x}{\bar{y}_c}}\sum_{k=0}^{M-1}\frac{1}{k!}\left(\frac{x}{\bar{y}_c}\right)^k$	无约束
EGC	需要	时无闭式解 $M>2$	无约束
SLC	不需要		FSK 或 DS-CDMA

SC 方案不需要除了 SNR 之外的任何信道信息。而 MRC 和 EGC 方案需要信道状态信息(the Channel State Information, CSI)或其中的一部分信息(如信道包络、相位或延迟等)。MRC 方案根据接收信号的可靠性对其进行加权。可靠性较高的信号权重大,可靠性较低的信号权重小。同时,该方案对信道相位失真进行补偿,随后在将信号对齐后进行合并。EGC 方案可以看成是 MRC 的简化版。在 MRC 中,信号的权重相等。随后 MRC 会先进行对齐,再进行相干合并。在实际工作中,不同分支处的相位常常是不能估计的。所以,EGC 和 MRC

方案不能被采用。在这种情况下，我们可以采用平方律合并来获得空间分集，从而不需要相位估计。与线性合并方案不同，SLC 方案只能应用于保留某种正交性的调制方案，包括频移键控或直接序列 CDMA[2-3]。

2.1.2　发射分集

发射分集的主要思想是通过在多个发射天线上发送冗余信号来提供分集和/或编码增益。而空间多路复用是在其中发送独立的比特序列。为了允许在接收机处进行相干检测，通常在发射机没有信道知识的情况下，在传输之前对信号进行适当的预处理。对于发射分集，仅在发射机侧需要多个天线，而多个接收天线是可选的。但是它们可以用来进一步提高性能。例如，在蜂窝网络中，总数据流量的主要部分通常发生在下行链路中。因此，为了增强关键下行链路，采用传输分集技术非常有吸引力。其原因在于那时仅在基站需要多个天线。

传输分集方案是在早期的两篇论文中提出的。这两篇论文独立地提出了一种称为延迟分集的简单技术[4-5]。但发射分集的价值直到 1998 年才得到认可。当时 Alamouti 提出了一种用于两个发射天线的简单技术[6]。同年，Tarokh、Seshadri 和 Calderbank 提出了他们的空时网格码[7]，这是具有多个发射天线的系统的二维编码方案。尽管延迟分集和 Alamouti 的发射分集方案仅提供了分集增益，但空时网格码既产生了分集增益又产生了额外的编码增益。对于发射分集也可以做类似 2.1.1 节中的分析。为了隔离发射分集的影响，我们考虑一个带有天线的发射机和一个带有单天线的接收机的情况。这样的系统也被称为 MISO 系统。目前假设发射机没有信道的知识。对于这种情况，最佳的功率分配方案是在天线之间平均分配功率。此外，在该情况下，各种信号的功率可以在接收机上再次相加。这些信号只携带 $1/N_{\mathrm{TX}}$ 的功率，其中 N_{TX} 为传输天线的数量。因此，容量为

$$C=\log_2\left(1+\rho\left(\frac{\|h_1\|^2}{N_{\mathrm{TX}}}+\cdots+\frac{\|h_{N_{\mathrm{TX}}}\|^2}{N_{\mathrm{TX}}}\right)\right) \tag{2-3}$$

式(2-3)可近似为式(2-4)：

$$C=\log_2(1+\rho\|h_{\mathrm{avg}}\|^2) \tag{2-4}$$

这意味着发射分集不提供从接收分集中获得的增益，至少在没有发射机上的信道信息时不提供。即使近似表达式(2-4)没有显示出改进，但发射分集确实提供了增益效果，尽管比接收分集的阶数小。相同的数据现通过多条独立路径到达接收机，因此衰减的影响在一定程度上被平均化。丢失信号的概率随不相关传输路径数量的增多呈指数级下降。因此，接收到的信号在一定程度上会降低。与单输入单输出（Single-Input Single-Output，SISO）系统相比，在任何一条多路径上都容易受到衰落的影响。

接下来，本节讲介绍两种空时编码及循环延迟分集，如表 2-2 所示。

表 2-2　Alamouti 和广义复时空码的比较

空时编码	Tx 天线数量	传输符号数量 l	使用时隙的数量 m	Tx 矩阵的正交性	Rate$=l/m$
$\boldsymbol{S}$	2	2	2	空间+时间	1
$\boldsymbol{G}_3$	3	4	8	时间	1/2

(1) 复杂正交空时编码

对于这种类型的空时编码,必须满足以下三个条件,即正方形传输矩阵、统一码率和传输矩阵在时空域的正交性。其中,正方形传输矩阵是指发射天线数量等于已使用的时隙数,统一码率是指使用的时隙数等于传输符号数,传输矩阵在时空域的正交性是指 $\boldsymbol{S}\boldsymbol{S}^{\mathrm{H}}=\boldsymbol{S}^{\mathrm{H}}\boldsymbol{S}$,其中 $\boldsymbol{S}^{\mathrm{H}}$ 为 $\boldsymbol{S}$ 的共轭转置。Alamouti 码是最简单的复杂正交时空码。它使用两个发射天线和一个接收天线。此外,Alamouti 方案要求在两个时隙内,衰落信道包络线保持不变。

图 2-2 为采用 QPSK 调制的 Alamouti 方案的编码过程实例[6,8]。图 2-3 显示了用于解码接收的组合符号的接收机结构。

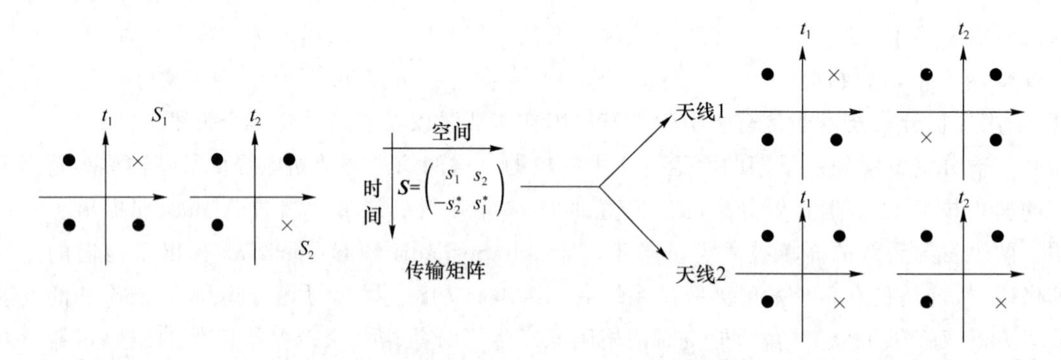

图 2-2 采用 QPSK 调制的 Alamouti 方案的编码过程实例

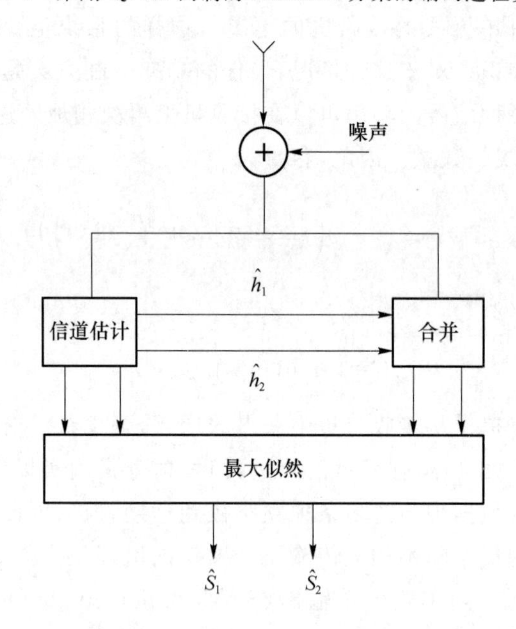

图 2-3 Alamouti 码的接收机

式(2-5)表示在接收机上所接收到的信号。

$$\begin{pmatrix} y_1 \\ y_2^* \end{pmatrix}=\begin{pmatrix} h_1 & h_2 \\ h_2^* & -h_1^* \end{pmatrix}\begin{pmatrix} s_1 \\ s_2 \end{pmatrix}+\begin{pmatrix} n_1 \\ n_2^* \end{pmatrix} \tag{2-5}$$

线性组合器将接收到的符号乘以信道矩阵的 Hermitian 转置。为了简单,此处认为信道是完全估计的。则线性组合器的输出如下:

$$\begin{pmatrix} x_1 \\ x_2 \end{pmatrix} = (h_1^2 + h_2^2) \begin{pmatrix} s_1 \\ s_2 \end{pmatrix} + \begin{pmatrix} \boldsymbol{w}_1 \\ \boldsymbol{w}_2 \end{pmatrix} \tag{2-6}$$

随后，最大似然解码器被应用以得到传输的符号。可以看出，接收机的简单性是由于传输矩阵的时空正交性。Tarokh 等人在文献[9]中提出了一种使用 4 或 8 根天线的复杂正交时空码。

(2) 广义复正交空时编码

对于超过两根天线的空时编码的寻找工作是由 Tarokh、Jafarkhani 和 Calderbank 开始的。他们建立了广义复正交设计理论的基础。广义复正交空时编码与 Alamouti 码的区别主要有三点。首先，广义复正交空时编码为非正方形传输矩阵。也就是说，第一，使用的时隙数不等于 Tx 天线数；第二，其为小码率，即传输符号数小于使用的时隙数；第三，传输矩阵的正交性仅在时间意义上得到保证。这些特点降低了频谱效率，增加了信道应恒定的时隙数。

具有 3 根天线、4 个传输符号和 8 个使用时隙的广义复正交空时编码的传输矩阵如 A 式(2-7)所示。

$$\boldsymbol{G}_3 = \begin{pmatrix} s_1 & s_2 & s_3 \\ -s_2 & s_1 & -s_4 \\ -s_3 & s_4 & s_1 \\ -s_4 & -s_3 & s_2 \\ s_1^* & s_2^* & s_3^* \\ -s_2^* & s_1^* & -s_4^* \\ -s_3^* & s_4^* & s_1^* \\ -s_4^* & -s_3^* & s_2^* \end{pmatrix} \tag{2-7}$$

(3) 循环延迟分集(Cyclic Delay Diversity, CDD)

CDD 是一种非常简单的发射分集方案。CDD 可以通过选择适当的发射延迟来实现发射人工频率分集。在这种方法中，通过基于频域信道响应的调度得到的多用户分集，可以通过调整时延传播来改善。其中，时延传播是通过控制依赖于信道条件的时延值来实现的[10-11]。

2.2　空间复用技术

在无线通信系统中，使用多天线可以获得三种类型的基本增益：复用增益、分集增益和天线增益。在本节中，我们将主要关注复用增益。

具有 M 个发射天线和 N 个接收天线的 MIMO 系统的容量随着 M 和 N 的最小值线性增长[12-13]，这是一个有趣的结果。对于单天线系统，给定固定带宽，通过增加发射功率，容量只能与 SNR 呈对数关系增加。在文献[14]中，MIMO 系统的理论容量结果得到了贝尔实验室分层空时(Bell Labs Layered Space-Time, BLAST)方案的建议补充，该方案被证明可以实现接近中断容量为 90%的比特率。与理论容量结果类似，当增加天线元件的数量时，BLAST 方案的比特率也随之线性增长。第一个实时 BLAST 演示器配备了 8 个发射天线和 12 个接收天线[15]。在富散射的室内环境中，它达到了每赫兹带宽高达每秒 40 bit 的比特率。这种规模的无线频谱效率是前所未有的，任何单天线系统都无法实现。

2.2.1 发射机和接收机结构

空间多路复用的思想最早发表于文献[16]。其方案的基本原理如下所述。在发射机处，信息位序列被分成 M 个子序列。这些子序列被调制，并被使用相同频带在发射天线上同时发射。在接收机处，可通过采用干扰消除类型的算法来分离发送的序列。空间复用方案的基本结构如图 2-4 所示。

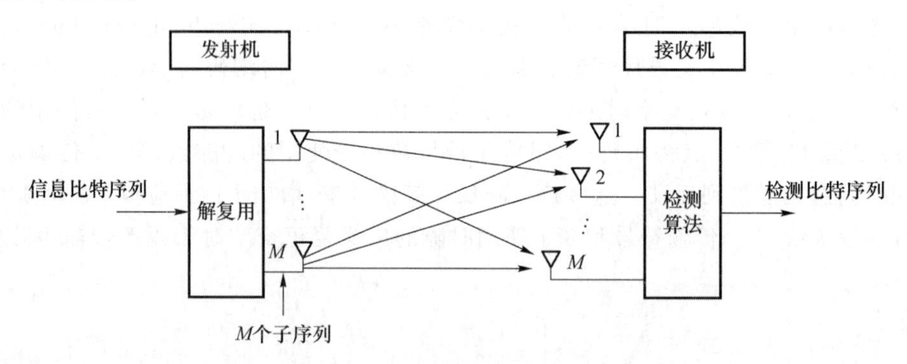

图 2-4 空间复用的基本结构

在频率平坦衰落的情况下，接收机处的检测算法有多种选择。选择时主要考虑的是性能和复杂性之间的权衡取舍。一种低复杂度的选择是使用线性接收机，如基于零强迫(ZF)或最小均方误差(MMSE)准则。但是，低复杂度的选择通常误码性能很差，尤其是在使用 ZF 方法时。此外，至少需要与发射天线一样多的接收天线，否则系统本质上是秩亏的。如果接收天线的数量超过发射天线的数量，则实现空间分集增益。

从最大似然(ML)的意义上说，最佳接收机对所有可能的传输比特组合进行暴力搜索，并选择最有可能的比特。ML 检测器对于接收天线的数量能够实现完全的空间分集，这与发射天线的数量无关。原则上，使用多个接收天线是可选的。然而，与单天线系统相比，只有当使用多个接收天线时，才能实现实质性的性能改进。ML 检测器的主要缺点是其复杂性随着发射天线的数量和所采用调制方案的每个符号的比特数成指数增长。因此，在实际系统中，ML 检测器的复杂性通常是令人望而却步的。但是，我们可以通过更高级的检测概念(如球面解码)来减少其复杂度。

对于 BLAST 方案，已提出了一种称为清零和消除的检测策略。BLAST 检测器最初被设计用于频率平坦衰落信道，并在复杂度和性能之间提供了很好的折中方案。与 ML 检测器相比，对 M 个子序列的估计不是联合执行的，而是逐层依次进行的。在 BLAST 中，子序列被称为层。从线性 ZF 接收机(归零步骤)或线性 MMSE 接收机的结果开始，BLAST 检测器首先选择具有最大信噪比的层，并估计该层的传输比特，同时将所有其他层视为干扰。然后，从接收信号中减去检测层的影响，即抵消步骤。基于修改后的接收信号，再次执行归零，并选择具有第二大信噪比的层。重复该过程，直到检测完所有 M 层的比特为止。由于归零操作，接收天线的数量必须至少等于发射天线的数量，否则整体误码性能会显著降低。各个层导致的误码性能通常是不同的。实际上，这取决于接收到的总信噪比。在低信噪比的情况下，先前检测到的层的误差传播效应占主导地位。相应地，首先检测到的层具有最佳性能。同时，后续检测到的层具有更大的分集优势。其原因在于，在该层中较少的干扰信号必须被置零。相反的，在高信噪比机制中，误差传播的影响可以忽略不计，最后检测到的层提供了最佳性能[17]。文献

[18]介绍了 BLAST 检测器的详细性能分析。

BLAST 检测算法与连续干扰消除(Successive Interference Cancellation，SIC)算法非常相似。后者最初是为 CDMA 系统中的多用户检测而提出的。文献[19]提出了降低复杂度的 BLAST 检测器版本。文献[20]提出了 BLAST 检测器的变型以改进误码性能。文献[21]提出了一种有趣的方法来提高 BLAST 方案的性能。在进行 BLAST 检测算法之前，基于格基规约将给定的 MIMO 系统转换为具有更好条件信道矩阵的等效系统。通过这种方式，BLAST 检测器的性能显著提高，并且接近 ML 检测器的性能。

2.2.2　贝尔实验室分层空时码

MIMO 分集可用于发送端或接收端，或两者同时使用，以提高通信的可靠性。本节所讨论的空间多路复用方案的目的是增加信道容量。此处主要介绍了最著名的空间复用方案，分别是对角线-BLAST、垂直-BLAST 和涡轮-BLAST。

(1) 对角线-BLAST(Diagonal-BLAST，D-BLAST)

D-BLAST 最初是由 Foschini 提出的[14]。在 D-BLAST 中，要传输的符号被安排在时空传输矩阵的对角线上。其中对角线下的元素被填充为零。图 2-5 描述了具有 4 根发射天线的 D-BLAST 发射机的结构。首先，比特流被解复用成四个平行的流。这些流被独立地编码和调制。编码调制后的流随时间循环。式(2-8)是使用 4 根发射天线时的传输矩阵的一个例子。$\boldsymbol{S}$ 的第一对角线通过天线一传输，第二对角线通过天线二传输，以此类推。

$$\boldsymbol{S}=\begin{pmatrix} s_{1,1} & s_{1,2} & s_{1,3} & s_{1,4} & \cdots & s_{1,K-1} & s_{1,K} & 0 & 0 & 0 \\ 0 & s_{2,1} & s_{2,2} & s_{2,3} & \cdots & s_{2,K-2} & s_{2,K-1} & s_{2,K} & 0 & 0 \\ 0 & 0 & s_{3,1} & s_{3,2} & \cdots & s_{3,K-3} & s_{3,K-2} & s_{3,K-1} & s_{3,K} & 0 \\ 0 & 0 & 0 & s_{4,1} & \cdots & s_{4,K-4} & s_{4,K-3} & s_{4,K-2} & s_{4,K-1} & s_{4,K} \end{pmatrix} \tag{2-8}$$

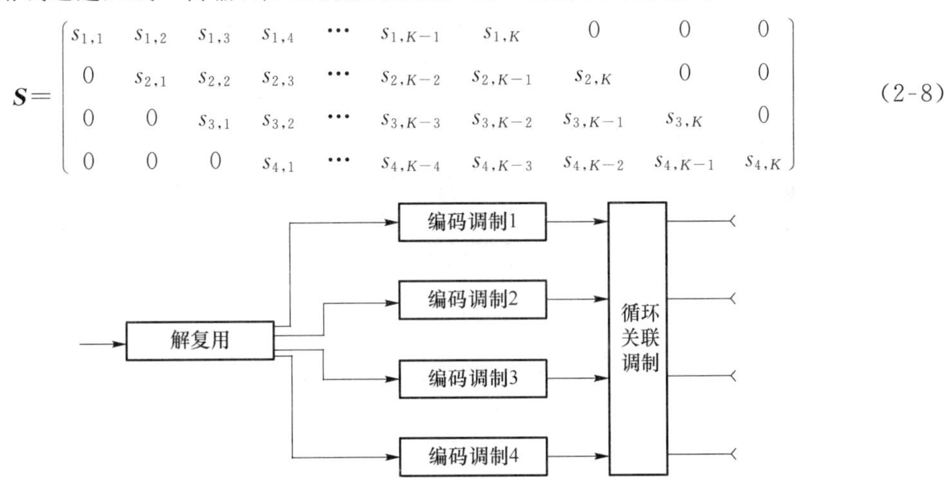

图 2-5　D-BLAST 发射机的结构

(2) 垂直-BLAST(Vertical-BLAST，V-BLAST)

D-BLAST 的简化版本由 Wolniansky 提出，被称为垂直 BLAST 或 V-BLAST[23]。在 V-BLAST 中，传入的数据流被复用成 N_t 个数据流。每个数据流都被独立编码和调制，并在自己的天线上发送。V-BLAST 发射机的结构如图 2-6 所示，其在发射端使用了 4 根天线。与 D-BLAST 相比，V-BLAST 不包括随时间的循环，因此大大降低了复杂性。此外，与 D-BLAST 不同，V- BLAST 不包括任何时空损耗。在接收机上，传输的符号可以使用有序的串行干扰消除(Ordered Serial Interference-Cancellation，OSIC)检测器进行解码。为了使 OSIC 正常工作，接收天线的数量 N_r 必须至少和发射天线的数量一样。

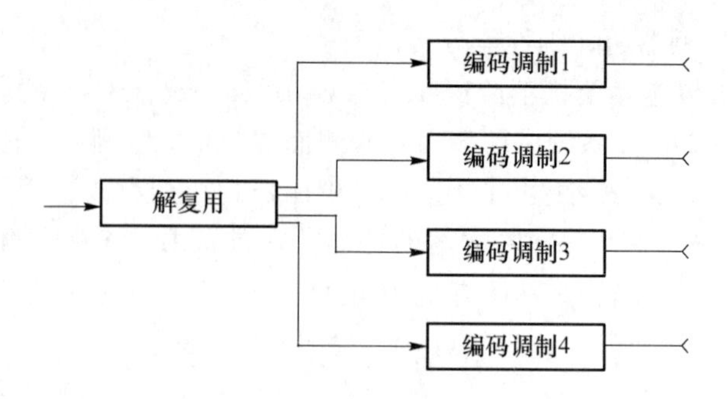

图 2-6 V-BLAST 发射机的结构

(3) 涡轮-BLAST(Turbo-BLAST)

Turbo-BLAST 最早由 Sellathurai 和 Haykin 提出[22]。Turbo- BLAST 发射机的结构如图 2-7 所示。数据流首先被解复用成 N_t 个并行流。这些数据流使用块编码器(外编码器)(即通道编码)。外编码器的输出流独立交织后传递给内部编码器。外编码器的任务是实现随机分层时空(RLST)编码。图 2-8 描述了周期性循环空时交错的 RLST 编码器的结构。为了实现 RLST 码的最佳性能,接收机应采用最大后验概率(Maximum a Posteriori Probability, MAP)解码算法。然而,MAP 解码算法的复杂度非常高,随着 N_t 的增加而成倍增加。为了降低接收机的复杂度,可以采用近似最优涡轮式接收机。这种近似最优涡轮式接收机被称为迭代检测和解码接收机。

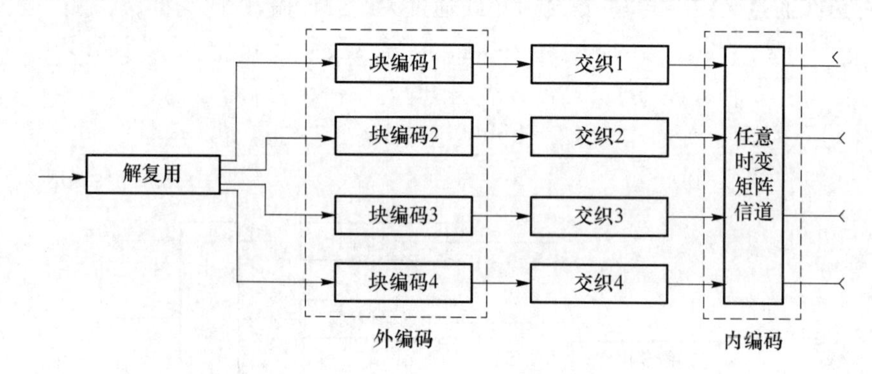

图 2-7 Turbo-BLAST 发射机的结构

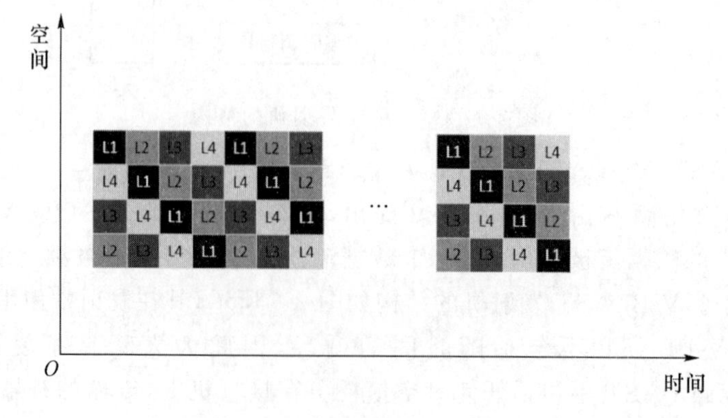

图 2-8 RLST 编码器的结构

2.3 DMT分集复用折中

多天线技术可以用来提高给定数据速率下的接收可靠性，或用于提高给定接收可靠性下的数据速率。在多个用户与同一个接收机进行通信的场景中，多根接收天线可以对不同用户的信号进行空间分离，从而提供多访问增益。这种对于多天线的使用也被称为空分多址(Space-Division Multiple Access, SDMA)。文献[24]展示了在点对点上下文中多样性和多路增益之间的基本折中。本节主要介绍的是在多对一的情况下关于三种增益之间的折中。

考虑在一个符号块长度上的点对点无线通信。在这期间，从发射天线到接收天线的信道是随机的，在通信期间信道不发生变化。在高信噪比的情况下，此处假设接收机对衰落信道有充分和准确的了解。$\log_2 \mathrm{SNR}$是高信噪比下单位带宽加性白高斯噪声(AWGN)信道的容量。定义$r:=R/\log_2 \mathrm{SNR}$为多路复用增益。考虑其最大似然误差概率的行为：如果在高SNR下P_e以SNR^{-d}衰减，那么该码有一个分集增益d。对于给定的复用增益r，最佳衰减率为$d^*_{m,n}(r)$。文献[24]对该函数的独立同分布(Independent and Identically Distributed, i.i.d.)瑞利衰落做了完整的表征：若块长为$l\geqslant m+n-1$，则对于每一个整数$r\leqslant \min(m,n)$，都有式(2-9)。

$$d^*_{m,n}(r)=(m-r)(n-r) \tag{2-9}$$

整条曲线是分段线性连接这些点。该函数的倒数$r^*_{m,n}(d)$是给定分集增益d下可实现的最大分集增益。当达到$r\to 0$，最大的分集增益是mn。当达到$d\to 0$时，最大的多路复用增益是$\min(m,n)$，即信道中的自由度数。虽然最大分集增益只是天线对之间独立信道增益的数量，最大复用增益是信号空间的维度，但整个折中曲线的推导需要对信道中断事件进行更深入的分析。

现在考虑有K用户的i.i.d.瑞利衰落多址接入信道，每个用户有m个发射天线，单个接收机有n个接收天线。每个用户i都有一个复用增益r_i。其数据速率为$R_i=r_i\log_2 \mathrm{SNR}$。ML解码器是可使每个用户的误差概率最小化的最优解码器。最小误差概率的衰减速度需至少达到SNR^{-d}，即每个用户的分集增益为d。一组多路复用增益元组可表示为$(r_1,\cdots,r_K)$，该元组仍然允许每个用户有一个分集增益d。

在对称(即所有用户的复用增益都相等)的情况下，本节的描述采用了一种特别简单的形式。首先，每个用户可实现的最大复用增益为$\min(m,\frac{n}{K})$，其可以解释为每个用户的自由度。在这个可实现的复用增益范围内，折中性能可以分为两个体系——轻载体系和重载体系，对应的最高可实现的分集增益分别是$d^*_{m,n}(r)$和$d^*_{Km,n}(Kr)$。对于式(2-10)，$d^*_{m,n}(r)$为在系统中只有一个用户的情况下获得的分集增益。对于式(2-11)，$d^*_{Km,n}(Kr)$就像K个用户把他们的发射天线集中在一起的分集增益一样。

$$r\leqslant \min\left(m,\frac{n}{K+1}\right) \tag{2-10}$$

$$r\in\left(\min\left(m,\frac{n}{K+1}\right),\min\left(m,\frac{n}{K}\right)\right) \tag{2-11}$$

因此，有两个基本参数表征每个用户的性能，即$\min(m,n/K)$和$\min(m,n/(K+1))$。前者为每个用户的自由度，限制其最大可能的复用增益。后者为多路复用增益的阈值。当低于此阈值时，用户的误差概率为系统中只有唯一用户时的误差概率。特别地，当发射天线的数量

m 不超过$\frac{n}{K+1}$时，两个参数重合。

在线性关联接收机下，每增加一个额外的接收天线，就可以增加一个用户的分集，或者在相同的分集水平上增加一个额外的用户，但两者不能同时增加[25]。然而这种折中不是根本性的。事实上，如果使用 ML 接收机，且有一个额外的接收天线，那么在限制 $m \leqslant \frac{n}{K+1}$ 内可以增加一个额外的用户，并可以同时增加每个用户的分集。连续消除和速率分割并没有显著地缩小这个线性接收机和 ML 接收机之间的性能差距。对于 $r \leqslant \min\left(m, \frac{n}{K+1}\right)$，典型的出错方式是用户的信息中只有一条信息是被直译的。对于 $r \geqslant \min\left(m, \frac{n}{K+1}\right)$，错误发生的典型方式是所有的用户信息都被错误地解码。这一结果为设计蜂窝无线系统中衰落上行链路信道的分组重传机制提供了启示。

2.3.1 信道模型

考虑图 2-9 中的多址接入信道。每个用户有 m 个发射天线，每个接收机有 n 个天线。K 个非协同工作的发射机向单个接收机发送独立的信息。每个发射机都有一个 m 根发射天线阵列，接收机有 n 根接收天线阵列。

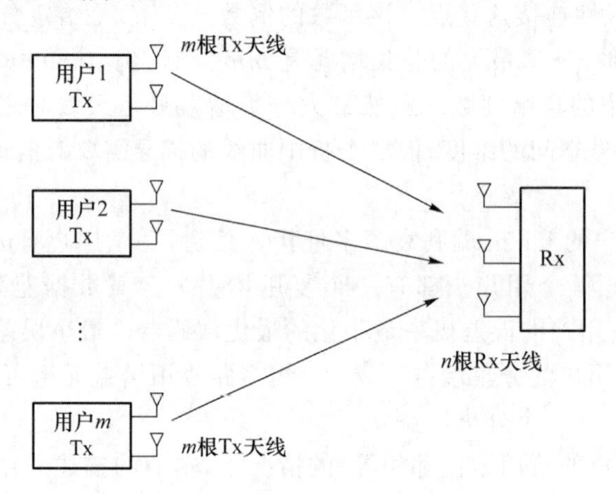

图 2-9　K 用户多址系统

在等于 l 个符号的时间块长度内，接收信号为式(2-12)。

$$Y = \sqrt{\frac{\text{SNR}}{m}} \sum_{i=1}^{K} \boldsymbol{H}_i \boldsymbol{X}_i + \boldsymbol{W} \tag{2-12}$$

其中 $\boldsymbol{W} \in \mathbb{C}^{n \times l}$ 代表接收机的加性噪声。每个接收天线在每个时间的噪声为 i. i. d. $\mathscr{CN}(0,1)$。$\mathscr{CN}(0,a)$表示一个 i. i. d. 零均值的复数高斯随机变量，其方差为 $a/2$，且实部和虚部都为高斯随机变量。

发射机 i 和接收机之间的信道通过 $n \times m$ 矩阵 $\boldsymbol{H}_i$ 表示。假设信道在整个时间块长度 l 上保持不变，并且被接收机所知道，即慢衰落情况。发射机只有对信道的统计表征，不知道实际的实现情况。因此统计建模$\{\boldsymbol{H}_i\}_{i=1,\cdots,K}$为 i. i. d. $\mathscr{CN}(0,1)$的瑞利衰落环境。用户 i 的码本用 $\boldsymbol{C}_i$ 表示，其由码字$\lceil 2^{R_i l} \rceil$组成。R_i 表示其通信速率。$\mathbb{C}^{m \times l}$ 中的每一个元素表示为$\{\boldsymbol{X}_i(j), j=1,\cdots,2^{\lceil R_i l \rceil}\}$。每个发射天线每个符号的每个密码字的平均单位能量有一个约束，即式(2-13)。

$$\frac{1}{ml\,|\boldsymbol{C}_i|}\sum_{j=1}^{|\boldsymbol{C}_i|}\|\boldsymbol{X}_i(j)\|_F^2\leqslant 1 \tag{2-13}$$

其中$\|\cdot\|_F$是矩阵上的 Frobenius 法则,即

$$\|\boldsymbol{A}\|_F^2=\sum_{i,j}|A_{ij}|^2 \tag{2-14}$$

2.3.2 分集和复用折中

接收机根据接收到的矩阵 $\boldsymbol{Y}$ 和对信道实现的了解,为每个用户做出决定。性能由平均误差概率 $P_e^{(i)}, i=1,2\cdots,K$ 对同等可能的消息和信道实现的平均数给出。多天线在衰落信道中提供两种不同类型的增益:分集增益和多路复用增益。对于一个固定的传输速率 R,误差概率可以随着 SNR 的衰减而快速下降,即 $\boldsymbol{P}_e\sim\frac{1}{\mathrm{SNR}^{mn}}$。其中系数 mn 称作最大分集增益,该值由所有天线对之间的 mn 独立信道增益的平均值获得。在这种情况下,多天线比单天线系统提供了额外的可靠性,以补偿由于衰落造成的随机性。

另外,由于衰落而产生的随机性可以通过建立平行的空间信道来加以利用。这个概念是由一个容量结果激发的。多天线信道尺度下的遍历容量为

$$C(\mathrm{SNR})\sim\min(m,n)\log_2\mathrm{SNR}\quad(\mathrm{bit/(s\cdot Hz)}) \tag{2-15}$$

遍历容量是通过平均信道随时间的变化来实现的。在慢衰落的情况下,没有这样的平均是可能的。人们不能以容量 $C(\mathrm{SNR})$ 可靠地进行通信。另外,为了实现最大的分集增益 mn,人们需要以固定的速率 R 进行通信。与高 SNR 下的容量相比,这个速率变得非常小。这就提出了一个更有趣的问题:如果想以固定的部分容量进行通信,那可以实现的最大分集增益是多少? 该问题导致了分集和多路复用收益之间的折中。

我们把一个方案$\{C(\mathrm{SNR})\}$看作一个编码族。$R(\mathrm{SNR})$ 和 $P_e(\mathrm{SNR})$ 分别表示它们的数据速率和检测误差的 ML 概率。

定义 1 方案$\{C(\mathrm{SNR})\}$可实现空间复用增益 r 和分集增益 d,如果数据速率为

$$\lim_{\mathrm{SNR}\to\infty}\frac{R(\mathrm{SNR})}{\log_2\mathrm{SNR}}\geqslant r \tag{2-16}$$

则平均误差概率为

$$\lim_{\mathrm{SNR}\to\infty}\frac{\log_2 P_e(\mathrm{SNR})}{\log_2\mathrm{SNR}}\leqslant -d \tag{2-17}$$

对于每个 r,定义 $d_{m,n}^*(r)$ 为所有方案中实现的分集收益的最高值。同理,对于每一个 d,定义 $r_{m,n}^*(d)$ 为所有方案上实现的复用增益的最高值。为简化记述,式(2-17)被简化为 $P_e(\mathrm{SNR})=\mathrm{SNR}^{-d}$。类似地,如果在极限中等式成立,则 $P_e(\mathrm{SNR})=\mathrm{SNR}^{-d}$。

定理 1 对于块长 $l\geqslant Km+n-1$,i. i. d. 瑞利点到点信道的分集-多路复用折中曲线是分段线性连接整数点$(k,(m-k)(n-k))$,$k=0,\cdots,\min(m,n)$。

当多路复用增益从 0 增加到自由度 $\min(m,n)$ 时,分集增益从最大值 mn 减少到零。信道中可用的自由度对可实现的最大复用增益有限制。这种表述可泛化到多址信道上。给定用户有一个共同的分集需求 d,即

$$P_e^{(i)}\leqslant\mathrm{SNR}^{-d},\quad i=1,\cdots,K \tag{2-18}$$

K-元复用增益$(r_1,\cdots,r_K)$的集合为

$$R_i\sim r_i\log_2\mathrm{SNR},\quad i=1,\cdots,K \tag{2-19}$$

复用增益用 $\mathfrak{R}(d)$表示。本节主要介绍了天线阵列在多址衰落信道中提供改进分集和复用增益的作用。

2.3.3 最佳折中

(1) 基本结果

第一个结果是当块长足够大时,$\mathfrak{R}(d)$的明确特征。

定理 2 如果块长 $l \geqslant Km+n-1$,那么

$$\mathfrak{R}(d)=\left\{(r_1,\cdots,r_K):\sum_{s\in \boldsymbol{S}} r_s \leqslant r^*_{|\boldsymbol{S}|m,n}(d), \forall \boldsymbol{S}\subseteq\{1,\cdots,K\}\right\} \tag{2-20}$$

其中 $r^*_{|\boldsymbol{S}|m,n}(\cdot)$为带有$|\boldsymbol{S}|m$ 发射天线和 n 接收天线的点对点信道的多路复用-分集折中曲线。

对于块长 $l \geqslant Km+n-1$,误差发生的典型方式不是加性噪声太大,而是信道不好。即在中断时,目标速率元组不在由实现的信道矩阵$\{\boldsymbol{H}_i\}_i$ 定义的多址区域内。这是点对点信道中中断概念的概括[12,26]。$\mathfrak{R}(d)$的特性归结为计算给定速率向量的中断概率。对于给定的信道实现,在多址容量区域有2^K-1 个约束条件,每个约束条件都有一个不满足的概率。在兴趣范围内,中断的概率是所有这些概率中最差的。这保证了我们满足式(2-20)中2^K-1 个约束条件中的分集要求。

(2) 对称策略

事实证明,函数$r^*_{m,n}(\cdot)$具有特殊结构,可以进一步简化折中区域。首先关注在给定分集增益 d 的情况下,可以实现的最大对称复用增益$(r_1,\cdots,r_K)$。由定理 2 可知,这个对称速率受制于

$$kr \leqslant r^*_{km,n}(d), \quad k=1,\cdots,K \tag{2-21}$$

因此,最大的对称多路复用增益为

$$\min_{k=1,\cdots,K}\frac{1}{k}r^*_{km,n}(d) \tag{2-22}$$

同理,在固定的对称复用增益下,最大的可实现的对称分集增益为

$$d^*_{\text{sym}}(r)=\min_{k=1,\cdots,K} d^*_{km,n}(kr) \tag{2-23}$$

定理 3

$$d^*_{\text{sym}}(r)=\begin{cases} d^*_{m,n}(r), & r\leqslant \min(m,\dfrac{n}{K+1}) \\ d^*_{Km,n}(Kr), & r\geqslant \min(m,\dfrac{n}{K+1}) \end{cases} \tag{2-24}$$

在多接入信道中,很明显,在只有一个用户缺席的情况下,折中曲线不会比点对点单用户折中曲线更好,即 $d^*_{m,n}(r)$。上述结果表示,如果系统的负载充分的“轻”,即 r 小,则可以同时实现每个用户的单用户折中。特别是,如果接收机有足够多的接收天线使 $m\leqslant\frac{n}{K+1}$,那么有

$$\min(m,\frac{n}{K+1})=\min(m,\frac{n}{K})=m \tag{2-25}$$

并且对于所有 r,单用户性能都能实现系统始终处于轻载状态。

当 $r\leqslant\frac{n}{K+1}$时,与单用户曲线相同。$r>\frac{n}{K+1}$时,切换到天线集合曲线。$r>\min\left(m,\frac{n}{K}\right)$时,可实现零分集增益。当 $\alpha=\frac{n}{K}$很大,这两个阈值就会重合,多接入折中曲线与单用户曲线相

同，但在 $r=\alpha$ 时中断。另外，如果 $m\geqslant\frac{n}{K+1}$，那么只要用户都传输足够低的数据速率，即 $r\leqslant\frac{n}{K+1}$，就可以实现单用户的性能。此外，只要系统在轻载下运行，那多接纳一个用户进入系统时就不会降低其他用户的性能。这是一个非常理想的特性。在轻载下，系统在不影响单个用户性能的前提下，提供了多重访问能力。在重载下，即 $r>\frac{n}{K+1}$，对称分集增益为 $d^*_{Km,n}(Kr)$。折中之下，只好比把 K 用户集中到一起，变成了一个有 Km 天线和复用增益 Kr 的用户。在这种情况下，每个用户的性能会受到其他用户存在的影响。请注意，所产生的点对点信道的总自由度数为 $\min(Km,n)$，因此这个参数可以认为是每个用户的自由度数。

$$d^*_{\text{sym}}(r)=d^*_{Km,n}(Kr)=0,\quad \forall r\geqslant\min(m,n/K) \tag{2-26}$$

由式(2-22)可知，对称分集-复用曲线是 K 条曲线中最小的。对于任意接近于零的 r 值，曲线 $d^*_{1,n}(r)$ 显然是最小的曲线。其原因为对于 $k=1$，$d^*_{km,n}(0)=kmn$。因此，单用户曲线必须确定对于 r，d^*_{sym} 为足够小。定理 3 是指，当 $r>\frac{n}{K+1}$ 时，没有其他的曲线可以确定 $d^*_{m,n}(r)$，除了 $d^*_{Km,n}(Kr)$ 外。

在用户数量 K 远大于接收天线数量 n 的情况下，出现了一个特别简单的场景。在这种情况下，$\frac{n}{K+1}\approx\frac{n}{K}$ 并且

$$\alpha\overset{\text{def}}{=\!=}\min\left(m,\frac{n}{K}\right)=\frac{n}{K} \tag{2-27}$$

其中 α 为每个用户的自由度。当 $r>\alpha$，$d^*_{\text{sym}}(r)=0$ 时，复用增益不能超过每个用户的自由度。当 $r<\alpha$，$d^*_{\text{sym}}(r)=d^*_{m,n}(r)$ 时，单用户分集复用性能。因此，多个用户的存在会产生截断 $r=\alpha$ 处的单用户权衡曲线的效果。

应该强调的是，先验地讲，并不能保证在复用增益 r 小于每个用户自由度 $\min\left(m,\frac{n}{K}\right)$ 的情况下传输就能产生单用户分集-复用性能。这个条件只能保证在非零分集增益的情况下，多路复用增益 r 是可以实现的。它保证了信号空间有足够的维度来线性独立地放置所有用户的空间信号，这样就有可能区分不同的用户。但是当讨论分集-多路复用折中时，所关注的是误差概率性能本身。即使有足够的维度，不同用户的随机信道依赖性空间信号也可能以一定的概率相互紧密排列，导致用户之间的干扰加强和单用户误差性能的下降。

(3) 最佳折中区域

d^*_{sym} 的结构表明，可以得到比定理 2 中给出的更简单的 $\mathfrak{R}(d)$ 表示方法。

定理 4　假设 $d_1=0,d_2,\cdots,d_K$ 定义为

$$d_k\doteq d^*_{m,n}\left(\frac{n}{k+1}\right),\quad k=2,\cdots,K \tag{2-28}$$

那么对于 $d\geqslant d_k$，有

$$\mathfrak{R}(d)=\{(r_1,\cdots,r_K):r_i\leqslant r^*_{m,n}(d),i=1,\cdots,K\} \tag{2-29}$$

对于 $d\in[d_{l-1},d_l]$，有

$$\mathfrak{R}(d)=\left\{\begin{matrix}(r_1,\cdots,r_K):\sum\limits_{s\in S}r_s\leqslant r^*_{(|S|m,n)}(d),\\ \forall S\subseteq\{1,\cdots,K\},\ |S|\in\{1,l,l+1,\cdots,K\}\end{matrix}\right\} \tag{2-30}$$

对于足够大的期望分集增益 $d \geqslant d_k$，多路复用增益区域是正方形，即每个用户实现单用户性能。对于更小的分集增益要求，其他约束条件开始发挥作用。当分集增益要求足够小时，所有2^K-1条件变得相关。此外，折中区域有一个有趣的组合结构。具有秩函数 f 的多面体如下：

$$\left\{(x_1,\cdots,x_K)\in\mathbb{R}_+^K:\sum_{i\in S}x_i\leqslant f(S),\forall S\subseteq\{1,\cdots,K\}\right\} \tag{2-31}$$

秩函数应该是非负数，S 为集合，将空集映射为零，而且

$$f(S\cup\{t\})\geqslant f(S) \tag{2-32}$$

$$f(S\cup T)+f(S\cap T)\leqslant f(S)+f(T) \tag{2-33}$$

多拟阵的一个重要属性是对其顶点的简单描述。特别是对于集合$\{1,\cdots,K\}$点x^π上的每一次变换 π：

$$x_{\pi_i}^{\pi}\overset{\text{def}}{=}f(\{\pi_1,\cdots,\pi_i\})-f(\{\pi_1,\cdots\pi_{i-1}\}),\quad i=1,\cdots,K \tag{2-34}$$

如果在式(2-34)中定义的点对每一个变换 π 都满足式(2-31)中的约束条件，那么函数 f 必须具有式(2-32)和式(2-33)中的性质。

定理5 给定分集需求 d，让 l 满足 $d\in[d_{l-1},d_l]$。折中区域 $\Re(d)$是一个多面体，秩函数 $f(\cdot)$被给定为

$$f(S)=\begin{cases}|S|r_{m,n}^*(d), & 0\leqslant|S|\leqslant l-1\\ r_{|S|m,n}^*(d), & l\leqslant|S|\leqslant K\end{cases} \tag{2-35}$$

2.4 波束赋形技术

波束赋形的基本思想是将能量集中到接收机上。传统的接入点都配备了全向天线。全向天线是指其可以向各个方向发送能量。由于它向每个方向辐射波，所以接收机天线不需要跟踪每一个客户端。能量可以聚焦到特定的接收机上，这就是波束赋形的原理[27]。

波束赋形也可以称为空间选择性。通过适当的信号处理技术，可以引导天线阵列，从而消除来自特定方向的干扰信号[28]。波束赋形是通过将相控阵中的单元以一种方式组合而成的。特定角度的信号在主波瓣处会经历相长干涉，而其他的信号在零位会经历相消干涉。在接收端，由于在一个方向上有增益而在其他方向上有衰减，所以信噪比显著增加[29]。

基于位置，波束赋形可分为发射波束赋形和接收波束赋形两种。如果波束赋形器被放置在信号源和辐射单元之间，为了将波束指向一个特定的接收机，则其为发射波束赋形。在接收端，它在天线模块和天线阵列之间被执行，以控制天线模块的空间灵敏度。基于信号域的波束赋形还可以分为频域波束赋形和空时波束赋形两种。空时波束赋形可进一步分为模拟波束赋形和数字波束赋形两种。模拟波束赋形可以分为射频波束赋形或基带波束赋形两种。

在无线网络中，为了实现更高的容量和减少共信道干扰，智能天线是最主要的技术。在这种技术中，天线可以将其波束模式聚焦于期望信号，并缓和非期望信号。智能天线系统根据波束赋形技术分为两种类型：一种是切换波束系统；另一种是自适应波束系统[30]。利用波束赋形网络、辐射元件数量和 RF 开关可以很容易地构造第一种天线系统[31]。第二种天线系统需要先进的信号处理和不同的智能算法。本节介绍了用 Butler 矩阵、Blas 矩阵、Nolen 矩阵和 Rotmans 透镜等不同技术构造模拟波束赋形网络的方法。根据发射机到达角度的不同，数字

波束赋形可分为固定波束赋形和自适应波束赋形两种。无线通信系统的巨大需求主要取决于频谱效率和频宽。目前无线技术的频率范围是 0.3 GHz 到 3 GHz 频段[32]。由于物理层技术已经触及香农容量,所以开展对系统频宽的探索[33]。因此,5G 无线网络依赖于 3 GHz 到 300 GHz 的高频毫米波频段的探索。多输入多输出技术以及多天线技术被认为是一种有前景的提高系统效率的方法[34]。为了解决这些问题,研究人员提出了混合波束赋形,即模拟加数字波束赋形技术。本节主要介绍了模拟、数字和混合波束赋形,并对其进行了比较讨论。

(1) 模拟波束赋形

在发射端对模拟信号进行幅值或相位的变化,对从不同天线接收到的信号进行求和,在接收端对 ADC 进行运算的波束赋形过程称为模拟波束赋形。模拟波束赋形器由发射模块组成,其用于控制各天线单元发射信号的幅值和相位。这种波束赋形技术可以通过使用 Butler 矩阵、Nolen 矩阵或 Blas 矩阵来实现。具体对比如表 2-3 所示。

表 2-3　Butler 矩阵、Nolen 矩阵和 Blas 矩阵的比较

参数	Butler 矩阵	Nolen 矩阵	Blas 矩阵
结构	混合耦合器、转接线路、移相器	耦合器、移相器、负载终端	耦合器、移相器
自由度	少	适度	高
效率	高	低	适度
功率损耗	低	高	适度
设计	简单	适度	复杂

(2) 数字波束赋形

在发射端进行 DAC 转换之前,对数字信号进行幅值或相位变化,称为数字波束赋形。这种波束赋形意味着对这些数字信号进行加权。当把它们加在一起时就会形成所需的波束。为了实现数字波束赋形,本节对矩阵求逆(Matrix Inversion, MI)算法、最小均方(Least Mean Square, LMS)算法和递推最小均方(Recursive Least Mean Square, RLMS)算法进行了研究和比较。

表 2-4　MI、LMS 和 RLMS 算法的比较

算法	MI	LMS	RLMS
逻辑	线性代数	梯度下降法	递归式梯度下降法
方法论	矩阵	特征值	特征值
存储	不需要	需要	需要
复杂度	高	低	适度
应用	固定波束成形	自适应波束赋形	在噪声环境下的自适应波束赋形
服务质量	差	中等	好

(3) 混合波束赋形

模拟波束赋形存在内部用户互干扰和精度较低的问题,而数字波束赋形复杂而昂贵,但模拟简单、自由度高等。考虑两者的缺点和优点,模拟波束赋形与数字波束赋形相结合的混合波束赋形方案被提出,以满足 5G 通信对毫米波通信日益增长的能量效率和频谱效率的要求。

本章参考文献

[1] Gordon L. Stüber. Principles of mobile communication[M]. [S. l.]:Kluwer Academic Publishers, 2011.

[2] Hayki S S, Mohr M. Modern wireless communications[M]. [S. l.]:Pearson Prentice Hall, 2005.

[3] Simon M K. Digital communication over fading channels[M]. [S. l.]:John Wiley & Sons, 2005.

[4] Wittneben A. A new bandwidth efficient transmit antenna modulation diversity scheme for linear digital modulation [C]// Proceedings of ICC′ 93 - IEEE International Conference on Communications. Geneva, Switzerland, Switzerland: IEEE, 1993: 1630-1634.

[5] Seshadri N, Winters J H. Two signaling schemes for improving the error performance of frequency division duplex (FDD) transmission systems using transmitter antenna diversity[J]. 1994.

[6] Alamouti S M. A simple transmit diversity technique for wireless communications[J]. Selected Areas in Communications, IEEE Journal on, 1998, 16(8):1451-1458.

[7] Tarokh V, Seshadri N, Calderbank A R. Space-time codes for high data rate wireless communication: performance criterion and code construction[J]. Information Theory, IEEE Transactions on, 1998, 44(2): 744-765.

[8] Tsoulos G. MIMO system technology for wireless communications[M]// MIMO System Technology for Wireless Communications (Electrical Engineering and Applied Signal Processing). [S. l.]:CRC Press, 2006.

[9] Tarokh V, Vahid, Jafarkhani H, et al. Space-time block codes from orthogonal designs. [J]. IEEE Transactions on Information Theory, 1999, 45(5):1456-1456.

[10] NTT DoCoMo, Multi-degree cyclic delay diversity with frequency-domain channel dependent scheduling[EB/OL]. (2006-03-21)[2006-03-27]. https://www. 3gpp. org/ftp/tsg_ran/WG1_RL1/TSGR1_44bis/Docs? sortby=daterev/R1-060991.

[11] Samsung, Adaptive cyclic delay diversity [EB/OL]. (2005-11-01)[2005-11-07]. https://www. 3gpp. org/ftp/tsg_ran/WG1_RL1/TSGR1_43/Docs/? sortby=name/R1-051354.

[12] Telatar E. Capacity of multi-antenna Gaussian channels[J]. European Transactions on Telecommunications, 1999, 10(6):585-595.

[13] Foschini G J,Gans M J. On limits of wireless communications in a fading environment when using multiple antennas[J]. Wireless Personal Communications, 1998, 6(3):311-335.

[14] Foschini G J. Layered space-time architecture for wireless communication in a fading environment when using multi-element antennas[J]. Bell Labs Technical Journal, 1996, 1(2):41-59.

[15] Golden G D, Foschini G J, Valenzuela R A, et al. Detection algorithm and initial

laboratory results using V-BLAST space-time communication architecture [J]. Electronics Letters, 1999, 35(1):14-16.

[16] Paulraj A J, Kailath T. Increasing capacity in wireless broadcast systems using distributed transmission/directional reception (DTDR)[P]: US 1994.

[17] Wuebben D, Kammeyer K D. Impulse shortening and equalization of frequency-selective MIMO channels with respect to layered space-time architectures[J]. Signal Processing, 2003, 83(8):1643-1659.

[18] Loyka S, Gagnon F. Performance analysis of the V-BLAST algorithm: an analytical approach [J]. IEEE Transactions on Wireless Communications, 2004, 3(4):1326-1337.

[19] Zhu H F, Lei Z D, Chin F P S. An improved square-root algorithm for BLAST[J]. IEEE Signal Processing Letters, 2004, 11(9):772-775.

[20] Buzzi S, Lops M, Sardellitti S. Widely linear reception strategies for layered space-time wireless communications[J]. IEEE Trans. Sig. Proc, 2006, 54(6):2252-2262.

[21] Yao Huan, Wornell G W. Lattice-reduction-aided detectors for MIMO communication systems[C]// 2002 Global Telecommunications Conference. Taipei: IEEE, 2002: 424-428.

[22] Sellathurai M, Haykin S. Turbo-BLAST for wireless communications: theory and experiments[J]. IEEE Transactions on Signal Processing, 2002, 50(10):2538-2546.

[23] Wolniansky P W. V-BLAST: an architecture for realizing very high data rates over the rich-scattering wireless channel [C]//1998 URSI International Symposium on Signals, Systems, and Electronics. Conference Proceedings (Cat. No. 98EX167). Pisa: IEEE, 1998.

[24] Zheng L Zh, Tse D N C. Diversity and multiplexing: a fundamental tradeoff in multiple-antenna channels[J]. IEEE Transactions on Information Theory, 2003, 49 (5):1073-1096.

[25] Winters J H, Salz J, Gitlin R D. The impact of antenna diversity on the capacity of wireless communication systems [J]. IEEE Trans Commun, 1994, 42 (234): 1740-1751.

[26] Ozarow L H, Shamai S. Information theoretic considerations for cellular mobile radio [J]. Vehicular Technology IEEE Transactions on, 1994, 43(2):359-378.

[27] Balanis C A. Antenna theory: analysis and design[M]//[S. l.]: The Harper & amp; Row Series in Electrical Engineering, 1982.

[28] Diggavi S N, Al-Dhahir N, Stamoulis A, et al. Great Expectations: The Value of Spatial Diversity in Wireless Networks[J]. Proceedings of the IEEE, 2004, 92(2): 219-270.

[29] Johnson D H, Dudgeon D E. Array Signal Processing: Concepts and Techniques [M]. [S. l.]: P TR Prentice Hall, 1992.

[30] Fernandes M, Bhandare A, Dessai C, et al. A wideband switched beam patch antenna array for LTE and Wi-Fi[J]. 2013:1-6.

[31] ChangYingJung, Hwang R. Switched beam system for low-tier wireless communication

systems[C]// Asia-pacific Microwave Conference. Taiwan：IEEE，2001：946-949.

[32] Andrews J G，Buzzi S，Choi W，et al. What Will 5G Be? [J]. IEEE Journal on Selected Areas in Communications，2014，32(6)：1065-1082.

[33] Bangerter B，Talwar S，Arefi R，et al. Networks and devices for the 5G era[J]. IEEE Communications Magazine，2014，52(2)：90-96.

[34] Molisch A F，Ratnam V V，Han Shengqian，et al. Hybrid beamforming for massive MIMO：a survey[J]. IEEE Communications Magazine，2017，55(9)：134-141.

第3章　多用户无线通信

对于 W-LAN 和蜂窝电话这类应用，MIMO 系统将很可能会被配置在单个基站必须同时与许多用户通信的环境中。多用户 MIMO 系统可以实现大容量、MIMO 处理及空分多址的优势相结合。本章首先介绍广播信道模型，包含分析 MAC-BC 对偶性和 Sato 上限以及如何得到 MIMO 广播信道的和速率容量；然后介绍多址 MIMO 系统，并分析多址 MIMO 接收机如何消除多址干扰、自干扰和噪声；最后介绍多用户干扰信道，包括重要指标，如自由度(DoF)和广义自由度(GDoF)以及干扰对齐算法。

3.1　广播传输

近年来，MIMO 通信系统引起了人们的注意，例如，Airgo Networks (www.airgonetworks.com)、ArrayComm (www.arraycomm.com) 和 Vivato (www.vivato.net) 已经开发了用于 802.11 无线网络的多天线技术。这样的多天线接入点在与多个无线用户通信时，可能会提高吞吐量，实现分集增益并减少干扰。研究多用户应用时主要的问题包括在向多个移动设备进行传输时几个蜂窝基站之间的协作，以及数字用户线(DSL)上的下行链路处理。在这些情况下要解决的重要问题有："当有多个用户时，这些多输出发射机之一的最高总吞吐量是多少？"以及"如何让多用户系统达到该速度？"。在概述多用户 MIMO 系统的同时，本章解决了上述这些问题。

3.1.1　背景知识

在单用户场景中研究 MIMO 技术的发展比较成熟。在文献[1]中对这个问题有一个很好的概述。在具有 n_T 个发射天线和 n_R 个接收天线的 MIMO 系统中，信道容量随着 $\min(n_T, n_R)$ 线性增长。最近的研究结果表明，当一个 n_T 天线接入点与 n_R 个用户通信时，信道容量会达到峰值[2]，这激发了人们当前对多用户情况的兴趣。对于 MIMO 多用户信道的容量，目前应用最广泛的是运用"脏纸技术"进行分析。在文献[3]中，考虑了干扰消除，对该技术展开了具体研究。说明了发射机有干扰信号与没有干扰的两种情况下，信道容量是相同的。"脏纸"的类比源自将通信信道中的干扰与一张纸上存在的污垢进行比较。信号是墨水，它是根据存在的干扰(污垢)来选择的。

具有 n_T 个发射机和 n_R 个接收机的 MIMO 信道通常表示为 $n_R \times n_T$ 的矩阵 $\boldsymbol{H}$，其中每个系数 $[\boldsymbol{H}]_{ij}$ 表示从第 j 个发射机到第 i 个接收机的传递函数。将从第 j 个发射机发射的信号记为 x_j，并将所有此类信号放入 n_T 维向量 $\boldsymbol{x}$ 中。由此，信道的矩阵模型为

$$y = Hx + w \tag{3-1}$$

其中 $\boldsymbol{w}$ 是加性噪声的向量，$\boldsymbol{y}$ 是接收数据的向量，每个接收天线的 $\boldsymbol{w}$ 和 $\boldsymbol{y}$ 中都有一个元素。在点对点 MIMO 链路中(单用户情况)，所有输出 $\boldsymbol{y}$ 都可供用户处理。在多用户的情况下，n_R 个接收机分布在不同的用户之间。例如，如果每个用户只有一根天线，则每个用户只能访问 $\boldsymbol{y}$ 的一个元素。

式(3-1)假设平坦衰落或窄带信道，对于当前和下一代无线通信的许多应用，此假设并不成立。宽带或频率选择性衰落信道会遭受符号间的干扰，以及具有在整个频带上变化很大的衰落特性。有下面几种方法可以将矩阵信道模型应用于这种情况。在考虑使用 OFDM 的信道中，可以针对每个频点分别实施 MIMO 处理算法，在这些频点中，信道衰落特性可以视为窄带。接下来假设采用窄带信道模型，但是值得注意的是，本书的讨论适用于宽带使用 OFDM 或其他常用技术针对频率选择信道的情况。

对于多用户 MIMO 研究，最关键的假设是发射机处信道知识的可用性，通常称为信道状态信息(CSI)。虽然单用户 MIMO 系统仅在 $n_T > n_R$ 或低信噪比(SNR)时才受益于在发射机上拥有 CSI，但向多个同信道用户发送信号的基站几乎总是会受益于 CSI。这是因为 CSI 不仅可以在所需的接收机处获得高 SNR，而且还可以减少所需的用户信号在网络其他点上产生的干扰。在发射机处获得 CSI 的最常见方法是通过在上行链路中使用训练或导频数据(如用于时分双工系统)，或通过使用下行链路训练数据发现的接收机信道估计的反馈(如用于频分双工传输)。在这两种情况下，在发射机处获取 CSI 都是一个非常具有挑战性的问题，但对于多用户信道是合理的。

3.1.2 MIMO 广播传输模型

考虑分别具有 t 根发射天线的发射机和分别具有 $r_1, \cdots, r_K$ 根接收天线的 K 个接收机。发射机向每个接收机发送独立的信息。广播信道是图 3-1 左侧的系统[28]。

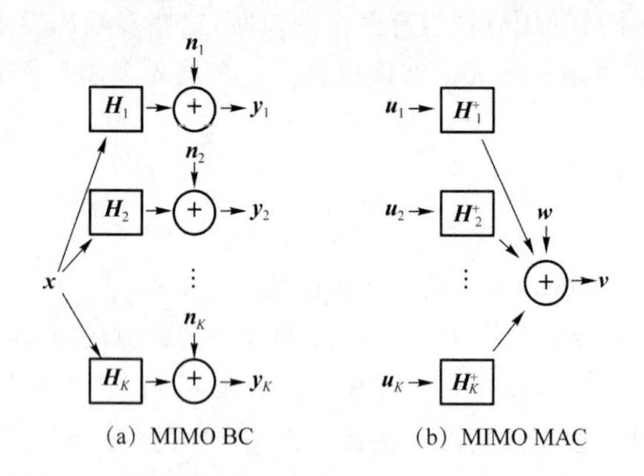

图 3-1　MIMO BC 和 MIMO MAC 信道的系统模型

设 $\boldsymbol{x} \in \mathbb{C}^{t \times 1}$ 为发送的矢量信号，$\boldsymbol{H}_k \in \mathbb{C}^{r_k \times t}$ 为接收机 k 的信道矩阵，其中 $\boldsymbol{H}_k(i,j)$ 代表从发射天线 j 到接收机 k 的天线 i 的信道增益。接收机 k 处的高斯白噪声用 $\boldsymbol{n}_k \in \mathbb{C}^{r_k \times 1}$ 表示，其中 $\boldsymbol{n}_k \sim N(0, I)$。设 $\boldsymbol{y}_k \in \mathbb{C}^{r_k \times 1}$ 为接收机 k 的接收信号。接收信号表示为

$$\begin{pmatrix} \boldsymbol{y}_1 \\ \vdots \\ \boldsymbol{y}_K \end{pmatrix} = \boldsymbol{H}\boldsymbol{x} + \begin{pmatrix} \boldsymbol{n}_1 \\ \vdots \\ \boldsymbol{n}_K \end{pmatrix} \tag{3-2}$$

其中 $\boldsymbol{H}=\begin{pmatrix} \boldsymbol{H}_1 \\ \vdots \\ \boldsymbol{H}_K \end{pmatrix}$,该矩阵 $\boldsymbol{H}$ 表示所有接收机的信道增益。输入信号的协方差矩阵为 $\sum ma_x \stackrel{\Delta}{=} E[\boldsymbol{x}\boldsymbol{x}^\dagger]$。发射机受到平均功率 P 约束,这意味着 $\mathrm{Tr}(\sum ma_x) \leqslant P$。我们假设信道矩阵 $\boldsymbol{H}$ 是恒定的,并且在发射机和所有接收机处都是已知的。

现在考虑图 3-1(b)的对偶 MAC。通过将广播信道中的接收机转换为 MAC 中的发射机,并通过将第 t 个天线发射机转换为第 t 个天线接收机来达到双信道。注意,对偶 MAC 的信道增益与广播信道的信道增益相同,即 $\boldsymbol{H}_k(i,j)$对应于广播信道中从发射天线 j 到接收机 k 的接收天线 i 的增益,并且对应于多址接入信道中从发射机 k 的发射天线 i 到接收天线 j 的增益。

设 $\boldsymbol{u}_k \in \mathbb{C}^{r_k \times 1}$ 为发射机 k 的发射信号,接收信号为 $\boldsymbol{v} \in \mathbb{C}^{t \times 1}$ 和噪声矢量为 $\boldsymbol{w} \sim N(0,\boldsymbol{I})$。接收信号表示为

$$\boldsymbol{v} = \boldsymbol{H}_1^\dagger \boldsymbol{u}_1 + \cdots + \boldsymbol{H}_K^\dagger \boldsymbol{u}_K + \boldsymbol{w} = \boldsymbol{H}^\dagger \begin{pmatrix} \boldsymbol{u}_1 \\ \vdots \\ \boldsymbol{u}_K \end{pmatrix} + \boldsymbol{w} \tag{3-3}$$

其中 $\boldsymbol{H}^\dagger = (\boldsymbol{H}_1^\dagger, \cdots, \boldsymbol{H}_K^\dagger)$。

在对偶多址接入信道中,每个发射机都受到 $P_1,\cdots,P_K$ 的单独功率约束,其中 $\sum_{i=1}^{K} P_i = P$(即多址接入信道功率约束之和等于广播信道功率约束)。

协作系统与广播信道类似,但协作系统中,所有接收机都进行协调以执行联合检测。如果允许接收机进行合作,则广播信道简化为以下描述的单用户 $t \times \left(\sum_{j=1}^{K} r_j\right)$ 多天线系统:

$$\boldsymbol{y} = \boldsymbol{H}\boldsymbol{x} + \boldsymbol{z} \tag{3-4}$$

其中,

$$\boldsymbol{y} = \begin{pmatrix} \boldsymbol{y}_1 \\ \vdots \\ \boldsymbol{y}_K \end{pmatrix} \tag{3-5}$$

$$\boldsymbol{z} = \begin{pmatrix} \boldsymbol{n}_1 \\ \vdots \\ \boldsymbol{n}_K \end{pmatrix} \tag{3-6}$$

这个系统的容量称为协作容量。

用式(3-6)分别表示 MIMO BC、MIMO MAC 和协作系统的容量区域:$C_{\mathrm{BC}}(P,\boldsymbol{H})$、$C_{\mathrm{MAC}}(P_1,\cdots,P_K,\boldsymbol{H}^\dagger)$、$C_{\mathrm{coop}}(P,\boldsymbol{H})$。

3.1.3　MIMO 系统容量

1. 基本概念

在单用户信道中,容量是在给定发射功率约束的情况下可以根据可用带宽传输的最大信

息量。在单用户 MIMO 信道中，通常假设所有发射天线广播的总功率受到限制。对于多用户 MIMO 信道，问题稍微复杂一些。给定一个总发射功率的约束，可以将该功率的不同部分分配给网络中的不同用户，因此单个功率约束可以产生许多不同的信息速率。结果是图 3-2 所示的双用户信道的容量区域。当 100％的功率分配给用户 1 时，将达到用户 1 的最大容量。对于用户 2，当它具有全部功率时，也会获得最大容量。对于每种可能的功率分配，都有一个可达的信息率。图 3-2 中显示了两个区域：一个区域用于两个用户具有大致相同的最大容量的情况；另一个区域用于它们不同的情况（如由于用户 2 的信道相对于用户 1 衰减）。对于 K 个用户，容量区域以 K 维体积为特征。

整个系统最大可达吞吐量的特征是曲线上所有用户信息速率之和最大的点，称为信道的总容量。这一点在图 3-2 中用“*”表示。达到总容量点不一定是系统设计者的目标。这种情况的一个例子是当近距离问题发生时，一个用户的信道比其他用户的信道衰减更强，如图 3-2 所示，在这种情况下获取总容量将以衰减信道的用户为代价。

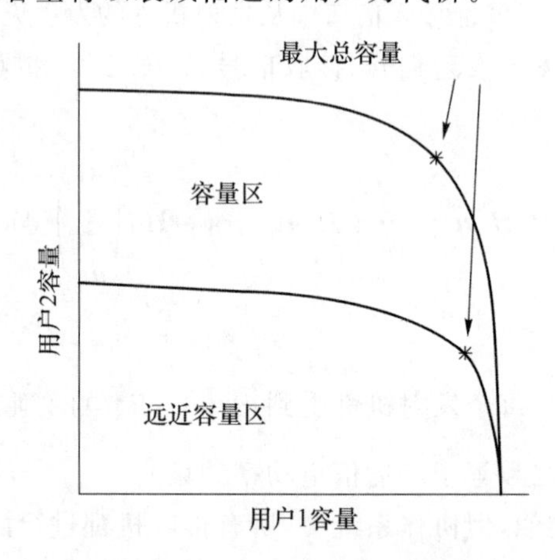

图 3-2 多用户信道的容量区域说明

为了更好地分析，首先介绍文献[4]和[5]中获得的 MIMO BC 信道的可达到区域和 MIMO MAC 容量区域中的结果。本节首先总结这些结果并给予证明，然后证明标量高斯 MAC 和广播信道的对偶性[6]。

（1）可达到的广播信道区域-脏纸区域

引理 1[5] 考虑一个 $y_k=\boldsymbol{H}_k\boldsymbol{x}_k+\boldsymbol{s}_k+\boldsymbol{n}_k$ 信道，其中接收向量为 $\boldsymbol{y}_k$，发送向量为 $\boldsymbol{x}_k$，向量高斯干扰为 $\boldsymbol{s}_k$ 和向量白高斯噪声为 $\boldsymbol{n}_k$。如果 $\boldsymbol{s}_k$ 和 $\boldsymbol{n}_k$ 是独立的且无因果关系的 $\boldsymbol{s}_k$ 信息可在发射机处获得，而在接收机处不能，则信道的容量与 $\boldsymbol{s}_k$ 不可见时的容量相同。

在 MIMO 广播信道中，根据引理 1，当为不同的接收机选择码字时，发射机首先为接收机 1 选择一个码字。然后，发射机在对接收机 2 打算使用的代码字有充分（非因果）了解的情况下，为接收机 2 选择一个码字。因此，接收机 2 不会将接收机 1 打算使用的码字视为干扰。类似地，选择用于接收机 3 的码字，以使接收机 3 不会将打算发送给接收机 1 和 2 的信号视为干扰。对于所有接收机，此过程继续进行。接收机 1 随后将发给所有其他用户的信号视为干扰，接收机 2 将发给用户 3 的信号视为干扰，等等。由于在这种过程中用户的顺序显然很重要，式（3-7）是可达的速率向量，

$$\boldsymbol{R}_{\pi(i)} = \log_2 \frac{\left| \boldsymbol{I} + \boldsymbol{H}_{\pi(i)} \left(\sum_{j \geqslant i} \boldsymbol{\Sigma}_{\pi(j)} \right) \boldsymbol{H}_{\pi(i)}^{\dagger} \right|}{\left| \boldsymbol{I} + \boldsymbol{H}_{\pi(i)} \left(\sum_{j > i} \boldsymbol{\Sigma}_{\pi(j)} \right) \boldsymbol{H}_{\pi(i)}^{\dagger} \right|}, \quad i = 1, \cdots, K \tag{3-7}$$

脏纸区域 $C_{\mathrm{DPC}}(P,\boldsymbol{H})$是定义为在所有正半定协方差矩阵 $\boldsymbol{\Sigma}_1,\cdots,\boldsymbol{\Sigma}_K$ 上以及在全排列上所有此类速率向量并集的凸包，$\mathrm{Tr}(\boldsymbol{\Sigma}_1+\cdots+\boldsymbol{\Sigma}_K)=\mathrm{Tr}(\boldsymbol{\Sigma}_x)\leqslant P$ 且在全排列$(\pi(1),\cdots,\pi(K))$有

$$C_{\mathrm{DPC}}(P,\boldsymbol{H}) \stackrel{\Delta}{=} \left(C_{\mathrm{o}} \bigcup_{\pi,\boldsymbol{\Sigma}_i} \boldsymbol{R}(\pi,\boldsymbol{\Sigma}_i) \right) \tag{3-8}$$

$\boldsymbol{R}(\pi,\boldsymbol{\Sigma}_i)$由式(3-7)给出。传输的信号为 $\boldsymbol{x}=\boldsymbol{x}_1+\cdots+\boldsymbol{x}_K$，输入协方差矩阵的形式为 $\boldsymbol{\Sigma}_i=E[\boldsymbol{x}_i\boldsymbol{x}_i^{\dagger}]$。脏纸编码过程产生统计上独立的信号 $\boldsymbol{x}_1,\cdots,\boldsymbol{x}_K$，由此得出 $\boldsymbol{\Sigma}_x=\boldsymbol{\Sigma}_1+\cdots+\boldsymbol{\Sigma}_k$。

关于式(3-7)中脏纸率方程的一个重要特征是速率方程既不是协方差矩阵的凹函数也不是凸函数。这使得找到脏纸区域非常困难，因为通常必须搜索满足功率约束的协方差矩阵的整个空间(默认脏纸区域受发射功率约束)。也有一些工作[7]描述脏纸区域受单个速率约束的特征(如为了达到某一组速率最小化所需的发射功率)，但这超出本书范围，我们不再讨论。

(2) MIMO MAC 容量区域

文献[8]～[10]中讲述了通用 MIMO MAC 的容量区域。本节求解对偶 MIMO MAC 的容量区域。对于任何一组功率$(P_1,\cdots,P_K)$，MIMO MAC 的容量为

$$\begin{aligned} C_{\mathrm{MAC}}(P_1,\cdots,P_K;\boldsymbol{H}^{\dagger}) \stackrel{\Delta}{=} \bigcup_{\{\mathrm{Tr}(P_i)\leqslant P_i\,\forall i\}} \{(R_1,\cdots,R_K): \sum_{i\in S} R_i \\ \leqslant \log_2 \left| \boldsymbol{I} + \sum_{i\in S} \boldsymbol{H}_i^{\dagger} \boldsymbol{P}_i \boldsymbol{H}_i \right| \forall S \subseteq \{1,\cdots,M\}\} \end{aligned} \tag{3-9}$$

对于 $P>0$，首先用以下集合 $C_{\mathrm{MAC}}(P,\boldsymbol{H}^{\dagger})$表示：

$$\begin{aligned} C_{\mathrm{union}}(P,\boldsymbol{H}^{\dagger}) &\stackrel{\Delta}{=} \bigcup_{\sum_{i=0}^{K} P_i \leqslant P} C_{\mathrm{MAC}}(P_1,\cdots,P_K;\boldsymbol{H}^{\dagger}) \\ &= \bigcup_{\{\sum_{i=1}^{K} \mathrm{Tr}(P_i)\leqslant P\}} \left\{ (R_1,\cdots,R_K): \sum_{i\in S} R_i \leqslant \log_2 \left| \boldsymbol{I} + \sum_{i\in S} \boldsymbol{H}_i^{\dagger} \boldsymbol{P}_i \boldsymbol{H}_i \right| \forall S \subseteq \{1,\cdots,M\} \right\} \end{aligned} \tag{3-10}$$

根据定理 1 中提供的参数，该区域是凸的。可以很容易地证明，当发射机具有总功率约束(而不是单个功率约束)但不允许合作时，该区域就是 MAC 的容量区域。此外，MIMO MAC 速率可以显示为协方差矩阵的凹函数。这意味着总功率 MIMO MAC 容量区域的边界点(和相应的协方差矩阵)可以通过标准凸规划找到(关于结构几乎相同的单个功率约束 MIMO MAC 的讨论，请参见文献[10])。事实证明这一点非常重要，接下来将证明 MIMO MAC 和功率限制区域等于对偶 MIMO 广播信道的脏纸可实现区域。

(3) 标量高斯 MAC 和广播信道的对偶性

先给出定理 1，然后证明标量高斯 MAC 和广播信道的对偶解[6]。

定理 1[7]　具有功率 P 和信道的标量高斯广播信道 $\bar{h}=(h_1,\cdots,h_K)$的容量区域等于带功率$(P_1,\cdots,P_K)$的对偶 MAC 的容量区域的并集，使得 $\sum_{i=1}^{K} P_i = P$。

$$C_{\mathrm{BC}}(P;\bar{h}) = \bigcup_{\sum_{i=1}^{K} P_i = P} C_{\mathrm{MAC}}(P_1,\cdots,P_K;\bar{h}) \tag{3-11}$$

通过证明在广播信道中可达到的任何速率集在 MAC 中也可达到这一点来获得证明，且反之也成立。一个关键点是，为了在广播信道和 MAC 中获得相同的速率向量，通常必须颠倒解码顺序，即如果用户 1 在广播信道中最后被解码，则用户 1 首先在 MAC 中被解码。在下一节中，将推导出一个类似的结果，该结果将脏纸 BC 可达区域等同于我们正在考虑的 MIMO 信道的 MAC 容量区域的并集。

2. MAC 和脏纸广播信道区域的对偶性

在本节中，将证明 K 个发射机的总功率约束为 P 的 MIMO MAC 的容量区域与具有 P 功率约束的对偶 MIMO 广播信道的脏纸区域相同。换句话说，在具有功率约束$(P_1,\cdots,P_K)$的对偶 MAC 中可达的任何速率向量都在具有功率约束 $\sum_{i=1}^{K} P_i$ 的广播信道的脏纸区域中。同时，位于广播信道脏纸区域中的任何速率向量也位于具有相同总功率约束的对偶 MIMO MAC 区域中。

定理 2 具有功率约束 P 的 MIMO 广播信道信道的脏纸区域等于具有总功率约束 P 的对偶 MIMO MAC 的容量区域：

$$C_{\mathrm{DPC}}(P,\boldsymbol{H})=C_{\mathrm{union}}(P,\boldsymbol{H}^{\dagger}) \tag{3-12}$$

证明：首先证明 $C_{\mathrm{DPC}}(P,\boldsymbol{H})\supseteq C_{\mathrm{union}}(P,\boldsymbol{H}^{\dagger})$，通过证明在 MAC 中通过连续解码获得的每个速率向量也在对偶 MIMO 广播信道的脏纸区域中。更具体地说，我们通过下面的 MAC 到广播信道变换表明，对于每组 MAC 协方差矩阵 $\boldsymbol{P}_1,\cdots,\boldsymbol{P}_K$ 和 MAC 中的任何解码顺序，都存在广播信道协方差矩阵 $\boldsymbol{\Sigma}_1,\cdots,\boldsymbol{\Sigma}_K$，其使用与 MAC 相同的总和(即 $\sum_{i=1}^{K}\mathrm{Tr}(\boldsymbol{P}_i)=\sum_{i=1}^{K}\mathrm{Tr}(\boldsymbol{\Sigma}_i)$)，使得使用脏纸编码方法，可以在广播信道中实现 MAC 速率。如式(3-9)中所述，每组 MAC 协方差矩阵对应于 K 维多面体，其中 $K!$ 个多面体的拐角点对应于 $K!$ 种可能的解码顺序在接收机处执行连续解码。通过脏纸区域的凸度(由于凸包操作)，足以表明与所有 MAC 协方差矩阵相对应的所有多面体的角点(即连续解码点)都位于对偶 MIMO 广播信道。因此，对于下面描述的从 MAC 到广播信道的转换，这意味着 $C_{\mathrm{DPC}}(P,\boldsymbol{H})\supseteq C_{\mathrm{union}}(P,\boldsymbol{H}^{\dagger})$。

通过式(3-13)来完成证明。

$$C_{\mathrm{DPC}}(P,\boldsymbol{H})\subseteq C_{\mathrm{union}}(P,\boldsymbol{H}^{\dagger}) \tag{3-13}$$

首先通过 BC-to-MAC 变换证明了这一点，对于每组 BC 协方差矩阵和任何编码顺序，都存在 MAC 协方差矩阵，它们可以使用相同的总幂来实现同一组速率。因此，MIMO MAC 和功率限制区域的凸性意味着 $C_{\mathrm{DPC}}(\mathrm{P},\boldsymbol{H})\subseteq C_{\mathrm{union}}(P,\boldsymbol{H}^{\dagger})$。

如果我们有下面证明的 BC-to-MAC 变换，将 MAC 协方差映射到 BC 协方差，反之亦然，那么就完成了证明。

接下来先解释转换中使用的一些术语，然后介绍实际转换。重要的是要指出，转换要求对偶 MAC / BC 信道中用户的解码/编码顺序相反。换句话说，如果首先在 MAC 中对用户 1 进行解码(即用户 1 受到所有其他用户信号的干扰)，那么我们必须在 BC 中最后对用户 1 的信号进行编码(即不受其他用户的干扰)以实现使用这些转换的比率相同。另外，请注意，对偶性证明仅需要存在 BC 协方差矩阵，该矩阵可以满足一组 MAC 协方差矩阵所实现的速率，反之亦然。然而，随后的变换实际上提供了作为变换后的 BC 协方差作为 MAC 协方差的函数的方程式，反之亦然。这可能非常有用，通常比找到最佳 MIMO MAC 协方差矩阵然后将其转换为 BC 协方差矩阵(由于 MIMO MAC 速率方程的凸结构)来找到最佳 BC 协方差矩阵要容易得多。直接搜索最佳 BC 协方差矩阵。

（1）术语

首先，解释术语有效信道和翻转信道。单用户 MIMO 系统 $\boldsymbol{\Theta}$ 具有信道矩阵 $\boldsymbol{H}$，协方差加性高斯噪声 $\boldsymbol{X}$ 和协方差加性高斯独立干扰 $\boldsymbol{Z}$ 被称为具有 $(\boldsymbol{X}+\boldsymbol{Z})^{-1/2}\boldsymbol{H}$ 的有效信道。信道矩阵等于有效信道，具有单位方差且无干扰的加性白噪声的不同系统和 $\boldsymbol{\Theta}$ 可实现的速率集相同。同样，具有有效信道矩阵 $\boldsymbol{Y}$ 的系统 $\boldsymbol{\Theta}_1$ 的容量和具有有效信道矩阵 $\boldsymbol{Y}^{\dagger}$ 的系统 $\boldsymbol{\Theta}_2$ 的容量（称为翻转信道）是相同的[9]。换句话说，对于每个 $\boldsymbol{\Theta}_1$ 中的发射协方差 $\boldsymbol{\Sigma}$，都存在 $\boldsymbol{\Theta}_2$ 中的 $\overline{\boldsymbol{\Sigma}}$ 满足 $\mathrm{Tr}(\overline{\boldsymbol{\Sigma}})\leqslant\mathrm{Tr}(\boldsymbol{\Sigma})$，使得 $\boldsymbol{\Theta}_2$ 中的 $\overline{\boldsymbol{\Sigma}}$ 所实现的速率等于 $\boldsymbol{\Theta}_1$ 中的 $\boldsymbol{\Sigma}$ 所实现的速率。在文献[11]中，证明 $\overline{\boldsymbol{\Sigma}}=\boldsymbol{F}\boldsymbol{G}^{\dagger}\boldsymbol{\Sigma}\boldsymbol{G}\boldsymbol{F}^{\dagger}$ 满足该标准，其中 $\boldsymbol{Y}$ 的奇异值分解（SVD）$\boldsymbol{Y}=\boldsymbol{F}\boldsymbol{\Lambda}\boldsymbol{G}^{\dagger}$，其中 $\boldsymbol{\Lambda}$ 为对角矩阵。接下来，我们描述协方差变换。

请注意，MATLAB 中的标准 SVD 命令并不总是返回奇异值的正方形和对角矩阵，因此可能在修改后才能正确生成翻转后的矩阵。

（2）从 MAC 到 BC 的转换

在本节中推导一个变换，该变换将一组 MAC 协方差矩阵和一个解码顺序作为输入，并输出一组 BC 协方差，且其总和与 MAC 协方差具有相同的乘方功率，从而获得与使用 MAC 协方差矩阵并以指定的解码顺序进行连续解码。

由于用户的编号是任意的，因此我们假设在 MAC 接收机中首先对用户 1 进行解码，然后对用户 2 进行解码，依此类推。

令

$$\boldsymbol{A}_j \triangleq \left(\boldsymbol{I}+\boldsymbol{H}_j\left(\sum_{l=1}^{j-1}\boldsymbol{\Sigma}_l\right)\boldsymbol{H}_j^{\dagger}\right) \tag{3-14}$$

且

$$\boldsymbol{B}_j \triangleq \left(\boldsymbol{I}+\sum_{l=j+1}^{K}\boldsymbol{H}_l^{\dagger}\boldsymbol{P}_l\boldsymbol{H}_l\right) \tag{3-15}$$

用户在 MAC 中获得的任意一组正半定协方差矩阵的速率由式(3-16)给出：

$$\begin{aligned}R_j^M &= \log_2\frac{\left|\boldsymbol{I}+\sum_{i=j}^{K}(\boldsymbol{H}_i^{\dagger}\boldsymbol{P}_i\boldsymbol{H}_i)\right|}{\left|\sum_{i=j+1}^{K}\boldsymbol{I}+(\boldsymbol{H}_i^{\dagger}\boldsymbol{P}_i\boldsymbol{H}_i)\right|}\\ &= \log_2\left|\boldsymbol{I}+\left(\boldsymbol{I}+\sum_{i=j+1}^{K}(\boldsymbol{H}_i^{\dagger}\boldsymbol{P}_i\boldsymbol{H}_i)\right)^{-1}\boldsymbol{H}_j^{\dagger}\boldsymbol{P}_j\boldsymbol{H}_j\right|\\ &= \log_2\left|\boldsymbol{I}+\boldsymbol{B}_j^{-1}\boldsymbol{H}_j^{\dagger}\boldsymbol{P}_j\boldsymbol{H}_j\right|\end{aligned} \tag{3-16}$$

注意，$\boldsymbol{B}_j$ 表示用户 j 在 MAC 中受到的干扰。为了简化，假设使用 $\boldsymbol{B}_j^{-1}$ 的平方根并使用属性 $|\boldsymbol{I}+\boldsymbol{A}\boldsymbol{B}|=|\boldsymbol{I}+\boldsymbol{B}\boldsymbol{A}|$。将表达式 $\boldsymbol{A}_j^{-1/2}\boldsymbol{A}_j^{1/2}=\boldsymbol{I}$ 引入以得到

$$R_j^{\mathrm{M}}=\log_2\left|\boldsymbol{I}+\boldsymbol{B}_j^{-1/2}\boldsymbol{H}_j^{\dagger}\boldsymbol{A}_j^{-1/2}\boldsymbol{A}_j^{1/2}\boldsymbol{P}_j\boldsymbol{A}_j^{1/2}\boldsymbol{A}_j^{-1/2}\boldsymbol{H}_j\boldsymbol{B}_j^{-1/2}\right| \tag{3-17}$$

$\boldsymbol{B}_j^{-1/2}\boldsymbol{H}_j^{\dagger}\boldsymbol{A}_j^{-1/2}$ 为系统的有效信道，然后翻转信道并发现 $\overline{\boldsymbol{A}_j^{1/2}\boldsymbol{P}_j\boldsymbol{A}_j^{1/2}}$。

$$\overline{\mathrm{Tr}(\boldsymbol{A}_j^{1/2}\boldsymbol{P}_j\boldsymbol{A}_j^{1/2})}\leqslant\mathrm{Tr}(\boldsymbol{A}_j^{1/2}\boldsymbol{P}_j\boldsymbol{A}_j^{1/2})$$

$$R_j^M=\log_2\left|\boldsymbol{I}+\boldsymbol{A}_j^{-1/2}\boldsymbol{H}_j\boldsymbol{B}_j^{-1/2}\,\overline{\boldsymbol{A}_j^{1/2}\boldsymbol{P}_j\boldsymbol{A}_j^{1/2}}\boldsymbol{B}_j^{-1/2}\boldsymbol{H}_j^{\dagger}\boldsymbol{A}_j^{-1/2}\right| \tag{3-18}$$

现在假设使用相反的编码顺序来考虑 BC 中的用户速率（即用户 1 最后被编码，用户 2 倒数第二被编码，等等）。

$$R_j^{\mathrm{B}} = \log_2 \frac{\left| \boldsymbol{I} + \sum_{i=1}^{j} (\boldsymbol{H}_j \boldsymbol{\Sigma}_i \boldsymbol{H}_j^\dagger) \right|}{\left| \boldsymbol{I} + \sum_{i=1}^{j-1} (\boldsymbol{H}_j \boldsymbol{\Sigma}_i \boldsymbol{H}_j^\dagger) \right|}$$
$$= \log_2 \left| \boldsymbol{I} + \boldsymbol{A}_j^{-1} \boldsymbol{H}_j \boldsymbol{\Sigma}_j \boldsymbol{H}_j^\dagger \right|$$
$$= \log_2 \left| \boldsymbol{I} + \boldsymbol{A}_j^{-1/2} \boldsymbol{H}_j \boldsymbol{\Sigma}_j \boldsymbol{H}_j^\dagger \boldsymbol{A}_j^{-1/2} \right| \tag{3-19}$$

这里 $\boldsymbol{A}_j$ 表示用户 j 在 BC 中受到的干扰。如果我们选择的 BC 协方差为

$$\begin{cases} \boldsymbol{\Sigma}_1 = \boldsymbol{B}_1^{-1/2} \bar{\boldsymbol{P}}_1 \boldsymbol{B}_1^{-1/2} \\ \vdots \\ \boldsymbol{\Sigma}_j = \boldsymbol{B}_j^{-1/2} \overline{\boldsymbol{A}_j^{1/2} \boldsymbol{P}_j \boldsymbol{A}_j^{1/2}} \boldsymbol{B}_j^{-1/2} \\ \vdots \\ \boldsymbol{\Sigma}_K = \overline{\boldsymbol{A}_K^{1/2} \boldsymbol{P}_K \boldsymbol{A}_K^{1/2}} \end{cases} \tag{3-20}$$

显然,最后得到了 $R_j^M = R_j^B$。此外,很容易证明所得的协方差矩阵都是对称且为正半定的。在文献[160]中,证明了式(3-20)的转换满足总和跟踪约束,或者 $\sum_{i=1}^{K} \mathrm{Tr}(\boldsymbol{\Sigma}_i) \leqslant \sum_{i=1}^{K} \mathrm{Tr}(\boldsymbol{P}_i)$。需要注意的是 $\boldsymbol{\Sigma}_j$ 仅取决于 $\boldsymbol{\Sigma}_1, \cdots, \boldsymbol{\Sigma}_{j-1}$,由此,$\boldsymbol{\Sigma}_j$ 可以按升序顺序计算。通过对所有 K 用户执行此操作,我们发现 BC 的协方差矩阵达到与 MAC 中相同的速率。如果用生成翻转信道的表达式代替,则用户的 BC 协方差矩阵的表达式可以扩展为

$$\boldsymbol{\Sigma}_j = \boldsymbol{B}_j^{-1/2} \boldsymbol{F}_j \boldsymbol{G}_j^\dagger \boldsymbol{A}_j^{1/2} \boldsymbol{P}_j \boldsymbol{A}_j^{1/2} \boldsymbol{G}_j \boldsymbol{F}_j^\dagger \boldsymbol{B}_j^{-1/2} \tag{3-21}$$

使用 SVD 分解有效信道 $\boldsymbol{B}_j^{-1/2} \boldsymbol{H}_j^\dagger \boldsymbol{A}_j^{-1/2}$ 为 $\boldsymbol{B}_j^{-1/2} \boldsymbol{H}_j^\dagger \boldsymbol{A}_j^{-1/2} = \boldsymbol{F}_j \boldsymbol{\Lambda}_j \boldsymbol{G}_j^\dagger$,其中 $\boldsymbol{\Lambda}_j$ 为对角矩阵。

(3) BC 到 MAC 的转换

给定一组 BC 协方差矩阵和一个编码顺序,该输出将输出一组 MAC 协方差,其总和与实现 MAC 速率(使用连续解码)的 BC 协方差具有相同的总功率。使用 BC 协方差矩阵在 BC 中获得的收益。这些转换几乎与 MAC 到 BC 的转换相同。对于 BC 处的脏纸编码,假设用户 K 首先以降序编码,然后是用户 $K-1$,以此类推。与 MAC 到 BC 的变换一样,我们将 $\boldsymbol{A}_j^{-1/2} \boldsymbol{H}_j \boldsymbol{B}_j^{-1/2}$ 视为有效信道,$\boldsymbol{B}_j^{1/2} \boldsymbol{\Sigma}_j \boldsymbol{B}_j^{1/2}$ 为协方差矩阵。通过翻转有效渠道,我们获得了 $\overline{\boldsymbol{B}_j^{1/2} \boldsymbol{\Sigma}_j \boldsymbol{B}_j^{1/2}}$ 并获得了转化:

$$\begin{aligned} \boldsymbol{P}_K &= \boldsymbol{A}_K^{-1/2} \overline{\boldsymbol{\Sigma}}_K \boldsymbol{A}_K^{-1/2} \\ &\vdots \\ \boldsymbol{P}_j &= \boldsymbol{A}_j^{-1/2} \overline{\boldsymbol{B}_j^{1/2} \boldsymbol{\Sigma}_j \boldsymbol{B}_j^{1/2}} \boldsymbol{A}_j^{-1/2} \\ &\vdots \\ \boldsymbol{P}_1 &= \overline{\boldsymbol{B}_1^{1/2} \boldsymbol{\Sigma}_1 \boldsymbol{B}_1^{1/2}} \end{aligned} \tag{3-22}$$

如前所述,如果我们在 MAC 中使用相反的解码顺序(即首先解码用户 1 等),则此转换可确保 BC 和 MAC 中所有用户的速率与 BC 和 MAC 中使用的总功率相等。另外,请注意,接着可以按降序顺序计算 $\boldsymbol{P}_j$。如果用生成翻转信道的表达式代替,则可以将式(3-22)中第 j 个用户的 MAC 协方差矩阵的表达式扩展为

$$\boldsymbol{P}_j = \boldsymbol{A}_j^{-1/2} \boldsymbol{F}_j \boldsymbol{G}_j^\dagger \boldsymbol{B}_j^{1/2} \boldsymbol{\Sigma}_j \boldsymbol{B}_j^{1/2} \boldsymbol{G}_j \boldsymbol{F}_j^\dagger \boldsymbol{A}_j^{-1/2} \tag{3-23}$$

使用 SVD 分解有效信道 $\boldsymbol{A}_j^{-1/2} \boldsymbol{H}_j \boldsymbol{B}_j^{-1/2}$ 为 $\boldsymbol{A}_j^{-1/2} \boldsymbol{H}_j \boldsymbol{B}_j^{-1/2} = \boldsymbol{F}_j \boldsymbol{\Lambda}_j \boldsymbol{G}_j^\dagger$,其中 $\boldsymbol{\Lambda}_j$ 是对角矩阵。

(4) 具有单独功率约束的 MIMO MAC

本节证明从对偶 MIMO BC 的脏纸区域中可获得对每个用户具有单独功率限制的 MIMO MAC 的容量区域。通过文献[6]的定理 3,可以将单个功率约束 MIMO MAC 容量区域表征为总功率约束 MIMO MAC 容量区域的交集。通过对偶性说明了总功率约束 MIMO MAC 容量区域等于对偶 MIMO BC 的脏纸可实现区域。

推论 1　MIMO MAC 的容量区域是 MIMO BC 的缩放脏纸区域的交集,可以表示为式(3-24):

$$\begin{aligned}&C_{\mathrm{MAC}}(P_1,\cdots,P_K,\boldsymbol{H}^{\dagger})\\&=\bigcap_{\alpha>0}C_{\mathrm{DPC}}\left(\sum_{i=1}^{K}\frac{P_i}{\alpha_i};(\sqrt{\alpha_1}\boldsymbol{H}_1^{\mathrm{T}},\cdots,\sqrt{\alpha_K}\boldsymbol{H}_K^{\mathrm{T}})^{\mathrm{T}}\right)\end{aligned}\tag{3-24}$$

证明:可以通过将文献[6]的定理 3 直接应用到 MIMO MAC 容量区域和在定理 2 中发展的对偶性来获得此结果。缩放后的 MIMO BC 指的是每个接收机矩阵 $\boldsymbol{H}_i$ 被 $\sqrt{\alpha_i}$ 缩放的信道。

3. 广播信道的和速率容量

上文说明了广播信道的脏纸区域和对偶 MAC 容量区域的并集是等效的。接下来我们将说明脏纸广播策略是 MIMO 广播信道的和速率容量的容量可达策略。为此,本节利用脏纸区域和对偶 MAC 的对偶性来表明脏纸区域达到了 MIMO 广播信道的和速率容量的上限。

Sato 提出了[12]一般广播信道容量区域的上限。该界限利用了前文定义的协作系统的能力。由于协作系统与广播信道相同,但是在接收者的协调下,协作系统的容量($C_{\mathrm{coop}}(P,\boldsymbol{H})$)是广播信道总容量($C_{\mathrm{BC}}^{\mathrm{sum\ rate}}(P,\boldsymbol{H})$)的上限。这个界限通常并不严格,但是通过在不同的接收机处引入噪声相关性,我们可以获得一个更强的界限。

由于一般广播信道的容量区域仅取决于信道的边缘转移概率(即 $p(y_i|x)$),而不取决于联合分布 $p(y_1,\cdots,y_K|x)$(文献[13]中的定理 14.6.1),因此广播信道不同接收机处的噪声矢量之间的相关性并不影响广播信道容量区域。但是,它确实会影响协作系统的容量,这仍然是广播信道和速率的上限。因此,我们像以前一样保留 $E(\boldsymbol{n}_i\boldsymbol{n}_i^{\dagger})=\boldsymbol{I}$,$1\leqslant i\leqslant K$(即单个接收机中多个接收天线处的噪声分量不相关)并让 $E(\boldsymbol{n}_i\boldsymbol{n}_i^{\dagger})\stackrel{\Delta}{=}\boldsymbol{X}_{i,j}<\boldsymbol{I}$,因为在接收机中引入噪声相关性会影响广播容量区域。$\boldsymbol{Z}$ 表示协作系统中的噪声协方差矩阵(其中 $\boldsymbol{Z}=E[\boldsymbol{z}\boldsymbol{z}^{\mathrm{T}}]$,$\boldsymbol{z}=(\boldsymbol{n}_1,\cdots,\boldsymbol{n}_k)^{\mathrm{T}}$),以将集合定义为满足 Sato 上限条件的所有非奇异(或严格为正定性)噪声协方差矩阵。

$$S=\left\{\boldsymbol{Z}:\boldsymbol{Z}>0,\boldsymbol{Z}=\begin{pmatrix}\boldsymbol{I}&\cdots&\boldsymbol{X}_{K,1}^{\dagger}\\\vdots&&\vdots\\\boldsymbol{X}_{K,1}&\cdots&\boldsymbol{I}\end{pmatrix}\right\}\tag{3-25}$$

那么,对于任何一个 $\boldsymbol{Z}\in S$,协作容量 $C_{\mathrm{coop}}(P,\boldsymbol{Z}^{-1/2}\boldsymbol{H})$ 都是 $C_{\mathrm{BC}}^{\mathrm{sum\ rate}}(P,\boldsymbol{H})$ 的上限,因为接收机的协调只能增加容量。因此,可以得到 $C_{BC}^{\mathrm{sum\ rate}}(P,\boldsymbol{H})$ 的上限为

$$C_{\mathrm{BC}}^{\mathrm{cum\ rate}}(P,\boldsymbol{H})\leqslant\inf_{\boldsymbol{Z}\in S}C_{\mathrm{coop}}(P,\boldsymbol{Z}^{-1/2}\boldsymbol{H})\tag{3-26}$$

根据文献[8],协作容量定义为

$$C_{\mathrm{coop}}(P,\boldsymbol{Z}^{-1/2}\boldsymbol{H})=\max_{\boldsymbol{\Sigma}\geqslant0,\mathrm{Tr}(\boldsymbol{\Sigma})\leqslant P}\log_2\left|\boldsymbol{I}+\boldsymbol{Z}^{-1/2}\boldsymbol{H}\boldsymbol{\Sigma}\boldsymbol{H}^{\dagger}\boldsymbol{Z}^{-1/2}\right|\tag{3-27}$$

使用此定义,将 Sato 上限写为

$$C_{\mathrm{Sato}}(P,\boldsymbol{H})\stackrel{\Delta}{=}\inf_{\boldsymbol{Z}\in S}\max_{\boldsymbol{\Sigma}\geqslant0,\mathrm{Tr}(\boldsymbol{\Sigma})\leqslant P}\log_2\left|\boldsymbol{I}+\boldsymbol{Z}^{-1/2}\boldsymbol{H}\boldsymbol{\Sigma}\boldsymbol{H}^{\dagger}\boldsymbol{Z}^{-1/2}\right|\tag{3-28}$$

因此，区域描述为

$$\left\{(R_1,\cdots,R_K):\sum_{i=1}^{K}R_i\leqslant C_{\text{Sato}}(P,\boldsymbol{H})\right\} \tag{3-29}$$

式(3-29)是 $C_{\text{BC}}(P,\boldsymbol{H})$的上限。接下来，我们证明 MIMO 广播信道的和速率容量实际上等于 Sato 上限。

定理 3 MIMO 广播信道的和速率容量等于 Sato 上限。此外，脏纸编码策略可实现 MIMO 广播信道的和速率容量：

$$C_{\text{BC}}^{\text{sum rate}}(P,\boldsymbol{H})=C_{\text{DPC}}^{\text{sum rate}}(P,\boldsymbol{H})=C_{\text{Sato}}(P,\boldsymbol{H}) \tag{3-30}$$

证明：由于 MIMO 广播信道的和速率容量不能大于 Sato 上限，因此足以表明，使用脏纸编码实际上可以在 MIMO 广播信道中实现 Sato 上限。注意，通过对偶性，我们知道 MIMO MAC 的最大和速率等于可达到脏纸区域的最大和速率。因此，必须证明其不等性：

$$\begin{aligned}C_{\text{DPC}}^{\text{sum rate}}(P,\boldsymbol{H}) &= C_{\text{union}}^{\text{sum rate}}(P,\boldsymbol{H})\\ &=\left\{\boldsymbol{P}_j\geqslant 0,\sum_{i=1}^{K}\text{Tr}(\boldsymbol{P}_i)\leqslant P\right\}\cdot\log_2\left|\boldsymbol{I}+\sum_{i=1}^{K}\boldsymbol{H}_i^{\dagger}\boldsymbol{P}_i\boldsymbol{H}_i\right| &(3\text{-}31)\\ &\geqslant C_{\text{Sato}}(P,\boldsymbol{H}) &(3\text{-}32)\end{aligned}$$

通过使用拉格朗日对偶性以不同形式表示 Sato 上限和 MIMO MAC 和速率容量来证明式(3-32)。我们首先找到 MIMO MAC[2] 最大和的对偶问题：

$$\max_{\boldsymbol{P}_i\in S}\log_2\left|\boldsymbol{I}+\sum_{i=1}^{K}\boldsymbol{H}_i^{\dagger}\boldsymbol{P}_i\boldsymbol{H}_i\right| \tag{3-33}$$

在以下凸集上

$$S=\left\{\boldsymbol{P}_i:\boldsymbol{P}_i\geqslant 0\,\forall i,\sum_{i=1}^{K}\text{Tr}(\boldsymbol{P}_i)\leqslant P\right\} \tag{3-34}$$

由式(3-33)给出的问题是凸优化问题，即它具有凹目标函数和凸约束集。因此，可以等效式为与(3-33)处具有相同最优值的凸拉格朗日对偶最小化问题。为此，我们将式(3-33)重写为

$$\begin{aligned}&\min_{\boldsymbol{X},\boldsymbol{P}_i}-\log_2|\boldsymbol{X}|\\ \text{约束}\quad &\boldsymbol{X}=\boldsymbol{I}+\sum_{i=1}^{K}\boldsymbol{H}_i^{\dagger}\boldsymbol{P}_i\boldsymbol{H}_i &(3\text{-}35)\\ &\sum_{i=1}^{K}\text{Tr}(\boldsymbol{P}_i)\leqslant P,\boldsymbol{P}_i\geqslant 0\end{aligned}$$

请注意，矩阵不等式与作为矩阵的对偶变量相关联，而标量不等式与标量对偶变量相关联。这个问题的拉格朗日函数是

$$\begin{aligned}\mathscr{L}(\boldsymbol{X},\boldsymbol{P}_i,\boldsymbol{A},\boldsymbol{S}_i,\lambda)=&-\log_2|\boldsymbol{X}|+\text{Tr}\left[\boldsymbol{A}\left(\boldsymbol{X}-\boldsymbol{I}-\sum_{i=1}^{K}\boldsymbol{H}_i^{\dagger}\boldsymbol{P}_i\boldsymbol{H}_i\right)\right]+\\ &\lambda\left(\sum_{i=1}^{K}\text{Tr}(\boldsymbol{P}_i)-P\right)+\sum_{i=1}^{K}\text{Tr}(\boldsymbol{S}_i\boldsymbol{P}_i) &(3\text{-}36)\end{aligned}$$

通过最小化原始变量来找到对偶函数 $\boldsymbol{X},\boldsymbol{P}_i$。

我们通过对原始变量进行微分拉格朗日来获得最优条件：$g(\boldsymbol{A},\boldsymbol{S}_i,\lambda)=\inf\limits_{\boldsymbol{X},\boldsymbol{P}_i}\mathscr{L}(\boldsymbol{X},\boldsymbol{P}_i,\boldsymbol{A},\boldsymbol{S}_i,\lambda)$。

对于任何不满足这些条件的拉格朗日函数，我们得到 $g(\boldsymbol{A},\boldsymbol{S}_i,\lambda)=-\infty$。对于确实满足

$$\lambda\boldsymbol{I}=\boldsymbol{H}_i\boldsymbol{A}\boldsymbol{H}_i^{\dagger}+\boldsymbol{S}_i,\quad\forall i,\boldsymbol{X}^{-1}=\boldsymbol{A} \tag{3-37}$$

这些条件的拉格朗日函数，我们得到

$$g(\boldsymbol{A},\boldsymbol{S}_i,\lambda)=\log_2|\boldsymbol{A}|-\mathrm{Tr}(\boldsymbol{A})-\lambda P+t \tag{3-38}$$

然后，通过对偶变量最大化来获得对偶问题 $g(\boldsymbol{A},\boldsymbol{S}_i,\lambda)$：

$$\begin{aligned}&\max_{\boldsymbol{A},\lambda}\ \log_2|\boldsymbol{A}|-\mathrm{Tr}(\boldsymbol{A})-\lambda\boldsymbol{P}+\boldsymbol{t}\\ \text{约束}\quad&\boldsymbol{A}\geqslant 0,\lambda\geqslant 0\\ &\lambda\boldsymbol{I}\geqslant\boldsymbol{H}_i\boldsymbol{A}\boldsymbol{H}_i^{\dagger},\quad\forall i\end{aligned} \tag{3-39}$$

由于原始优化的凸性，MAC 的和速率容量等于上述对偶问题的式(3-39)。

现在，使用拉格朗日对偶性为 Sato 上限找到替代形式。Sato 上限最初在式(3-28)中定义为

$$C_{\mathrm{Sato}}(P,\boldsymbol{H})\overset{\Delta}{=}\inf_{\boldsymbol{Z}\in S}\max_{\boldsymbol{\Sigma}\geqslant 0,\mathrm{Tr}(\boldsymbol{\Sigma})\leqslant P}\log_2|\boldsymbol{I}+\boldsymbol{Z}^{-1}\boldsymbol{H\Sigma H}^{\dagger}| \tag{3-40}$$

通过考虑仅内部最大化(而不是整个表达式)的拉格朗日对偶，我们将找到该上限的另一种形式。对于某些固定点 $\boldsymbol{Z}>0$，考虑其内部最大化

$$\max_{\boldsymbol{\Sigma}\geqslant 0,\mathrm{Tr}(\boldsymbol{\Sigma})\leqslant P}\log_2|\boldsymbol{I}+\boldsymbol{Z}^{-1}\boldsymbol{H\Sigma H}^{\dagger}| \tag{3-41}$$

请注意，式(3-41)中的最大值是一个多天线系统的容量，该系统的信道由 $\boldsymbol{Z}^{-1/2}\boldsymbol{H}$ 和加性高斯白噪声[9]给出。可以证明具有共轭转置信道 $\boldsymbol{H}^{\dagger}\boldsymbol{Z}^{-1/2}$ 的系统容量与式(3-33)中的容量完全相等(有关证明请参见文献[8])。因此，式(3-41)等于

$$\max_{\boldsymbol{Q}\geqslant 0,\mathrm{Tr}(\boldsymbol{Q})\leqslant P}\log_2|\boldsymbol{I}+\boldsymbol{H}^{\dagger}\boldsymbol{Z}^{-1/2}\boldsymbol{Q}\boldsymbol{Z}^{-1/2}\boldsymbol{H}| \tag{3-42}$$

请注意，此最大化等效于式(3-35)中满足 $K=1,\boldsymbol{H}_1^{\dagger}=\boldsymbol{H}^{\dagger}\boldsymbol{Z}^{-1/2},\boldsymbol{P}_1=\boldsymbol{Q}$ 的 MAC 总和最大化的形式。因此，式(3-41)等于

$$\begin{aligned}&\max_{\boldsymbol{A},\lambda}\ \log_2|\boldsymbol{A}|-\mathrm{Tr}(\boldsymbol{A})-\lambda P+t\\ \text{约束}\quad&\boldsymbol{A}\geqslant 0,\lambda\geqslant 0\\ &\lambda\boldsymbol{I}\geqslant\boldsymbol{Z}^{-1/2}\boldsymbol{H}\boldsymbol{A}\boldsymbol{H}^{\dagger}\boldsymbol{Z}^{-1/2}\end{aligned} \tag{3-43}$$

显然，我们可以将最后一个不等式两边乘以项 $\boldsymbol{Z}^{-1/2}$，然后求和求反得到

$$\begin{aligned}&\min_{\boldsymbol{A},\lambda}-\log_2|\boldsymbol{A}|+\mathrm{Tr}(\boldsymbol{A})+\lambda P-t\\ \text{约束}\quad&\boldsymbol{A}\geqslant 0,\lambda\geqslant 0\\ &\lambda\boldsymbol{Z}\geqslant\boldsymbol{H}\boldsymbol{A}\boldsymbol{H}^{\dagger}\end{aligned} \tag{3-44}$$

由于这等效于每个 Sato 上限的内部最大化，因此我们可以将 Sato 上限重写为

$$\begin{aligned}&C_{\mathrm{Sato}}(P,\boldsymbol{H})=\inf_{\boldsymbol{Z}\in S}\min_{\boldsymbol{A},\lambda}-\log_2|\boldsymbol{A}|+\mathrm{Tr}(\boldsymbol{A})+\lambda P-t\\ \text{约束}\quad&\lambda\geqslant 0,\boldsymbol{A}\geqslant 0\\ &\lambda\boldsymbol{Z}\geqslant\boldsymbol{H}\boldsymbol{A}\boldsymbol{H}^{\dagger}\end{aligned} \tag{3-45}$$

MIMO MAC 和速率容量式(3-32)为

$$\begin{aligned}&C_{\mathrm{union}}^{\mathrm{sum\ rate}}(P,\boldsymbol{H})=\min_{\boldsymbol{A},\lambda}-\log_2|\boldsymbol{A}|+\mathrm{Tr}(\boldsymbol{A})+\lambda P-t\\ \text{约束}\quad&\lambda\geqslant 0,\boldsymbol{A}\geqslant 0\\ &\lambda\boldsymbol{I}\geqslant\boldsymbol{H}_i\boldsymbol{A}\boldsymbol{H}_i^{\dagger}\ \forall i\end{aligned} \tag{3-46}$$

注意，式(3-45)和式(3-46)的目标函数相同，但是变量和约束条件不同。我们将通过建立一个可行的 Sato 上限对偶问题的解决方案与 MIMO MAC 和速率对偶问题的解决方案，证明 $C_{\mathrm{BC}}^{\mathrm{sum\ rate}}(P,\boldsymbol{H})\geqslant C_{\mathrm{Sato}}(P,\boldsymbol{H})$。

设$\lambda=\lambda_0$，$\mathbf{A}=\mathbf{A}_0$为式(3-47)的优化解决方案，即

$$C_{\text{union}}^{\text{sum rate}}(P,\boldsymbol{H})=-\log_2|\mathbf{A}_0|+\text{Tr}(\mathbf{A}_0)+\lambda_0 P-t \tag{3-47}$$

由于式(3-46)是闭合集上凸函数的最小化，因此我们知道达到了最小值，因此存在最小化对$(\lambda_0,\mathbf{A}_0)$。我们通过为Sato上限式(3-45)显式构造一个可行的变量集$(\lambda,\mathbf{A},\boldsymbol{Z})$来证明式(3-32)，以使式(3-46)和式(3-45)中的目标函数相等。

让我们首先考虑$(\lambda,\mathbf{A},\boldsymbol{Z})$的值的选择：

$$\begin{cases}\lambda=\lambda_0\\ \mathbf{A}=\mathbf{A}_0\\ \boldsymbol{Z}=\begin{pmatrix}\boldsymbol{I} & \dfrac{\boldsymbol{H}_1\mathbf{A}_0\boldsymbol{H}_2^{\dagger}}{\lambda_0} & \cdots & \dfrac{\boldsymbol{H}_1\mathbf{A}_0\boldsymbol{H}_K^{\dagger}}{\lambda_0}\\ \dfrac{\boldsymbol{H}_2\mathbf{A}_0\boldsymbol{H}_1^{\dagger}}{\lambda_0} & \boldsymbol{I} & \cdots & \dfrac{\boldsymbol{H}_2\mathbf{A}_0\boldsymbol{H}_K^{\dagger}}{\lambda_0}\\ \vdots & \vdots & & \vdots\\ \dfrac{\boldsymbol{H}_K\mathbf{A}_0\boldsymbol{H}_1^{\dagger}}{\lambda_0} & \dfrac{\boldsymbol{H}_K\mathbf{A}_0\boldsymbol{H}_2^{\dagger}}{\lambda_0} & \cdots & \boldsymbol{I}\end{pmatrix}\end{cases} \tag{3-48}$$

只要选择的$\boldsymbol{Z}$是正定的，就可以通过下面使用的方法验证该集合对于式(3-45)是可行的，并且两个极小化的目标函数是相同的。因此，构造了Sato上限的最坏情况噪声$\boldsymbol{Z}$并显示了式(3-32)，但仅在$\boldsymbol{Z}>0$的情况下。在许多实际情况下，$\boldsymbol{Z}$是奇异的，此时的$\boldsymbol{Z}$不是式(3-45)的可行选择。

为了避免这种奇异性，我们通过引入任意参数$\delta>0$来构造一系列可行点(即$\boldsymbol{Z}>0$)。$(\lambda,\mathbf{A},\boldsymbol{Z})$的价值族由式(3-49)给出

$$\begin{cases}\lambda=\lambda_0+\delta\\ \mathbf{A}=\mathbf{A}_0\\ \boldsymbol{Z}=\begin{pmatrix}\boldsymbol{I} & \dfrac{\boldsymbol{H}_1\mathbf{A}_0\boldsymbol{H}_2^{\dagger}}{\lambda_0+\delta} & \cdots & \dfrac{\boldsymbol{H}_1\mathbf{A}_0\boldsymbol{H}_K^{\dagger}}{\lambda_0+\delta}\\ \dfrac{\boldsymbol{H}_2\mathbf{A}_0\boldsymbol{H}_1^{\dagger}}{\lambda_0+\delta} & \boldsymbol{I} & \cdots & \dfrac{\boldsymbol{H}_2\mathbf{A}_0\boldsymbol{H}_K^{\dagger}}{\lambda_0+\delta}\\ \vdots & \vdots & & \vdots\\ \dfrac{\boldsymbol{H}_K\mathbf{A}_0\boldsymbol{H}_1^{\dagger}}{\lambda_0+\delta} & \dfrac{\boldsymbol{H}_K\mathbf{A}_0\boldsymbol{H}_2^{\dagger}}{\lambda_0+\delta} & \cdots & \boldsymbol{I}\end{pmatrix}\end{cases} \tag{3-49}$$

首先需要确保该集合对于式(3-45)是可行的。由于$(\lambda_0,\mathbf{A}_0)$是式(3-47)的优化解决方案，因此必须满足式(3-47)中的约束。因此，我们有$\lambda=\lambda_0+\delta>0$和$\mathbf{A}=\mathbf{A}_0\geqslant 0$。由于矩阵$\boldsymbol{Z}$在构造上是块对角线且对称的，因此可以看到$\boldsymbol{Z}>0$，$\boldsymbol{Z}\in S$。因此，我们需要验证$\boldsymbol{Z}>0$且$\lambda\boldsymbol{Z}\geqslant\boldsymbol{HAH}^{\dagger}$。

需要注意$\lambda_0+\delta>0$且

$$\begin{aligned}(\lambda_0+\delta)\boldsymbol{Z}-\boldsymbol{H}\mathbf{A}_0\boldsymbol{H}^{\dagger}&=\text{diag}[(\lambda_0+\delta)\boldsymbol{I}-\boldsymbol{H}_i\mathbf{A}_0\boldsymbol{H}_i^{\dagger}]\\&=\text{diag}[\lambda_0\boldsymbol{I}-\boldsymbol{H}_i\mathbf{A}_0\boldsymbol{H}_i^{\dagger}]+\delta\boldsymbol{I}\end{aligned} \tag{3-50}$$

既然$(\lambda_0,\mathbf{A}_0)$是式(3-47)的优化解决方案，即$\lambda_0\boldsymbol{I}-\boldsymbol{H}_i\mathbf{A}_0\boldsymbol{H}_i^{\dagger}\geqslant 0$。这意味着$\text{diag}[\lambda_0\boldsymbol{I}-\boldsymbol{H}_i\mathbf{A}_0\boldsymbol{H}_i^{\dagger}]\geqslant 0$。$\delta>0$，得到式(3-51)：

$$\lambda\boldsymbol{Z}-\boldsymbol{H}\mathbf{A}_0\boldsymbol{H}^{\dagger}=\text{diag}[\lambda_0\boldsymbol{I}-\boldsymbol{H}_i\mathbf{A}_0\boldsymbol{H}_i^{\dagger}]+\delta\boldsymbol{I}>0 \tag{3-51}$$

这意味着$\lambda\boldsymbol{Z}>\boldsymbol{H}\mathbf{A}_0\boldsymbol{H}^{\dagger}=\boldsymbol{HAH}$。因此，它仍然表明$\boldsymbol{Z}>0$。而$\mathbf{A}\geqslant 0$时，我们得到

$\boldsymbol{HAH}^{\dagger} \geqslant \boldsymbol{O}$。这意味着 $\lambda\boldsymbol{Z} > \boldsymbol{O}$。同时 $\lambda > 0$，我们就得到了 $\boldsymbol{Z} > \boldsymbol{O}$。因此，形成式(3-45)的一组$(\lambda, \boldsymbol{A}, \boldsymbol{Z})$的可行值。由于 Sato 上限等于目标函数的最小值(在可行集上)，得到

$$\begin{aligned} C_{\text{Sato}}(P, \boldsymbol{H}) &\leqslant -\log_2 |\boldsymbol{A}| + \operatorname{Tr}(\boldsymbol{A}) + \lambda P - t \\ &= -\log_2 |\boldsymbol{A}_0| + \operatorname{Tr}(\boldsymbol{A}_0) + \lambda_0 P - t + \delta P \\ &= C_{\text{union}}^{\text{sum rate}}(P, \boldsymbol{H}) + \delta P \end{aligned} \tag{3-52}$$

这适用于任何 $\delta > 0$ 的情况，我们得到

$$C_{\text{Sato}}(P, \boldsymbol{H}) \leqslant C_{\text{union}}^{\text{sum rate}}(P, \boldsymbol{H})$$

从而完成了定理的证明。

假设已知针对 MIMO MAC 和速率问题的优化解决方案，则该求和速率容量证明的一个不错的特性是，在证明为 Sato 上限生成最坏情况的噪声协方差的意义上，它是有建设性的。具体来说，在式(3-49)中构造了一个噪声协方差，对任意小的 δP，其协作容量比 MIMO MAC 和速率容量大。尽管证明了构造矩阵 $\boldsymbol{Z} > \boldsymbol{O}$ 且 $\delta > 0$，但正如前面提到的那样，当 $\delta \geqslant 0$ 时同样有 $\boldsymbol{Z} \geqslant \boldsymbol{O}$。如果所构造的矩阵 $\bar{\boldsymbol{Z}}$ 在 $\delta = 0$ 时严格地是非奇异的(即 $\boldsymbol{Z} > \boldsymbol{O}$)，则具有噪声协方差的协作容量 $\boldsymbol{Z}$ 等于 MIMO MAC 和速率容量。因此，在这些情况下，实际上 $\boldsymbol{Z}$ 是 Sato 上限的噪声协方差。在数值上，当 $\boldsymbol{Z}$ 为奇数且 $\delta = 0$ 时，噪声协方差是 $\boldsymbol{Z}$ 最坏的情况。

图 3-3 显示了对称的双用户信道的脏纸广播信道区域和对偶 MAC 的容量区域，以及 Sato 上限和单用户边界。图中向五边形是脏纸区域，它是由多个单功率约束 MAC 区域联合形成的。由于每个接收机只有一根天线，因此具有单功率约束的对偶 MIMO MAC 区域就是一个简单的五边形。容量上限是通过取两个单用户最佳拐角点(与轴平行)和 Sato 上限所形成的区域的交点来确定的，该上限在求和速率下是严格的。

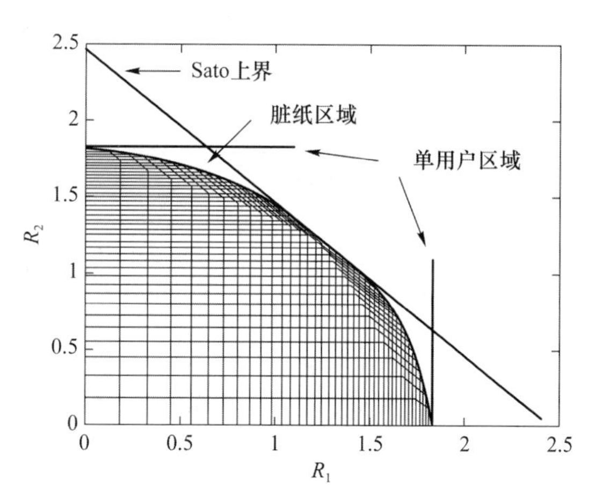

图 3-3　脏纸广播区域

其中，$K=2$，$t=2$，$r_1=r_2=1$，$\boldsymbol{H}_1=(10.4)$，$\boldsymbol{H}_2=(0.41)$，$P=10$。

请注意，这三个约束组成的区域实际上非常接近脏纸可达区域。还要注意，脏纸可达区域的边界在和速率点处有一条直线段。当发射机具有多根天线时和速率具有直线段(即果分部分)向特征对 *MIMO MAC* 容易区域也适用[10]。

在本节中，首先根据 MIMO 广播信道模型建立了 MIMO BC 的脏纸可达区域与 MIMO 多址信道(MAC)的容量区域之间的对偶关系。接着利用这种对偶性能够轻松地找到可达到的脏纸区域以及达到该区域边界的脏纸协方差矩阵，从而极大地降低 MIMO BC 可获得脏纸

可达到区域所需的计算复杂性。尽管 MIMO 广播信道的容量区域由于其不退化的性质而未知,但能够证明脏纸可达到区域通过使用 MAC-广播信道对偶性和 Sato 上限从而实现 MIMO 广播信道的和速率容量。

3.2 多址 MIMO 系统接收机

在蜂窝网络中,需要解决两个通信问题:上行链路(多个用户都将数据传输到同一基站)和下行链路(基站试图将信号传输到多个用户)。在单用户 MIMO 信道中,使用 MIMO 处理的好处是所有发射机或接收机之间可以进行协同处理。在多用户信道中,通常假定用户之间没有协调。用户之间缺乏协调的结果是,该问题在上行链路和下行链路信道之间有所不同。

在上行链路场景中,用户通过同一信道传输到基站。关键问题在于令基站运用数组处理、多用户检测(MUD)等方法来分离用户传输的信号。用户不能彼此协调,因此几乎无法优化彼此之间的发射信号。如果允许从发射机向用户发送一些信道反馈,则可以进行一些协调,但可能要求每个用户都知道所有其他用户的信道,而不仅仅是知道自己的信道。否则,上行链路中的难点主要在于基站进行的分离用户的处理。

基站同时向多用户进行传输的下行链路信道如图 3-4 所示。在该情况下,基站尝试通过同一信道向两个用户进行传输,但在用户 1 生成信号发送给用户 2 时,存在一定的用户间干扰,反之亦然。借助 MUD,给定的用户有可能抑制多址干扰(MAI),但是这样的技术在接收者处使用通常过于昂贵。在理想情况下,我们希望通过设计发送信号来减少发射机处的 MAI。如果 CSI 在发射机处可用,则可知道正在向用户 1 发送的信号正在对用户 2 产生什么干扰,反之亦然。

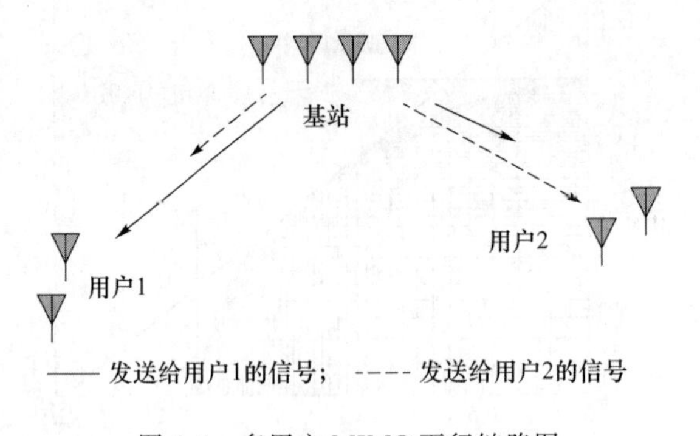

图 3-4 多用户 MIMO 下行链路图

在本节中,考虑了多址 MIMO 无线通信系统的一般情况。假设接收机和多个发射机都配备了多根天线,并使用正交的 STBCs 将数据从每个发射机同时发送到接收机。接收机在抑制多址干扰、自干扰和噪声的同时,对目标发射机发送的数据进行解码。

3.2.1 空时分组编码

空时分组编码是多输入多输出(MIMO)无线通信系统[13-18]中利用空间分集和对抗衰落的一种有效方法。正交空时分组码[15-16]是一类具有良好分集增益和低解码复杂度的空时编码技术。在点对点 MIMO 通信的情况下,这类编码的最优最大似然(ML)检测器表示一个简单的线性接收机,可最大限度地提高输出信噪比(SNR)。换句话说,对于每个符号,ML 检测器可以看作是一个匹配滤波器(MF)接收[19]。

然而,在多址 MIMO 通信情况下,与在点对点 MIMO 情况下的 ML 接收机相比,ML 接收机具有更复杂的结构和高得令人望而却步的复杂性。因此,在多址情况下,可以使用次优但简单的线性接收机[20-23]。

例如,在文献[21]中已经为使用多天线和空时分组码的直接序列(DS)码分多址(CDMA)系统开发了 Capon 类型的线性接收机。但是这种方法受到发射机的一个相当特殊的情况的限制,那就是发射机只由两根天线组成。

还有一种方法是基于 DS-CDMA 的通信系统设计了一种线性解相关接收机[22]。这个接收机使用 Alamouti 码作为基础的空时分组码(STBC)。文献[21]的方法受到两种假设的限制:一是发射机由两根天线组成,并且接收机使用不超过两根天线;二是它只适用于二进制相移键控(BPSK)信号的情况。

还有一些研究考虑了联合空时译码和干扰抑制[23]。然而,这种方法仅限于在 Alamouti 码和单一干扰的情况下使用。

3.2.2 点对点和多址 MIMO 模型

具有 N 个发射机和 M 个接收机以及平坦块衰落信道的单接入(点对点)MIMO 系统的输入和输出之间的关系可以表示为[13,15]

$$\boldsymbol{y}(t)=\boldsymbol{x}(t)\boldsymbol{H}+\boldsymbol{v}(t) \tag{3-53}$$

其中 $\boldsymbol{H}$ 是在接收机 1～3 处已知的 $N\times M$ 复合信道矩阵,而 $\boldsymbol{y}(t)=(y_1(t),\cdots,y_M(t))$,$\boldsymbol{x}(t)=(x_1(t),\cdots,x_N(t))$ 和 $\boldsymbol{v}(t)=(v_1(t),\cdots,v_M(t))$分别是接收信号、发送信号和噪声的复合行向量。

假设式(3-53)中的信道在 $t=1,2,\cdots,T$ 时间使用,我们可以将式(3-53)重写为

$$\boldsymbol{Y}=\boldsymbol{X}\boldsymbol{H}+\boldsymbol{V} \tag{3-54}$$

其中,

$$\begin{cases} \boldsymbol{Y}\triangleq\begin{pmatrix}\boldsymbol{y}(1)\\ \boldsymbol{y}(2)\\ \vdots\\ \boldsymbol{y}(T)\end{pmatrix} \\ \boldsymbol{X}\triangleq\begin{pmatrix}\boldsymbol{x}(1)\\ \boldsymbol{x}(2)\\ \vdots\\ \boldsymbol{x}(T)\end{pmatrix} \\ \boldsymbol{V}\triangleq\begin{pmatrix}\boldsymbol{v}(1)\\ \boldsymbol{v}(2)\\ \vdots\\ \boldsymbol{v}(T)\end{pmatrix} \end{cases} \tag{3-55}$$

$\boldsymbol{Y}$、$\boldsymbol{X}$、$\boldsymbol{V}$ 分别是接收信号、发射信号和噪声的矩阵。

然后将空时分组编码之前的复合信息符号表示为 $s_1,s_2,\cdots,s_K$,并假设这些符号属于(可

能不同)星座图$U_k, k=1,2,\cdots,K$。接下来介绍一下向量$\boldsymbol{s}$:

$$\boldsymbol{s} \stackrel{\Delta}{=} (s_1, s_2, \cdots, s_K)^{\mathrm{T}} \tag{3-56}$$

其中$(\cdot)^{\mathrm{T}}$表示转置。请注意$\boldsymbol{s} \in S$,其中$S=\{\boldsymbol{s}^{(1)}, \boldsymbol{s}^{(2)}, \cdots, \boldsymbol{s}^{(L)}\}$是所有可能符号向量的集合,并且$L$是该集合的基数。如果满足下面两点,则该$T \times N$矩阵$\boldsymbol{X}(\boldsymbol{s})$称为正交STBC。

- $\boldsymbol{X}(\boldsymbol{s})$所有的元素都是$K$个向量$\boldsymbol{s}_1, \boldsymbol{s}_2, \cdots, \boldsymbol{s}_K$及其复共轭的线性函数。
- 对于任意一个,它都满足

$$\boldsymbol{X}^{\mathrm{H}}(\boldsymbol{s})\boldsymbol{X}(\boldsymbol{s}) = \|\boldsymbol{s}\|^2 \boldsymbol{I}_N \tag{3-57}$$

其中$\boldsymbol{I}_N$为$N \times N$单位矩阵,$\|\cdot\|$为欧几里得范数。

结果表明,$\boldsymbol{X}(\boldsymbol{s})$矩阵可以写成

$$\boldsymbol{X}(\boldsymbol{s}) = \sum_{K}^{k=1} (\boldsymbol{C}_k \mathrm{Re}\{s_k\} + \boldsymbol{D}_k \mathrm{Im}\{s_k\}) \tag{3-58}$$

这里,矩阵$\boldsymbol{C}_k$和$\boldsymbol{D}_k$被定义为

$$\begin{cases} \boldsymbol{C}_k \stackrel{\Delta}{=} \boldsymbol{X}(\boldsymbol{e}_k) \\ \boldsymbol{D}_k \stackrel{\Delta}{=} \boldsymbol{X}(\mathrm{j}\boldsymbol{e}_k) \end{cases} \tag{3-59}$$

其中$\mathrm{j}=\sqrt{-1}$,$\boldsymbol{e}_k$表示向量$K \times 1$在第k个位置为1,其他位置为0。实际上,任何STBC都完全由其对应的矩阵$\boldsymbol{C}_k$和$\boldsymbol{D}_k$定义。使用式(3-57),可以将式(3-54)重写为

$$\underline{\boldsymbol{Y}} = \boldsymbol{A}\,\underline{\boldsymbol{s}} + \underline{\boldsymbol{V}} \tag{3-60}$$

矩阵的"下划线"运算符定义为

$$\underline{\boldsymbol{P}} \stackrel{\Delta}{=} \begin{bmatrix} \mathrm{vec}\{\mathrm{Re}(\boldsymbol{P})\} \\ \mathrm{vec}\{\mathrm{Im}(\boldsymbol{P})\} \end{bmatrix} \tag{3-61}$$

vec{ · }是一个向量运算符,它将一个矩阵的所有列叠加在一起。这里,$2MT \times 2K$实矩阵$\boldsymbol{A}$定义为

$$\boldsymbol{A} \stackrel{\Delta}{=} (\underline{\boldsymbol{C}_1\boldsymbol{H}} \cdots \underline{\boldsymbol{C}_K\boldsymbol{H}} \underline{\boldsymbol{D}_1\boldsymbol{H}} \cdots \underline{\boldsymbol{D}_K\boldsymbol{H}}) \tag{3-62}$$

该矩阵具有一个重要性质,即其列具有相同的范数并且彼此正交:

$$\boldsymbol{A}^{\mathrm{T}}\boldsymbol{A} = \|\boldsymbol{H}\|_F^2 \boldsymbol{I}_{2K} \tag{3-63}$$

其中$\|\cdot\|_F$表示Frobenius范数。

最优(ML)空时译码器基于最近邻译码原理。利用信道知识在无噪声观测空间$\mathscr{Y}=\{\boldsymbol{Y}^{(1)}, \boldsymbol{Y}^{(2)}, \cdots, \boldsymbol{Y}^{(L)}\}$中寻找与接收信号最近的点,即

$$l_{\mathrm{opt}} = \arg \min_{l \in \{1,\cdots,L\}} \|\boldsymbol{Y} - \boldsymbol{Y}^{(l)}\|_F \tag{3-64}$$

然后使用这个索引来解码传输的比特。其中$\boldsymbol{Y}^{(l)}$为无噪声接收信号矩阵,对应于信息符号向量$\boldsymbol{s}^{(l)}$。

ML接收机也可以看作一个匹配滤波器,其输出信噪比最大。式(3-65)显示其等价于MF线性接收机$\underline{\boldsymbol{s}}$,计算如下估计:

$$\hat{\underline{\boldsymbol{s}}} = \frac{1}{\|\boldsymbol{H}\|_F^2} \boldsymbol{A}^{\mathrm{T}} \underline{\boldsymbol{Y}} \tag{3-65}$$

并得到向量$\boldsymbol{s}$的估计为

$$\hat{\boldsymbol{s}} = (\boldsymbol{I}_K \ \mathrm{j}\boldsymbol{I}_K)\hat{\underline{\boldsymbol{s}}} \tag{3-66}$$

然后将$\hat{\boldsymbol{s}}$中的第k个元素与U_k中的所有点进行比较。接受最接近的点作为$\boldsymbol{s}$的第k个

项的估计。所有步骤都重复此过程，$k=1,2,\cdots,K$，也就是说，逐个符号地完成解码。

清楚上述过程后，现在考虑多址 MIMO 通信系统。首先假设多个同步多天线发射机与单个多天线接收机通信。假设发射机具有相同数量的发射天线，并使用相同的 STBC 对信息符号进行编码。接收信号由从不同发射机发送的信号叠加而成，即

$$\boldsymbol{Y}=\sum_{p=1}^{P}\boldsymbol{X}_p\boldsymbol{H}_p+\boldsymbol{V} \tag{3-67}$$

其中，$\boldsymbol{X}_p$ 是第 p 个发射机的发射信号矩阵，$\boldsymbol{H}_p$ 是第 p 个发射机和接收机之间的信道矩阵，P 是发射机的数量。

将式(3-61)的"下划线"运算符应用于式(3-67)，我们有

$$\underline{\boldsymbol{Y}}=\sum_{p=1}^{P}\boldsymbol{A}_p\underline{\boldsymbol{s}_p}+\underline{\boldsymbol{V}} \tag{3-68}$$

其中 $\boldsymbol{s}_p$ 是第 p 个发射机的信息符号的 $K\times 1$ 向量，以及

$$\begin{aligned}\boldsymbol{A}_p&=(\underline{\boldsymbol{C}_1\boldsymbol{H}_p}\cdots\underline{\boldsymbol{C}_K\boldsymbol{H}_p}\underline{\boldsymbol{D}_1\boldsymbol{H}_p}\cdots\underline{\boldsymbol{D}_K\boldsymbol{H}_p})\\&\stackrel{\Delta}{=}(\boldsymbol{a}_{p,1}\boldsymbol{a}_{p,2}\cdots\boldsymbol{a}_{p,2K})\end{aligned} \tag{3-69}$$

3.2.3 多址 MIMO 线性接收机

在多址多输入多输出情况下，式(3-64)的中频接收机将变得非常不理想，因为它忽略了 MAI，将其视为噪声的影响。在这种情况下，接收机性能是由信干噪比(SINR)(而不是信噪比)决定的，需要消除一些同信道干扰。根据这个情况，在这节中，分析了一种线性接收机，使 SINR 最大化，并获得比中频接收机好得多的多址性能。

使用矢量化模型(3-68)，并且不失一般性地假设第一发射机是感兴趣的用户，我们可以将线性接收机的输出向量表示为

$$\underline{\hat{\boldsymbol{s}}_1}=\boldsymbol{W}^{\mathrm{T}}\underline{\boldsymbol{Y}} \tag{3-70}$$

其中 $\boldsymbol{W}=(\boldsymbol{w}_1,\boldsymbol{w}_2,\cdots,\boldsymbol{w}_{2K})$ 是接收机系数的 $2MK\times 2K$ 实矩阵，$\underline{\hat{\boldsymbol{s}}_1}$ 可视为矢量 $\underline{\boldsymbol{s}_1}$ 的估计值。向量 $\boldsymbol{w}_k$ 可以被解释为第 k 个 $\underline{\boldsymbol{s}_1}$ 输入的接收机权重向量。

给定矩阵 $\boldsymbol{W}$，感兴趣的发射机的信息符号的向量的估计为

$$\hat{\boldsymbol{s}}_1=(\boldsymbol{I}_K\ \mathrm{j}\boldsymbol{I}_K)\underline{\hat{\boldsymbol{s}}_1} \tag{3-71}$$

使用式(3-71)，可以将第 K 个信息符号检测作为 U_k 中的一点，该点是 $\hat{\boldsymbol{s}}_1$ 的第 k 个输入的最近邻居。

然后我们需要考虑一个矩阵 $\boldsymbol{W}$，并让矩阵尽可能地抑制 MAI，同时保留对目标发射机的无失真响应。这种接收机思想在自适应波束形成[24]和多用户检测中常用的最小方差(MV)和最小输出能量(MOE)方法中都有体现。

对于向量 $\underline{\boldsymbol{s}_1}$ 的每个输入，需要最小化接收机输出功率，同时为 $\underline{\boldsymbol{s}_1}$ 的特定输入保持单位增益。这等效于解决以下优化问题：

$$\min_{\boldsymbol{w}_k}\boldsymbol{w}_k^{\mathrm{T}}\boldsymbol{R}\boldsymbol{w}_k\quad 约束\quad \boldsymbol{a}_{1,k}^{\mathrm{T}}\boldsymbol{w}_k=1,\quad k=1,\cdots,2K \tag{3-72}$$

其中

$$\boldsymbol{R}\stackrel{\Delta}{=}E\{\underline{\boldsymbol{Y}}\underline{\boldsymbol{Y}}^{\mathrm{T}}\} \tag{3-73}$$

是向量化数据 $\underline{\boldsymbol{Y}}$ 的 $2MT\times2MT$ 协方差矩阵，$E\{\cdot\}$表示统计期望。

如果在接收机处已知所有信道矩阵 $\boldsymbol{H}_p(p=1,\cdots,P)$和噪声方差，则可以直接计算协方差矩阵 $\boldsymbol{R}$。但是，实际上，并非所有信道矩阵都可以在接收机处使用。例如，在蜂窝通信中，单元外发射机的信道矩阵仍然是未知的，因为这样的发射机被分配给除了所考虑的接收机之外的接收机（基站）。注意，这种小区外发射机的功率可以与感兴趣的发射机功率相媲美。

在这种情况下，真正的协方差矩阵可以在式(3-72)中用其样本估计值代替：

$$\hat{\boldsymbol{R}}=\frac{1}{Q}\sum_{Q}^{q=1}\underline{\boldsymbol{Y}_q}\,\underline{\boldsymbol{Y}_q^{\mathrm{T}}}\tag{3-74}$$

其中 $\boldsymbol{Y}_q$ 为接收到的第 t 个数据块，Q 为可用数据块的数量。

利用这种替换，并考虑到式(3-72)可以对每个 k 独立求解，得到式(3-72)的有限解：

$$\boldsymbol{w}_k=\frac{1}{\boldsymbol{a}_{1,k}^{\mathrm{T}}\hat{\boldsymbol{R}}^{-1}\boldsymbol{a}_{1,k}}\hat{\boldsymbol{R}}^{-1}\boldsymbol{a}_{1,k},\quad k=1,\cdots,2K\tag{3-75}$$

为了使式(3-75)对有限的采样效应和目标用户的自消零具有鲁棒性，可以使用对角负载(DL)方法。基于 DL 的接收机可以写成

$$\tilde{\boldsymbol{w}}_k=\frac{1}{\boldsymbol{a}_{1,k}^{\mathrm{T}}(\hat{\boldsymbol{R}}+\gamma\boldsymbol{I})^{-1}\boldsymbol{a}_{1,k}}(\hat{\boldsymbol{R}}+\gamma\boldsymbol{I})^{-1}\boldsymbol{a}_{1,k},\quad k=1,\cdots,2K\tag{3-76}$$

其中 γ 为对角加载因子。

尽管式(3-75)和式(3-76)可以抑制 MAI，但它们不能完全消除自干扰[21]，每个 $\boldsymbol{w}_k$ 自干扰是由除第 k 项以外的$\underline{\boldsymbol{s}}_1$ 项引起的。事实上，式(3-72)中的自干扰与 MAI 相同。因此，在存在强大的 MAI 的情况下，自干扰可能不会得到充分抑制。必须强调的是，完全消除自干扰是一个非常理想的功能，否则逐个符号的检测器将变得不理想。实际上，该检测器基于以下假设：与任何特定符号相对应的每个线性接收机的输出均独立于其他符号。即使存在少量未取消的自干扰，也会违反该假设。

要将完整的自干扰消除功能合并到式(3-72)中，需要为这个问题添加其他零强制约束：

$$\boldsymbol{a}_{1,l}^{\mathrm{T}}\boldsymbol{w}_k=0,\quad \forall\, l\neq k\tag{3-77}$$

这些额外的约束条件可以确保完全消除自干扰。

可以容易地验证具有附加约束〔式(3-77)〕的式(3-72)等效于以下优化问题：

$$\min_{\boldsymbol{W}}\operatorname{tr}\{\boldsymbol{W}^{\mathrm{T}}\boldsymbol{R}\boldsymbol{W}\},\quad 约束\quad \boldsymbol{A}_1^{\mathrm{T}}\boldsymbol{W}=\boldsymbol{I}_{2K}\tag{3-78}$$

其中 $\operatorname{tr}\{\cdot\}$表示矩阵的轨迹。

为了解决式(3-78)中的优化问题，可以使用拉格朗日乘数法。这个问题的拉格朗日函数可以写成

$$L(\boldsymbol{W},\boldsymbol{\Lambda})=\operatorname{tr}\{\boldsymbol{W}^{\mathrm{T}}\boldsymbol{R}\boldsymbol{W}\}-\operatorname{tr}\{\boldsymbol{\Lambda}^{\mathrm{T}}(\boldsymbol{A}_1^{\mathrm{T}}\boldsymbol{W}-\boldsymbol{I}_{2K})\}\tag{3-79}$$

其中 $\boldsymbol{\Lambda}$ 为拉格朗日乘子 $2K\times2K$ 矩阵。对式(3-79)求导并使其等于零收益率：

$$2\boldsymbol{R}\boldsymbol{W}=\boldsymbol{A}_1\boldsymbol{\Lambda}\tag{3-80}$$

由式(3-80)可知，矩阵 $\boldsymbol{W}$ 的最优选择为

$$\boldsymbol{W}_{\mathrm{opt}}=\frac{1}{2}\boldsymbol{R}^{-1}\boldsymbol{A}_1\boldsymbol{\Lambda}\tag{3-81}$$

将式(3-81)插入约束 $\boldsymbol{A}_1^{\mathrm{T}}\boldsymbol{W}=\boldsymbol{I}_{2K}$中，可以得到

$$\boldsymbol{\Lambda}=2\left(\boldsymbol{A}_1^{\mathrm{T}}\boldsymbol{R}^{-1}\boldsymbol{A}_1\right)^{-1} \tag{3-82}$$

考虑到式(3-82),然后可以将MV接收机的最终形式改写为

$$\boldsymbol{W}_{\mathrm{opt}}=\boldsymbol{R}^{-1}\boldsymbol{A}_1\left(\boldsymbol{A}_1^{\mathrm{T}}\boldsymbol{R}^{-1}\boldsymbol{A}_1\right)^{-1} \tag{3-83}$$

由于使用了附加的迫零约束,因此获得的接收机不同于分别用于自适应波束形成和多用户检测的传统MV和MOE接收机。请注意,传统的MV和MOE接收机是单个权重向量的解决方案,而本节的式(3-83)作为权重矩阵的表达式,其每列表示不同的特定权重向量。

比较式(3-83)和式(3-70)并使用式(3-63),结果说明在特定情况下,当$\boldsymbol{R}\propto\boldsymbol{I}$时,MV接收机简化为MF接收机。因此,MF接收机忽略了MAI,将其视为白噪声的效果。这解释了为什么只有在没有MAI的情况下MF接收机才是最佳的。

从式(3-83)的结构可以看出,它可以解释为被用于预白化矢量数据的去相关器-接收机。请注意,本节得到的类似解释适用于任何Wiener型接收机。

为了消除由所有干扰发射机引起的MAI,同时完全消除自干扰,需要$4PK^2$自由度(DOF)。请注意,自由度的实际数量为$4KMT$,这意味着条件

$$MT>PK \tag{3-84}$$

在使用式(3-83)时应满足。由于在正交空时,编码中T始终大于K,$M>P$足以满足式(3-84)。用样本1代替真实的协方差矩阵,结果得到MV接收机的有限样本序列:

$$\boldsymbol{W}_{\mathrm{MV}}=\hat{\boldsymbol{R}}^{-1}\boldsymbol{A}_1\left(\boldsymbol{A}_1^{\mathrm{T}}\hat{\boldsymbol{R}}^{-1}\boldsymbol{A}_1\right)^{-1} \tag{3-85}$$

与式(3-76)相似,在式(3-85)中可以使用对角线负载来提供额外的鲁棒性,以抵抗有限的样本和信号自调零效应。产生的对角加载的MV接收机可以写成

$$\widetilde{\boldsymbol{W}}_{\mathrm{MV}}=(\hat{\boldsymbol{R}}+\gamma\boldsymbol{I})^{-1}\boldsymbol{A}_1\left(\boldsymbol{A}_1^{\mathrm{T}}(\hat{\boldsymbol{R}}+\gamma\boldsymbol{I})^{-1}\boldsymbol{A}_1\right)^{-1} \tag{3-86}$$

注意,提出的式(3-85)和式(3-86)仅需要矩阵$\boldsymbol{A}_1$的知识(或目标发射机和接收机之间的信道矩阵),而不需要矩阵$\boldsymbol{A}_2,\cdots,\boldsymbol{A}_K$的知识。

在本节中,考虑了在多用户MIMO无线通信系统中联合时空解码和多址干扰抑制的问题。假设接收机和多个发射机都配备了多根天线,并使用正交的STBCs将数据从每个发射机同时发送到接收机。多址MIMO接收机可以在抑制多址干扰、自干扰和噪声的同时,对目标发射机发送的数据进行解码。这种接收机是为了在受到约束的情况下使输出功率最小化而设计的,这些约束保证自干扰被消除和/或保持对所关注发射机的所有信号的单位增益。

最后,通过公式证明具有自干扰迫零约束的MV接收机优于不使用这些约束的常规MV接收机。类似地,具有完全自干扰消除的基于DL的MV接收机比常规的基于DL的MV接收机具有更好的性能。有趣的是,即使存在很大的信道估计误差(高达10%),自干扰迫零约束仍然非常有用,并显著提高了接收机的性能。

3.3 多用户干扰信道

干扰对齐的想法广泛出现在多用户干扰网络的容量分析中。一个有代表性的例子是带有K个发射机-接收机对的无线干扰信道,由于干扰对齐,每个用户能够同时以其无干扰信道容

量一半的数据速率向其所需的接收机发送信号，也就是说，用户 K 的数目可以任意大，这表明干扰信道根本不受干扰的限制。

3.3.1 自由度概念

1. 自由度(DoF)

在一个通信网络中，有 m 条相互独立的消息 W_1，W_2，…，W_m，且每条消息的速率 R_1，R_2，…，R_m是可以实现的，那么如果存在一个码本序列(码长度不断增加)，就可以通过选择码元足够长的码本，使得任意消息在对应的解码端被错误译码的概率无限小。所有可达安全速率的闭集被称为容量区域。在高斯网络中，容量区域取决于每个接收机的局部加性高斯白噪声、每个发射机的有效信号发射功率以及每个信号从发射机传播到接收机时的信道系数值。自由度主要考虑在信道系数和局部噪声功率不变的情况下，总发射功率接近无穷大的极限。因此，如果我们用 $C(P)$表示全部发射功率 P 的和，那么自由度 η 定义如下：

$$\eta=\lim_{P\to\infty}\frac{C(P)}{\log_2 P} \tag{3-87}$$

式(3-87)可等效为

$$C(P)=\eta\log_2 P+o(\log_2 P) \tag{3-88}$$

其中 $o(\log_2(P))$是 $f(P)$的函数，使得

$$\lim_{P\to\infty}\frac{f(P)}{\log_2 P}=0 \tag{3-89}$$

值得注意的是，在具有完全信道状态信息(CSI)的所有高斯网络中，是否存在 DoF 所涉及的极限是不能确定的。尽管如此，DoF 的意义依然被广泛认为是度量通信网络中可用信号的维度。接下来，我们将进一步讲解 DoF。

对于一个点对点高斯信道而言：

$$\boldsymbol{Y}=\boldsymbol{H}\boldsymbol{X}+\boldsymbol{N} \tag{3-90}$$

其中，$\boldsymbol{Y}$ 是信道输出的符号，$\boldsymbol{H}$ 是信道系数，$\boldsymbol{X}$ 是信道输入的符号，$\boldsymbol{N}$ 是加性高斯白噪声(AWGN)，并且所有符号都是复数形式的。输入信号是功率受限的，即 $\boldsymbol{E}[|\boldsymbol{X}|^2]\leqslant P$。加性高斯白噪声 $\boldsymbol{N}$ 是满足圆对称复合高斯 $\boldsymbol{N}^c(0,\sigma^2)$的独立同分布信号。通过香农定理可以确定高斯白噪声信道的信道容量为

$$C=\log_2\left(1+P\frac{|\boldsymbol{H}|^2}{\sigma^2}\right) \tag{3-91}$$

其单位是比特每信道(假设对数是以 2 为基数的)。式(3-91)还可写为

$$C=\log_2 P+o(\log_2 P) \tag{3-92}$$

因此，高斯白噪声信道有 1DoF。值得注意的是，在这个变换中信道强度 H 与噪声功率 σ^2 是不相关的，因为其不与 P 成比例。

如果我们有 M 条并行的 AWGN 信道：

$$\boldsymbol{Y}_m=\boldsymbol{H}_m\boldsymbol{X}_m+\boldsymbol{N}_m \tag{3-93}$$

其中，$m\in\{1,2,\cdots,M\}$，输入信号功率受限：

$$\frac{1}{M}\sum_{m=1}^{M}E[|\boldsymbol{X}|_m^2]\leqslant P \tag{3-94}$$

i. i. d(独立同分布)噪声项的功率为 σ_m^2，并且所有的信道系数是非零的。那么，显而易见，

这些信道的总容量为

$$C=M\log_2 P+o(\log_2 P) \tag{3-95}$$

即该信道有 M DoF。由此可以看出，自由度仅与信道数量有关，而与信道强度或噪声功率无关。

很自然地，我们可以将 DoF 看作信号维度的数量，其中一个信号维度对应一个无干扰的 AWGN 信道，并且该信道满足当 P 接近无穷大时，SNR 随 P 成比例地增加。DoF 也被称为多路复用增益，因为它可测量无线信道中多路传输的信号数量。此外，根据 Nyquist-Shannon 采样定理，由双边基带带宽 B(单边带宽$=B/2$)的无线频谱所承载的任何信号都可以用每秒 B 个自由选择的样本值来表示，并且由于功率约束和噪声下限，每个样本值都可以看作携带 1 DoF 的信号维度。因此，DoF 可被等效理解为带宽、多路复用增益、信号维度数、容量预记录系数。像这样，自由度的基本意义是显而易见的。

2. 广义自由度（GDoF）

DoF 的一个重要限制是它本质上强制所有信道都是同样强的，即穿过任意两条信道的信号功率之比(dB 尺度)在高信噪比极限下趋于一致。因此，当某些信号明显强于或弱于其他信号时，自由度并不能提供多少关于解决干扰的帮助。而广义自由度(GDoF)正好可以解决这个问题。广义自由度不仅保留了 DoF 在高信噪比情况下的可分析易处理性，而且当所有信号的 SNR 都接近无穷大时，通过固定不同信号强度的比率(以 dB 为单位)，实现了捕获信号强度的多样性。与此同时，广义自由度也存在一个潜在困难：如果所有信道都被分配了不同的相对强度，则参数数量会迅速增加。因此，更容易可视化的对称性假设变得尤其关键，尽管对称性假设有明显的局限性。

例如，图 3-5 展示了对称双用户干扰假设信道，其中有两条独立消息 W_1，W_2，消息 W_i 来自发送机 i，去往接收机 i，$i=1,2$。显而易见地，图 3-5 中信道的输入输出方程定义为

$$\begin{cases}\boldsymbol{Y}_1=h_{\mathrm{d}}\sqrt{P}\boldsymbol{X}_1+h_{\mathrm{c}}'\sqrt{P^{\alpha}}\boldsymbol{X}_2+\boldsymbol{Z}_1\\ \boldsymbol{Y}_2=h_{\mathrm{c}}\sqrt{P^{\alpha}}\boldsymbol{X}_1+h_{\mathrm{d}}\sqrt{P}\boldsymbol{X}_2+\boldsymbol{Z}_2\end{cases} \tag{3-96}$$

其中，要将输入信号功率 $\boldsymbol{X}_1$，$\boldsymbol{X}_2$ 和高斯白噪声 $\boldsymbol{Z}_1$，$\boldsymbol{Z}_2$ 进行标准归一化。类似于 DoF 的定义，广义自由度被定义为

$$d(\alpha)=\lim_{P\to\infty}\frac{C(P,\alpha)}{\log_2 P} \tag{3-97}$$

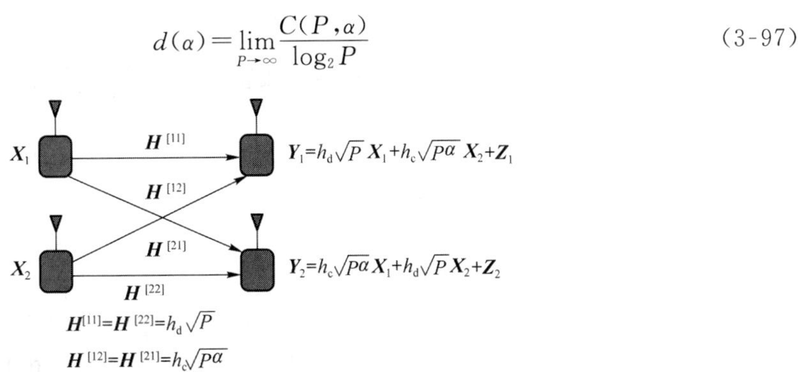

图 3-5　GDoF 设置——双用户对称干扰信道

其中，$C(P,\alpha)$是 P，α 参数化的和容量。这里 α 是交叉信道强度与直接信道强度的比值(单位为 dB)。值得注意的是，当 $\alpha=1$ 时，广义自由度退化为 DoF。因此，广义自由度的出现极大地拓宽了我们对最佳干扰管理技术的理解。并且在文献[25]和[26]中，它被最成功地用于将双

用户干扰信道的容量近似到恒定间隔内。

图 3-6 展示了双用户对称干扰信道的每用户广义自由度的“W”曲线。它区分出了不同的情景(对应于非常弱、弱、比较弱、强和非常强的干扰),并且每种情景都有其特有的特征。这极大地提高了我们对干扰信道的理解。可以使用广义自由度作为一个有效的中间步骤,实现了对于任意的 SNR 取值和信道情境,双用户信道的近似容量在 1 bit 间隔内是精确的。图 3-7 展示了在 1 bit 间隔近似下的“W”曲线,其中有效和速率(以用户数量划分)被刻画在数轴上,并且它是 dB 单位下信噪比 $\mathrm{SNR}=|h_{\mathrm{d}}|^2P$ 和干噪比 $\mathrm{INR}=|h_{\mathrm{c}}|^2P^{\alpha}$ 的函数。如果图 3-7 的曲面垂直提升 1 位,那么它将是可实现每用户和速率的外边界,因此图 3-7 的曲面展示了精确到 1 bit 间隔内的近似容量。值得注意的是,上述 1 bit 间隔内的容量近似不需要干扰对齐。

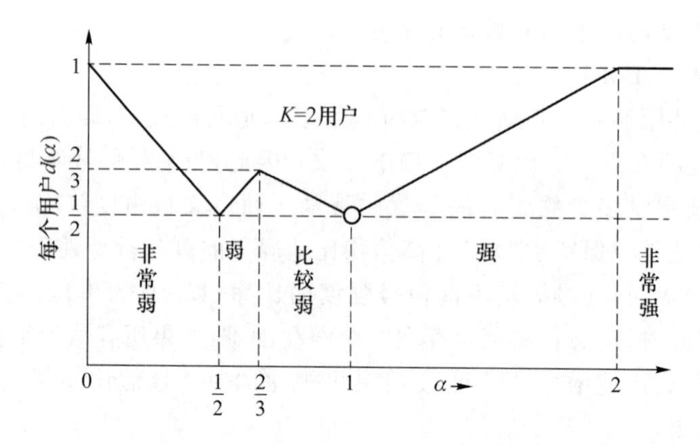

图 3-6 双用户对称干扰信道的每用户广义自由度的“W”曲线[26]

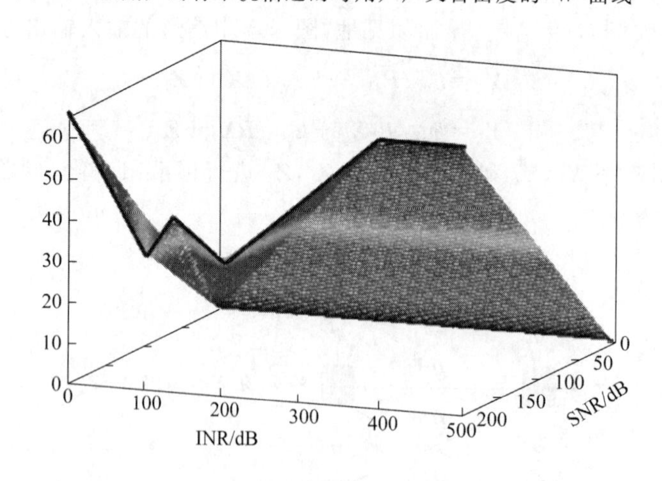

图 3-7 “W”曲线的特征[30]

文献[27]和[28]探讨了把双用户干扰信道的广义自由度扩展到多天线的设置。图 3-8 展示了双用户 MIMO 干扰信道的广义自由度曲线,其中每个发射机配备了 M 根天线,每个接收机配备了 N 根天线。恒定间隔近似容量在双用户 MIMO 干扰信道的所有情况下是已知的[27-28]。值得一提的是,近似间隔的幅值与天线数量成比例。

还有一种解释广义自由度的方法,把双用户对称干扰信道的自然地扩展到具有 $N+1$ 个用户的 $(1\times N)^{N+1}$ SIMO 干扰信道,其中每个发射机有一个天线,每个接收机有 N 根天线,所

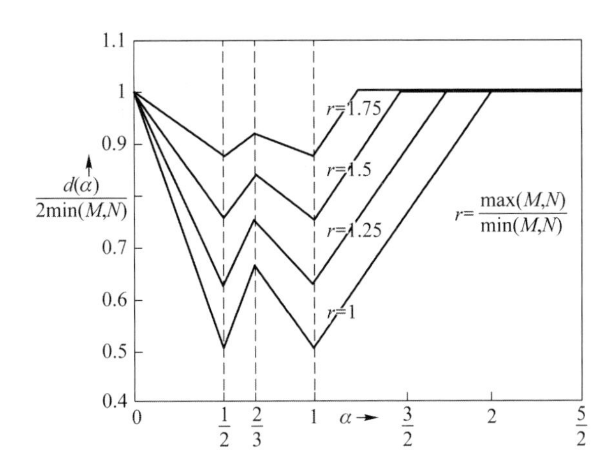

图 3-8　双用户 MIMO 干扰信道的广义自由度曲线[27]

有直接信道强度是 P,所有交叉信道强度是 P^{α}。在文献[29]中根据上述思路类型的广义自由度模拟,结果如图 3-9 所示。显然,当 $N=1$ 时,它就是图 3-6 中的“W”曲线。

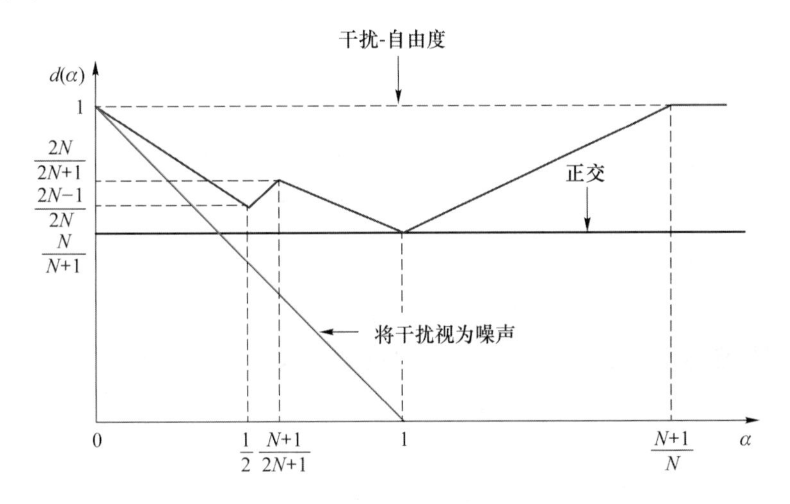

图 3-9　SIMO $(1\times N)^{N+1}$ 干扰信道的每个用户广义自由度曲线[29]

类比 DoF,使广义自由度尤其重要的不仅是广义自由度的数值,还有广义自由度特征带来的新思路。例如,让我们通过比较图 3-7 中双用户干扰信道的广义自由度曲线和其推广的 $(1\times N)^{N+1}$SIMO 干扰信道的广义自由度曲线,列出一些有趣的观察结果。与双用户干扰信道类似,$(1\times N)^{N+1}$SIMO 干扰信道不需要通过进行干扰对齐来获得 $N>1$ 时的广义自由度曲线。在非常弱的干扰区域中,双用户干扰信道将干扰视为噪声(仅发送私人消息)是广义自由度的最优解。然而,$(1\times N)^{N+1}$SIMO 干扰信道的广义自由度不具有将干扰视为噪声的最优解区域。图 3-9 展示了$(1\times N)^{N+1}$SIMO 干扰信道把“将干扰视为噪声”视作次优解,因为广义自由度曲线对“将干扰视为噪声”的广义自由度直线有着严格优势。还有一个重要的发现是 Avestimehr 等人[31]的分层确定性模型没有充分扩展到$(1\times N)^{N+1}$SIMO 干扰信道的设置中,而 Etkin 等人[26]发现分层确定性模型是双用户干扰信道广义自由度特性的关键。值得注意的是,对于扩展 El-Gamal 和 Costa 的双用户确定性干扰信道而言,$(1\times N)^{N+1}$ SIMO 干扰信道最终成为其首要选项,主要是因为该信道不允许广义自由度意义上的干扰对齐。直观地说,这是因为在 SIMO 干扰信道中，对其期望消息进行解码并从接收信号中减去解码后的码字之后，任意一个接收机都具有 N 个接收天线，它们为接收机提供 N 个干扰符号的 N 个线性独立方程。因此，从干扰维度上而言，干扰仍然是可解的。值得注意的是，这也是 El-Gamal 和 Costa 在文献[32]中研究的确定性干扰信道设置的特性，即若给定期望信号，则任意一个接收机都能从接收信号中解析出干扰信号。在这方面，$(1\times N)^{N+1}$ SIMO 干扰信道是不一样的。一方面，如果我们减少用户数，如$(1\times N)^{N}$，广义自由度的特征将变得微不足道，因为简单的零强迫将允许每个用户接入 1 自由度，即其最大无干扰值，进而可以不考虑干扰强度。这是因为每个接收机都有足够的天线来消除所有的干扰。另一方面，如果我们增加用户数量，如$(1\times N)^{(N+2)}$，那么干扰对齐将在广义自由度的特征中起核心作用，进而从根本上改变问题的性质。最后，尽管双用户干扰信道的广义自由度特征直接导致了 1 bit 间隔内的近似容量与信道实现、SNR、INR 无关，但$(1\times N)^{N+1}$ SIMO 干扰信道的广义自由度特性仅导致了有界间隔容量特征，尤其是 $O(1)$ 近似，其中间隔与 SNR 和 INR（对于几乎所有的信道实现而言）无关，但间隔的幅值通常取决于信道。因为对于某些信道而言，$(1\times N)^{N+1}$SIMO 干扰信道会扩展到两个以上用户的 SISO 干扰信道中。因此对于这些用户而言，干扰对齐是确定容量预对数的一个重要因素。

3.3.2 $K>2$ 用户干扰信道

干扰对齐假设考虑 K 用户干扰信道[33]。通过确立干扰对齐在 MIMO 波束形成解决方案（图 3-11）、基于传播时延的对齐〔图 3-10(a)〕和相位对齐〔图 3-10(b)〕中的应用，进一步确定了干扰对齐作为一般原则的地位。

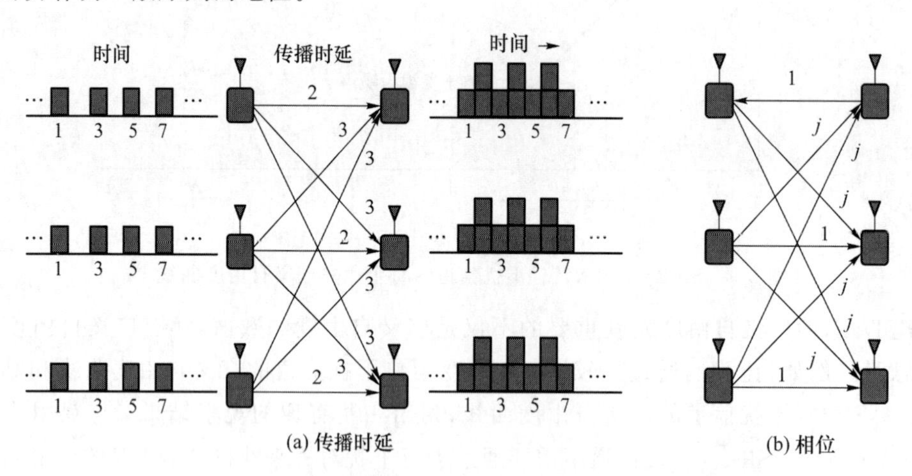

图 3-10　3 个用户干扰信道上的干扰对齐[137]

图 3-10(a)所示的基于传播时延的对齐是一个很常见的现象，而且它非常有意义。文献[34]表明，即使在节点位置随机（即传播时延随机）和用户数量任意的情况下，基于传播时延的干扰对齐也很可能（几乎肯定）被实现，使得每个用户可以在 $1/2-\varepsilon$ 的时间内不受干扰地访问信道。并且通过选择足够小的基本信号持续时间，$\varepsilon>0$ 可以任意小。选择足够小的信号持续时间，几乎所有已知的 K 用户干扰信道对齐方法都不可避免地要求接收信号无限小，或者等效地带宽无限大，以不同方式保证每个用户不受干扰。举个例子就是只有蛋糕做得足够大，每个用户才都能得到一半的蛋糕。Grokop 等人在文献[35]中明确地将这种现象称为带宽伸缩，

并在基于传播时延的框架中强调了其必要性。他们表明在 K 用户干扰信道中，带宽应缩放为 $O(K^{2K^2})$，并指出该带宽缩放因子在 K 用户干扰信道的大多数干扰对齐方案中是存在的。文献[37]研究了基于传播时延的 K 用户干扰信道的干扰对齐，其中再次证明了 $K/2$ DoF 是可达的。文献[34]和[36]探讨了在视线传播模型下节点的几何位置，使得基于传播时延的对齐方法更加完善。与图 3-10(a)所示的传播时延示例类似，图 3-10(b)所示的相位对齐是另一种方法，这是一种不对称的复数信号处理方法。值得注意的是，传播时延的例子仅用到了传播时延领域的知识，并且不需要与发射机处的信道衰落系数值相关的任何知识。而相位对齐的例子仅用到信道系数的相位知识，并且不需要任何与发射机处信道系数强度相关的知识来干扰对齐。而且还有一个有趣结论是，这两个模型本质上是相似的，因为信道相位差和信道传播时延差都是由信道传播路径长度的差异引起的。

在目前的干扰对齐的全部方法中，具有 3 个或更多用户的干扰信道的设计是很困难的，即每个信号都需要满足一个以上的对齐条件。例如，在 3 个用户的干扰信道中，发射机 1 的信号需要在接收机 3 与发射机 2 的信号对齐，在接收机 2 与发射机 3 的信号对齐。这就产生了一条对齐条件链，并且最终会折回自身，如图 3-11 所示。这导致了最佳信号基向量最终是信道矩阵乘积形式的不变子空间(如图 3-11 所示示例中的特征向量)的基向量。

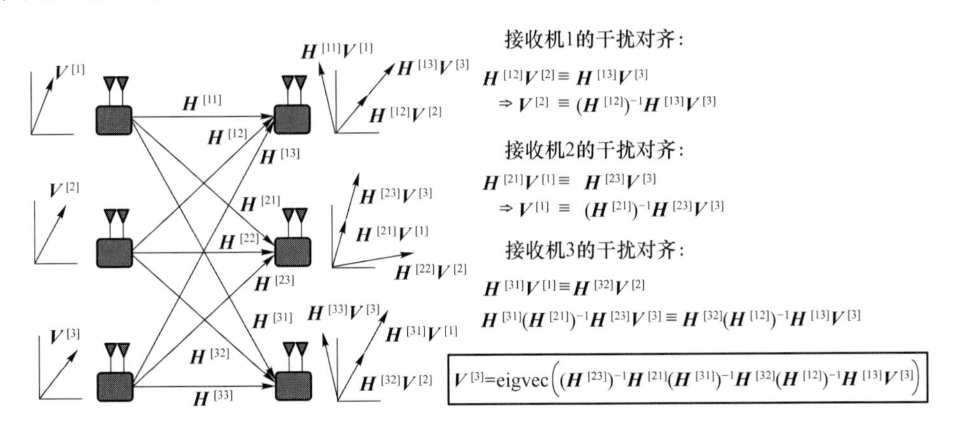

图 3-11　具有 2 个天线节点的 3 个用户 MIMO 干扰信道上的干扰对齐[33]

如图 3-11 所示，干扰对齐共允许 3DoF(这也是该信道可能的最大值)，而将用户正交化的传统方案仅允许每个信道最大使用 2DoF。而在正交化解决方案中，如 TDMA，每个用户将在其 2×2MIMO 信道上发送两个信号，并且一次只有一个用户处于活动状态。干扰对齐解决方案允许每个用户只发送一个信号(因此牺牲了该用户可用信息维度的一半)，但所有用户始终处于活动状态。

3.3.3　一种渐近干扰对齐算法

任意一个普遍的信道分布，甚至像莱斯衰落这样的标准信道分布，都不满足干扰对齐方案的对称相位假设。这就留下了一个问题：如何实现一般信道分布的干扰对齐？即除性能良好(连续)之外，没有特殊性质的信道分布。这个问题引出了本节讨论的内容，主要讨论文献[33]中提出的渐近干扰对齐算法。由于有许多对齐算法在一个或其他维度上具有渐近特性(包括遍历干扰对齐算法)，以及它的强渐近性限制了它的实际应用，因此它主要是理论上的意义。然而，正如我们将在本节讲述的那样，在以下的几个方面，它是最具有理论依据的干扰对齐结构之一。

- 它允许我们满足尽可能多的对齐约束，从而每个用户的可用信号空间不会受用户数量增加的影响。
- 它适用于线性和非线性(有理数上的实数对齐)形式。
- 它适用于各种场景，包括 K 用户干扰信道、X 网络、复合广播信道信道、蜂窝网络和包括分布式数据存储修复问题在内的网络编码应用。

1. 渐近对齐算法的基本结构

满足任意多个对齐约束的关键是由文献[33]提出的想法，具体是构造出对任意多个线性变换几乎不变的集合。我们首先解释这种基本结构。

(1) 问题描述

已知 N 个线性变换 $\boldsymbol{T}_1,\boldsymbol{T}_2,\cdots,\boldsymbol{T}_N$。我们的目标是得到一个有限基数的集合 V。这些线性变换 $\boldsymbol{T}_i$ 被定义为集合 $V=\{\boldsymbol{v}_1,\boldsymbol{v}_2,\cdots,\boldsymbol{v}_{|V|}\}$ 的基本变换，因此可以得到一组集合 $\boldsymbol{T}_iV=\{\boldsymbol{T}_i\boldsymbol{v}_1,\boldsymbol{T}_i\boldsymbol{v}_2,\cdots,\boldsymbol{T}_i\boldsymbol{v}_{|V|}\}$。然后我们假设这些线性变换 $\boldsymbol{T}_i$ 具有可交换性，即 $\boldsymbol{T}_i\boldsymbol{T}_j\boldsymbol{v}_k=\boldsymbol{T}_j\boldsymbol{T}_i\boldsymbol{v}_k$，并且不满足其他特殊的性质。构建一个仅由非 0 元素组成的集合，这样的话，

$$\frac{|I|}{|V|}\to 1 \tag{3-98}$$

其中，

$$I\stackrel{\Delta}{=}V\cup\boldsymbol{T}_1V\cup\boldsymbol{T}_2V\cup\cdots\cup\boldsymbol{T}_NV \tag{3-99}$$

并且“趋近于 1”表示对任意的 $\varepsilon>0$，我们都能找到一个集合 V 满足 $\frac{|I|}{|V|}<1+\varepsilon$。

(2) 渐近干扰对齐结构

简单地说，我们的目的是构建集合 V，满足

$$V\approx\boldsymbol{T}_1V\approx\boldsymbol{T}_2V\approx\cdots\approx\boldsymbol{T}_NV \tag{3-100}$$

即与不同的缩放因子 $\boldsymbol{T}_1,\boldsymbol{T}_2,\cdots,\boldsymbol{T}_N$ 相乘，集合 V 是不变的。换句话说，经历所有的线性变换后的集合 V 与未做变换之前的 V 一致。

让我们从一个简单的例子开始直观地了解这种结构。该例子中所有的线性变换和集合 V 中的元素都是纯数。假设 $N=1,\boldsymbol{T}_1=2,V=\{1,5,7\}$，则 $I=\{1,5,7\}\cup\{2,10,14\}=\{1,2,5,7,10,14\}$，$|V|=3,|I|=6$。因此，我们得到一个可任意选择的集合 V。但一般而言，这是不好的情况。

我们再次假设 $N=1$，$\boldsymbol{T}_1$ 可以是任意的，$V=\{\omega,\boldsymbol{T}_1\omega,(\boldsymbol{T}_1)^2\omega,\cdots,(\boldsymbol{T}_1)^{n-1}\omega\}$，其中 ω 是一个任意的非零纯数，因此 $V=\{\omega,\boldsymbol{T}_1\omega,(\boldsymbol{T}_1)^2\omega,\cdots,(\boldsymbol{T}_1)^{n-1}\omega\}$，$I=\{\omega,\boldsymbol{T}_1\omega,(\boldsymbol{T}_1)^2\omega,\cdots,(\boldsymbol{T}_1)^{n}\omega\}$。然后我们可以得到 $|V|=n,|I|=n+1$，并且当 n 趋近于无穷大时，满足 $\frac{|I|}{|V|}=\frac{n+1}{n}\to 1$。显然这种思路的关键在于 $\boldsymbol{T}_i$ 的权重。根据这个思路，我们来考虑更一般的问题。

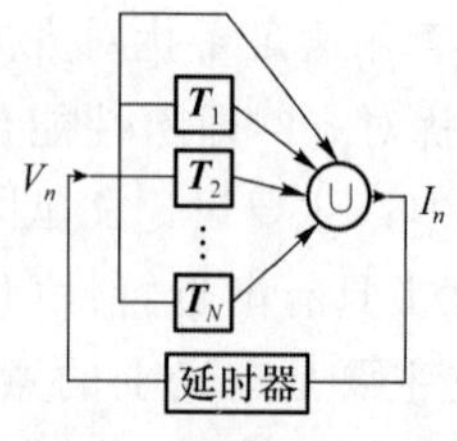

图 3-12　构造 V 的示意图

渐近干扰对齐结构在图 3-12 中总结为具有单位时延的迭代回路。简单来说，我们从初始状态 $V_1=\{\omega\}$ 开始，其中 ω 是一个广义的非零元素。然后，我们经历 n 次图 3-12 所示的回路后，得到当 n 趋近于无穷大时满足式(3-98)的集合 V_n。为了更加清楚地理解这一过程，我们假设 $V_1=\{\mathbf{1}\}$，即所有元素等于 1 的单列向量。然后，得到集合

$$I_1=\{\mathbf{1},\boldsymbol{T}_1\mathbf{1},\boldsymbol{T}_2\mathbf{1},\cdots,\boldsymbol{T}_N\mathbf{1}\} \tag{3-101}$$

很明显，此时的对齐效果不好。此时集合 $\boldsymbol{V}_1$ 的基数仅有 1，而集合 I_1 有 $N+1$ 个元素。

令 $V_2=I_1$，我们通过另一次迭代得到新的集合

$$I_2=\{\mathbf{1},\cdots,\boldsymbol{T}_i\mathbf{1},\cdots,\boldsymbol{T}_i\boldsymbol{T}_j\mathbf{1},\cdots,\boldsymbol{T}_i^2\mathbf{1}\} \tag{3-102}$$

换句话说，I_2 包含了 $\boldsymbol{T}_i$ 所有次数小于 2 的相乘项。这时的对齐效果仍然不好。然而，当我们继续 n 次迭代后，得到

$$\begin{aligned} V_n = & \{(\boldsymbol{T}_1)^{\alpha_1}(\boldsymbol{T}_2)^{\alpha_2}\cdots(\boldsymbol{T}_N)^{\alpha_N}\mathbf{1} \\ \text{约束} \quad & \sum_{i=1}^{N}\alpha_i \leqslant n-1 \\ & \alpha_1,\cdots,\alpha_N \in \mathbb{Z}_+\} \end{aligned} \tag{3-103}$$

和

$$\begin{aligned} I_n = & \{(\boldsymbol{T}_1)^{\alpha_1}(\boldsymbol{T}_2)^{\alpha_2}\cdots(\boldsymbol{T}_N)^{\alpha_N}\mathbf{1} \\ \text{约束} \quad & \sum_{i=1}^{N}\alpha_i \leqslant n \\ & \alpha_1,\cdots,\alpha_N \in \mathbb{Z}_+\} \end{aligned} \tag{3-104}$$

因此，V_n 包含 n 阶相乘项，而 I_n 包含 $n+1$ 阶相乘项。V_n 和 I_n 中列向量的数量分别是

$$|V_n|=\binom{n+N-1}{N} \tag{3-105}$$

$$|I_n|=\binom{n+N}{N} \tag{3-106}$$

因此，

$$\frac{|V_n|}{|I_n|}=\frac{n}{n+N}\to 1 \tag{3-107}$$

此时 $n\to\infty$。所以当 $n\to\infty$时，V_n 和 I_n 的大小几乎相同，并且 I_n 包含 V_n。此时实现了几乎完美的干扰对齐 $V_n\approx I_n$。

干扰对齐($V\approx I$)的关键是线性变换 $\boldsymbol{T}_i$ 的交换律。如果 $\boldsymbol{T}_i$ 不满足交换律，那么$|V_n|$将不能与$|I_n|$相等。为了验证这一结论，可以观察 I_n 中的任意一项。从第一项 ω 开始，I_n 中的每一项都可以看作历经 n 次迭代的结果，在每次迭代中选择从 V 到 I 的 $N+1$ 条并行支路中的某一项结果。I_n 的大小不会增长太快的原因是：在此期间，n 次选择的任何排列都会产生相同的输出。例如，从第一项 ω 开始，如果第一次在回路中选择了 $\boldsymbol{T}_1$ 产生的结果，第二次选择 $\boldsymbol{T}_2$，第三次选择 $\boldsymbol{T}_3$，那么最后的结果是 $\boldsymbol{T}_3\boldsymbol{T}_2\boldsymbol{T}_1\omega$。对于另一种不同顺序的选择，可能是 $\boldsymbol{T}_2,\boldsymbol{T}_3,\boldsymbol{T}_1$。然而这种不同的顺序不会影响产生的项，因为 $\boldsymbol{T}_i$ 满足交换律。因此，尽管在 3 次迭代循环中，$\boldsymbol{T}_1,\boldsymbol{T}_2,\boldsymbol{T}_3$ 有 6 种不同的顺序，但在 I_3 中都会产生相同的项。把上述迭代推广到 n 次迭代，很明显，$\boldsymbol{T}_i$ 满足交换律是 I_n 的大小不会过快增长的原因。因此，V_n 最终能够赶上 I_n，并且当 $n\to\infty$时，我们实现了渐近一致性 $I_n\approx V_n$。

接下来，将解释如何使用这一基本结构来实现原始设置下 K 用户干扰信道中的干扰对齐。

2. 在时变信道系数的 K 用户干扰信道中的应用

渐近干扰对齐算法的初始条件是在时变或频率选择性的高斯干扰信道中，并且信道中有 K 对发射机-接收机，它们被标记为用户 $0,1,\cdots,K-1$，希望它们能够传输 K 条独立的消息，

每个发射机发送到其对应接收机的信息都需要通过相同的无线媒介。关于这个问题的详细条件,请读者参考文献[33]。在此,我们只强调一些有趣的方面并进行了简化。在我们的表示法中,接收机 0 处接收到的信号表示为(该描述适用于实际和复杂设置)

$$\boldsymbol{Y}^{[0]} = \boldsymbol{H}^{[00]}\boldsymbol{X}^{[0]} + \sum_{i=1}^{K-1}\boldsymbol{T}_i\boldsymbol{X}^{[i]} + \boldsymbol{Z}^{[0]} \tag{3-108}$$

其中,$\boldsymbol{H}^{[kk]}$是期望信道,$\boldsymbol{T}_i$ 代表干扰携带信道,$\boldsymbol{Z}^{[k]} \sim N(0,I)$表示附加高斯白噪声项。接收机 1 的接收信号可以被表示为

$$\boldsymbol{Y}^{[1]} = \boldsymbol{H}^{[11]}\boldsymbol{X}^{[1]} + \sum_{i=1}^{K-1}\boldsymbol{T}_{K-1+i}\boldsymbol{X}^{[i+1]} + \boldsymbol{Z}^{[1]} \tag{3-109}$$

细心的读者会注意到共有 $N=K(K-1)$个标准化信道($\boldsymbol{T}_1,\boldsymbol{T}_2,\cdots,\boldsymbol{T}_{K(K-1)}$)携带干扰信号。这里可以进行一些简化:将每个接收机中的 $\boldsymbol{T}_i$归一化为恒等变换,从而减少变量的数量。虽然这种简化可以提高渐近干扰对齐算法的效率,但在渐近目标区域,它们将无关紧要。因此,我们可以采用一种更简单的简化:将所有携带干扰的信道看作线性变换 $\boldsymbol{T}_i$。

这里干扰对齐的挑战是将所有信道携带的干扰合并到一个小的子空间中。为了达到最终目标——每个人都能得到“一半蛋糕”(在没有干扰的情况下每个用户单独获得的容量)——我们应该能够将每个接收机上所有的干扰调整到该接收机可用总信号空间的一半之内,而使另一半期望信号不受干扰。对齐约束的数量随着用户数量的增加而增加,即随着 N 增加。然而,每位用户的 DoF 应该保持不变,即每位用户能够继续无干扰地访问一半信号空间。换句话说,用户数量 N 对于最后每位用户的 DoF 而言并不重要。通过添加更多的干扰对齐约束可以潜在地使 N 无限大。例如,通过考虑有限状态复合设置,其中每个用户的信道通过添加其他虚构用户(不影响最终每位用户可用的 DoF)。对齐算法将能够满足任意多个对齐约束,同时仍然保证每个接收机有一半的信号空间不受干扰并用来传播期望信号。这将在渐近意义上被实现,即通过扩大信号空间的整体维度,或者将信号维度分解为具有越来越高分辨率的子维度来实现。换句话说,渐近对齐算法保证几乎每个人都能得到“一半蛋糕”,前提是“蛋糕”可以任意变大,或者可以被任意精确地切割。

3. 挑战和解决方案

上文提到最重要的假设如下:

满足交换律,即 $\boldsymbol{T}_i\boldsymbol{T}_j=\boldsymbol{T}_j\boldsymbol{T}_i$, $\forall\, i,j\in\{1,2,\cdots,N\}$。

值得注意的是,在时变/频率选择性信道上,由符号扩展所产生的对角信道显然满足这个假设。

我们将考虑一种波束成形方法,其中每个发射机沿着 m 个线性独立的波束成形向量发送其信息。这些向量可以作为 $m\times 1$ 预编码矩阵 $\boldsymbol{V}$ 的列。由于一些符号的重复使用,我们将符号 $\boldsymbol{V}$ 作为一个矩阵,也作为一个集合(以列向量作为其元素),也作为其列所张成的信号子空间。我们对文献[137]进行简化,仅选取以下假设:

所有的发射机都使用相同的信号向量 $\boldsymbol{V}$;

每个接收机都将留出(大约)同一子空间 V 用于处理干扰。

在这些假设的前提下,让我们考虑接收机 0 的干扰空间(见图 3-13)。与接收机 0 的干扰相关的空间,是故意为干扰 V 留出的空间与接收机 0 实际出现干扰的空间的并集。

$$I^{[0]}=V\cup\boldsymbol{T}_1V\cup\boldsymbol{T}_2V\cup\cdots\cup\boldsymbol{T}_{K-1}V \tag{3-110}$$

图 3-14 展示 $I^{[0]}$的干扰区域。

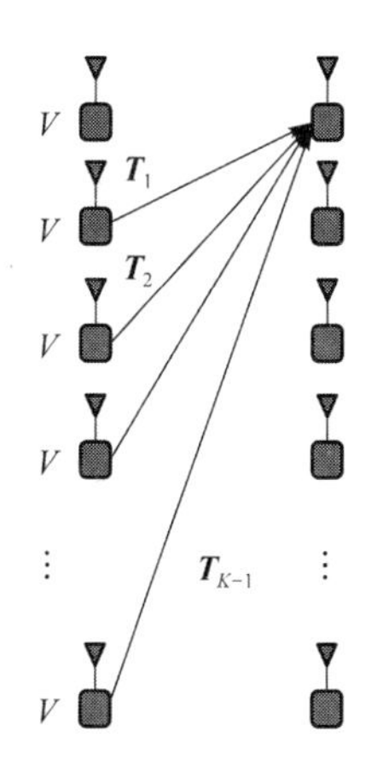

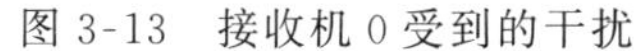
图 3-13　接收机 0 受到的干扰

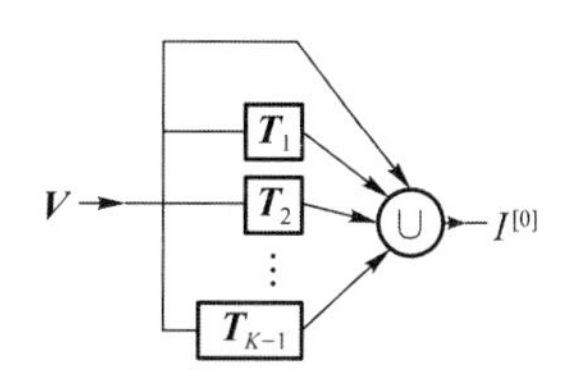

图 3-14　接收机 0 处的干扰空间

我们收集所有与接收机干扰相关的空间，并将其表示为一个更大的子空间：

$$I=V\cup \boldsymbol{T}_1V\cup \boldsymbol{T}_2V\cup \cdots \cup \boldsymbol{T}_NV \tag{3-111}$$

然后，我们的干扰对齐目标就变成

$$V\approx \boldsymbol{T}_1V\approx \boldsymbol{T}_2V\approx \cdots \approx \boldsymbol{T}_NV \tag{3-112}$$

渐近干扰对齐算法基本上是将所有的干扰都对准到同一空间 V 中。换句话说，我们的目标是使 $I\approx V$。从本节开头的讨论中，我们已经知道如何解决这个问题。

当所有干扰都对齐时，一个重要的问题仍然存在——期望信号不能与干扰空间重叠。值得一提的是，每个发射机将信号预编码到相同的信号空间 V 中，并且 V 也是在每个接收机的干扰对齐空间。然而，保持期望信号与干扰信号不同的是，对应于期望信道的一般线性变换 $\boldsymbol{H}^{[kk]}$。值得注意的是，$\boldsymbol{H}^{[kk]}$ 不出现任何对齐问题，因此与对齐空间 V 无关。由于这种独立性，线性变换 $\boldsymbol{H}^{[kk]}$ 从本质上将每个接收机的期望信号转换到相对于接收机所看到的干扰空间 V 的一般位置 $\boldsymbol{H}^{[kk]}\boldsymbol{V}$。众所周知，如果向量子空间存在于一个大到足以容纳所有向量子空间的整体空间中，则它们在一般位置上不会重叠。因此，要确保信号和干扰是可分离的，所需的是整个信号空间足够容纳 V 和 I。这是很容易通过选择整个信号空间 $S=|V|+|I|$ 来实现的。随着下述设定：

$$\text{span}(\boldsymbol{H}^{[kk]}\boldsymbol{V})\cap \text{span}(\boldsymbol{V})=\{0\} \tag{3-113}$$

$$\frac{|\boldsymbol{H}^{[kk]}\boldsymbol{V}|}{S}=\frac{|V|}{|V|+|I|}\rightarrow \frac{1}{2} \tag{3-114}$$

当 $n\rightarrow\infty$ 时，每个用户都得到了“一半蛋糕”。

最后再次总结了对准方案的一些重要特征，如下所示。

- 干扰携带信道 $\boldsymbol{T}_i$ 需要满足交换特性。
- 传播期望信号的信道 $\boldsymbol{H}^{[kk]}$ 只需要对于将期望信号转换出干扰空间即可。特别地，这些信道不需要满足交换律。
- 所有发射机使用相同的信号空间 V。
- 每个接收机处的所有干扰在（近似）同一空间 V 内渐近对齐。
- 对齐约束的数目 N 可以无限大，并且可以在充分扩展的信号空间上渐近地实现几乎完美的干扰对齐。

最后，让我们粗略地估计渐近干扰对齐算法所需的信号空间扩展值，去实现每个用户“一半蛋糕”的极限值。假设每个用户想要访问“蛋糕”的一小部分，它在一个小常数理想值为 1/2 的 δ 内，也就是说，我们想要

$$\frac{1}{2}-\delta\leqslant\frac{|V_n|}{|V_n|+|I_n|}=\frac{1}{1+\frac{|I_n|}{|V_n|}}=\frac{1}{1+\frac{n+N}{n}} \tag{3-115}$$

n 满足式(3-115)的最小值是

$$n^*=\left\lceil N\left(\frac{1}{4\delta}-\frac{1}{2}\right)\right\rceil \tag{3-116}$$

因此，整个信号空间的大小需要 $|I_{n^*}|+|V_{n^*}|=\binom{n^*+N}{N}\left(1+\frac{n^*}{n^*+N}\right)$。使用斯特林公式：

$$\begin{aligned}\left(\frac{n^*+N}{N}\right)^N&\leqslant\binom{n^*+N}{N}\leqslant\left(\frac{n^*+N}{N}\right)^N\mathrm{e}^N\\&\Rightarrow\left(\frac{1}{4\delta}+\frac{1}{2}\right)^{K(K-1)}\left(\frac{2}{1+2\delta}\right)\leqslant|I_n^*|+|\boldsymbol{V}_n^*|\\&\leqslant\left(\frac{\mathrm{e}}{4\delta}+\frac{\mathrm{e}}{2}+\frac{\mathrm{e}}{2K(K-1)}\right)^{K(K-1)}\left(\frac{2+4\delta/(K(K-1))}{1+2\delta+2\delta/(K(K-1))}\right)\end{aligned} \tag{3-117}$$

其中，我们使用了 $N=K(K-1)$ 去代替 N。因此，对于目标值为每位用户 1/2 DoF 的固定公差 δ，随着用户数量 K 的增长，渐近干扰对齐算法所需信号空间大小的对数将扩展为 $\Theta(K^2)$。显而易见地，渐近干扰对齐算法需要快速的带宽扩展，这也强调了渐近干扰对齐算法的强渐近性。每个人都可以任意接近“蛋糕”的一半，前提是“蛋糕”的大小随着用户数量的增加而迅速增长。

3.3.4 协同干扰网络

在无线网络中，节点之间的协同是缓解干扰的一种方式。在这一节中主要涉及协作干扰网络中的干扰对齐方面。

如果所有信道的强度都相当，那么如文献[39]和[40]中表明的那样，协作通信将不能取得 DoF 增益。因此，协作通信在 DoF 层面上的增益是由异构链路的存在而实现的，如不竞争无线频谱的回程链路或者在某一跳上的本地节点集群之间的更强链路，如果端到端通信的瓶颈在其他地方，那么这些链路可以视作理想链路。这些理想的链路可以实现认知，即节点之间可以共享一些消息。在带有无线连接本地化特征的无线干扰网络中，认知和协同的发射机和接收机的出现带来了很多有意思的问题，其中干扰对齐在其中起着重要的作用，

图 3-15 展示了协同干扰网络的一个例子，其中有 4 个发射机把 4 条独立的信息 W_1，W_2，W_3，W_4 发送到 4 个接收机。在解码信息时，相邻接收机的协同被允许，即对于消息 W_1 的解码器而言可以从接收机 1 和 2 中访问接收信号 Y_1^n 和 Y_2^n，对于消息 W_2 的解码器而言可以访问 Y_2^n 和 Y_3^n，对于消息 W_3 的解码器而言可以访问 Y_3^n 和 Y_4^n，对于消息 W_4 的解码器而言可以访问 Y_4^n 和 Y_1^n。在这个网络中，如果所有信道系数都是非零的，那么根据 Anna Pureddy 等人的发现，每位用户的 DoF 为 2/3，这类似于每个接收机有两个天线的 SIMO 干扰信道。

这个可实现的方案是基于[CJ08]对准方案渐近干扰对齐的，同时又包含许多新的有挑战性的方面，这是由共享天线带来的，在等效 SIMO 干扰信道意义上信道系数间的空间相关性。

换句话说，当解码器共享接收天线时，期望信道系数和携带干扰信道系数之间相互独立，即假设期望信号与干扰不重叠的假设不再成立。事实上，如果这个概念扩展到 4 个以上的用户，那么相对于相应的 SIMO 干扰信道，将会出现 DoF 损失。当每个接收机带有两根天线的 SIMO 干扰信道接近实现每用户 2/3 DoF 时，带有成对协同编码器的全连通五用户干扰信道最多仅能达到每用户 3/5 DoF。Wang 等人在文献[41]探讨了信道连通性的作用。特别地，假设在图 3-15 中所有黑线的信道系数都被置换成 0，即这些链路是不连通的。注意这些链路没有携带任何期望信号的信息。例如，从发射机 4 到接收机 2 的红色链路仅携带信息 W_4，并不是解码器所期望的信息 W_1 或信息 W_2，即不被两个访问接收机 2 的解码器需要。因此，我们可能会希望将这条链路设置为 0 时不会减少 DoF。但是，文献[41]把红色链路设置为 0，导致了 DoF 的上边界变成了每用户 3/5 DoF，这与图 3-15 全连接设置下可实现的每用户 2/3 DoF 相比完全减小了。像这样有趣的现象和全新的对准方案，以及需要考虑共享天线的新外边界，使得这个问题具有重大的基础理论意义。

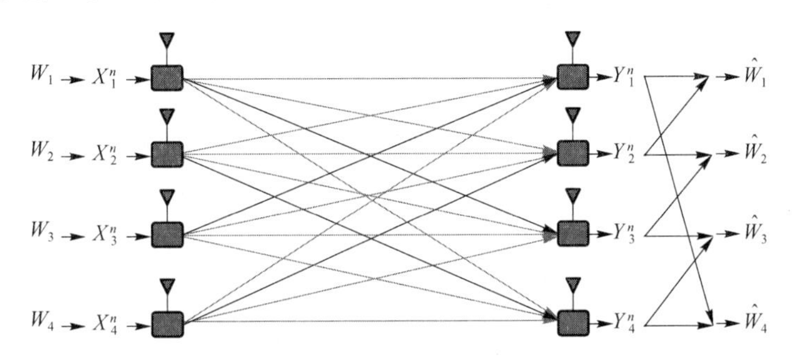

图 3-15　不同连通性模型的成对协同解码

干扰对齐在带有有线回程链路的无线网络中的应用是由 Gollakota 等人在文献[38]的工作中引入的干扰对齐和消除(IAC)的思想。图 3-16 阐释了一个 IAC 结构的例子，其中包含了每个节点都配有 3 个天线的双用户 MIMO 干扰信道。在没有接收机协作的情况下，该信道只能实现 3 DoF。现在假设存在一种机制，通过该机制，接收机可以共享它们的解码消息，即一旦一条消息被一个接收机解码，该消息比特被传送到其他接收机，这些接收机可以重建出由该消息引起的干扰，并从其自身接收到的信号中消除该干扰。在这种假设下，图 3-16 展示了如何通过 IAC 让用户 1 实现 3 DoF，同时让用户 2 实现 2 DoF。

特别地，在图 3-16 中，用户 1 传输 3 条信息，标记为 a,c,e，同时，用户 2 传输两条信息，标记为 b 和 d。为这些信息选择信号维度，以至于 a 和 b 在接收机 2 沿着相同的信号向量对齐；b 和 c 在接收机 1 沿着相同的信号向量对齐；c 和 d 在接收机 2 沿着相同的信号向量对齐；d 和 e 在接收机 1 沿着相同的信号向量对齐。a 在接收机 1 与任意一个信息都不对齐。如图 3-16 所示，每个接收机都有三个信号向量，它们可以通过相互解析出来，但是每个向量中又最多包含两条对齐的信息。解码按顺序 a,b,c,d,e 进行。首先，接收机 1 可以解码出信息 a，因为它在接收机 1 中不与任意一条信息对齐。该解码消息通过回程链路提供给接收机 2，那么接收机 2 便可以消除来自信息 a 的干扰。消除信息 a 使得接收机 2 解码出信息 b，因为它仅与信息 a 对齐。解码后的消息 b 随后被传回接收机 1，接收机 1 消除来自 b 的干扰以获得其所需的未经干扰的消息 c。在接收机 1 解码消息 c 之后，接收机 2 得到消息 c，其用于消除来自该消息的干扰，以获得干净的信号向量并用于解码消息 d。最后，将消息 d 提供给接收机 1，接收机 1 消除由此产生的干扰,并获得干净信号维数,其用于解码消息 e,从而结束解码序列。

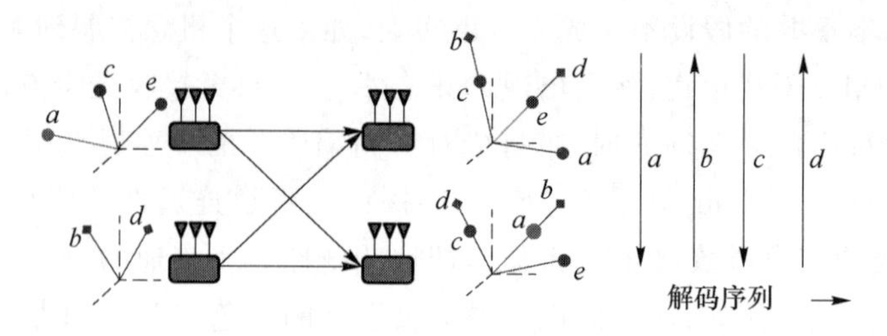

图 3-16 干扰对齐和消除[158]

多天线对于上述的 IAC 方案不是必要的。例如,该方案可类似地用于具有时变/频率选择性信道的单天线双用户干扰信道。考虑 M 时隙或 M 频隙的 M 维信号空间,在具有上述对准链和对消链的前提下,用户 1 可以获得 MDoF,而用户 2 可以同时获得 $M-1$ DoF,从而实现总共$(2M-1)/M$ DoF。注意,对于完全协同而言,即两个接收机间的联合信号处理,最大有可能实现的 DoF 是 2。同样值得注意的是,上面提到的对准链和对消链与在文献[42]中提出的对齐干扰中和方案中使用的对准链和对消链具有相似性。

一个待解决问题是如何使用集群协作解码器来描述 K 用户干扰信道的 DoF,如图 3-15 所示的 $K>4$ 的用户设置。当然发射机协同和接收机协同的 DoF 对偶性也是一个待解决的问题。

本章参考文献

[1] Goldsmith A, Jafar S A, Jindal N, et al. Capacity limits of MIMO channels [J]. IEEE Journal on Selected Areas in Communications, 2003, 21(5): 684-702.

[2] Weingarten H, Steinberg Y, Shamai S. The capacity region of the Gaussian MIMO broadcast channel[C]// International Symposium onInformation Theory, 2004. ISIT 2004. Proceedings. [S. l.]: IEEE, 2004.

[3] Costa M H M. Writing on dirty paper[J]. IEEE Trans. Inform. Theory, 1983, 29(3): 439-441.

[4] Caire G, Shamai S. On achievable rates in a multi-antenna Gaussian broadcast channel[C]// Proceedings. 2001 IEEE International Symposium on Information Theory (IEEE Cat. No. 01CH37252). [S. l.]:IEEE, 2002.

[5] Y u W, Cioffi J M. Trellis precoding for the broadcast channel[C]// Global Telecommunications Conference, 2001. GLOBECOM 01. IEEE. [S. l.]:IEEE, 2001.

[6] J indal N, Vishwanath S, Goldsmith A. On the duality of Gaussian multiple-access and broadcast channels [J]. IEEE Transactions on Information Theory, 2004, 50 (5): 768-783.

[7] Jorswieck E, Boche H. Rate balancing for the multi-antenna Gaussian broadcast channel[C]// Spread Spectrum Techniques and Applications, 2002 IEEE Seventh International Symposium on. [S. l.]:IEEE, 2002.

[8] Telatar E. Capacity of multi-antenna Gaussian channels[J]. European Transactions on Telecommunications, 1999, 10(6):585-595.

[9] Verdu S. Multiple-access channels with memory with and without frame synchronism[J]. IEEE Transactions on Information Theory, 1989, 35(3):605-619.

[10] Yu W, Rhee W, Boyd S, et al. Iterative water-filling for Gaussian vector multiple-access channels. [J]. IEEE Transactions on Information Theory, 2004, 50(1): 145-152.

[11] Hua Y, Cheng Q, Gershman A. High-resolution and robust Signal processing[M]. [S. l.]:Crc Press, 2003.

[12] Sato H. An outer bound on the capacity region of the broadcast channel[J]. IEEE Transactions on Information Theory. 1978, 24(3):374-377.

[13] Tarokh V, Seshadri N, Calderbank A R. Space-time codes for high data rate wireless communication: performance criterion and code construction[J]. IEEE Transactions on Information Theory, 2002, 44(2):744-765.

[14] Alamouti S M. A simple transmit diversity technique for wireless communications[J]. Selected Areas in Communications, IEEE Journal on, 1998, 16(8):1451-1458.

[15] Tarokh V, Jafarkhani H, Calderbank A R. Space-time block codes from orthogonal designs[J]. IEEE Transactions on Information Theory, 2002, 45(5):1456-1467.

[16] L arsson E G, Stoica P. Space-time block coding for wireless communications[M]. [S. l.]: Cambridge University Press, 2003.

[17] Liu Z, Giannakis G B, Zhou S, et al. Space-time coding for broadband wireless communications[J]. Wireless Communications & Mobile Computing, 2015, 1(1):35-53.

[18] Gesbert D, Shafi M, Shiu D S, et al. From theory to practice: an overview of MIMO space-time coded wireless systems [J]. IEEE Journal on Selected Areas in Communications, 2003, 21(3):281-302.

[19] Ganesan G, Stoica P. Space-time block codes: a maximum SNR approach[J]. Information Theory IEEE Transactions on, 2001, 47(4):1650-1656.

[20] Honig M, Tsatsanis M K. Adaptive techniques for multiuser CDMA receivers[J]. IEEE Signal Processing Magazine, 2000, 17(3):49-61.

[21] Li H, Lu X, Giannakis G B. Capon multiuser receiver for CDMA systems with space-time coding[J]. IEEE Transactions on Signal Processing, 2002, 50(5):1193-1204.

[22] Reynolds D, Wang X, Poor H V. Blind adaptive space-time multiuser detection with multiple transmitter and receiver antennas[C]// IEEE Global Telecommunications Conference. IEEE, 2002.

[23] Naguib A F. Applications of space-time block codes and interference suppression for high capacity and high data rate wireless systems[C]// Asilomar Conference on. [S. l.]: IEEE, 1998.

[24] Trees H L V. Optimum array processing[M]. New York: John Wiley and Sons Inc,2002.

[25] Bresler G, Tse D. The two-user Gaussian interference channel: a deterministic view [J]. Transactions on Emerging Telecommunications Technologies, 2010, 19(4):333-354.

[26] Etkin R H, Tse D N C, Wang H. Gaussian interference channel capacity to within one bit[J]. IEEE Transactions on Information Theory, 2008, 54(12):5534-5562.

[27] Karmakar S, Varanasi M K. The generalized degrees of freedom region of the MIMO interference channel[J]. IEEE Transactions on Wireless Communications, 2011, abs/1101.0306(4):199-203.

[28] Vishwanath S, Jindal N, Goldsmith A. Duality, achievable rates, and sum-rate capacity of Gaussian MIMO broadcast channels[J]. IEEE Transactions on Information Theory, 2003, 49(10):2658-2668.

[29] Gou T, Jafar S A. Capacity of a class of symmetric SIMO gaussian interference channels within O(1)[J]. IEEE Transactions on Information Theory, 2011, 57(4):1932-1958.

[30] Jafar S A. Interference alignment—a new look at signal dimensions in a communication network[J]. Foundations & Trends in Communications & Information Theory, 2010, 7(1):1-136.

[31] Avestimehr S, Diggavi S, Tse D. Wireless network information flow: a deterministic approach[J]. IEEE Transactions on Information Theory, 2011, 57(4):1872-1905.

[32] Gamal A A E, Costa M H M. The capacity region of a class of deterministic interference channels[J]. IEEE Transactions on Information Theory, 1982, 28(2):343-346.

[33] Cadambe V R, Jafar S A. Interference alignment and the degrees of freedom for the K user interference channel[J]. IEEE Transactions on Information Theory, 2008, 54(8):3425-3441.

[34] Cadambe V R, Jafar S A. Degrees of freedom of wireless networks-what a difference delay makes[C]// Asilomar Conference on Signals. [S. l.]:IEEE, 2007.

[35] Grokop L H, Tse D N C, Yates R D. Interference alignment for line-of-sight channels [J]. IEEE Transactions on Information Theory, 2011, 57(9):5820-5839.

[36] Mathar R, Zivkovic M. How to position n transmitter-receiver pairs in n-1 dimensions such that each can use half of the channel with zero interference from the others[C]// Global Telecommunications Conference, 2009. GLOBECOM 2009. [S. l.]:IEEE, 2010.

[37] Torbatian M, Najafi H, Damen M O. Asynchronous interference alignment[C]// Communication, Control, and Computing (Allerton), 2010 48th Annual Allerton Conference on. [S. l.]:IEEE, 2012:3148-3157.

[38] Gollakota S, Perli S D, Katabi D. Interference alignment and cancellation[C]// [S. l.]:ACM, 2009.

[39] Cadambe V R, Jafar S A. Degrees of freedom of wireless networks with relays, feedback, cooperation, and full duplex operation[J]. IEEE Transactions on Information Theory, 2009, 55(5):2334-2344.

[40] Host-Madsen A, Nosratinia A. The multiplexing gain of wireless networks[C]// International Symposium on Information Theory. [S. l.]:IEEE, 2005.

[41] Wang C, Jafar S A, Shamai S, et al. Interference, cooperation and connectivity-a degrees of freedom perspective[J]. IEEE International Symposium on Information Theory Proceedings, 2011(8): 430-434.

[42] Gou T G, Wang Ch W, Syed A. Jafar. Aligned interference neutralization and the degrees of freedom of the 2×2×2 interference channel with interfering relays[C]// Allerton Conference on Communication. [S. l.]: IEEE, 2012.

第4章　无线窃听信道安全传输

无线通信因其传输的空间开放特征，自应用以来对其传输安全性方面的研究就备受关注。本章先针对有独立窃听者存在的系统模型，分析无线传输的安全性能以及介绍可靠的传输方式，进而介绍多用户 MIMO 窃听信道的模型和性能，对 MIMO Wire-tap 信道的安全传输技术做详细描述。

4.1 窃听信道

考虑这样一种情况[3]，即数字信号要在一个离散、无记忆信道(DMC)中可靠传输，且其信道接收端存在窃听者。这里假设窃听者通过第二个 DMC 观察信道输出，允许由发送机和接收机进行解码。然而，这些操作中使用的码本(Code Books)认为是窃听者已知的。设计人员通常以这样一种方式来构建编码-解码器：最大化传输速率 R，并使窃听者看到的数据模糊性 d 最大化。

在本节中，假设几乎完美(无误差)传输，我们可以找到 R 和 d 之间的折中曲线。特别地，如果 d 等于 H_S(数据源的熵值)，则认为传输是在完美保密下完成的。本节内容将证明存在一个 $C_S>0$，使得在近乎完美保密的情况下，可以实现速率高达 C_S 的可靠传输。

1. 问题描述

考虑这样一种(可能有噪声的)通信系统，它被另一个有噪声信道窃听。而安全传输研究的目标是对数据进行编码，使窃听者的混淆程度尽可能高。沿着这一思路，首先考虑图 4-1 中描述的简单的特殊情况(其中主要通信系统是无噪声的)。

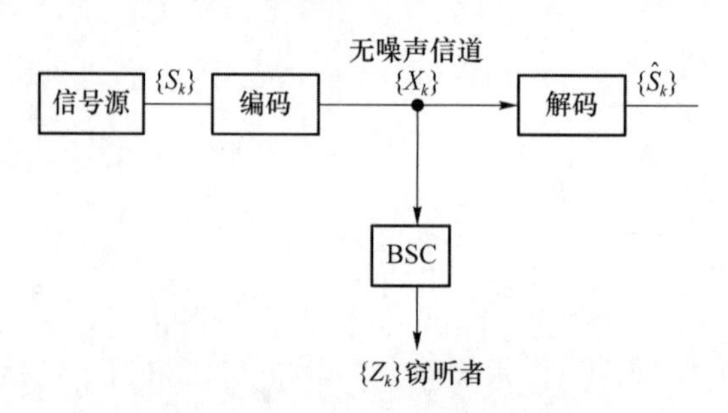

图 4-1　窃听信道(特殊情况)

信号源发出一个数据序列 $S_1, S_2, \cdots$，它由二进制随机变量 S 的独立样本组成，且其中 $\Pr\{S=0\}=\Pr\{S=1\}=\frac{1}{2}$。编码器检查前 K 个源比特 $\boldsymbol{S}^K=(S_1,\cdots,S_K)$，并将 $\boldsymbol{S}^K$ 编码成一个

N 维二进制向量 $\boldsymbol{X}^N=(X_1,\cdots,X_N)$。$\boldsymbol{X}^N$ 再依次通过无噪声信道完美地传输到解码器,并转换成二进制数据流 $\hat{\boldsymbol{S}}^K=(\hat{S}_1,\cdots,\hat{S}_K)$ 并传送到目的接收者。

误差概率被定义为

$$P_e=\frac{1}{K}\sum_{k=1}^{K}\Pr\{S_k\neq\hat{S}_k\}\tag{4-1}$$

且整个过程在 K 个源比特的连续块上重复,传输速率是指每个传输信道符号的 K/N 位。

窃听者通过一个交叉概率为 $p_0(0<p_0\leqslant\frac{1}{2})$ 的(无记忆的)二进制对称信道(BSC)观察编码 $\boldsymbol{X}^N$,并且相应地,窃听者端的输出是 $\boldsymbol{Z}^N=(Z_1,\cdots,Z_N)$。所以对于 x,z 取0或1且 $1\leqslant n\leqslant N$,有

$$\Pr\{Z_n=z\mid X_n=x\}=(1-p_0)\delta_{x,z}+p_0(1-\delta_{x,z})\tag{4-2}$$

采用疑义度

$$R_e\overset{\Delta}{=}\frac{1}{K}H(\boldsymbol{S}^K\mid\boldsymbol{Z}^N)\tag{4-3}$$

作为衡量窃听者被扰乱程度的标准。为保证安全传输,一般要使 P_e 接近0,同时使 K/N 和 R_e 尽可能大。

接下来考虑以下方案。

(1) 设 $K=N=1$,同时令 $X_1\equiv S_1$。由此得 $P_e=0$,$K/N=1$ 和 $\Delta=H(X_1\mid Z_1)=h(p_0)$,其中

$$h(\lambda)=-\lambda\log_2\lambda-(1-\lambda)\log_2(1-\lambda),\quad 0\leqslant\lambda\leqslant1\tag{4-4}$$

(取 $0\log_2 0=0$)

(2) 设 $K=1$,同时令 N 是任意值。令 C_0 为 N 维二进制空间 $\{0,1\}^N$ 子集,由 N 个具有偶校验的向量组成;$C_1\subseteq\{0,1\}^N$ 由具有奇校验的向量组成。编码器的工作原理如下,当 $S_1=i(i=0,1)$ 时,其输出是 C_i 中随机选择的向量。因此,对于 $i=0,1$,编码器是一个具有以下转移概率的信道:

$$\Pr\{\boldsymbol{X}^N=\boldsymbol{x}\mid S_1=i\}=\begin{cases}2^{-(N-1)}, & \boldsymbol{x}\in C_i\\ 0, & \boldsymbol{x}\notin C_i\end{cases}\tag{4-5}$$

显然,该解码器可以从 $\boldsymbol{X}^N$ 完美地解码得到 S_1。现在来看窃听者这边,其观察到的 $\boldsymbol{Z}^N$ 是对应输入 $\boldsymbol{X}^N$ 的二进制对称信道的输出。然后有

$$\begin{aligned}\Pr\{S_1=0\mid\boldsymbol{Z}^N=\boldsymbol{z}\}&=\Pr\{\text{BSC 传输错误的次数为偶数}\}\\&=\sum_{\substack{j=0\\ j\text{为偶数}}}^{N}\binom{N}{j}p_0^j(1-p_0)^{N-j}=\frac{1}{2}+\frac{1}{2}(1-2p_0)N\end{aligned}\tag{4-6}$$

其中式(4-6)可以用以下二项式公式来验证:

$$[(1-p_0)\pm xp_0]^N=\sum_{j=0}^{N}\binom{N}{j}p_0^j(1-p_0)^{N-j}(\pm x)^j\tag{4-7}$$

然后

$$2\sum_{j\text{为偶数}}\binom{N}{j}p_0^j(1-p_0)^{N-j}=(1-p_0+p_0)^N+(1-p_0-p_0)^N=1+(1-2p_0)^N\tag{4-8}$$

类似地,对于具有奇校验的 $\boldsymbol{Z}^N\in\{0,1\}^N$ 有式(4-9)成立:

$$\Pr\{S_1=0 \mid \boldsymbol{Z}^N=\boldsymbol{z}\}=\Pr\{\text{BSC 传输错误的次数为偶数}\}=\frac{1}{2}-\frac{1}{2}(1-2p_0)^N \tag{4-9}$$

所以对于所有 $\boldsymbol{Z}^N\in\{0,1\}^N$，

$$H(S_1|\boldsymbol{Z}^N=\boldsymbol{z})=h\left[\frac{1}{2}-\frac{1}{2}(1-2p_0)^N\right] \tag{4-10}$$

使得当 $N\to\infty$ 时，

$$R_e=H(S_1|\boldsymbol{Z}^N)=h\left[\frac{1}{2}-\frac{1}{2}(1-2p_0)^N\right]\to 1=H(S_1) \tag{4-11}$$

因此当 $N\to\infty$，窃听时的疑义度接近无条件源熵，所以认为通信是在完美保密的情况下完成的。且当 $N\to\infty$ 时，传输速率 $K/N=1/N\to 0$。

本节讨论的一个中心问题是，是否能够以远离零的速率传输，同时达到近似完美保密，即 $R_e\approx H(S_1)$。在回答这个问题之前，简要概括在后续内容中要解决的更普遍的问题。

参考图 4-2，信号源是离散且无记忆的，熵为 H_S。主信道和窃听信道是离散无记忆信道，并且其转移概率分别为 $\boldsymbol{Q}_M(\cdot\mid\cdot)$ 和 $\boldsymbol{Q}_W(\cdot\mid\cdot)$。信号源和转移概率 $\boldsymbol{Q}_M$ 和 $\boldsymbol{Q}_W$ 是已知且固定的。在上面的例子中，编码器是一个将 K 维向量 $\boldsymbol{S}^K$ 作为输入、N 维向量 $\boldsymbol{X}^N$ 作为输出的信道。向量 $\boldsymbol{X}^N$ 反过来作为主信道的输入，向量 $\boldsymbol{Y}^N$ 是主信道的输出和窃听信道的输入，向量 $\boldsymbol{Z}^N$ 是窃听信道的输出。解码器联系 $\boldsymbol{Y}^N$ 和一个 K 维向量 $\hat{\boldsymbol{S}}^K$，且误差概率由式(4-1)得出，疑义度 R_e 由式(4-3)给出，以及传输速率为每信道输入符号 KH_S/N 源比特。大致来说，如果可以找到有着任意小 P_e 的编码-解码方式、关于 R 的 KH_S/N 和关于 d 的 R_e(也许 N 和 K 非常大)，那么 (R,d) 对是可以获得的。这里的主要问题是可实现的 (R,d) 的族的特征，该特征将在定理 1 中给出。定理 2 表明，在几乎所有的情况下，总存在一个“保密容量” $C_S>0$，使得 (C_S,H_S) 是可实现的〔当 $R>C_S$，(C_S,H_S) 是不可实现的〕。因此，以正速率 C_S 传输信息的同时，保证几乎完美保密是可能实现的。

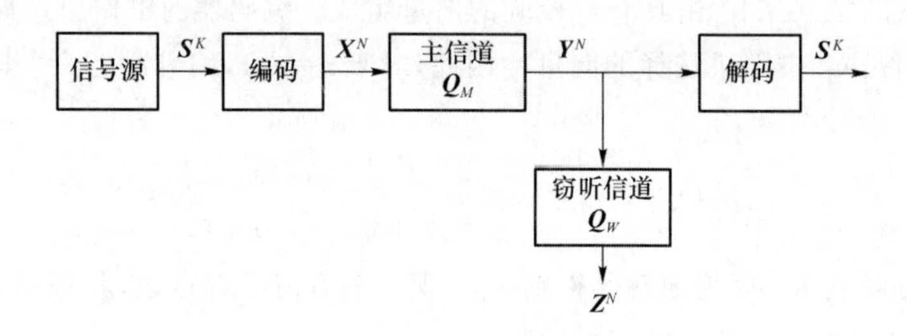

图 4-2　窃听信道(普遍情况)

对于上述所介绍的特殊情况($H_S=1$，$\boldsymbol{Q}_M$ 对应无噪声信道以及 $\boldsymbol{Q}_W$ 对应一个 BSC)，由定理 1 的结论得出论断：当且仅当 $0\leqslant R\leqslant 1$，$0\leqslant d\leqslant 1$ 和 $Rd\leqslant h(p_0)$ 时，(R,d) 是可实现的。值得注意的是，上述针对这种特殊情况建议的方案(1)表明 $R=1$ 和 $d=h(p_0)$ 是可以实现的。从定理 1 可知，如果 $R=1$，那么 $d=h(p_0)$ 的值是可实现的 d 的最大值。此外，方案(2)表明 $R=0$ 和 $d=1$ 是可实现的。但是这显然不是最优解，$R=h(p_0)$ 和 $d=1$ 是可实现的。因此，在完美保密的情况下，以 $h(p_0)$ 的速率进行可靠传输是可能实现的，同时有 $C_R=h(p_0)$。

2. 主要结论及定理

下面将对前文非正式陈述的问题进行准确的说明，并且总结主要结论。

首先，简单说明一下这里的符号描述。

令 $\mathscr{U}$ 为一个任意有限集合，$|\mathscr{U}|$ 表示它的基数。考虑到 $\boldsymbol{u}^N$ 由 $\mathscr{U}$ 中的一系列 N 维向量组成，$\boldsymbol{u}^N$ 中的元素可写成 $\boldsymbol{u}^N=(\boldsymbol{u}_1,\boldsymbol{u}_2,\cdots,\boldsymbol{u}_N)$。其中带下标的字母表示分量，带上标的字母表示向量。类似的符号约定也适用于用大写字母表示的随机向量和随机变量。此外，如果一个向量 $\boldsymbol{X}$ 的维数在上下文中显然已知，就可以省略上标。

对于随机变量 X,Y,Z 等，符号 $H(X)$，$H(X|Y)$，$I(X;Y)$，$I(X,Y|Z)$ 等按照 Gallager[1] 的定义表示标准信息量。最后，对于 $n=3,4,5,\cdots$，如果考虑 $X_j(1<j<n)$，有 $(X_1,X_2,\cdots,X_{j-1})$ 和 $(X_{j+1},\cdots,X_n)$ 是条件独立的，那么这里所说的随机变量序号 $\{X_i\}_{i=1}^n$ 是一个马尔科夫链。重复迭代上述结论，如果 X_1,X_2,X_3 是一个马尔科夫链，则

$$H(X_3|X_1,X_2)=H(X_3|X_2) \tag{4-12}$$

下面介绍数据处理定理和范诺不等式。

数据处理定理可以表述为

$$H(U|V)\leqslant H(U|\hat{U}) \tag{4-13(a)}$$

相当于

$$I(U;V)\geqslant I(U;\hat{U}) \tag{4-13(b)}$$

范诺不等式可以表述为

$$H(U|V)\leqslant h(\lambda)+\lambda\log_2(|u|-1)\leqslant h(\lambda)+\lambda\log_2|u| \tag{4-14}$$

还需特别注意数据处理定理和范诺不等式的其他几种形式，可以参见文献[1]。

接下来谈一谈对通信系统的描述。假设系统设计满足如下定义的一个源和两个信道。

(1) 信号源定义为序列 $\{S_k\}_1^\infty$，其中 S_k 是从有限集合 S 中取值的独立同分布的随机变量。假设定义 $\{S_k\}$ 的概率分布是已知的，令熵 $H(S_k)=H_S$。

(2) 主信道是具有有限输入字符 X、有限输出字符 Y 以及转移概率 $\boldsymbol{Q}_M(y|x)$，$x\in X$，$y\in Y$ 的离散无记忆信道。由于信道是无记忆的，对于 N 维向量的转移概率为

$$\boldsymbol{Q}_M^{(N)}(y\mid x)=\prod_{n=1}^{N}\boldsymbol{Q}_M(y_n\mid x_n) \tag{4-15}$$

并且用 C_M 表示主信道的信道容量。

(3) 窃听信道也是具有有限输入字符 Y，有限输入字符 Z 以及转移概率 $\boldsymbol{Q}_W(z|y)$，$y\in Y$，$z\in Z$ 的离散无记忆信道。主信道和窃听信道的级联是一个具有如下转移概率的无记忆信道：

$$\boldsymbol{Q}_{MW}(z\mid x)=\sum_{v\in y}\boldsymbol{Q}_W(z\mid y)\boldsymbol{Q}_M(y\mid x) \tag{4-16}$$

当不存在歧义时，可以使用信道的转移概率来表示信道本身。除此之外，令 C_{MW} 为转移概率为 $\boldsymbol{Q}_{MW}$ 的信道的容量。

在给定信号源统计信息以及信道 $\boldsymbol{Q}_M$ 和 $\boldsymbol{Q}_W$ 之后，系统设计人员需要设计满足下面定义的编码器和解码器。

(1) 具有参数 (K,N) 的编码器是一个具有输入字符 $\boldsymbol{S}^K$、输出字符 $\boldsymbol{X}^N$ 以及转移概率 $q_E(\boldsymbol{x}|\boldsymbol{s})$，$\boldsymbol{s}\in\boldsymbol{S}^K$，$\boldsymbol{x}\in\boldsymbol{X}^N$ 的信道。当 K 维信号源变量 $\boldsymbol{S}^K=(S_1,\cdots,S_K)$ 是编码器的输入时，输出是随机向量 $\boldsymbol{X}^N$。而当 $\boldsymbol{X}^N$ 是输入时，$\boldsymbol{Y}^N$ 和 $\boldsymbol{Z}^N$ 是信道 $Q_M^{(N)}$ 和 $Q_{MW}^{(N)}$ 的输出。在窃听信道（对应特定编码器）的输出端，源的疑义度表示为

$$R_e\overset{\Delta}{=}\frac{1}{K}H(\boldsymbol{S}^K|\boldsymbol{Z}^N) \tag{4-17}$$

把 R_e 作为衡量窃听者被扰乱程度的标准。从系统设计的角度来看，希望 R_e 越大越好。

(2) 本质上,解码器是一个映射:

$$f_{\mathrm{D}}:\boldsymbol{Y}^N \rightarrow \boldsymbol{S}^K \tag{4-18(a)}$$

令 $\hat{\boldsymbol{S}}=(S_1,\cdots,S_K)=f_{\mathrm{D}}(\boldsymbol{Y})$。对应给定的编码器和解码器,误码率为

$$\boldsymbol{P}_{\mathrm{e}}=\frac{1}{K}\sum_{k=1}^{N}\Pr\{S_k=\hat{S}_k\} \tag{4-18(b)}$$

将上述内容称为一个编码-解码器$(K,N,R_{\mathrm{e}},P_{\mathrm{e}})$。以上对于图(4-2)中的系统适用性应该是显而易见的。

这里有一个结论。对于所有 $\varepsilon>0$,如果存在一个编码-解码器$(K,N,R_{\mathrm{e}},P_{\mathrm{e}})$满足式(4-19),则 $(R,d)(R,d>0)$是可实现的。

$$\frac{(H_{\mathrm{S}}K)}{N}\geqslant R-\varepsilon \tag{4-19(a)}$$

$$R_{\mathrm{e}}\geqslant d-\varepsilon \tag{4-19(b)}$$

$$P_{\mathrm{e}}\leqslant\varepsilon \tag{4-19(c)}$$

这里的问题是描述可实现的(R,d)对的集合 $\mathscr{R}$。这里需要指出,$\mathscr{R}$ 是由(R,d)平面第一象限的一个闭子集的定义直接得出的。在说明 $\mathscr{R}$ 的特性之前,下面先讨论一个在解决方案中起关键作用的信息度量。

重新考虑上面定义的信道 $\boldsymbol{Q}_{\mathrm{M}}$,$\boldsymbol{Q}_{\mathrm{W}}$ 和 $\boldsymbol{Q}_{\mathrm{MW}}$。令 $p_X(x)(x\in X)$为一个概率质量函数,X 为一个随机变量,且满足 $\Pr\{X=x\}=p_X(x),x\in X$。当输入为 X 时,令 Y,Z 分别为信道 $\boldsymbol{Q}_M$ 和 $\boldsymbol{Q}_{\mathrm{MW}}$的输出。对于 $R\geqslant0$,令 $t(R)$为集合 p_X 且 $I(X;Y)\geqq R$。当然对于 $R>C_{\mathrm{M}}$(C_{M} 为信道 $\boldsymbol{Q}_{\mathrm{M}}$ 的容量),$t(R)$为空。最后,对于 $0\leqslant R\leqslant C_{\mathrm{M}}$ 时,定义

$$\Gamma(R)\stackrel{\Delta}{=}\sup_{p_X=t(R)} I(X;Y|Z) \tag{4-20}$$

这里指出,对于 $\boldsymbol{x}$ 上的任意分布 p_X,对应的 X,Y,Z 形成一个马尔科夫链,所以互信息的定义为

$$\begin{aligned}I(X;Y|Z)&=H(X|Z)-H(X|Y,Z)\\&=H(X|Z)-H(X|Y)=I(X;Y)-I(X;Z)\end{aligned} \tag{4-21}$$

因此,改写式(4-20)为

$$\Gamma(R)\stackrel{\Delta}{=}\sup_{p_X=t(R)} I(X;Y|Z)=\sup_{p_X=t(R)}[I(X;Y)-I(X;Z)] \tag{4-22}$$

可举例说明,假设 $X=Y=Z=\{0,1\}$,令 $\boldsymbol{Q}_{\mathrm{M}}$ 为一个无噪声信道,同时令 $\boldsymbol{Q}_{\mathrm{W}}$ 为交叉概率 p_0 的二进制对称信道(BSC),对于任意的 p_X,

$$\begin{aligned}I(X;Y)-I(X;Z)&=H(X)-[H(Z)-H(Z|X)]\\&=h(p_0)+H(X)-H(Z)\leqslant h(p_0)\end{aligned} \tag{4-23}$$

其中 $h(\cdot)$的定义在式(4-4)。这个不等式源于一个众所周知的事实[2],即 BSC 输出的熵 $H(Z)$不小于输入的熵 $H(X)$。进一步,当且仅当 $p_X(0)=p_X(1)=\frac{1}{2}$时,$H(X)=H(Z)$。由于这些分布属于 $t(R)$,即对于所有 $R,0\leqslant R\leqslant C_{\mathrm{M}}=1$,可以得出以下结论:

$$\Gamma(R)=h(p_0),\quad 0\leqslant R\leqslant C_{\mathrm{M}} \tag{4-24}$$

在陈述主要结论之前,先介绍一个关于 $\Gamma(R)$的引理。

引理 1 总量 $\Gamma(R)(0\leqslant R\leqslant C_{\mathrm{M}})$满足如下条件。

(1) 事实上,$\tau(R)$定义了一个最大上限,对于每一个 R,总存在一个 $p_X\in t(R)$使得 $I(X;Y$

$|Z)=\Gamma(R)$。

(2) $\Gamma(R)$是关于 R 的凹函数。

(3) $\Gamma(R)$是关于 R 非增的。

(4) $\Gamma(R)$是关于 R 连续的。

(5) $C_M \geqslant \Gamma(R) \geqslant C_M - C_{MW}$，这里 C_M 和 C_{MW} 分别是信道 $\boldsymbol{Q}_M$ 和 $\boldsymbol{Q}_{MW}$ 的容量

接下来开始介绍本节讨论问题的主要结论。此外，以下的定理均可参考文献[3]进行证明。

定理 1　集合 $\mathscr{R}$ 正如所上等于 $\overline{\mathscr{R}}$，此时

$$\mathscr{R} \stackrel{\Delta}{=} \{(R,d): 0 \leqslant R \leqslant C_M, 0 \leqslant d \leqslant H_S, Rd \leqslant H_S\Gamma(R)\} \tag{4-25}$$

此处有几点需要特别注意。

(1) 典型区域 $\overline{\mathscr{R}}$ 的示意图如图(4-3)所示。在上面的例子(信道 $\boldsymbol{Q}_M$ 无噪声以及信道 $\boldsymbol{Q}_W$ 为 BSC)中，$\Gamma(R)=h(p_0)$(一个常数)，因此曲线 $R_d = H_S\Gamma(\mathscr{R})$ 是双曲线。注意，在这种情况下，区域 $\overline{\mathscr{R}}$ 不是凸的。这与目前普遍存在的多用户 Shannon 理论问题形成了鲜明对比，多用户 Shannon 理论问题的解通常总是一个凸区域。如图(4-3)中显示，无论 $\Gamma(R)/R$ 是否是凸，都是一个开放性问题。

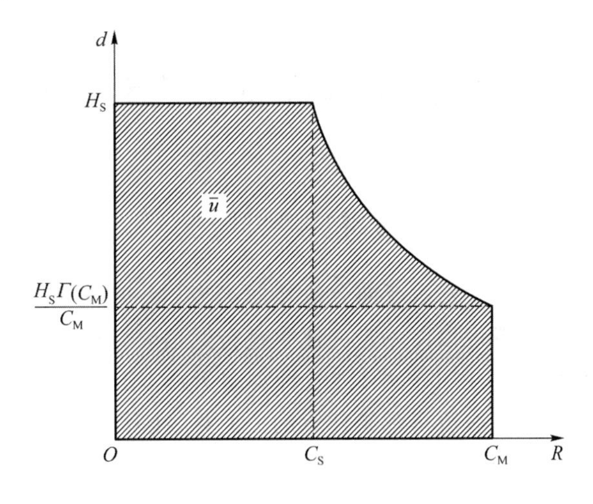

图 4-3　$\overline{\mathscr{R}}$ 区域

(2) 在 t 中满足 $R=C_M$ 的点对应着约信道 $\boldsymbol{Q}_M$ 容量大小的数据速率。显然，这是通过 $\boldsymbol{Q}_M$ 进行可靠传输的最大速率。在这个速率下，窃听者端可以实现约 $H_S\Gamma(C_M)/C_M$ 的疑义度，通常，增加疑义度需要以降低传输速率为代价。

(3) 在 $\overline{\mathscr{R}}$ 中满足 $d=H_S$ 的点非常值得关注，它们都对应一个约为 H_S 的窃听者处的疑义度，即完美保密情况。因此，C_S 的传输速率可以在完美保密的情况下实现，其中

$$C_S = \max_{(R,H_S)\in\overline{\mathscr{R}}} R \tag{4-26}$$

称 C_S 是信道对($\boldsymbol{Q}_M$,$\boldsymbol{Q}_W$)的保密容量，下面的定理解释了这一点。

定理 2　如果 $C_M > C_{MW}$，存在一个唯一解 C_S，且

$$C_S = \Gamma(C_S) \tag{4-27}$$

进一步，C_S 满足

$$0 < C_M - C_{MW} \leqslant \Gamma(C_M) \leqslant C_S \leqslant C_M \tag{4-28}$$

并且 C_S 是 R 符合$(R,H_S)\in\mathscr{R}$的最大值。

证明：定义 $G(R)=\Gamma(R)-R,0\leqslant R\leqslant C_M$。由引理 1 中的(5)得

$$G(C_M)=\Gamma(C_M)-C_M\leqslant 0 \tag{4-29}$$

和

$$G(0)=\Gamma(0)\geqslant C_M-C_{MW}>0 \tag{4-30}$$

通过引理 1 中的(3)和(4)可知，$G(R)$是连续且严格递减的，存在唯一 $C_S\in(0,C_M]$，使得$G(C_S)=\Gamma(C_S)-C_S=0$。这是式(4-27)的唯一解。不等式(4-28)遵循 $C_S\in(0,C_M]$和引理 1 中的(3)和(5)。最终，从式(4-27)和式(4-28)可以得到$(C_S,H_S)\in\overline{\mathscr{R}}=\mathscr{R}$。而且如果$(R_1,H_S)\in\mathscr{R}$，那么$H_SR_1\leqslant H_S\Gamma(R_1)$，且有 $G(R_1)\geqslant 0$。由于 $G(R)$在 R 上严格递减，可以得出结论 $R_1\leqslant C_S$。因此 C_S 是这些 R 满足$(R_1,H_S)\in\mathscr{R}$的最大值，完成证明。

(4) 很明显，源统计量只通过源熵 H_S 进行解决。

(5) 可以定义窃听者错误概率 P_{ew}，即窃听者构建解码器的错误率〔与式(4-18)的定义类似〕，它将遵循范诺不等式：

$$R_e\leqslant h(P_{ew})+P_{ew}\log_2|S| \tag{4-31}$$

因此，系统设计人员期望得到的疑义度 R_e 的较大值，也就要得到意味着要得到 P_{ew}的较大值。

4.2 MIMO 窃听信道

4.2.1 单用户 MIMO 窃听信道

本节考虑 MIMO 窃听通道，发送者向合法接收者发送一些机密信息，而另一个用户是窃听者。当发送者和合法接收者可以以一定的速率进行通信时，可以确保窃听者获得零位信息，从而实现了完美的保密性[39]。在本节中，涉及计算多天线 MIMO 广播信道的完美保密容量，其中发射机和两个接收机的天线数量都是任意的。此外，涉及通过某个代数 Riccati 方程的解来仔细研究类似于 Sato 的上界。

1. 信道理论机密性

无线通信中的安全性是一个关键性问题，始终受到极大关注。从本质上讲，无线信道提供了一种共享媒体，特别有利于窃听。在研究安全性的众多观点中，这里采用信息理论安全性的一种。在这种情况下，大部分工作处理无线通信的基础是 Wyner[3] 的开创性工作，其模型是窃听通道。

在传统的机密性设置中，发送者(Alice)希望将一些秘密消息发送给合法接收者(Bob)，并防止窃听者(Eve)了解该消息。从信息理论的角度来看，可以遵循 Wyner[3] 引入的窃听信道模型，将涉及的通信信道建模为广播信道：发射机广播其消息，例如，将 $\boldsymbol{S}^K$ 编码为码字 X^N，然后两个接收者(合法接收者和窃听者)分别接收 $\boldsymbol{Y}^N$ 和 $\boldsymbol{Z}^N$，即它们的信道输出。窃听者从其接收到的信号 $\boldsymbol{Z}^N$ 中获得的 $\boldsymbol{S}^K$ 的知识可被建模为

$$I(\boldsymbol{Z}^N;\boldsymbol{S}^K)=h(\boldsymbol{S}^K)-h(\boldsymbol{S}^K|\boldsymbol{Z}^N) \tag{4-32}$$

因为互信息可以衡量 $\boldsymbol{Z}^N$ 包含 $\boldsymbol{S}^K$ 的信息量。完美保密的概念抓住了一个想法，即无论窃听者可利用的资源是什么，发送者都不会使它获得任何信息。因此，完美保密要求

$$I(\boldsymbol{Z}^N;\boldsymbol{S}^K)=0\Leftrightarrow h(\boldsymbol{S}^K)=h(\boldsymbol{S}^K|\boldsymbol{Z}^N) \tag{4-33}$$

随着 n 的增长渐近地保持。换句话说，$\boldsymbol{S}^K$ 或 $\boldsymbol{S}^K|\boldsymbol{Z}^N$ 中的随机量相同。解码器计算发送消息 $\boldsymbol{S}^K$ 的估计 $\hat{S}^K$，并且错误解码的概率 P_e 由式(4-34)给出：

$$P_e=\Pr(\boldsymbol{S}^K\neq\hat{\boldsymbol{S}}^K) \tag{4-34}$$

窃听者对消息 S^K 的存疑程度称为疑义度，其定义如下。

定义 1　窃听者的疑义度 R_e 为

$$R_e=\frac{1}{n}h(\boldsymbol{S}^K|\boldsymbol{Z}^N) \tag{4-35}$$

其中 $0\leqslant R_e\leqslant h(\boldsymbol{S}^K)/n$。

显然，如果 R_e 等于信息速率 $h(\boldsymbol{S}^K)/n$，那么 $I(\boldsymbol{Z}^N;\boldsymbol{S}^K)=0$，即可实现近乎完美的保密性。与保密性相关的是完美保密速率 R_S，是指在一个$(2^{nR_S},n)$码帮助下，可实现可靠且机密传输的信息量。

定义 2　如果对于任意的 $\varepsilon,\varepsilon'>0$，存在一个$(2^{nR_S},n)$码字序列，使得任何 $n>n(\varepsilon,\varepsilon')$都成立，那么可以达到理想的保密速率，并且有

$$P_e\leqslant\varepsilon' \tag{4-36}$$

$$R_S-\varepsilon\leqslant R_e \tag{4-37}$$

就可靠性而言，第一个条件式(4-36)是可达到速率的标准定义，第二个条件式(4-37)保证了保密性，为实现完美的保密性，将要求疑义度达到 $h(\boldsymbol{S}^K)/n$。类似于标准容量，保密容量的定义如下。

定义 3　保密容量 C_S 是可实现完美保密的最大速率。

2. 信道模型

考虑图 4-4 所示的 MIMO 窃听信道模型，其中发射机配备了 n 条发射天线，而合法接收机和窃听者分别拥有 n_M 和 n_E 条接收天线。因此，本节的模型由以下广播信道来描述。

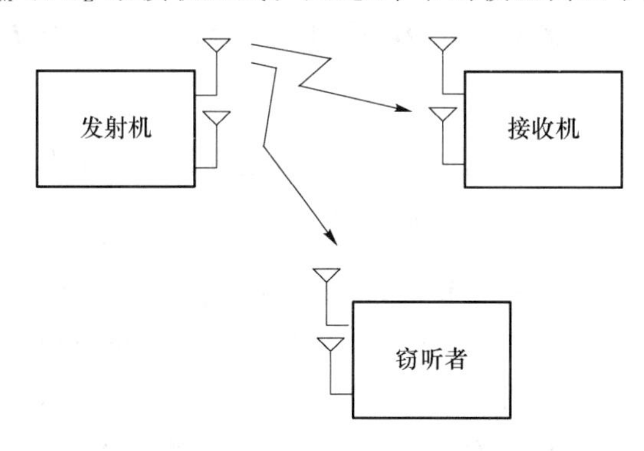

图 4-4　MIMO 窃听信道模型

$$\boldsymbol{Y}=\boldsymbol{H}_M\boldsymbol{X}+\boldsymbol{V}_M \tag{4-38}$$

$$\boldsymbol{Z}=\boldsymbol{H}_E\boldsymbol{X}+\boldsymbol{V}_E \tag{4-39}$$

其中 $\boldsymbol{Y},\boldsymbol{V}_M$ 是 $n_M\times1$，$\boldsymbol{Z},\boldsymbol{V}_E$ 是 $n_E\times1$ 的向量。在本节中，下标 M 表示主信道(合法接收者之一)，而下标 E 则指窃听信道。将 $\boldsymbol{I}_n$ 表示为 $n\times n$ 的单位矩阵，而将 $\boldsymbol{O}_n$ 表示为 $n\times n$ 的全零矩阵。如果维度很明显，可以省略下标。这里做出以下假设。

(1) $\boldsymbol{X}$ 是 $n\times1$ 的复传输信号，并且 $\boldsymbol{K}_X=E[\boldsymbol{X}\boldsymbol{X}^*]\geqslant O_n$ 满足功率受限：

$$\mathrm{Tr}(\boldsymbol{K}_{\mathrm{X}})\leqslant P \tag{4-40}$$

这种功率约束适用于本节所有内容,但有时也可能会忽略它。值得注意的是,尽管如此,随后的优化将使用功率约束 $\mathrm{Tr}(\boldsymbol{K}_{\mathrm{X}})=P$ 代替式(4-40)。因为可以将功率固定为 $P'\leqslant P$,求解 P' 的最优化,然后选择最佳 P',即 P。

(2) $\boldsymbol{H}_{\mathrm{M}}$ 和 $\boldsymbol{H}_{\mathrm{E}}$ 分别是 $n_{\mathrm{M}}\times n$ 和 $n_{\mathrm{E}}\times n$ 的固定信道矩阵。假定它们在发送者和接收者都是已知的,本节考虑下面两种情况:确定情况,即 $\boldsymbol{H}_{\mathrm{M}}^{*}\boldsymbol{H}_{\mathrm{M}}>\boldsymbol{H}_{\mathrm{E}}^{*}\boldsymbol{H}_{\mathrm{E}}$ 或 $\boldsymbol{H}_{\mathrm{E}}^{*}\boldsymbol{H}_{\mathrm{E}}>\boldsymbol{H}_{\mathrm{M}}^{*}\boldsymbol{H}_{\mathrm{M}}$,它对应于退化的情况;不确定情况,即 $\boldsymbol{H}_{\mathrm{E}}^{*}\boldsymbol{H}_{\mathrm{E}}-\boldsymbol{H}_{\mathrm{M}}^{*}\boldsymbol{H}_{\mathrm{M}}$ 的某些特征值为正,其他的特征值为负或零。这里丢弃无意义的情况,其中 $\boldsymbol{H}_{\mathrm{E}}^{*}\boldsymbol{H}_{\mathrm{E}}=\boldsymbol{H}_{\mathrm{M}}^{*}\boldsymbol{H}_{\mathrm{M}}$。

(3) $\boldsymbol{V}_{\mathrm{M}},\boldsymbol{V}_{\mathrm{E}}$ 是具有恒等协方差 $\boldsymbol{K}_{\mathrm{M}}=\boldsymbol{I}_{n_{\mathrm{M}}},\boldsymbol{K}_{\mathrm{E}}=\boldsymbol{I}_{n_{\mathrm{E}}}$ 且独立于发送信号 $\boldsymbol{X}$ 的独立圆对称复高斯矢量。

定理 3 MIMO 窃听通道的保密容量为

$$C_{\mathrm{S}}=\max_{\boldsymbol{K}_{\mathrm{X}}\geqslant 0,\mathrm{Tr}(\boldsymbol{K}_{\mathrm{X}})=P}\log_2\det(\boldsymbol{I}+\boldsymbol{H}_{\mathrm{M}}\boldsymbol{K}_{\mathrm{X}}\boldsymbol{H}_{\mathrm{M}}^{*})-\log_2\det(\boldsymbol{I}+\boldsymbol{H}_{\mathrm{E}}\boldsymbol{K}_{\mathrm{X}}\boldsymbol{H}_{\mathrm{E}}^{*}) \tag{4-41}$$

本节后续内容将给出上述定理的证明过程。由于后续证明主要使用的是一些众所周知的优化事实,无须明确引用。当没有给出明确的其他参考文献时,读者可以参考文献[4]。

3. 可实现性说明

下面陈述保密能力的可实现性部分,并进一步证明,在未退化的情况下,可实现性由 $n\times n$ 个矩阵 $\boldsymbol{K}_{\mathrm{X}}$ 最大化,并且 $\boldsymbol{K}_{\mathrm{X}}$ 是低秩的,即对于任意秩而言都有 $r<n$。

命题 1 式(4-41)的完美保密率是可实现的。

$$R_{\mathrm{S}}=\max_{\boldsymbol{K}_{\mathrm{X}}\geqslant \boldsymbol{0},\mathrm{Tr}(\boldsymbol{K}_{\mathrm{X}})=P}\log_2\det(\boldsymbol{I}+\boldsymbol{H}_{\mathrm{M}}\boldsymbol{K}_{\mathrm{X}}\boldsymbol{H}_{\mathrm{M}}^{*})-\log_2\det(\boldsymbol{I}+\boldsymbol{H}_{\mathrm{E}}\boldsymbol{K}_{\mathrm{X}}\boldsymbol{H}_{\mathrm{E}}^{*}) \tag{4-42}$$

这一结论在文献[5]中已被证明。当 $\boldsymbol{K}_{\mathrm{X}}$ 被选择时,合法用户与窃听者的互信息之间的差异可以被保密传输。

命题 2 令 $\widetilde{\boldsymbol{K}}_{\mathrm{X}}$ 为以下最优化问题的最优解,

$$\max_{\boldsymbol{K}_{\mathrm{X}}\geqslant \boldsymbol{0},\mathrm{Tr}(\boldsymbol{K}_{\mathrm{X}})=P}\log_2\det(\boldsymbol{I}+\boldsymbol{H}_{\mathrm{M}}\boldsymbol{K}_{\mathrm{X}}\boldsymbol{H}_{\mathrm{M}}^{*})-\log_2\det(\boldsymbol{I}+\boldsymbol{H}_{\mathrm{E}}\boldsymbol{K}_{\mathrm{X}}\boldsymbol{H}_{\mathrm{E}}^{*}) \tag{4-43}$$

有以下两个结论:

(1) 如果 $\boldsymbol{H}_{\mathrm{E}}^{*}\boldsymbol{H}_{\mathrm{E}}-\boldsymbol{H}_{\mathrm{M}}^{*}\boldsymbol{H}_{\mathrm{M}}$ 是不确定的或部分确定的,则 $\widetilde{\boldsymbol{K}}_{\mathrm{X}}$ 是低秩矩阵。

(2) 令 r 为 $\widetilde{\boldsymbol{K}}_{\mathrm{X}}$ 的秩。如果 $n>n_{\mathrm{M}}$,则对于至少一个最优解,具有 $r\leqslant n_{\mathrm{M}}$。

证明:(1) 为了证明最优 $\widetilde{\boldsymbol{K}}_{\mathrm{X}}$ 是低秩的,定义一个拉格朗日方程,其中包括功率约束,但不包括非负性约束 $\boldsymbol{K}_{\mathrm{X}}\geqslant\boldsymbol{O}$,并表明这不会产生任何解。从这里可以得出结论,最优解在正半定矩阵的圆锥的边界上,即秩 $r<n$ 的矩阵。因此,定义如下的拉格朗日方程:

$$\log_2\det(\boldsymbol{I}_{n_{\mathrm{M}}}+\boldsymbol{H}_{\mathrm{M}}\boldsymbol{K}_{\mathrm{X}}\boldsymbol{H}_{\mathrm{M}}^{*})-\log_2\det(\boldsymbol{I}_{n_{\mathrm{E}}}+\boldsymbol{H}_{\mathrm{E}}\boldsymbol{K}_{\mathrm{X}}\boldsymbol{H}_{\mathrm{E}}^{*})-\lambda\mathrm{Tr}(\boldsymbol{K}_{\mathrm{X}}) \tag{4-44}$$

并寻找其固定点,即以下方程式的解:

$$\begin{aligned}&\nabla_{\boldsymbol{K}_{\mathrm{X}}}(\log_2\det(\boldsymbol{I}+\boldsymbol{H}_{\mathrm{M}}\boldsymbol{K}_{\mathrm{X}}\boldsymbol{H}_{\mathrm{M}}^{*})-\log_2\det(\boldsymbol{I}+\boldsymbol{H}_{\mathrm{E}}\boldsymbol{K}_{\mathrm{X}}\boldsymbol{H}_{\mathrm{E}}^{*})-\lambda\mathrm{Tr}(\boldsymbol{K}_{\mathrm{X}}))=0\\&\Leftrightarrow\boldsymbol{H}_{\mathrm{M}}^{*}\boldsymbol{H}_{\mathrm{M}}(\boldsymbol{I}+\boldsymbol{K}_{\mathrm{X}}\boldsymbol{H}_{\mathrm{M}}^{*}\boldsymbol{H}_{\mathrm{M}})^{-1}=(\boldsymbol{I}+\boldsymbol{H}_{\mathrm{E}}^{*}\boldsymbol{H}_{\mathrm{E}}\boldsymbol{K}_{\mathrm{X}})^{-1}\boldsymbol{H}_{\mathrm{E}}^{*}\boldsymbol{H}_{\mathrm{E}}+\lambda\boldsymbol{I}_n\end{aligned} \tag{4-45}$$

通过将上面的方程式乘以 $(\boldsymbol{I}+\boldsymbol{H}_{\mathrm{E}}^{*}\boldsymbol{H}_{\mathrm{E}}\boldsymbol{K}_{\mathrm{X}})$,然后再乘以 $(\boldsymbol{I}+\boldsymbol{K}_{\mathrm{X}}\boldsymbol{H}_{\mathrm{M}}^{*}\boldsymbol{H}_{\mathrm{M}})$,可以得到

$$\boldsymbol{H}_{\mathrm{M}}^{*}\boldsymbol{H}_{\mathrm{M}}-\boldsymbol{H}_{\mathrm{E}}^{*}\boldsymbol{H}_{\mathrm{E}}=\lambda(\boldsymbol{I}+\boldsymbol{H}_{\mathrm{E}}^{*}\boldsymbol{H}_{\mathrm{E}}\boldsymbol{K}_{\mathrm{X}})(\boldsymbol{I}+\boldsymbol{K}_{\mathrm{X}}\boldsymbol{H}_{\mathrm{M}}^{*}\boldsymbol{H}_{\mathrm{M}}) \tag{4-46}$$

如果 $\lambda=0$,则 $\boldsymbol{H}_{\mathrm{M}}^{*}\boldsymbol{H}_{\mathrm{M}}=\boldsymbol{H}_{\mathrm{E}}^{*}\boldsymbol{H}_{\mathrm{E}}$ 将被模型假设丢弃。因此,等效地,通过进一步乘以 $\boldsymbol{K}_{\mathrm{X}}$ 进行预乘和后乘,可以重写为

$$\begin{aligned}&\boldsymbol{K}_{\mathrm{X}}(\boldsymbol{H}_{\mathrm{M}}^{*}\boldsymbol{H}_{\mathrm{M}}-\boldsymbol{H}_{\mathrm{E}}^{*}\boldsymbol{H}_{\mathrm{E}})\boldsymbol{K}_{\mathrm{X}}\frac{1}{\lambda}\\&=(\boldsymbol{K}_{\mathrm{X}}+\boldsymbol{K}_{\mathrm{X}}\boldsymbol{H}_{\mathrm{E}}^{*}\boldsymbol{H}_{\mathrm{E}}\boldsymbol{H}_{\mathrm{X}})(\boldsymbol{K}_{\mathrm{X}}+\boldsymbol{K}_{\mathrm{X}}\boldsymbol{H}_{\mathrm{M}}^{*}\boldsymbol{H}_{\mathrm{M}}\boldsymbol{K}_{\mathrm{X}})\end{aligned}\tag{4-47}$$

现在，如果假设 $\boldsymbol{K}_{\mathrm{X}}>\boldsymbol{O}$，则

$$(\boldsymbol{K}_{\mathrm{X}}+\boldsymbol{K}_{\mathrm{X}}\boldsymbol{H}_{\mathrm{E}}^{*}\boldsymbol{H}_{\mathrm{E}}\boldsymbol{K}_{\mathrm{X}})(\boldsymbol{K}_{\mathrm{X}}+\boldsymbol{K}_{\mathrm{X}}\boldsymbol{H}_{\mathrm{M}}^{*}\boldsymbol{H}_{\mathrm{M}}\boldsymbol{K}_{\mathrm{X}})\tag{4-48}$$

的所有特征值都严格为正[4]。这意味着，当且仅当 Hermitian 矩阵

$$\boldsymbol{K}_{\mathrm{X}}(\boldsymbol{H}_{\mathrm{M}}^{*}\boldsymbol{H}_{\mathrm{M}}-\boldsymbol{H}_{\mathrm{E}}^{*}\boldsymbol{H}_{\mathrm{E}})\boldsymbol{K}_{\mathrm{X}}\frac{1}{\lambda}\tag{4-49}$$

是正定的，上述方程式才具有解。这意味着，要么 $\boldsymbol{H}_{\mathrm{M}}^{*}\boldsymbol{H}_{\mathrm{M}}>\boldsymbol{H}_{\mathrm{E}}^{*}\boldsymbol{H}_{\mathrm{E}}$ 且 $\lambda>0$，要么 $\boldsymbol{H}_{\mathrm{M}}^{*}\boldsymbol{H}_{\mathrm{M}}<\boldsymbol{H}_{\mathrm{E}}^{*}\boldsymbol{H}_{\mathrm{E}}$ 且 $\lambda<0$。如果 $\boldsymbol{H}_{\mathrm{M}}^{*}\boldsymbol{H}_{\mathrm{M}}-\boldsymbol{H}_{\mathrm{E}}^{*}\boldsymbol{H}_{\mathrm{E}}$ 是不确定的或部分确定的，这将产生矛盾，这意味着 $\boldsymbol{K}_{\mathrm{X}}$ 必须是低秩的。

(2) 现在，假设 $n>n_{\mathrm{M}}$（这里不做信道是否退化的假设）。令 r 为 $\boldsymbol{K}_{\mathrm{X}}$ 的秩，所以对于$n\times r$ 的 $\boldsymbol{U}_{\mathrm{X}}$ 而言，可以把 $\boldsymbol{K}_{\mathrm{X}}$ 分解为 $\boldsymbol{K}_{\mathrm{X}}=\boldsymbol{U}_{\mathrm{X}}\boldsymbol{U}_{\mathrm{X}}^{*}$。现在，同上定义类似的拉格朗日方程，即

$$\log_2\det(\boldsymbol{I}_n+\boldsymbol{U}_{\mathrm{X}}\boldsymbol{U}_{\mathrm{X}}^{*}\boldsymbol{H}_{\mathrm{M}}^{*}\boldsymbol{H}_{\mathrm{M}})-\log_2\det(\boldsymbol{I}_n+\boldsymbol{U}_{\mathrm{X}}\boldsymbol{U}_{\mathrm{X}}^{*}\boldsymbol{H}_{\mathrm{E}}^{*}\boldsymbol{H}_{\mathrm{E}})-\lambda(\mathrm{Tr}(\boldsymbol{U}_{\mathrm{X}}\boldsymbol{U}_{\mathrm{X}}^{*})-P)\tag{4-50}$$

注意 $\lambda\geqslant0$，因为所考虑的目标函数在 $\boldsymbol{U}_{\mathrm{X}}$ 上的最大值受到以下约束的影响：

$$\max_{\boldsymbol{U}_{\mathrm{X}}}\min_{\lambda\geqslant0}\log_2\det(\boldsymbol{I}_n+\boldsymbol{U}_{\mathrm{X}}\boldsymbol{U}_{\mathrm{X}}^{*}\boldsymbol{H}_{\mathrm{M}}^{*}\boldsymbol{H}_{\mathrm{M}})-\log_2\det(\boldsymbol{I}_n+\boldsymbol{U}_{\mathrm{X}}\boldsymbol{U}_{\mathrm{X}}^{*}\boldsymbol{H}_{\mathrm{E}}^{*}\boldsymbol{H}_{\mathrm{E}})-\lambda(\mathrm{Tr}(\boldsymbol{U}_{\mathrm{X}}\boldsymbol{U}_{\mathrm{X}}^{*})-P)\tag{4-51}$$

现在，计算拉格朗日的导数，得出

$$\begin{aligned}&2\boldsymbol{U}_{\mathrm{X}}^{*}\boldsymbol{H}_{\mathrm{M}}^{*}\boldsymbol{H}_{\mathrm{M}}(\boldsymbol{I}_n+\boldsymbol{U}_{\mathrm{X}}\boldsymbol{U}_{\mathrm{X}}^{*}\boldsymbol{H}_{\mathrm{M}}^{*}\boldsymbol{H}_{\mathrm{M}})^{-1}\\&=\lambda\boldsymbol{U}_{\mathrm{X}}^{*}+2\boldsymbol{U}_{\mathrm{X}}^{*}\boldsymbol{H}_{\mathrm{E}}^{*}\boldsymbol{H}_{\mathrm{E}}(\boldsymbol{I}_n+\boldsymbol{U}_{\mathrm{X}}\boldsymbol{U}_{\mathrm{X}}^{*}\boldsymbol{H}_{\mathrm{E}}^{*}\boldsymbol{H}_{\mathrm{E}})^{-1}\end{aligned}\tag{4-52}$$

$$=\boldsymbol{U}_{\mathrm{X}}^{*}(\lambda\boldsymbol{I}_n+2\boldsymbol{H}_{\mathrm{E}}^{*}\boldsymbol{H}_{\mathrm{E}}(\boldsymbol{I}_n+\boldsymbol{U}_{\mathrm{X}}\boldsymbol{U}_{\mathrm{X}}^{*}\boldsymbol{H}_{\mathrm{E}}^{*}\boldsymbol{H}_{\mathrm{E}})^{-1})\tag{4-53}$$

$$=\boldsymbol{U}_{\mathrm{X}}^{*}(\lambda\boldsymbol{I}_n+2\boldsymbol{H}_{\mathrm{E}}^{*}(\boldsymbol{I}_{n_{\mathrm{E}}}+\boldsymbol{H}_{\mathrm{E}}\boldsymbol{U}_{\mathrm{X}}\boldsymbol{U}_{\mathrm{X}}^{*}\boldsymbol{H}_{\mathrm{E}}^{*})^{-1}\boldsymbol{H}_{\mathrm{E}})\tag{4-54}$$

式(4-54)的秩小于或等于 $\min(r,n,n_{\mathrm{M}})$。

当 $\lambda>0$ 时，右边的矩阵的秩为 r（因为第二个矩阵是严格正定的：它是单位矩阵和一个严格正定矩阵的和），这意味着

$$r\leqslant\min(r,n,n_{\mathrm{M}})=\min(r,n_{\mathrm{M}})\tag{4-55}$$

这得到了 $r\leqslant n_{\mathrm{M}}$，正如所期待的那样。

当 $\lambda=0$ 时，拉格朗日方程的推导简化为

$$\boldsymbol{U}_{\mathrm{X}}^{*}\boldsymbol{H}_{\mathrm{M}}^{*}\boldsymbol{H}_{\mathrm{M}}(\boldsymbol{I}_n+\boldsymbol{U}_{\mathrm{X}}\boldsymbol{U}_{\mathrm{X}}^{*}\boldsymbol{H}_{\mathrm{M}}^{*}\boldsymbol{H}_{\mathrm{M}})^{-1}=\boldsymbol{U}_{\mathrm{X}}^{*}\boldsymbol{H}_{\mathrm{E}}^{*}\boldsymbol{H}_{\mathrm{E}}(\boldsymbol{I}_n+\boldsymbol{U}_{\mathrm{X}}\boldsymbol{U}_{\mathrm{X}}^{*}\boldsymbol{H}_{\mathrm{E}}^{*}\boldsymbol{H}_{\mathrm{E}})^{-1}\tag{4-56}$$

或者等价为

$$(\boldsymbol{I}_n+\boldsymbol{U}_{\mathrm{X}}^{*}\boldsymbol{H}_{\mathrm{M}}^{*}\boldsymbol{H}_{\mathrm{M}}\boldsymbol{U}_{\mathrm{X}})^{-1}\boldsymbol{U}_{\mathrm{X}}^{*}\boldsymbol{H}_{\mathrm{M}}^{*}\boldsymbol{H}_{\mathrm{M}}(\boldsymbol{I}_n+\boldsymbol{U}_{\mathrm{X}}\boldsymbol{U}_{\mathrm{X}}^{*}\boldsymbol{H}_{\mathrm{E}}^{*}\boldsymbol{H}_{\mathrm{E}})=\boldsymbol{U}_{\mathrm{X}}^{*}\boldsymbol{H}_{\mathrm{E}}^{*}\boldsymbol{H}_{\mathrm{E}}\tag{4-57}$$

从而

$$\boldsymbol{U}_{\mathrm{X}}^{*}(\boldsymbol{H}_{\mathrm{E}}^{*}\boldsymbol{H}_{\mathrm{E}}-\boldsymbol{H}_{\mathrm{M}}^{*}\boldsymbol{H}_{\mathrm{M}})=\boldsymbol{O}\tag{4-58}$$

显然，由于两个对数内的数量变得相同，意味着目标函数为零。但是 $\boldsymbol{U}_{\mathrm{X}}=\boldsymbol{O}$ 也会使目标函数变成 0，因此这里可以取 $\boldsymbol{U}_{\mathrm{X}}=\boldsymbol{O}$，得到我们所期望的 $r=0\leqslant n_{\mathrm{M}}$。

这一结果在直观上很容易理解，因为发送者通常不会选择在窃听者较强的方向传输信号，这也就解释了为什么最佳矩阵 $\widetilde{\boldsymbol{K}}_{\mathrm{X}}$ 是低秩的。

推论 1　如果有 $\boldsymbol{A}=\boldsymbol{A}^{*}>\boldsymbol{O}$ 和 $\boldsymbol{B}=\boldsymbol{B}^{*}>\boldsymbol{O}$，那么矩阵 $\boldsymbol{AB}$ 有所有的正特征值。

证明：由于 $\boldsymbol{A}>\boldsymbol{O}$，可以写成 $\boldsymbol{A}=\boldsymbol{A}^{1/2}(\boldsymbol{A}^{*})^{1/2}$，$\boldsymbol{A}^{1/2}$ 可逆，因此，$\boldsymbol{AB}=\boldsymbol{A}^{1/2}((\boldsymbol{A}^{*})^{1/2}\boldsymbol{B}\boldsymbol{A}^{1/2})\boldsymbol{A}^{-1/2}$ 具

有与矩阵$(\boldsymbol{A}^*)^{1/2}\boldsymbol{B}\boldsymbol{A}^{1/2}$相同的特征值，且$(\boldsymbol{A}^*)^{1/2}\boldsymbol{B}\boldsymbol{A}^{1/2}$是正定的。

4.2.2 多用户 MIMO 窃听信道

本节在 MIMO 窃听信道的基础上，考虑高斯多输入多输出式多接收机窃听信道，发送机希望在存在外部窃听器的情况下与任意数量的接收机进行机密通信。本节将给出，在最一般的情况下此信道的保密容量域。即使对于单输入单输出式(SISO)情况，高斯标量广播信道的现有反向技术也不能扩展到这种保密环境，所以需要新的证明方法。利用最小均方误差与互信息之间的关系，以及费舍尔信息与微分熵之间的关系，同时利用从 SISO 信道的逆变换证明中获得的思路，本节首先介绍了退化 MIMO 信道的保密容量域的证明，其中所有接收机具有相同数量的天线，并且噪声协方差矩阵可以根据正半定序排列。然后，将这个结果推广到对齐的情况，在这种情况下，所有接收机都具有相同数量的天线；但是，噪声协方差矩阵之间没有顺序，就需要通过使用信道增强技术来完成此项工作。最后，我们介绍通过在对齐的 MIMO 信道的保密容量域上使用一些限制参数，可以得到通用 MIMO 信道的保密容量域，且给出结论——实现容量的编码方案是具有高斯信号的脏纸编码的变体。

1. 相关研究

信息理论保密性是 Wyner 提出的[3]。Wyner 考虑了退化型的窃听信道，窃听器在该信道中获得了合法接收机的观测值的退化型模型。对于这种退化型模型，他发现了容量占用率区域，其中等效率是指可以传递给合法接收机的消息速率部分，而窃听器则完全不知道这部分。后来，Csiszar 和 Korner 考虑了通用的窃听信道，其中合法用户和窃听器之间没有假定的退化型顺序[6]。他们发现了这种通用的、不一定是退化型的窃听信道的容量占用率区域。

近年来，信息理论上的保密性引起了人们的新兴趣，其中大部分注意力都集中在窃听信道的多用户扩展上[3-20]，这仍然涉及无线通信系统的安全问题。在这种情况下，发送者要在存在外部窃听者的情况下与几个合法接收方通信，此信道模型称为多接收机窃听信道。一般而言，找到这种信道模型的一般形式下的保密容量域是一项极具挑战性的工作，因为底层信道是一个具有任意用户数量的通用广播信道，即使没有窃听者，我们也不知道底层信道的容量域。但是，某些特殊类别的广播信道的容量域还是可以得到的，这表明我们能够找到某些特殊类别的多接收机窃听信道的保密容量域。在文献[7]～[10]中也有考虑上述想法。特别是在文献[8]～[10]中，考虑了退化型的多接收机窃听信道，其中合法接收机和窃听器之间存在一定的退化型顺序。文献[8]针对两个用户的情况推导了相应的保密容量域，而文献[9]、[10]针对任意数量的用户推导了相应的保密容量域。而研究此类问题的重要性在于高斯标量多接收机窃听信道都属于此类。

本节从高斯标量多接收机窃听信道开始，介绍其保密容量域。尽管本节后面部分会介绍包含标量情况的高斯多输入多输出式(MIMO)多接收机窃听信道的保密容量域，但在此之前先单独讨论标量情况。原因主要有两个：第一个是现有的高斯标量广播信道的反变换技术(即 Bergmans[21] 和 ElGamal[22] 的反变换证明)不能以直接的方式扩展，来为高斯标量多接收机窃听信道提供反变换证明，文献[21]和[22]中两个反变换的主要成分(即熵-幂[23-25])不足以得出保密容量域的反变换；第二个原因是我们要用基于上下文独立的方式提供通用 MIMO 信道的逆交换证明。

此外，本节为高斯标量多接收机窃听信道提供了两个逆变换证明。第一个使用最小均方误差式(MMSE)和互信息之间的联系以及 MMSE 的属性[28-29]。在加性高斯信道中,Fisher 信息式(估计理论中的另一个重要量)与 MMSE 是一对一的关系,因为它们中的一个决定另一个[30]。因此,依赖于 MMSE 的逆变换证明具有一个对应证明,它用相应的逆变换证明中的 MMSE 代替 Fisher 信息。因此,第二个通过 DeBruijn 恒等式[11-13]使用 Fisher 信息和微分熵之间的联系以及 Fisher 信息的性质。这表明 Fisher 信息矩阵或等效的 MMSE 矩阵应在 MIMO 情况的逆变换证明中发挥重要作用。

请牢记上面这一动机,接下来考虑高斯 MIMO 多接收机窃听信道。首先直接考虑 MIMO 信道的两个子类,而不是直接考虑每个接收机具有任意数量的天线和任意噪声协方差矩阵的最一般情况。在第一子类中,所有接收机均具有相同数量的天线,并且噪声协方差矩阵呈现正半定。此后,将此信道模型称为退化型的高斯 MIMO 多接收机窃听信道。在第二子类中,尽管所有接收机仍具有与退化型情况相同的天线数量,但是噪声协方差矩阵不满足任何的正半定序。将此信道模型称为对齐的高斯 MIMO 多接收机窃听信道。本节所考虑方法是先找到退化型案例的保密容量域,然后通过信道增强技术将该结果推广到对齐的案例[31]。一旦获得了对齐案例的保密容量域,就可以参照文献[32]和[33]使用此结果通过一些限制参数来找到最一般案例的保密容量域。

因此,本节的重点在于,证明退化的高斯 MIMO 多接收机窃听信道的保密容量域,因为这一过程往后的其余步骤主要是将常用证明技术[31-32]改编为窃听和/或多用户的设置。

在这一点上,有必要注意文献[31]中相似的证明步骤,其中建立了高斯 MIMO 广播信道的容量域。文献[31]也成功地考虑了退化、对齐和一般情况。尽管文献[31]和本节具有相同的证明步骤,但是采取这些步骤的方式和原因是存在差异的。在文献[31]中,获得高斯 MIMO 广播信道的容量域的主要困难是将标量情况下的 Bergmans 的逆变换扩展到退化的向量信道。文献[31]采用了信道增强技术来克服这一困难。但是,如前所述,即使对于退化的标量情况,Bergmans 的逆变换也不能扩展到保密环境中。因此,考虑利用 Fisher 信息矩阵和广义 DeBruijn 恒等式[34]构造的新技术。在获得退化型的 MIMO 信道的保密容量域后,可以将信道增强技术运用到设置中,以找到对齐的 MIMO 信道的保密容量域。与文献[32]中的信道相比,此处使用信道增强方式的不同之处在于窃听器的存在,而与文献[33]中的信道的不同之处则在于存在许多合法用户。得到对齐的 MIMO 信道的保密容量域后,可以使用文献[32]和[33]中出现的限制参数来证明一般 MIMO 信道的保密容量域。

这里讨论的是高斯 MIMO 多接收机窃听信道的单用户版本,即高斯 MIMO 窃听信道,在一般情况下由文献[34]和[35]解决,在两发送者、两接收者、一个窃听者的情况下中由文献[36]解决。通用证明技术是得出保密容量的 Sato 型外边界,然后通过搜索合法用户和窃听器的噪声向量之间的所有可能的相关结构来收紧外边界。此外,文献[32]通过使用信道增强技术给出了另一种更简单的证明。

2. 多接收机窃听信道

首先回顾多接收机的窃听信道。一般的多接收机窃听信道包括一个带有输入 $\boldsymbol{X}$ 的发射机,K 个带有输出 $\boldsymbol{Y}_k$,$k=1,\cdots,K$ 的合法接收机,以及一个带有输出 $\boldsymbol{Z}$ 的窃听器。发射机向每个用户发送一个机密消息式(例如,把 $w_k \in W_k$ 发送给第 k 个用户),所有消息都必须对窃听器保密。该信道是无记忆的,具有转移概率 $p(y_1, y_2, \cdots, y_K, z \mid x)$。

该信道的 $(2^{nR_1}, \cdots, 2^{nR_K}, n)$ 码组由 K 个消息集式($\mathscr{W}_k = \{1, \cdots, 2^{nR_k}\}, k=1,\cdots,K$)、一个编码器式($f: \mathscr{W}_1 \times \cdots \times \mathscr{W}_K \rightarrow \boldsymbol{X}^n$)和 K 个解码器式(每个合法接收机有一个解码器 $g_k: \boldsymbol{Y}_k \rightarrow \mathscr{W}_k$,

$k=1,\cdots,K$)组成。错误概率定义为 $P_e^n=\max_{k=1,\cdots,K}\Pr[g_k(\boldsymbol{Y}_k^n)\neq W_k]$，其中 $W_k,k=1,\cdots,K$ 是均匀分布随机变量。如果一个码组满足 $\lim_{n\to\infty}P_e^n=0$ 和

$$\lim_{n\to\infty}\frac{1}{n}H(S(\boldsymbol{W})\,|\,\boldsymbol{Z}^n)\geqslant\sum_{k\in S(\boldsymbol{W})}R_k,\quad \forall S(\boldsymbol{W}) \tag{4-59}$$

其中 $S(\boldsymbol{W})$ 表示 $\{W_1,\cdots,W_K\}$ 的任何子集，则可以说它是速率组 $(R_1,\cdots,R_K)$。因此，仅考虑完美的保密率。还注意到，由于对完美保密情况感兴趣，因此考虑约束

$$\lim_{n\to\infty}\frac{1}{n}H(\mathscr{W}_1,\cdots,\mathscr{W}_K\,|\,\boldsymbol{Z}^n)\geqslant\sum_{k=1}^{K}R_k \tag{4-60}$$

就足够了，因为式(4-60)包含了式(4-59)。保密容量域被定义为所有可实现的速率组的边界。

退化型的多接收机窃听信道具有以下马尔可夫链：

$$\boldsymbol{X}\to\boldsymbol{Y}_1\to\cdots\to\boldsymbol{Y}_K\to\boldsymbol{Z} \tag{4-61}$$

其容量域被建立在文献[9]和[10]中确定为任意用户，在文献[8]中确定为两个用户。

定理 4 退化型的多接收机窃听信道的保密容量域由满足式(4-62)的速率 $(R_1,\cdots,R_K)$ 联合给出：

$$R_k\leqslant I(\boldsymbol{U}_k;\boldsymbol{Y}_k\,|\,\boldsymbol{U}_{k+1},\boldsymbol{Z}),\quad k=1,\cdots,K \tag{4-62}$$

其中 $U_1=X,U_{k+1}=\varnothing$，并且该并集在以下形式的所有概率分布中：

$$p(u_K)p(u_{K-1}\,|\,u_K)\cdots p(u_2\,|\,u_3)p(x\,|\,u_2) \tag{4-63}$$

特别指出：由于信道是退化的，即具有式(4-61)的马尔可夫链，因此式(4-62)中的容量表达式等同于

$$R_k\leqslant I(\boldsymbol{U}_k;\boldsymbol{Y}_k\,|\,\boldsymbol{U}_{k+1})-I(\boldsymbol{U}_k;\boldsymbol{Z}\,|\,\boldsymbol{U}_{k+1}),\quad k=1,\cdots,K \tag{4-64}$$

后续内容中将多次使用此等效表达式。对于有两个用户和一个窃听器的情况，即 $K=2$，式(4-64)中的表达式简化为

$$R_1\leqslant I(\boldsymbol{X};\boldsymbol{Y}_1\,|\,\boldsymbol{U}_2)-I(\boldsymbol{X};\boldsymbol{Z}\,|\,\boldsymbol{U}_2) \tag{4-65}$$

$$R_2\leqslant I(\boldsymbol{U}_2;\boldsymbol{Y}_2)-I(\boldsymbol{U}_2;\boldsymbol{Z}) \tag{4-66}$$

找到两个用户退化型的多接收机窃听信道的保密容量域，等同于找到 $(\boldsymbol{X},\boldsymbol{U}_2)$ 的最优化联合分布，$(\boldsymbol{X},\boldsymbol{U}_2)$ 追踪了式(4-65)和式(4-66)中给出的保密容量域的边界。对于 K 用户退化型的多接收机窃听信道，需要找到在式(4-63)给出的形式下 $(\boldsymbol{X},\boldsymbol{U}_2,\cdots,\boldsymbol{U}_K)$ 的最优化联合分布，该分布追踪式(4-62)中表示的区域边界。

3. 高斯 MIMO 多接收机窃听信道

(1) 退化型高斯 MIMO 多接收机窃听信道

本节首先考虑退化型的高斯 MIMO 多接收机窃听信道，该信道定义如下，

$$\boldsymbol{Y}_k=\boldsymbol{X}+\boldsymbol{N}_k,\quad k=1,\cdots,K \tag{4-67}$$

$$\boldsymbol{Z}=\boldsymbol{X}+\boldsymbol{N}_Z \tag{4-68}$$

其中信道输入 $\boldsymbol{X}$ 约束于一个协方差约束：

$$E[\boldsymbol{X}\boldsymbol{X}^{\mathrm{T}}]\leqslant\boldsymbol{S} \tag{4-69}$$

其中，$\boldsymbol{S}>\boldsymbol{O}$ 和 $\{\boldsymbol{N}_k\}_{k=1}^K,\boldsymbol{N}_Z$ 是零均值高斯随机向量，其满足以下顺序的协方差矩阵 $\{\boldsymbol{\Sigma}_k\}_{k=1}^K,\boldsymbol{\Sigma}_Z$：

$$\boldsymbol{O}\preceq\boldsymbol{\Sigma}_1\preceq\boldsymbol{\Sigma}_2\preceq\cdots\preceq\boldsymbol{\Sigma}_K\preceq\boldsymbol{\Sigma}_Z \tag{4-70}$$

在多接收机窃听信道中，由于容量分配率区域仅取决于发射机-接收机链路的条件边缘分布，而不是整个信道的联合分布，$\{\boldsymbol{N}_k\}_{k=1}^K,\boldsymbol{N}_Z$ 之间的相关性对容量分配率区域没有影响。

因此，在不更改相应保密容量域的情况下，可以调整这些噪声向量之间的相关结构，以确保它们满足下面的马尔可夫链：

$$\boldsymbol{X} \to \boldsymbol{Y}_1 \to \cdots \to \boldsymbol{Y}_K \to \boldsymbol{Z} \tag{4-71}$$

由于对式(4-70)中协方差矩阵的假设，这始终是可能的。而且，式(4-71)中的马尔可夫链意味着，任何满足式(4-70)中的半定序的高斯 MIMO 多接收机窃听信道都可以被视为退化型的多接收机窃听信道。因此，定理 4 给出了其容量域。此后，将假设退化型高斯 MIMO 窃听信道满足式(4-71)中的马尔可夫链。

文献[35]证明了退化型高斯 MIMO 多接收机窃听信道的保密容量域，其定义如下。

定理 5　退化型高斯 MIMO 多接收机窃听信道的保密容量域由满足以下条件的速率 $R_1, \cdots, R_K$ 联合给出：

$$R_k \leqslant \frac{1}{2}\log_2 \frac{\left|\sum_{i=1}^{k}\boldsymbol{K}_i + \boldsymbol{\Sigma}_k\right|}{\left|\sum_{i=1}^{k-1}\boldsymbol{K}_i + \boldsymbol{\Sigma}_k\right|} - \frac{1}{2}\log_2 \frac{\left|\sum_{i=1}^{k}\boldsymbol{K}_i + \boldsymbol{\Sigma}_Z\right|}{\left|\sum_{i=1}^{k-1}\boldsymbol{K}_i + \boldsymbol{\Sigma}_Z\right|}, \quad k = 1, \cdots, K \tag{4-72}$$

其中，速率的值遍及所有的正半定矩阵 $\{\boldsymbol{K}_i\}_{i=1}^{K}$ 上，其满足

$$\sum_{i=1}^{K}\boldsymbol{K}_i = \boldsymbol{S} \tag{4-73}$$

可以通过评估定理 4 中给出的退化型高斯 MIMO 多接收机窃听信道的区域来证明定理 5。定理 5 证明的具体过程读者可参考文献[35]。

(2) 对齐型高斯 MIMO 多接收机窃听信道

接下来，考虑对齐型高斯 MIMO 多接收机窃听信道，该信道再次由式(4-67)和式(4-68)定义，并且输入再次受限于协方差约束，正如式(4-69)。但是，对齐型高斯 MIMO 多接收机窃听信道与式(4-70)中表现出的退化情况的排序相反，噪声协方差矩阵不具有任何半正定序。对于对齐型高斯 MIMO 多接收机窃听信道，关于噪声协方差矩阵的唯一假设是它们严格地是正定的，即$\boldsymbol{\Sigma}_i > \boldsymbol{O}, i=1, \cdots, K$ 和$\boldsymbol{\Sigma}_Z > \boldsymbol{O}$。由于此信道在噪声协方差矩阵之间没有任何顺序，因此不能将其视为退化型信道；因此，其保密容量区域没有单一字母公式。此外，这里不认为具有随机编码的叠加编码是最佳的，尽管它对于退化型信道是最佳的。如果将证明在这种情况下，采用随机编码的脏纸编码是最佳的。

文献[35]证明了对齐型高斯 MIMO 多接收机窃听信道的保密容量域，下面对此进行简要说明。为此，这里引入一些必要的符号，以表示对齐型高斯 MIMO 多接收机窃听信道的保密容量域。给定使得 $\sum_{i=1}^{K}\boldsymbol{K}_i \leqslant \boldsymbol{S}$ 的协方差矩阵 $\{\boldsymbol{K}_i\}_{i=1}^{K}$，定义以下速率：

$$\begin{aligned} & R_k^{\mathrm{DPC}}(\pi, \{\boldsymbol{K}_i\}_{i=1}^{K}, \{\boldsymbol{\Sigma}_i\}_{i=1}^{K}, \boldsymbol{\Sigma}_Z) \\ & = \frac{1}{2}\log_2 \frac{\left|\sum_{i=1}^{k}\boldsymbol{K}_{\pi(i)} + \boldsymbol{\Sigma}_{\pi(k)}\right|}{\left|\sum_{i=1}^{k-1}\boldsymbol{K}_{\pi(i)} + \boldsymbol{\Sigma}_{\pi(k)}\right|} - \frac{1}{2}\log_2 \frac{\left|\sum_{i=1}^{k}\boldsymbol{K}_{\pi(i)} + \boldsymbol{\Sigma}_Z\right|}{\left|\sum_{i=1}^{k-1}\boldsymbol{K}_{\pi(i)} + \boldsymbol{\Sigma}_Z\right|} \end{aligned} \tag{4-74}$$

其中，$k=1, \cdots, K$ 和 $\pi(\cdot)$是$\{1, \cdots, K\}$上的一对一置换。可以注意到，下标 $R_k^{\mathrm{DPC}}(\pi, \{\boldsymbol{K}_i\}_{i=1}^{K}, \{\boldsymbol{\Sigma}_i\}_{i=1}^{K}, \boldsymbol{\Sigma}_Z)$并不表示第 k 个用户，而是表示要编码的行中的第$(K-k+1)$个用户。当使用具有随机编码的脏纸编码和编码顺序为 π 时，第 k 个用户的保密率由式(4-75)给出：

$$R_{\pi^{-1}(k)}^{\mathrm{DPC}}(\pi, \{\boldsymbol{K}\}_{i=1}^{K}, \{\boldsymbol{\Sigma}_i\}_{i=1}^{K}, \boldsymbol{\Sigma}_Z) \tag{4-75}$$

定义区域 $\mathscr{R}^{\mathrm{DPC}}(\pi,\boldsymbol{S},\{\boldsymbol{\Sigma}_i\}_{i=1}^K,\boldsymbol{\Sigma}_Z)$ 为式(4-76)：

$$\mathscr{R}^{\mathrm{DPC}}(\pi,\boldsymbol{S},\{\boldsymbol{\Sigma}_i\}_{i=1}^K,\boldsymbol{\Sigma}_Z)=\left\{(R_1,\cdots,R_K)\left|\begin{array}{c}R_k\leqslant R_{\pi^{-1}(k)}^{\mathrm{DPC}}(\pi,\{\boldsymbol{K}_i\}_{i=1}^K,\{\boldsymbol{\Sigma}_i\}_{i=1}^K,\boldsymbol{\Sigma}_Z),k=1,\cdots,K\\ \text{对于}\{\boldsymbol{K}_i\}_{i=1}^K\text{其中 }\boldsymbol{K}_i\geqslant\boldsymbol{O},i=1,\cdots,K\\ \text{并且 }\sum_{i=1}^K\boldsymbol{K}_i\leqslant\boldsymbol{S}\end{array}\right.\right\} \tag{4-76}$$

对齐型高斯 MIMO 广播信道的保密容量域由定理 6 给出。

定理 6 对齐型高斯 MIMO 多接收机窃听信道的保密容量域由以下并集的凸封闭给出：

$$\bigcup_{\pi\in\Pi}\mathscr{R}^{\mathrm{DPC}}(\pi,\boldsymbol{S},\{\boldsymbol{\Sigma}_i\}_{i=1}^K,\boldsymbol{\Sigma}_Z) \tag{4-77}$$

其中，Π 是$\{1,\cdots,K\}$上所有可能的一对一置换的集合。

通过使用带有随机编码的脏纸编码，说明了定理 6 中该区域的可实现性。将定理 5 中给出的退化型高斯 MIMO 多接收机窃听信道的容量结果与信道增强技术结合使用[44]，从而提供了定理 6 的逆变换证明，证明的具体过程读者可参考文献[35]。

(3) 通用高斯 MIMO 多接收机窃听信道

接下来，考虑由式(4-78)给出的高斯 MIMO 多接收机窃听信道的最通用形式：

$$\boldsymbol{Y}_k=\boldsymbol{H}_k\boldsymbol{X}+\boldsymbol{N}_k,\quad k=1,\cdots,K \tag{4-78}$$

$$\boldsymbol{Z}=\boldsymbol{H}_Z\boldsymbol{X}+\boldsymbol{N}_Z \tag{4-79}$$

其中 $t\times1$ 的列向量(即信道输入 $\boldsymbol{X}$)再次受限于协方差约束，正如式(4-69)。第 k 个用户的信道输出用大小为 $r_k\times1,k=1,\cdots,K$ 的列向量表示。窃听器的观察 $\boldsymbol{Z}$ 的大小是 $r_Z\times1$。高斯随机向量$\{\boldsymbol{N}_k\}_{k=1}^K,\boldsymbol{N}_Z$ 的协方差矩阵由$\{\boldsymbol{\Sigma}_k\}_{k=1}^K,\boldsymbol{\Sigma}_Z$ 表示，并且其被假定为严格正定的。信道增益矩阵$\{\boldsymbol{H}_k\}_{k=1}^K,\boldsymbol{H}_Z$ 分别具有$\{r_k\times t\}_{k=1}^K,r_Z\times t$ 的大小，并且它们对于发射方、所有合法接收者和窃听者都是已知的。

类似于对齐型高斯 MIMO 多接收机窃听信道，可以通过证明随机编码的脏纸编码的最优性，得到一般高斯 MIMO 多接收机窃听信道的保密容量域。接下来，介绍一般高斯 MIMO 多接收机窃听信道的保密容量域。为此，这里引入一些必要的表示法，以表示一般的高斯 MIMO 多接收机窃听信道的保密容量域。给定使得 $\sum_{k=1}^K\boldsymbol{K}_k\leqslant\boldsymbol{S}$ 的协方差矩阵$\{\boldsymbol{K}_k\}_{k=1}^K$，定义以下比率：

$$\begin{aligned}&R_k^{\mathrm{DPC}}(\pi,\{\boldsymbol{K}_i\}_{i=1}^K,\{\boldsymbol{\Sigma}_i\}_{i=1}^K,\boldsymbol{\Sigma}_Z,\{\boldsymbol{H}_i\}_{i=1}^K,\boldsymbol{H}_Z)\\&=\frac{1}{2}\log_2\frac{\left|\boldsymbol{H}_{\pi(k)}\left(\sum_{i=1}^k\boldsymbol{K}_{\pi(i)}\right)\boldsymbol{H}_{\pi(k)}^{\mathrm{T}}+\boldsymbol{\Sigma}_{\pi(k)}\right|}{\left|\boldsymbol{H}_{\pi(k)}\left(\sum_{i=1}^{k-1}\boldsymbol{K}_{\pi(i)}\right)\boldsymbol{H}_{\pi(k)}^{\mathrm{T}}+\boldsymbol{\Sigma}_{\pi(k)}\right|}-\frac{1}{2}\log_2\frac{\left|\boldsymbol{H}_Z\left(\sum_{i=1}^k\boldsymbol{K}_{\pi(i)}\right)\boldsymbol{H}_Z^{\mathrm{T}}+\boldsymbol{\Sigma}_Z\right|}{\left|\boldsymbol{H}_Z\left(\sum_{i=1}^{k-1}\boldsymbol{K}_{\pi(i)}\right)\boldsymbol{H}_Z^{\mathrm{T}}+\boldsymbol{\Sigma}_Z\right|}\end{aligned} \tag{4-80}$$

其中，$k=1,\cdots,K$ 和 $\pi(\cdot)$是$\{1,\cdots,K\}$上的一对一置换。还注意到，下标 $\mathscr{R}_k^{\mathrm{DPC}}(\pi,\{\boldsymbol{K}_i\}_{i=1}^K,\{\boldsymbol{\Sigma}_i\}_{i=1}^K,\boldsymbol{\Sigma}_Z,\{\boldsymbol{H}_i\}_{i=1}^K,\boldsymbol{H}_Z)$并不表示第 k 个用户，而是表示要编码的行中的第$(K-k+1)$个用户。相反，当使用具有随机编码的脏纸编码和编码顺序为 π 时，用户的保密率由式(4-81)

给出：

$$\mathscr{R}^{\mathrm{DPC}}_{\pi^{-1}(k)}(\pi,\{\boldsymbol{K}_i\}_{i=1}^{K},\{\boldsymbol{\Sigma}_i\}_{i=1}^{K},\boldsymbol{\Sigma}_{\mathrm{Z}},\{\boldsymbol{H}_i\}_{i=1}^{K},\boldsymbol{H}_{\mathrm{Z}}) \tag{4-81}$$

定义区域 $\mathscr{R}^{\mathrm{DPC}}(\pi,\boldsymbol{S},\{\boldsymbol{\Sigma}_i\}_{i=1}^{K},\boldsymbol{\Sigma}_{\mathrm{Z}},\{\boldsymbol{H}_i\}_{i=1}^{K},\boldsymbol{H}_{\mathrm{Z}})$ 为式(4-82)：

$$\begin{aligned}&\mathscr{R}^{\mathrm{DPC}}(\pi,\boldsymbol{S},\{\boldsymbol{\Sigma}_i\}_{i=1}^{K},\boldsymbol{\Sigma}_{\mathrm{Z}},\{\boldsymbol{H}_i\}_{i=1}^{K},\boldsymbol{H}_{\mathrm{Z}})\\&=\left\{(R_1,\cdots,R_K)\left|\begin{array}{c}R_k\leqslant R^{\mathrm{DPC}}_{\pi^{-1}(k)}(\pi,\{\boldsymbol{K}_i\}_{i=1}^{K},\{\boldsymbol{\Sigma}_i\}_{i=1}^{K},\boldsymbol{\Sigma}_{\mathrm{Z}},\{\boldsymbol{H}_i\}_{i=1}^{K},\boldsymbol{H}_{\mathrm{Z}})\\ k=1,\cdots,K\ \text{对于}\{\boldsymbol{K}_i\}_{i=1}^{K},\ \boldsymbol{K}_i\geqslant\boldsymbol{O}\\ i=1,\cdots,K,\ \text{和}\sum_{i=1}^{K}\boldsymbol{K}_i\leqslant\boldsymbol{S}\end{array}\right.\right\}\end{aligned} \tag{4-82}$$

一般高斯 MIMO 广播信道的保密容量域由定理 7 给出。

定理 7　一般高斯 MIMO 多接收机窃听信道的保密容量域由以下并集的凸封闭给出：

$$\bigcup_{\pi\in\Pi}\mathscr{R}^{\mathrm{DPC}}(\pi,\boldsymbol{S},\{\boldsymbol{\Sigma}_i\}_{i=1}^{K},\boldsymbol{\Sigma}_{\mathrm{Z}},\{\boldsymbol{H}_i\}_{i=1}^{K},\boldsymbol{H}_{\mathrm{Z}}) \tag{4-83}$$

其中，Π 是$\{1,\cdots,K\}$上所有可能的一对一置换的集合。

通过使用一些限制参数并结合定理 6 中给出的对齐型高斯 MIMO 多接收机窃听信道的容量结果来证明定理 7。定理 7 证明的具体过程读者可参考文献[35]。

(4) 关于协方差约束的讨论

在一般情况下，比较常见的是在总功率约束下定义容量域，即 $\mathrm{tr}(E[\boldsymbol{X}\boldsymbol{X}^{\mathrm{T}}])\leqslant P$，而不是施加的协方差约束，即 $E[\boldsymbol{X}\boldsymbol{X}^{\mathrm{T}}]\leqslant S$。然而，如在文献[31]中介绍的，一旦在协方差约束下获得了容量域，则可以在信道输入上获得更宽松约束下的容量域，约束可以表示为在整个输入协方差矩阵上定义的紧凑集。例如，总功率约束和每天线功率约束可以通过输入协方差矩阵的紧凑集分别描述如下：

$$S^{\mathrm{total}}=\{\boldsymbol{S}\geqslant\boldsymbol{O}:\mathrm{tr}(\boldsymbol{S})\leqslant P\} \tag{4-84}$$

$$S^{\mathrm{per\text{-}ant}}=\{\boldsymbol{S}\geqslant\boldsymbol{O}:\boldsymbol{S}_{ii}\leqslant\boldsymbol{P}_i,i=1,\cdots,t\} \tag{4-85}$$

其中 S_{ii} 是 $\boldsymbol{S}$ 的第 i 个对角线元素，t 表示发射天线的数目。因此，如果找到协方差约束 $E[\boldsymbol{X}\boldsymbol{X}^{\mathrm{T}}]\leqslant\boldsymbol{S}$ 下的保密容量域并用 $C(\boldsymbol{S})$ 表示，则总功率约束下的保密容量域和每根天线功率约束下的保密容量域可以分别表示为

$$C^{\mathrm{total}}=\bigcup_{\boldsymbol{S}\in S^{\mathrm{total}}}C(\boldsymbol{S}) \tag{4-86}$$

$$C^{\mathrm{per\text{-}ant}}=\bigcup_{\boldsymbol{S}\in S^{\mathrm{per\text{-}ant}}}C(\boldsymbol{S}) \tag{4-87}$$

关于信道输入上的协方差约束的一个评论是关于 $\boldsymbol{S}$ 的正定性。遵循文献[31]的引理 2，可以证明：对于在协方差约束 $E[\boldsymbol{X}\boldsymbol{X}^{\mathrm{T}}]\leqslant\boldsymbol{S}$ 下的任何退化型(对齐型)高斯 MIMO 多接收机信道，其中的 $\boldsymbol{S}$ 是不可逆变换的正半定矩阵，即 $\boldsymbol{S}\geqslant\boldsymbol{O}$ 和 $|\boldsymbol{S}|=0$。在使得 $\boldsymbol{S}'>\boldsymbol{O}$ 的协方差约束 $E[\hat{\boldsymbol{X}}\hat{\boldsymbol{X}}^{\mathrm{T}}]\leqslant\boldsymbol{S}'$ 下，可以找到另一个具有更少发射和接收天线的等效退化型(对齐型)信道。这里的等价性是指这两个信道将具有相同的保密容量域。因此，只要考虑退化型或对齐型信道，在使用严格正定的矩阵 $\boldsymbol{S}$ 强加协方差约束时就不会失去一般性，这就是对假定退化型和对齐型信道而言 $\boldsymbol{S}$ 是严格正定的原因。

4.3 带有协作干扰器的 MIMO 干扰信道

本节考虑带有外置 N 天线协作干扰器(CJ)的双用户多输入多输出(MIMO)干扰信道的安全自由度(SDoF)。在此模型中,每个发送机都打算将机密消息发送到相应的接收机,并对预期外的接收者保密。与前几节不同,本节考虑的模型具有外置协作干扰器,可以通过传输干扰信号来改善 SDoF。本节将介绍相应的可实现方案来确定精确的 SDoF,并研究 CJ 对该系统 SDoF 的影响。

1. 问题描述

在噪声信道中安全传输的研究可以追溯到 Wyner 等人的开创性工作[6]。随后,文献[36]确定了通用离散无记忆通道的保密容量。Leung-Yan-Cheong 和 Hellman 重点研究了高斯窃听通道,并确定了相应的保密能力[37]。近年来,在安全性的约束下[38-40],通过了大量的工作来研究各种理论通道模型,并且在上限方面取得了显著进展。本节的关注点集中在安全自由度(SDoF)上,它可以近似地表征高信噪比(SNR)下多终端模型的保密能力[41-43]。

在具有单天线的多终端模型中,可以使用协作干扰技术来发送干扰信号,以增加预期接收机和非预期接收机的容量之间的差异[44]。Ulukus 等人在文献[42]中表明,在高斯窃听通道中,添加 CJ 进行协作干扰,并使用结构化编码方案进行机密消息传输可以实现系统的最佳 SDoF。并且在研究带有协作干扰器的双用户高斯干扰信道的 SDoF 时,指出当存在协作干扰器时,系统的 SDoF 可以达到 1。可以将单天线方案扩展到多天线系统。例如,文献[45]研究了具有多天线协作干扰器的多天线窃听通道。系统中的每个节点都配备了不同数量的天线。他们确定了系统的确切 SDoF,并使用不同的方法来设计与 SDoF 的不同方案相对应的可实现方案。在文献[46]中,Fan 等人研究了带有协作干扰器的双用户多天线高斯干扰信道的 SDoF,其中发射机和接收机分别配备了多个天线。在大多数情况下,他们得出了 SDoF 的准确值并给出了相应的可实现方案。但是在某些情况下,他们没有得出确切的 SDoF,并对这些情况有不同的看法。特别地,当发射天线和接收天线的数量相同时,这种情况下[46]的结果为 $\frac{2M}{3}\leqslant d_s\leqslant M$,这不是精确值。在本节中,将主要介绍具有 M 根发送和接收天线以及 N 根 CJ 天线的双用户 MIMO 干扰信道的确切 SDoF。

2. 系统模型

考虑图 4-5 所示的带有由协作干扰器协助的机密消息的双用户 MIMO 干扰信道[45]。在该系统中,发射机和接收机具有 M 根天线,CJ 有 N 根天线。$T_l,l\in\{1,2\}$ 准备将机密消息发送到相应的接收机R_l,并且针对另一个非预期接收机进行保护。协同干扰器可以发送协同干扰信号以确保所传输信息的机密性,从而提高系统的服务质量。在第 t 信道使用时,接收机所接收的信号表示如下:

$$\boldsymbol{Y}_1(t)=\boldsymbol{H}_{11}(t)\boldsymbol{X}_1(t)+\boldsymbol{H}_{12}(t)\boldsymbol{X}_2(t)+\boldsymbol{H}_{13}(t)\boldsymbol{X}_3(t)+\boldsymbol{N}_1(t) \tag{4-88}$$

$$\boldsymbol{Y}_2(t)=\boldsymbol{H}_{21}(t)\boldsymbol{X}_1(t)+\boldsymbol{H}_{22}(t)\boldsymbol{X}_2(t)+\boldsymbol{H}_{23}(t)\boldsymbol{X}_3(t)+\boldsymbol{N}_2(t) \tag{4-89}$$

其中$\boldsymbol{X}_l(t)\in\mathbb{R}^M,l\in\{1,2\}$是信道输入向量,$\boldsymbol{X}_3(t)\in\mathbb{R}^N$ 是 CJ 发送的协作干扰信号。发送协

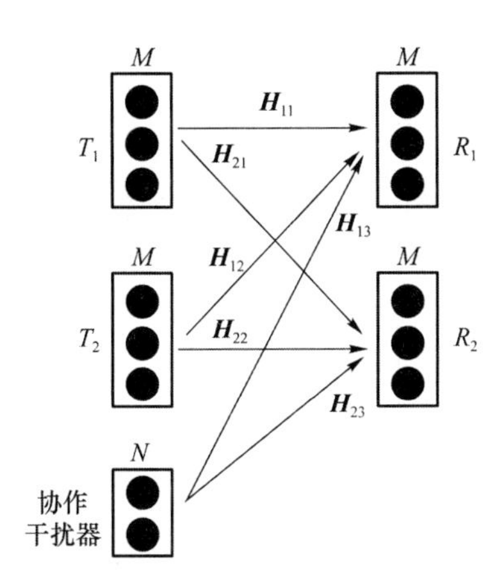

图 4-5　双用户协作干扰系统模型

同干扰信号会降低意外接收的能力，也会对目标接收机造成干扰，并且不会携带信息。假设信道输入信号的平均功率受到约束，即 $E[\boldsymbol{X}_l^{\mathrm{T}}\boldsymbol{X}_l]\leqslant\rho, E[\boldsymbol{X}_3^{\mathrm{T}}\boldsymbol{X}_3]\leqslant\rho$，其中$\boldsymbol{X}^{\mathrm{T}}$ 表示矢量 $\boldsymbol{X}$ 的转置矩阵。$\boldsymbol{Y}_k(T)\in\mathbb{R}^M, k\in\{1,2\}$是接收机的接收信号矢量。$\boldsymbol{H}_{kl}(t)\in\mathbb{R}^{M\times M}$是$\boldsymbol{T}_l$和$\boldsymbol{R}_k$之间的信道增益矩阵，而 $\boldsymbol{H}_{k3}(t)\in\mathbb{R}^{M\times M}$是从协作干扰器到接收机$\boldsymbol{R}_k$的信道增益矩阵。此外，假设网络中的每个节点都完全了解系统中每个通道的状态信息。$\boldsymbol{N}_k(t)\in\mathbb{R}^M$是$\boldsymbol{R}_k$处的加性高斯噪声矢量。

在该系统中，机密消息$\boldsymbol{W}_l$是从集合$\boldsymbol{W}_l=\{1,2,\cdots,2^{nR_l}\}$中独立地和统一地选择的，此集合将被映射到一个 n 字母通道输入信号向量 $\boldsymbol{X}_l^n(t)$。为了使接收者 $\boldsymbol{R}_l$能够可靠，准确地解码机密消息，并且使机密消息对意外接收者保密，系统需要满足以下可靠性和安全性约束：

$$\mathrm{P_e}=\Pr\{\boldsymbol{W}_l\neq\hat{\boldsymbol{W}}_l\}\leqslant\delta \tag{4-90}$$

$$\frac{1}{n}I(\boldsymbol{W}_l;\boldsymbol{Y}_k^n)\leqslant\varepsilon \tag{4-91}$$

其中$\hat{\boldsymbol{W}}_l$是对$\boldsymbol{R}_l$的机密消息的估计。如果对于任何 $\delta>0, \varepsilon>0$ 且 $k\neq l$，则存在满足可靠性和安全性约束的编码方案，可实现保密率 $R_l\overset{\Delta}{=}\frac{1}{n}\log_2|\boldsymbol{W}_l|$。因此，定义该模型的总 SDoF 如下：

$$d_{\mathrm{s},\Sigma}=\lim_{\rho\to\infty}\frac{R_1+R_2}{\frac{1}{2}\log_2\rho} \tag{4-92}$$

3. 主要结论

定理 8　具有 N 天线协作干扰器的$M\times M$ MIMO 干扰信道的精确总和 SDoF 确定如下：

$$d_{\mathrm{s},\Sigma}=\begin{cases}\dfrac{2(M+N)}{3}, & 0\leqslant N\leqslant\dfrac{M}{2}\\ M, & N>\dfrac{M}{2}\end{cases} \tag{4-93}$$

结果可见图 4-6，该图显示了干扰天线数量对总 SDoF 的影响。

值得注意的是，当是单天线系统时，即 $M=N=1$，相应的总 SDoF 将简化为$d_{\mathrm{s},\Sigma}$[42]。

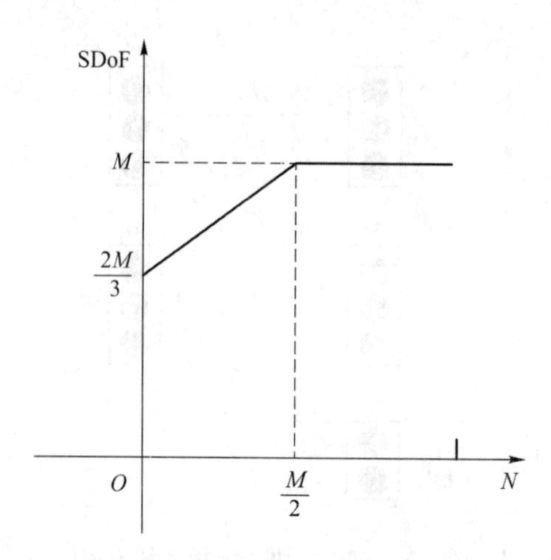

图 4-6　具有 N 天线协作干扰器的 $M\times M$ MIMO 干扰信道的 SDoF

4. 定理 8 的证明

本节主要介绍定理 8 中 SDoF 的逆证明，是从可靠性约束式(4-90)、安全约束式(4-91)和信息论知识推导出来的。

首先，将保密惩罚引理[42]扩展到 MIMO 情况，并可以如下获得保密率R_l的上限：

$$\begin{aligned}
nR_l &= H(\boldsymbol{W}_l)\\
&= H(\boldsymbol{W}_l)-H(\boldsymbol{W}_l\,|\,\boldsymbol{Y}_k^n)+H(\boldsymbol{W}_l\,|\,\boldsymbol{Y}_k^n)-H(\boldsymbol{W}_l\,|\,\boldsymbol{Y}_l^n)+H(\boldsymbol{W}_l\,|\,\boldsymbol{Y}_l^n)\\
&= I(\boldsymbol{W}_l;\boldsymbol{Y}_k^n)+H(\boldsymbol{W}_l\,|\,\boldsymbol{Y}_k^n)-H(\boldsymbol{W}_l\,|\,\boldsymbol{Y}_l^n)+no(\log_2\rho) \qquad (4\text{-}94)\\
&\leqslant H(\boldsymbol{W}_l\,|\,\boldsymbol{Y}_k^n)-H(\boldsymbol{W}_l\,|\,\boldsymbol{Y}_l^n)+no(\log_2\rho) \qquad (4\text{-}95)\\
&\leqslant H(\boldsymbol{W}_l\,|\,\boldsymbol{Y}_k^n)-H(\boldsymbol{W}_l\,|\,\boldsymbol{Y}_k^n,\boldsymbol{Y}_l^n)+no(\log_2\rho) \qquad (4\text{-}96)\\
&= I(\boldsymbol{W}_l;\boldsymbol{Y}_l^n\,|\,\boldsymbol{Y}_k^n)+no(\log_2\rho)\\
&= h(\boldsymbol{Y}_l^n\,|\,\boldsymbol{Y}_k^n)-h(\boldsymbol{Y}_l^n\,|\,\boldsymbol{W}_l,\boldsymbol{Y}_k^n)+no(\log_2\rho)\\
&\leqslant h(\boldsymbol{Y}_l^n\,|\,\boldsymbol{Y}_k^n)-h(\boldsymbol{Y}_l^n\,|\,\boldsymbol{X}_1^n,\boldsymbol{X}_2^n,\boldsymbol{X}_3^n,\boldsymbol{W}_l,\boldsymbol{Y}_k^n)+no(\log_2\rho) \qquad (4\text{-}97)\\
&\leqslant h(\boldsymbol{Y}_l^n\,|\,\boldsymbol{Y}_k^n)+no(\log_2\rho) \qquad (4\text{-}98)\\
&\leqslant h(\widetilde{\boldsymbol{X}}_1^n)+h(\widetilde{\boldsymbol{X}}_2^n)+h(\widetilde{\boldsymbol{X}}_3^n)-h(\boldsymbol{Y}_k^n)+no(\log_2\rho) \qquad (4\text{-}99)
\end{aligned}$$

其中式(4-94)是根据可以从 $\boldsymbol{Y}_l^n$解码机密消息 $\boldsymbol{W}_l$以及可靠性约束式(4-90)，即范诺不等式。

$$\begin{aligned}
H(\boldsymbol{W}_l\,|\,\boldsymbol{Y}_l^n) &\leqslant H(P(\boldsymbol{W}_l\neq\hat{\boldsymbol{W}}_l))+P(\boldsymbol{W}_l\neq\hat{\boldsymbol{W}}_l)\log_2|\boldsymbol{W}_l|\\
&= H(P_{\mathrm{e}})+P_{\mathrm{e}}\log_2|\boldsymbol{W}_l|\\
&= nc = no(\log_2\rho) \qquad (4\text{-}100)
\end{aligned}$$

其中 c 是常数。从安全约束式(4-91)推导出式(4-95)。式(4-96)和式(4-97)的第二项是从条件不能增加熵获得的。当接收机知道发射信号 $\boldsymbol{X}_1^n$,$\boldsymbol{X}_2^n$和 $\boldsymbol{X}_3^n$时，$\boldsymbol{Y}_l^n$的不确定性仅由噪声 $\boldsymbol{N}_l^n$(很小)引起。

$$\begin{aligned}
h(\boldsymbol{Y}_l^n\,|\,\boldsymbol{X}_1^n,\boldsymbol{X}_2^n,\boldsymbol{X}_3^n,\boldsymbol{Y}_k^n,\boldsymbol{W}_l) &= h(\boldsymbol{N}_l^n\,|\,\boldsymbol{N}_k^n)\\
&= h(\boldsymbol{N}_l^n)+h(\boldsymbol{N}_k^n)\\
&= 2n\log_2(2\pi\mathrm{e}) \qquad (4\text{-}101)
\end{aligned}$$

与式(4-99)不相关的是从文献[42]导出的，其中 $\widetilde{\boldsymbol{X}}_i^n$($i=1,2,3$)是发射信号的噪声版本，即

$\widetilde{\boldsymbol{X}}_i^n=\boldsymbol{X}_i^n+\widetilde{\boldsymbol{N}}_i^n$，$\widetilde{\boldsymbol{N}}_i^n$与系统的其他变量无关。

然后，利用文献[41]中引理的 MIMO 作用，可以得到$h(\widetilde{\boldsymbol{X}}_i^n)$和$h(\widetilde{\boldsymbol{X}}_2^n)$的上限：

$$h(\widetilde{\boldsymbol{X}}_1^n)\leqslant h(\boldsymbol{Y}_2^n)-nR_2+no(\log_2\rho) \tag{4-102}$$

$$h(\widetilde{\boldsymbol{X}}_2^n)\leqslant h(\boldsymbol{Y}_1^n)-nR_1+no(\log_2\rho) \tag{4-103}$$

从式(4-99)～式(4-101)可以得到安全率的上界：

$$2nR_1+nR_2\leqslant h(\widetilde{\boldsymbol{X}}_3^n)+h(\boldsymbol{Y}_1^n)+no(\log_2\rho) \tag{4-104}$$

$$2nR_2+nR_1\leqslant h(\widetilde{\boldsymbol{X}}_3^n)+h(\boldsymbol{Y}_2^n)+no(\log_2\rho) \tag{4-105}$$

通过式(4-104)、式(4-105)和利用高斯随机变量可以使微分熵最大化的事实，可以获系统总 SDoF 的上限：

$$3n(R_1+R_2)\leqslant 2h(\widetilde{\boldsymbol{X}}_3^n)+h(\boldsymbol{Y}_1^n)+h(\boldsymbol{Y}_2^n)+no(\log_2\rho) \tag{4-106}$$

$$\leqslant 2(N+M)\frac{n}{2}\log_2\rho+no(\log_2\rho) \tag{4-107}$$

根据系统总 SDoF 的定义，可以得出逆结论：

$$d_{\mathrm{s},\Sigma}=\lim_{\rho\to\infty}\frac{R_1+R_2}{\frac{1}{2}\log_2\rho}\leqslant\frac{2(N+M)}{3} \tag{4-108}$$

在相同的系统参数下，系统总 SDoF 不会大于不考虑安全约束和协同干扰的基本模型的自由度之和。因此，可以得到上限 M[47]。

因此，结合这两个上限，系统的反函数可以由式(4-109)给出：

$$d_{\mathrm{s},\Sigma}\leqslant\min\left\{\frac{2(M+N)}{3},M\right\} \tag{4-109}$$

5. 可行方案

下面利用空间对准和符号扩展技术来介绍证明定理 8 的必要性的可行方案。根据用户天线 M 的数量和 CJ 天线 N 的数量之间的关系，可以将系统的总 SDoF 分为两个部分。接下来，将介绍不同机制的相应安全传输方案，以实现 SDoF 的上限。

(1) 对于 $0\leqslant N\leqslant\frac{M}{2}$

在这种情况下，总 SDoF$=\frac{2(M+N)}{3}$可能不是整数。因此，考虑使用符号扩展技术，以便发送器可以通过 3 个时隙发送信号。在时隙 t 中设计通道输入信号，如下所示：

$$\boldsymbol{X}_1(t)=\boldsymbol{P}_{11}(t)\boldsymbol{v}_{11}(t)+\boldsymbol{P}_{12}(t)\boldsymbol{v}_{12}+\boldsymbol{Q}_1(t)\boldsymbol{u}_1 \tag{4-110}$$

$$\boldsymbol{X}_2(t)=\boldsymbol{P}_{21}(t)\boldsymbol{v}_{21}(t)+\boldsymbol{P}_{22}(t)\boldsymbol{v}_{22}+\boldsymbol{Q}_2(t)\boldsymbol{u}_2 \tag{4-111}$$

$$\boldsymbol{X}_3(t)=\boldsymbol{Q}_{\mathrm{c}}(t)\boldsymbol{u}_{\mathrm{c}}(t) \tag{4-112}$$

其中 $\boldsymbol{v}_{11}(t)$，$\boldsymbol{v}_{21}(t)$是时变安全传输信号。随时间变化的特性意味着它们在每种通道使用中均是独立的高斯分布。它们是 N 维信号向量，将通过接收子空间中的协作干扰信号进行对齐，以确保时变安全传输信号的安全性。$Q_{\mathrm{c}}(t)$是 CJ 的预编码矩阵，$\boldsymbol{u}_{\mathrm{c}}(t)$是维度 N 的协作干扰信号矢量。$\boldsymbol{v}_{l2}$和 $\boldsymbol{u}_l$分别是维度 $M-2N$ 的固定安全传输信号和维度 $M-2N$ 的固定协作干扰信号。固定信号意味着在每个时隙中发送信号相同，即 $\boldsymbol{v}_{12}(t)=\boldsymbol{v}_{12}$，$l\in\{1,2\}$，$\boldsymbol{u}_l(t)=\boldsymbol{u}_l$，$t=1,2,3$。

为了实现上述对齐方案，预编码矩阵应满足以下约束：

$$\boldsymbol{H}_{11}\boldsymbol{Q}_1=\boldsymbol{H}_{12}\boldsymbol{P}_{22} \tag{4-113}$$

$$\boldsymbol{H}_{22}\boldsymbol{Q}_2=\boldsymbol{H}_{21}\boldsymbol{P}_{12} \tag{4-114}$$

$$\boldsymbol{H}_{13}\boldsymbol{Q}_c=\boldsymbol{H}_{12}\boldsymbol{P}_{21} \tag{4-115}$$

$$\boldsymbol{H}_{23}\boldsymbol{Q}_c=\boldsymbol{H}_{21}\boldsymbol{P}_{11} \tag{4-116}$$

接下来，来讨论式(4-112)和式(4-113)的可解性。可以通过求解以下方程式来获得预编码矩阵 $\boldsymbol{P}_{l2}$ 和 $\boldsymbol{Q}_l$：

$$(\boldsymbol{H}_{11}\ \ -\boldsymbol{H}_{12})\begin{pmatrix}\boldsymbol{Q}_1\\ \boldsymbol{P}_{22}\end{pmatrix}=\boldsymbol{0} \tag{4-117}$$

$$(\boldsymbol{H}_{22}\ \ -\boldsymbol{H}_{21})\begin{pmatrix}\boldsymbol{Q}_2\\ \boldsymbol{P}_{12}\end{pmatrix}=\boldsymbol{0} \tag{4-118}$$

值得注意的是，$(\boldsymbol{H}_{11}-\boldsymbol{H}_{22})$ 是 $\mathbb{R}^{M\times 2M}$ 矩阵，$(\boldsymbol{H}_{11}-\boldsymbol{H}_{22})$ 的零空间可以用 $\mathbb{R}^{2M\times M}$ 矩阵表示。因此，可以通过从 $\mathbb{R}^{M\times 2M}$ 矩阵中提取 $M-2N$ 列来获得预编码矩阵。类似地，可以得到预编码矩阵 $\boldsymbol{Q}_2\in\mathbb{R}^{M\times(M-2N)}$ 和 $\boldsymbol{P}_{12}\in\mathbb{R}^{M\times(M-2N)}$。

集中于式(4-111)和式(4-115)的可解性。通过求解以下方程式，将获得预编码矩阵 $\boldsymbol{P}_{l1}$ 和 $\boldsymbol{Q}_{\mathrm{c}}$：

$$\underbrace{\begin{pmatrix}\boldsymbol{H}_{12} & -\boldsymbol{H}_{13} & \boldsymbol{O}\\ \boldsymbol{O} & \boldsymbol{H}_{23} & -\boldsymbol{H}_{21}\end{pmatrix}}_{\boldsymbol{A}}\begin{pmatrix}\boldsymbol{P}_{21}\\ \boldsymbol{Q}_{\mathrm{c}}\\ \boldsymbol{P}_{11}\end{pmatrix}=0 \tag{4-119}$$

$\boldsymbol{A}\in\mathbb{R}^{2M\times(2M+N)}$ 的零空间可以用 $\mathbb{R}^{(2M+N)\times N}$ 矩阵表示。因此，可以获得预编码矩阵 $\boldsymbol{Q}_{\mathrm{c}}\in\mathbb{R}^{N\times N}$，$\boldsymbol{P}_{21}\in\mathbb{R}^{M\times N}$，$\boldsymbol{P}_{11}\in\mathbb{R}^{M\times N}$。

为了便于分析，这里给出以下定义：

$$\bar{\boldsymbol{H}}_{i3}\overset{\Delta}{=}\begin{pmatrix}\boldsymbol{H}_{i3}(1) & \boldsymbol{O}_{M\times N} & \boldsymbol{O}_{M\times N}\\ \boldsymbol{O}_{M\times N} & \boldsymbol{H}_{i3}(2) & \boldsymbol{O}_{M\times N}\\ \boldsymbol{O}_{M\times N} & \boldsymbol{O}_{M\times N} & \boldsymbol{H}_{i3}(3)\end{pmatrix},\quad i\in\{1,2\} \tag{4-120}$$

$$\bar{\boldsymbol{H}}_{kl}\overset{\Delta}{=}\begin{pmatrix}\boldsymbol{H}_{kl}(1) & \boldsymbol{O}_{M\times M} & \boldsymbol{O}_{M\times M}\\ \boldsymbol{O}_{M\times M} & \boldsymbol{H}_{kl}(2) & \boldsymbol{O}_{M\times M}\\ \boldsymbol{O}_{M\times M} & \boldsymbol{O}_{M\times M} & \boldsymbol{H}_{kl}(3)\end{pmatrix},\quad k,l\in\{1,2\} \tag{4-121}$$

$$\bar{\boldsymbol{v}}_{11}\overset{\Delta}{=}\begin{pmatrix}\boldsymbol{v}_{11}(1)\\ \boldsymbol{v}_{11}(2)\\ \boldsymbol{v}_{11}(3)\end{pmatrix},\quad \bar{\boldsymbol{v}}_{21}\overset{\Delta}{=}\begin{pmatrix}\boldsymbol{v}_{21}(1)\\ \boldsymbol{v}_{21}(2)\\ \boldsymbol{v}_{21}(3)\end{pmatrix},\quad \bar{\boldsymbol{u}}_{\mathrm{c}}\overset{\Delta}{=}\begin{pmatrix}u_{\mathrm{c}}(1)\\ \boldsymbol{u}_{\mathrm{c}}(2)\\ \boldsymbol{u}_{\mathrm{c}}(3)\end{pmatrix} \tag{4-122}$$

$$\bar{\boldsymbol{N}}_l\overset{\Delta}{=}\begin{pmatrix}\boldsymbol{N}_l(1)\\ \boldsymbol{N}_l(2)\\ \boldsymbol{N}_l(3)\end{pmatrix},\quad \bar{\boldsymbol{Y}}_l\overset{\Delta}{=}\begin{pmatrix}\boldsymbol{Y}_l(1)\\ \boldsymbol{Y}_l(2)\\ \boldsymbol{Y}_l(3)\end{pmatrix},\quad l\in\{1,2\} \tag{4-123}$$

相似地，给出预编码矩阵定义：

$$\bar{\boldsymbol{P}}_{k1}\overset{\Delta}{=}\begin{pmatrix}\boldsymbol{P}_{k1}(1) & \boldsymbol{O}_{M\times N} & \boldsymbol{O}_{M\times N}\\ \boldsymbol{O}_{M\times N} & \boldsymbol{P}_{k1}(2) & \boldsymbol{O}_{M\times N}\\ \boldsymbol{O}_{M\times N} & \boldsymbol{O}_{M\times N} & \boldsymbol{P}_{k1}(3)\end{pmatrix},\quad k\in\{1,2\} \tag{4-124}$$

$$\bar{\boldsymbol{Q}}_c \overset{\Delta}{=} \begin{pmatrix} \boldsymbol{Q}_c(1) & \boldsymbol{O}_{M\times N} & \boldsymbol{O}_{M\times N} \\ \boldsymbol{O}_{M\times N} & \boldsymbol{Q}_c(2) & \boldsymbol{O}_{M\times N} \\ \boldsymbol{O}_{M\times N} & \boldsymbol{O}_{M\times N} & \boldsymbol{Q}_c(3) \end{pmatrix} \tag{4-125}$$

$$\bar{\boldsymbol{P}}_{k2} \overset{\Delta}{=} \begin{pmatrix} \boldsymbol{P}_{k2}(1) \\ \boldsymbol{P}_{k2}(2) \\ \boldsymbol{P}_{k2}(3) \end{pmatrix}, \quad \bar{\boldsymbol{Q}}_k \overset{\Delta}{=} \begin{pmatrix} \boldsymbol{Q}_k(1) \\ \boldsymbol{Q}_k(2) \\ \boldsymbol{Q}_k(3) \end{pmatrix}, \quad k\in\{1,2\} \tag{4-126}$$

定义 $\boldsymbol{H}_1 \overset{\Delta}{=} (\bar{\boldsymbol{H}}_{11}\bar{\boldsymbol{P}}_{11}, \bar{\boldsymbol{H}}_{11}\bar{\boldsymbol{P}}_{12}, \bar{\boldsymbol{H}}_{11}\bar{\boldsymbol{Q}}_1, \bar{\boldsymbol{H}}_{13}\bar{\boldsymbol{Q}}_c, \bar{\boldsymbol{H}}_{12}\bar{\boldsymbol{Q}}_2)$，$\boldsymbol{H}_2 \overset{\Delta}{=} (\bar{\boldsymbol{H}}_{12}\bar{\boldsymbol{P}}_{21}, \bar{\boldsymbol{H}}_{22}\bar{\boldsymbol{P}}_{22}, \bar{\boldsymbol{H}}_{22}\bar{\boldsymbol{Q}}_2, \bar{\boldsymbol{H}}_{23}\bar{\boldsymbol{Q}}_c, \bar{\boldsymbol{H}}_{21}\bar{\boldsymbol{Q}}_1)$，相应的接收信号由式(4-127)给出：

$$\begin{aligned} \bar{\boldsymbol{Y}}_1 &= \bar{\boldsymbol{H}}_{11}\bar{\boldsymbol{P}}_{11}\bar{\boldsymbol{v}}_{11} + \bar{\boldsymbol{H}}_{11}\bar{\boldsymbol{P}}_{12}\boldsymbol{v}_{12} + \bar{\boldsymbol{H}}_{11}\bar{\boldsymbol{Q}}_1(\boldsymbol{u}_1+\boldsymbol{v}_{22}) + \\ &\quad \bar{\boldsymbol{H}}_{13}\bar{\boldsymbol{Q}}_c(\bar{\boldsymbol{u}}_c+\bar{\boldsymbol{v}}_{21}) + \bar{\boldsymbol{H}}_{12}\bar{\boldsymbol{Q}}_2\boldsymbol{u}_2 + \bar{\boldsymbol{N}}_1 \end{aligned} \tag{4-127}$$

$$= \boldsymbol{H}_1 \begin{pmatrix} \bar{\boldsymbol{v}}_{11} \\ \boldsymbol{v}_{12} \\ \boldsymbol{u}_1+\boldsymbol{v}_{22} \\ \bar{\boldsymbol{u}}_c+\bar{\boldsymbol{v}}_{21} \\ \boldsymbol{u}_2 \end{pmatrix} + \bar{\boldsymbol{N}}_1 \tag{4-128}$$

$$\begin{aligned} \bar{\boldsymbol{Y}}_2 &= \bar{\boldsymbol{H}}_{22}\bar{\boldsymbol{P}}_{21}\bar{\boldsymbol{v}}_{21} + \bar{\boldsymbol{H}}_{22}\bar{\boldsymbol{P}}_{22}\boldsymbol{v}_{22} + \bar{\boldsymbol{H}}_{22}\bar{\boldsymbol{Q}}_2(\boldsymbol{u}_2+\boldsymbol{v}_{12}) + \\ &\quad \bar{\boldsymbol{H}}_{23}\bar{\boldsymbol{Q}}_c(\bar{\boldsymbol{u}}_c+\bar{\boldsymbol{v}}_{11}) + \bar{\boldsymbol{H}}_{21}\bar{\boldsymbol{Q}}_1\boldsymbol{u}_1 + \bar{\boldsymbol{N}}_2 \end{aligned} \tag{4-129}$$

$$= \boldsymbol{H}_2 \begin{bmatrix} \bar{\boldsymbol{v}}_{21} \\ \boldsymbol{v}_{22} \\ \boldsymbol{u}_2+\boldsymbol{v}_{12} \\ \bar{\boldsymbol{u}}_c+\bar{\boldsymbol{v}}_{11} \\ \boldsymbol{u}_1 \end{bmatrix} + \bar{\boldsymbol{N}}_2 \tag{4-130}$$

另外，值得指出的是，$\boldsymbol{H}_1\in\mathbb{R}^{3M\times 3M}$ 和 $\boldsymbol{H}_2\in\mathbb{R}^{3M\times 3M}$ 是满秩矩阵，其维数等于接收天线数的三倍，因此安全信号可以被迫零解码。在高 SNR 的情况下，总 SDoF $d_{s,\Sigma}=\frac{2(M+N)}{3}$ 是可以实现的。

(2) 对于 $N\geqslant\frac{M}{2}$

注意到，这种情况下，$\frac{M}{2}$ 可能不是整数。因此，考虑让发射机通过 2 个时隙发送信号。可以在时隙 t 中设计通道输入信号，如下所示：

$$\boldsymbol{X}_1(t)=\boldsymbol{P}_1(t)\boldsymbol{v}_1 \tag{4-131}$$

$$\boldsymbol{X}_2(t)=\boldsymbol{P}_2(t)\boldsymbol{v}_2 \tag{4-132}$$

$$\boldsymbol{X}_3(t)=\boldsymbol{Q}_c(t)\boldsymbol{u}_c \tag{4-133}$$

其中 $\boldsymbol{v}_l, l\in 1,2$ 和 $\boldsymbol{u}_c$ 分别是 M 维的固定安全传输信号和 M 维的固定协作干扰信号。假定 $t=\{1,2\}$，定义：

$$\bar{\boldsymbol{H}}_{kl} \overset{\Delta}{=} \begin{pmatrix} \boldsymbol{H}_{kl}(1) & \boldsymbol{O}_{M\times M} \\ \boldsymbol{O}_{M\times M} & \boldsymbol{H}_{kl}(2) \end{pmatrix} \in\mathbb{R}^{2M\times 2M}, \quad k,l\in\{1,2] \tag{4-134}$$

$$\bar{\boldsymbol{H}}_{i3} \triangleq \begin{pmatrix} \boldsymbol{H}_{i3}(1) & \boldsymbol{O}_{M\times N} \\ \boldsymbol{O}_{M\times N} & \boldsymbol{H}_{i3}(2) \end{pmatrix} \in \mathbb{R}^{2M\times 2N}, \quad i\in\{1,2\} \tag{4-135}$$

$$\bar{\boldsymbol{N}}_l \triangleq \begin{pmatrix} \boldsymbol{N}_l(1) \\ \boldsymbol{N}_l(2) \end{pmatrix}, \quad \bar{\boldsymbol{Y}}_l \triangleq \begin{pmatrix} \boldsymbol{Y}_l(1) \\ \boldsymbol{Y}_l(2) \end{pmatrix}, \quad l\in\{1,2\} \tag{4-136}$$

$$\bar{\boldsymbol{P}}_k \triangleq \begin{pmatrix} \boldsymbol{P}_k(1) \\ \boldsymbol{P}_k(2) \end{pmatrix} \in \mathbb{R}^{2M\times M}, k\in\{1,2\} \tag{4-137}$$

$$\bar{\boldsymbol{Q}}_{\mathrm{c}} \triangleq \begin{pmatrix} \boldsymbol{Q}_{\mathrm{c}}(1) \\ \boldsymbol{Q}_{\mathrm{c}}(2) \end{pmatrix} \in \mathbb{R}^{2N\times M} \tag{4-138}$$

可以通过求解以下对齐方程来获得预编码矩阵：

$$\underbrace{\begin{pmatrix} \bar{\boldsymbol{H}}_{12} & -\bar{\boldsymbol{H}}_{13} & \boldsymbol{0} \\ \boldsymbol{0} & \bar{\boldsymbol{H}}_{23} & -\bar{\boldsymbol{H}}_{21} \end{pmatrix}}_{\boldsymbol{B}} \begin{pmatrix} \bar{\boldsymbol{P}}_2 \\ \bar{\boldsymbol{Q}}_{\mathrm{c}} \\ \bar{\boldsymbol{P}}_1 \end{pmatrix} = \boldsymbol{0} \tag{4-139}$$

其中，$\boldsymbol{B}$ 是一个$\mathbb{R}^{4M\times(4M+2N)}$矩阵，并且 $\boldsymbol{B}$ 的零空间可以用一个$\mathbb{R}^{(4M+2N)\times 2N}$矩阵表示。在这种情况下，$2N\geqslant M$。因此，可以通过从$\mathbb{R}^{(4\bar{M}+2N)\times 2\bar{N}}$矩阵中提取 M 列来获得预编码矩阵。

最后，接收到的信号可以重写如下：

$$\bar{\boldsymbol{Y}}_1 = (\bar{\boldsymbol{H}}_{11}\bar{\boldsymbol{P}}_1 \quad \bar{\boldsymbol{H}}_{13}\bar{\boldsymbol{Q}}_{\mathrm{c}}) \begin{pmatrix} \bar{\boldsymbol{v}}_1 \\ \bar{\boldsymbol{u}}_{\mathrm{c}} + \bar{\boldsymbol{v}}_2 \end{pmatrix} + \bar{\boldsymbol{N}}_1 \tag{4-140}$$

$$\bar{\boldsymbol{Y}}_2 = (\bar{\boldsymbol{H}}_{22}\bar{\boldsymbol{P}}_2 \quad \bar{\boldsymbol{H}}_{23}\bar{\boldsymbol{Q}}_{\mathrm{c}}) \begin{pmatrix} \bar{\boldsymbol{v}}_2 \\ \bar{\boldsymbol{u}}_{\mathrm{c}} + \bar{\boldsymbol{v}}_1 \end{pmatrix} + \bar{\boldsymbol{N}}_2 \tag{4-141}$$

值得注意的是，$(\bar{\boldsymbol{H}}_{11}\bar{\boldsymbol{P}}_1, \bar{\boldsymbol{H}}_{13}\bar{\boldsymbol{Q}}_{\mathrm{c}}) \in \mathbb{R}^{2M\times 2M}$和$(\bar{\boldsymbol{H}}_{22}\bar{\boldsymbol{P}}_2, \bar{\boldsymbol{H}}_{23}\bar{\boldsymbol{Q}}_{\mathrm{c}}) \in \mathbb{R}^{2M\times 2M}$是全秩矩阵，其维数等于接收天线数量的两倍，因此解码方案是可行的。在高 SNR 的情况下，总 SDoF$=M$ 是可以实现的。

本章参考文献

[1] Gallager R G. Information theory and reliable communication[M]. New York: Wiley, 1968.

[2] Wyner A, Ziv J. A theorem on the entropy of certain binary sequences and applications-I[J]. IEEE Transactions on Information Theory, 1973, 19(6): 769-772.

[3] Wyner A D. The wire-tap channel[J]. Bell system technical journal, 1975, 54(8): 1355-1387.

[4] Luenberger D G. Optimization by vector space methods[M]. [S. l.]: John Wiley & Sons, 1997.

[5] Li Z, Trappe W, Yates R. Secret communication via multi-antenna transmission[C]// 2007 41st Annual Conference on Information Sciences and Systems. [S. l.]: IEEE, 2007: 905-910.

[6] Csiszár I, Korner J. Broadcast channels with confidential messages[J]. IEEE Transactions on Information Theory, 1978, 24(3): 339-348.

[7] Khisti A, Tchamkerten A, Wornell G W. Secure broadcasting over fading channels [J]. IEEE transactions on information theory, 2008, 54(6): 2453-2469.

[8] Bagherikaram G, Motahari A S, Khandani A K. The secrecy rate region of the broadcast channel[J]. arXiv preprint arXiv:0806.4200, 2008.

[9] Ekrem E, Ulukus S. On secure broadcasting[C]//2008 42nd Asilomar Conference on Signals, Systems and Computers. [S. l.]:IEEE, 2008: 676-680.

[10] Ekrem E, Ulukus S. Secrecy capacity of a class of broadcast channels with an eavesdropper [J]. EURASIP Journal on Wireless Communications and Networking, 2009, 1-29.

[11] Oohama Y. Coding for relay channels with confidential messages[C]//Proceedings 2001 IEEE Information Theory Workshop (Cat. No. 01EX494). [S. l.]: IEEE, 2001: 87-89.

[12] Lai L F, El Gamal H. The relay-eavesdropper channel: Cooperation for secrecy[J]. IEEE Transactions on Information Theory, 2008, 54(9): 4005-4019.

[13] Yuksel M, Erkip E. The relay channel with a wire-tapper[C]//2007 41st Annual Conference on Information Sciences and Systems. [S. l.]:IEEE, 2007: 13-18.

[14] He X, Yener A. Cooperation with an untrusted relay: A secrecy perspective[J]. IEEE Transactions on Information Theory, 2010, 56(8): 3807-3827.

[15] Ekrem E, Ulukus S. Effects of cooperation on the secrecy of multiple access channels with generalized feedback[C]//2008 42nd Annual Conference on Information Sciences and Systems. [S. l.]:IEEE, 2008: 791-796.

[16] Ekrem E, Ulukus S. Secrecy in cooperative relay broadcast channels[J]. IEEE Transactions on Information Theory, 2010, 57(1): 137-155.

[17] Bloch M, Thangaraj A. Confidential messages to a cooperative relay[C]//2008 IEEE Information Theory Workshop. [S. l.]:IEEE, 2008: 154-158.

[18] Liang Y, Poor H V. Multiple-access channels with confidential messages[J]. IEEE Transactions on Information Theory, 2008, 54(3): 976-1002.

[19] Liu R, Maric I, Yates R D, et al. The discrete memoryless multiple access channel with confidential messages[C]//2006 IEEE International Symposium on Information Theory. [S. l.]:IEEE, 2006: 957-961.

[20] Tang X, Liu R, Spasojevic P, et al. Multiple access channels with generalized feedback and confidential messages[C]//2007 IEEE Information Theory Workshop. [S. l.]: IEEE, 2007: 608-613.

[21] Bergmans P. A simple converse for broadcast channels with additive white gaussian noise (corresp.)[J]. IEEE Transactions on Information Theory, 1974, 20(2): 279-280.

[22] El Gamal A, Cover T M. Multiple user information theory[J]. Proceedings of the IEEE, 1980, 68(12): 1466-1483.

[23] Shannon C E. A mathematical theory of communication[J]. The Bell System Technical Journal, 1948, 27(3): 379-423.

[24] Stam A J. Some inequalities satisfied by the quantities of information of Fisher and

Shannon[J]. Information and Control, 1959, 2(2): 101-112.

[25] Blachman N. The convolution inequality for entropy powers[J]. IEEE Transactions on Information Theory, 1965, 11(2): 267-271.

[26] Costa M. A new entropy power inequality[J]. IEEE Transactions on Information Theory, 1985, 31(6): 751-760.

[27] Liu R, Liu T, Poor H V, et al. A vector generalization of Costa's entropy-power inequality with applications[J]. IEEE Transactions on Information Theory, 2010, 56(4): 1865-1879.

[28] Guo D, Shamai S, Verdú S. Mutual information and minimum mean-square error in gaussian channels[J]. IEEE Transactions on Information Theory, 2005, 51(4): 1261-1282.

[29] Guo D, Shamai S, Verdú S. Estimation of non-gaussian random variables in gaussian noise: Properties of the MMSE[C]//2008 IEEE International Symposium on Information Theory. [S. l.]: IEEE, 2008: 1083-1087.

[30] Rioul O. Information theoretic proofs of entropy power inequalities[J]. IEEE Transactions on Information Theory, 2010, 57(1): 33-55.

[31] Weingarten H, Steinberg Y, Shamai S S. The capacity region of the Gaussian multiple-input multiple-output broadcast channel[J]. IEEE Transactions on Information Theory, 2006, 52(9): 3936-3964.

[32] Liu T, Shamai S. A note on the secrecy capacity of the multi-antenna wiretap channel[J]. IEEE Trans. on Inf. Theory, 2009, 55(6): 2547-2553.

[33] Palomar D P, Verdú S. Gradient of mutual information in linear vector Gaussian channels[J]. IEEE Transactions on Information Theory, 2005, 52(1): 141-154.

[34] Khisti A, Wornell G W. Secure transmission with multiple antennas—Part II: The MIMOME wiretap channel[J]. IEEE Transactions on Information Theory, 2010, 56(11): 5515-5532.

[35] Ekrem E, Ulukus S. The secrecy capacity region of the Gaussian MIMO multi-receiver wiretap channel[J]. IEEE Transactions on Information Theory, 2011, 57(4): 2083-2114.

[36] Csiszár I, Korner J. Broadcast channels with confidential messages[J]. IEEE Transactions on Information theory, 1978, 24(3): 339-348.

[37] Leung-Yan-Cheong S, Hellman M. The Gaussian wire-tap channel[J]. IEEE Transactions on Information Theory, 1978, 24(4): 451-456.

[38] Liu R, Poor H V. Secrecy capacity region of a multiple-antenna Gaussian broadcast channel with confidential messages[J]. IEEE Transactions on Information Theory, 2009, 55(3): 1235-1249.

[39] Oggier F, Hassibi B. The secrecy capacity of the MIMO wiretap channel[J]. IEEE Transactions on Information Theory, 2011, 57(8): 4961-4972.

[40] Bagherikaram G, Motahari A S, Khandani A K. The secrecy capacity region of the Gaussian MIMO broadcast channel[J]. IEEE Transactions on Information Theory,

2013, 59(5): 2673-2682.

[41] Banawan K, Ulukus S. Secure degrees of freedom region of static and time-varying Gaussian MIMO interference channel[J]. IEEE Transactions on Information Theory, 2018, 65(1): 444-461.

[42] Xie J, Ulukus S. Secure degrees of freedom of one-hop wireless networks[J]. IEEE Transactions on Information Theory, 2014, 60(6): 3359-3378.

[43] Wang Q, Wang Y, Wang H. Secure degrees of freedom of the asymmetric Gaussian MIMO interference channel[J]. IEEE Transactions on Vehicular Technology, 2017, 66(9): 8001-8009.

[44] Tekin E, Yener A. The general Gaussian multiple-access and two-way wiretap channels: Achievable rates and cooperative jamming[J]. IEEE Transactions on Information Theory, 2008, 54(6): 2735-2751.

[45] Wang Q, Zhang T J, Dong D L. Achievable Secure Degrees of Freedom of MIMO Interference Channel withan Cooperative Jammer[J]. IEEE Wireless Communications Letters, 2020.

第5章　中继系统物理层安全

5.1　全双工单中继系统物理层安全的性能研究

1. 相关研究

在无线通信中，物理层安全技术是从信息理论的角度来研究数据加密、防止窃听的能力的，而不需要上层协议的支持。Wyner首先研究了窃听通道[1]。随着物理层通信技术的不断发展，窃听通道的研究范围越来越广，如多用户窃听信道[2-3]、多天线窃听信道[4-5]、中继窃听信道[6]、协作窃听通道[7-10]等。

协作中继通信是一种提高安全速率的有效方法[7-10]。协作中继(Cooperative Relay，CR)技术增强了从源节点到合法目的节点的安全性能[7-8]，文献[9]描述了通过添加人工噪声(Artificial Noise，AN)来干扰窃听者的协作干扰(Cooperative Jamming，CJ)技术。文献[10]提出一种混合中继和干扰方案，并研究对CR和CJ之间的功率分配，以最大化安全速率。然其中，大多数研究集中于半双工中继(Half Duplex Relay，HDR)技术，少数研究集中于全双工中继(Full Duplex Relay，FDR)技术，特别是多天线全双工中继的情况。

全双工中继技术通过令中继在同一时隙同一频谱上接收和发送信号来克服半双工中继技术固有的频谱效率低的缺点[11]，但是全双工传输技术存在一个问题，就是会有相对较强的自干扰。文献[12]～[14]指出当自干扰被显著抑制时，全双工中继技术具有比半双工中继技术更好的安全性能。在文献[14]中考虑了全双工中继技术和采用添加干扰信号的方案。然而，文献[14]中的全双工干扰(Full Duplex Jamming，FDJ)方案仅能达到半双工技术的数据速率，因为在FDJ方案中，中继仅在第一个时隙中选择工作在全双工模式，而在第二个时隙中却选择工作在半双工模式。文献[14]也没有考虑干扰信号对目的节点的负面影响。

在本节中，考虑全双工混合中继干扰(Full Duplex Hybrid Relaying-and-Jamming，FDHRJ)方案。该方案采用具有多天线的中继节点，且中继节点工作在全双工模式，并应用解码转发协议。在方案中，中继节点在转发期望信号的同时，加入人工噪声作为干扰信号。该干扰信号位于的目的节点所在信道的零空间里，这样目的节点可以从接收到的信息中解码出有用的期望信号，同时消除干扰信号的不利影响。而窃听者节点无法解析出有用期望信号和干扰信号，因而采用该方案可以降低窃听信道的可达安全速率并且可以保证合法信道的可达安全速率。

2. 系统模型介绍

如图5-1所示，考虑全双工单中继物理层安全模型。此模型基于文献[14]所述，有一个单天线源节点S、一个配有M对收发天线的中继节点R(M为大于1的整数)、一个单天线窃听者节点 E 以及一个单天线目的节点 D。中继节点工作在全双工模式，并采用解码转发协议。这样，全双工的中继节点 R 可以用它的接收天线接收来自源节点 S 的数据，同时用它的发射天线发送之前接收并解码出的数据到目的节点 D。在这个模型中，窃听者节点 E 不仅能窃听源节点 S 发出的信息，而且还能窃听中继节点 R 解码转发的信息。假设所有信道经历块衰落，即信道传输特性在固定个字符周期上保持不变，且在一个块时间到另一个块时间里变化相互独立，且服从复高斯分布。此外，认为源节点 S 和目的节点 D 之间相距较远，所以两者之间无直传链路。

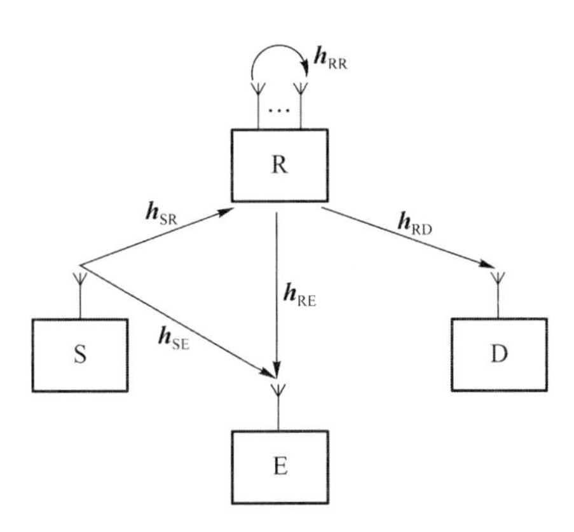

图 5-1　全双工单中继物理层安全模型

在 t 时刻，源节点 S 只向全双工中继节点 R 发送期望信号 $\boldsymbol{x}_{\mathrm{S}}(t)$。此时，全双工中继节点 R 因为在 $t-1$ 时刻接收到了期望信号 $\boldsymbol{x}_{\mathrm{S}}(t-1)$，它将其解码后并转发给目的节点 D。中继节点 R 之所以延迟了一个时隙是因为采用了自干扰消除技术[93]，花费了一个时隙时间来处理时延。

设源节点 S 到中继节点 R 之间、中继节点 R 到目的节点 D 之间、源节点 S 到窃听者节点 E 之间以及中继节点 R 到窃听者节点 E 之间的信道系数分别为 $\boldsymbol{h}_{\mathrm{SR}}$、$\boldsymbol{h}_{\mathrm{RD}}$、$\boldsymbol{h}_{\mathrm{SE}}$、$\boldsymbol{h}_{\mathrm{RE}}$，残余自干扰为 $\boldsymbol{h}_{\mathrm{RR}}$，认为所有信道均服从瑞利分布。$\boldsymbol{n}_{\mathrm{R}}(t)$、$\boldsymbol{n}_{\mathrm{D}}(t)$、$\boldsymbol{n}_{\mathrm{E}}(t)$分别为 t 时刻中继节点处、目的节点处、窃听者节点处的加性噪声，三个矩阵之中的每一个元素均服从均值为 0，信道的方差分别为 σ_{R}^2、σ_{D}^2、σ_{D}^2 的循环对称复高斯分布。

假设已知所有信道状态信息，则全双工混合中继干扰（FDHRJ）方案在中继节点在 t 时刻的发送信号公式为

$$\boldsymbol{x}_{\mathrm{R}}(t)=\sqrt{\alpha}\boldsymbol{w}_1\boldsymbol{x}_{\mathrm{S}}(t-1)+\sqrt{1-\alpha}\boldsymbol{w}_2\boldsymbol{z}(t) \tag{5-1}$$

其中发送信号功率为 $E[|\boldsymbol{x}_{\mathrm{S}}(t-1)|^2]=1$，有用期望信号分量系数为 $\boldsymbol{w}_1=\dfrac{\boldsymbol{h}_{\mathrm{RD}}^{\mathrm{H}}}{\|\boldsymbol{h}_{\mathrm{RD}}\|}$，干扰信号分量系数为 $\boldsymbol{w}_2=\boldsymbol{H}_{\perp}$。$\boldsymbol{w}_1$ 和 $\boldsymbol{w}_2$ 是方案中设计的预编码向量。$\boldsymbol{H}_{\perp}$ 表示中继节点 R 到目的节点 D 的信道系数 $\boldsymbol{h}_{\mathrm{RD}}$ 在零空间方向的投影矩阵，作为 $\boldsymbol{h}_{\mathrm{RD}}$ 在零空间上的正交基矢量的列向量，因此满足 $\boldsymbol{h}_{\mathrm{RD}}\boldsymbol{w}_2=\boldsymbol{O}$。中继转发有用期望信号功率占总中继发射功率比例系数 α，其变化范围为 $0\leqslant\alpha\leqslant1$。$\boldsymbol{z}(t)=(z_1(t),z_2(t),\cdots,z_{M-1}(t))^{\mathrm{T}}$ 是系统噪声，其中 $z_m(t)$，$m=1,2,\cdots,M-1$ 是独立同分布的复高斯随机变量，均值为 0，方差为 $E[\boldsymbol{z}(t)\boldsymbol{z}(t)^{\mathrm{H}}]=\dfrac{1}{M-1}\boldsymbol{I}_{M-1}$。噪声部分 $\boldsymbol{w}_2\boldsymbol{z}(t)$ 发射的空间各向同性，不会干扰到目的节点 D。$\boldsymbol{x}_{\mathrm{S}}(t-1)$同时与 $\boldsymbol{z}(t)$相互独立。源节点 S 到中继节点 R、源节点 S 到窃听者节点 E、中继节点 R 到目的节点 D、中继节点 R 到窃听者节点

E 的信道转移矩阵分别为 $\boldsymbol{h}_{\mathrm{SR}}\in\mathbb{C}^{M\times 1}$，$\boldsymbol{h}_{\mathrm{SE}}\in\mathbb{C}^{1\times 1}$，$\boldsymbol{h}_{\mathrm{RD}}\in\mathbb{C}^{1\times M}$，$\boldsymbol{h}_{\mathrm{RE}}\in\mathbb{C}^{1\times M}$。

在 t 时刻，中继节点 R 可以接收到的信号 $\boldsymbol{y}_{\mathrm{R}}(t)$ 为

$$\boldsymbol{y}_{\mathrm{R}}(t)=\sqrt{P_{S}}\boldsymbol{h}_{\mathrm{SR}}\boldsymbol{x}_{\mathrm{S}}(t)+\sqrt{P_{\mathrm{R}}}\boldsymbol{h}_{\mathrm{RR}}\boldsymbol{x}_{\mathrm{R}}(t)+\boldsymbol{n}_{\mathrm{R}}(t) \tag{5-2}$$

其中，$\boldsymbol{h}_{\mathrm{RR}}\in\mathbb{C}^{M\times M}$，$P_{\mathrm{S}}$ 是源节点 S 的发射功率，P_{R} 是中继节点 R 的发射功率。

在 t 时刻，目的节点 D 接收到的信号 $\boldsymbol{y}_{\mathrm{D}}(t)$ 为

$$\boldsymbol{y}_{\mathrm{D}}(t)=\sqrt{P_{\mathrm{R}}}\boldsymbol{h}_{\mathrm{RD}}\boldsymbol{x}_{\mathrm{R}}(t)+\boldsymbol{n}_{\mathrm{D}}(t)=\sqrt{\alpha P_{\mathrm{R}}}\boldsymbol{h}_{\mathrm{RD}}\boldsymbol{w}_{1}\boldsymbol{x}_{\mathrm{S}}(t-1)+\boldsymbol{n}_{\mathrm{D}}(t) \tag{5-3}$$

窃听者节点 E 接收到的信号 $\boldsymbol{y}_{\mathrm{E}}(t)$ 为

$$\begin{aligned}\boldsymbol{y}_{\mathrm{E}}(t)&=\sqrt{P_{\mathrm{S}}}\boldsymbol{h}_{\mathrm{SE}}\boldsymbol{x}_{\mathrm{S}}(t)+\sqrt{P_{\mathrm{R}}}\boldsymbol{h}_{\mathrm{RE}}\boldsymbol{x}_{\mathrm{R}}(t)+\boldsymbol{n}_{\mathrm{E}}(t)\\&=\sqrt{P_{\mathrm{S}}}\boldsymbol{h}_{\mathrm{SE}}\boldsymbol{x}_{\mathrm{S}}(t)+\sqrt{\alpha P_{\mathrm{R}}}\boldsymbol{h}_{\mathrm{RE}}\boldsymbol{w}_{1}\boldsymbol{x}_{\mathrm{S}}(t-1)+\sqrt{(1-\alpha)P_{\mathrm{R}}}\boldsymbol{h}_{\mathrm{RE}}\boldsymbol{w}_{2}\boldsymbol{z}(t)+\boldsymbol{n}_{\mathrm{E}}(t)\end{aligned} \tag{5-4}$$

从式(5-4)可以看到在 t 时刻，窃听者节点可以同时接收到 t 时刻和 $t-1$ 时刻的信号。假设所有信道增益在一个传输块内保持不变。假设一个传输块的长度为 $B+1$ 个时隙，其中 B 个时隙对应于源节点 S 发送的 B 个连续码本、1 个时隙的中继处理时延[14]。因此，联合考虑 $B+1$ 个接收信号，改写式(5-4)后可以得到

$$\boldsymbol{Y}_{\mathrm{E}}=\boldsymbol{H}\boldsymbol{X}_{\mathrm{S}}+\boldsymbol{Q}\boldsymbol{Z}+\boldsymbol{N}_{\mathrm{E}} \tag{5-5}$$

其中，窃听者节点接收信号的块矩阵形式为 $\boldsymbol{Y}_{\mathrm{E}}=(\boldsymbol{y}_{\mathrm{E}}(B+1),\cdots,\boldsymbol{y}_{\mathrm{E}}(1))^{\mathrm{T}}$，窃听者节点接收信号的矩阵形式为 $\boldsymbol{X}_{\mathrm{S}}=(\boldsymbol{x}_{\mathrm{S}}(B),\cdots,\boldsymbol{x}_{\mathrm{S}}(1))^{\mathrm{T}}$，系统噪声的块矩阵形式为 $\boldsymbol{Z}=(\boldsymbol{z}(B+1),\cdots,\boldsymbol{z}(1))^{\mathrm{T}}$，窃听信道的噪声块矩阵形式为 $\boldsymbol{N}_{\mathrm{E}}=(\boldsymbol{n}_{\mathrm{E}}(B+1),\cdots,\boldsymbol{n}_{\mathrm{E}}(1))^{\mathrm{T}}$。$\boldsymbol{H}$ 和 $\boldsymbol{Q}$ 分别为窃听信道矩阵和干扰信道矩阵，可以写为

$$\boldsymbol{H}=\begin{pmatrix}\sqrt{\alpha P_{\mathrm{R}}}\boldsymbol{h}_{\mathrm{RE}}\boldsymbol{w}_{1} & & & \\ \sqrt{P_{\mathrm{S}}}\boldsymbol{h}_{\mathrm{SE}} & \sqrt{\alpha P_{\mathrm{R}}}\boldsymbol{h}_{\mathrm{RE}}\boldsymbol{w}_{1} & & \\ & \sqrt{P_{\mathrm{S}}}\boldsymbol{h}_{\mathrm{SE}} & \sqrt{\alpha P_{\mathrm{R}}}\boldsymbol{h}_{\mathrm{RE}}\boldsymbol{w}_{1} & \\ & & \ddots & \\ & & \sqrt{P_{\mathrm{S}}}\boldsymbol{h}_{\mathrm{SE}} & \sqrt{\alpha P_{\mathrm{R}}}\boldsymbol{h}_{\mathrm{RE}}\boldsymbol{w}_{1} \\ & & & \sqrt{P_{\mathrm{S}}}\boldsymbol{h}_{\mathrm{SE}}\end{pmatrix}_{(B+1)\times B} \tag{5-6}$$

$$\boldsymbol{Q}=\begin{pmatrix}\sqrt{(1-\alpha)P_{\mathrm{R}}}\boldsymbol{h}_{\mathrm{RE}}\boldsymbol{w}_{2} & & \\ & \ddots & \\ & & \sqrt{(1-\alpha)P_{\mathrm{R}}}\boldsymbol{h}_{\mathrm{RE}}\boldsymbol{w}_{2}\end{pmatrix}_{(B+1)\times(B+1)} \tag{5-7}$$

3. 系统性能分析

下面针对全双工单中继物理层安全系统，推导系统的瞬时可达安全速率，考虑瞬时可达安全速率，讨论功率分配的问题，介绍最优功率分配方案，可以通过仿真验证所用方案的可靠性。

(1) 可达安全速率

安全速率定义为目的节点可以以任意小的误差对数据进行解码的最大传输速率，而在窃听者节点的发送信号和接收信号之间的相互信息是任意小的。根据文献[14]，可达安全速率的定义为

$$R_{\mathrm{S}}=[R_{\mathrm{SD}}-R_{\mathrm{E}}]^{+} \tag{5-8}$$

其中$[x]^{+}=\max(x,0)$，R_{SD}表示源节点 S 到目的节点 D 之间链路的可达安全速率，R_{E} 表示窃听信道的可达安全速率。

根据本节的模型，源节点 S 到目的节点 D 之间的链路包括源节点 S 到中继节点 R 之间的链路和中继节点 R 到目的节点 D 之间的链路。因此，主信道的可达安全速率为 $R_{\mathrm{SD}}=\min(R_{\mathrm{SR}},R_{\mathrm{RD}})$，即取 R_{SR}与 R_{RD}两者之间的最小值。

因此，可以推导得到源节点 S 到中继节点 R 之间链路的可达安全速率 R_{SR}为

$$R_{\mathrm{SR}}=\log_2(1+P_{\mathrm{S}}\boldsymbol{h}_{\mathrm{SR}}^{\mathrm{H}}(\boldsymbol{I}+P_{\mathrm{R}}\boldsymbol{h}_{\mathrm{RR}}^{\mathrm{H}}\boldsymbol{h}_{\mathrm{RR}})^{-1}\boldsymbol{h}_{\mathrm{SR}}) \tag{5-9}$$

中继节点 R 到目的节点 D 之间链路的可达安全速率 R_{RD}为

$$R_{\mathrm{RD}}=\log_2(1+\alpha P_{\mathrm{R}}\|\boldsymbol{h}_{\mathrm{RD}}\boldsymbol{w}_1\|^2) \tag{5-10}$$

窃听信道的可达安全速率 R_{E} 为

$$\begin{aligned}R_{\mathrm{E}}&=\frac{1}{B+1}\log_2\det\left\{\boldsymbol{I}+\boldsymbol{H}\boldsymbol{H}^{\mathrm{H}}\left(\boldsymbol{I}+\frac{1}{M-1}\boldsymbol{Q}\boldsymbol{Q}^{\mathrm{H}}\right)^{-1}\right\}\\&=\frac{1}{B+1}\log_2\det\{\boldsymbol{I}+\lambda\boldsymbol{H}^{\mathrm{H}}\boldsymbol{H}\}\end{aligned} \tag{5-11}$$

其中$\lambda=\dfrac{1}{\dfrac{1-\alpha}{M-1}P_{\mathrm{R}}\|\boldsymbol{h}_{\mathrm{RE}}\boldsymbol{w}_2\|^2+1}$，$\boldsymbol{H}^{\mathrm{H}}\boldsymbol{H}=a\boldsymbol{I}_{\mathrm{B}}+g\boldsymbol{B}_{\mathrm{B}}^{1}+g^{*}\boldsymbol{F}_{\mathrm{B}}^{1}$，$a=P_{\mathrm{S}}|\boldsymbol{h}_{\mathrm{SE}}|^2+\alpha P_{\mathrm{R}}\|\boldsymbol{h}_{\mathrm{RE}}\boldsymbol{w}_1\|^2$，$g=(\sqrt{P_{\mathrm{S}}}\boldsymbol{h}_{\mathrm{SE}})^{*}\sqrt{\alpha P_{\mathrm{R}}}\boldsymbol{h}_{\mathrm{RE}}\boldsymbol{w}_1$。$\boldsymbol{B}_{\mathrm{B}}(\boldsymbol{F}_{\mathrm{B}})$记为后向（前向）移位矩阵，其中只有第一次对角元素（超对角元素）值为一，其他位置值均为零。

对 $\boldsymbol{H}^{\mathrm{H}}\boldsymbol{H}$ 特征根分解重写 R_{E} 得到

$$R_{\mathrm{E}}=\frac{1}{B+1}\log_2\prod_{b=1}^{B}(1+\lambda\theta_b) \tag{5-12}$$

其中 θ_b 是第 b 个 $\boldsymbol{H}^{\mathrm{H}}\boldsymbol{H}$ 的特征值。θ_b 的定义如下：

$$\theta_b=(P_{\mathrm{S}}|\boldsymbol{h}_{\mathrm{SE}}|^2+\alpha P_{\mathrm{R}}\|\boldsymbol{h}_{\mathrm{RE}}\boldsymbol{w}_1\|^2)+2\left|(\sqrt{P_{\mathrm{S}}}\boldsymbol{h}_{\mathrm{SE}})^{*}\sqrt{\alpha P_{\mathrm{R}}}\boldsymbol{h}_{\mathrm{RE}}\boldsymbol{w}_1\right|\cos\frac{b\pi}{B+1},b\in\{1,2,\cdots,B\} \tag{5-13}$$

将式(5-13)代入式(5-12)得到

$$\begin{aligned}R_{\mathrm{E}}=&\frac{B}{B+1}\log_2(1+\lambda P_{\mathrm{S}}|\boldsymbol{h}_{\mathrm{SE}}|^2+\lambda\alpha P_{\mathrm{R}}\|\boldsymbol{h}_{\mathrm{RE}}\boldsymbol{w}_1\|^2)+\\&\frac{1}{B+1}\sum_{b=1}^{B}\log_2\left(1+\frac{2\lambda\left|(\sqrt{P_{\mathrm{S}}}\boldsymbol{h}_{\mathrm{SE}})^{*}\sqrt{\alpha P_{\mathrm{R}}}\boldsymbol{h}_{\mathrm{RE}}\boldsymbol{w}_1\right|\cos\frac{b\pi}{B+1}}{1+\lambda P_{\mathrm{S}}|\boldsymbol{h}_{\mathrm{SE}}|^2+\lambda\alpha P_{\mathrm{R}}\|\boldsymbol{h}_{\mathrm{RE}}\boldsymbol{w}_1\|^2}\right)\end{aligned} \tag{5-14}$$

因为

$$\begin{aligned}2\lambda\left|(\sqrt{P_{\mathrm{S}}}\boldsymbol{h}_{\mathrm{SE}})^{*}\sqrt{\alpha P_{\mathrm{R}}}\boldsymbol{h}_{\mathrm{RE}}\boldsymbol{w}_1\right|\cos\frac{b\pi}{B+1}&\leqslant2\lambda\left|(\sqrt{P_{\mathrm{S}}}\boldsymbol{h}_{\mathrm{SE}})^{*}\sqrt{\alpha P_{\mathrm{R}}}\boldsymbol{h}_{\mathrm{RE}}\boldsymbol{w}_1\right|\\&\leqslant\lambda P_{\mathrm{S}}|\boldsymbol{h}_{\mathrm{SE}}|^2+\lambda\alpha P_{\mathrm{R}}\|\boldsymbol{h}_{\mathrm{RE}}\boldsymbol{w}_1\|^2\\&\leqslant1+\lambda P_{\mathrm{S}}|\boldsymbol{h}_{\mathrm{SE}}|^2+\lambda\alpha P_{\mathrm{R}}\|\boldsymbol{h}_{\mathrm{RE}}\boldsymbol{w}_1\|^2\end{aligned} \tag{5-15}$$

所以有

$$\left|\frac{2\lambda\left|(\sqrt{P_{\mathrm{S}}}\boldsymbol{h}_{\mathrm{SE}})^{*}\sqrt{\alpha P_{\mathrm{R}}}\boldsymbol{h}_{\mathrm{RE}}\boldsymbol{w}_1\right|\cos\frac{b\pi}{B+1}}{1+\lambda P_{\mathrm{S}}|\boldsymbol{h}_{\mathrm{SE}}|^2+\lambda\alpha P_{\mathrm{R}}\|\boldsymbol{h}_{\mathrm{RE}}\boldsymbol{w}_1\|^2}\right|\leqslant1 \tag{5-16}$$

此时令

$$v=\frac{2\lambda\left|\left(\sqrt{P_{\mathrm{S}}}\boldsymbol{h}_{\mathrm{SE}}\right)^{*}\sqrt{\alpha P_{\mathrm{R}}}\boldsymbol{h}_{\mathrm{RE}}\boldsymbol{w}_{1}\right|\cos\dfrac{b\pi}{B+1}}{1+\lambda P_{\mathrm{S}}\left|\boldsymbol{h}_{\mathrm{SE}}\right|^{2}+\lambda\alpha P_{\mathrm{R}}\left\|\boldsymbol{h}_{\mathrm{RE}}\boldsymbol{w}_{1}\right\|^{2}} \tag{5-17}$$

根据泰勒公式展开可以得到

$$\begin{aligned}\frac{1}{B+1}\sum_{b=1}^{B}\log_2(1+v)&=\frac{1}{B+1}\sum_{b=1}^{B}\frac{1}{\ln 2}\left(v-\frac{1}{2}v^2+\frac{1}{3}v^3+\cdots\right)\\&=\frac{1}{\ln 2}\cdot\frac{1}{B+1}\left(\sum_{b=1}^{B}v-\sum_{b=1}^{B}\frac{1}{2}v^2+\sum_{b=1}^{B}\frac{1}{3}v^3-\sum_{b=1}^{B}\frac{1}{4}v^4+\cdots\right)\end{aligned} \tag{5-18}$$

当 k 为奇数时，$\sum_{b=1}^{B}v^k=0$，式(5-18)的奇数项均为 0，因此可以得到

$$\frac{1}{B+1}\sum_{b=1}^{B}\log_2(1+v)=-\frac{1}{\ln 2}\cdot\frac{1}{B+1}\left(\sum_{b=1}^{B}\frac{1}{2}v^2+\sum_{b=1}^{B}\frac{1}{4}v^4+\cdots\right)\leqslant 0 \tag{5-19}$$

令 $\Delta R_{\mathrm{E}}=-\frac{1}{B+1}\sum_{b=1}^{B}\log_2(1+v)$，则式(5-19)可被改写为

$$\begin{aligned}R_{\mathrm{E}}&=\frac{B}{B+1}\log_2\left(1+\lambda P_{\mathrm{S}}\left|\boldsymbol{h}_{\mathrm{SE}}\right|^2+\lambda\alpha P_{\mathrm{R}}\left\|\boldsymbol{h}_{\mathrm{RE}}\boldsymbol{w}_1\right\|^2\right)-\Delta R_{\mathrm{E}}\\&\leqslant\frac{B}{B+1}\log_2\left(1+\lambda P_{\mathrm{S}}\left|\boldsymbol{h}_{\mathrm{SE}}\right|^2+\lambda\alpha P_{\mathrm{R}}\left\|\boldsymbol{h}_{\mathrm{RE}}\boldsymbol{w}_1\right\|^2\right)\end{aligned} \tag{5-20}$$

当忽略 ΔR_{E} 高次项时，可以得到

$$\begin{aligned}\Delta R_{\mathrm{E}}&=-\frac{1}{B+1}\sum_{b=1}^{B}\log_2(1+v)\\&\approx\frac{1}{\ln 2}\cdot\frac{1}{B+1}\sum_{b=1}^{B}\frac{1}{2}v^2\\&=\frac{1}{2\ln 2}\cdot\frac{1}{B+1}\left(\frac{2\lambda\left|\left(\sqrt{P_{\mathrm{S}}}\boldsymbol{h}_{\mathrm{SE}}\right)^{*}\sqrt{\alpha P_{\mathrm{R}}}\boldsymbol{h}_{\mathrm{RE}}\boldsymbol{w}_1\right|}{1+\lambda P_{\mathrm{S}}\left|\boldsymbol{h}_{\mathrm{SE}}\right|^2+\lambda\alpha P_{\mathrm{R}}\left\|\boldsymbol{h}_{\mathrm{RE}}\boldsymbol{w}_1\right\|^2}\right)^2\sum_{b=1}^{B}\cos^2\frac{b\pi}{B+1}\\&=\frac{1}{2\ln 2}\cdot\left(\frac{1}{2}+\frac{1}{2(B+1)}\right)\left(\frac{2\lambda\left|\left(\sqrt{P_{\mathrm{S}}}\boldsymbol{h}_{\mathrm{SE}}\right)^{*}\sqrt{\alpha P_{\mathrm{R}}}\boldsymbol{h}_{\mathrm{RE}}\boldsymbol{w}_1\right|}{1+\lambda P_{\mathrm{S}}\left|\boldsymbol{h}_{\mathrm{SE}}\right|^2+\lambda\alpha P_{\mathrm{R}}\left\|\boldsymbol{h}_{\mathrm{RE}}\boldsymbol{w}_1\right\|^2}\right)^2\end{aligned} \tag{5-21}$$

分析有 $\frac{2\lambda\left|\left(\sqrt{P_{\mathrm{S}}}\boldsymbol{h}_{\mathrm{SE}}\right)^{*}\sqrt{\alpha P_{\mathrm{R}}}\boldsymbol{h}_{\mathrm{RE}}\boldsymbol{w}_1\right|}{1+\lambda P_{\mathrm{S}}\left|\boldsymbol{h}_{\mathrm{SE}}\right|^2+\lambda\alpha P_{\mathrm{R}}\left\|\boldsymbol{h}_{\mathrm{RE}}\boldsymbol{w}_1\right\|^2}<\frac{2\lambda\left|\left(\sqrt{P_{\mathrm{S}}}\boldsymbol{h}_{\mathrm{SE}}\right)^{*}\sqrt{\alpha P_{\mathrm{R}}}\boldsymbol{h}_{\mathrm{RE}}\boldsymbol{w}_1\right|}{\lambda P_{\mathrm{S}}\left|\boldsymbol{h}_{\mathrm{SE}}\right|^2+\lambda\alpha P_{\mathrm{R}}\left\|\boldsymbol{h}_{\mathrm{RE}}\boldsymbol{w}_1\right\|^2}\leqslant 1$，当且仅当 $\sqrt{P_{\mathrm{S}}}\left|\boldsymbol{h}_{\mathrm{SE}}\right|=\sqrt{\alpha P_{\mathrm{R}}}\left\|\boldsymbol{h}_{\mathrm{RE}}\boldsymbol{w}_1\right\|$ 时，等式成立。所以 ΔR_{E} 的最大值为

$$\Delta R_{\mathrm{E,max}}=\frac{1}{2\ln 2}\left(\frac{1}{2}+\frac{1}{2(B+1)}\right)\approx\frac{1}{4\ln 2} \tag{5-22}$$

当 B 足够大时式(5-22)成立。把式(5-22)代入式(5-20)，可以得到窃听信道的可达安全速率的最小值为

$$R_{\mathrm{E,min}}\approx\frac{B}{B+1}\log_2\left(1+\lambda P_{\mathrm{S}}\left|\boldsymbol{h}_{\mathrm{SE}}\right|^2+\lambda\alpha P_{\mathrm{R}}\left\|\boldsymbol{h}_{\mathrm{RE}}\boldsymbol{w}_1\right\|^2\right)-\frac{1}{4\ln 2} \tag{5-23}$$

由于 $\Delta R_{\mathrm{E}}\geqslant 0$，因此根据式(5-20)可知，窃听信道可达安全速率的最大值为

$$R_{\mathrm{E,max}}=\frac{B}{B+1}\log_2\left(1+\lambda P_{\mathrm{S}}\left|\boldsymbol{h}_{\mathrm{SE}}\right|^2+\lambda\alpha P_{\mathrm{R}}\left\|\boldsymbol{h}_{\mathrm{RE}}\boldsymbol{w}_1\right\|^2\right) \tag{5-24}$$

综上分析，当源节点 S 到窃听者节点 E 之间的信道状态信息与中继节点 R 到窃听者节点 E

之间的信道状态信息大致相似时，窃听信道的可达安全速率会取最小值，而若有其中一条链路较弱，则窃听信道容量会取最大值。对比式(5-23)与式(5-24)窃听信道容量的最大值和最小值可发现，两者仅相差一个常数 $1/(4\ln 2)$，在实际中往往有$\log_2(1+\lambda P_S|\boldsymbol{h}_{SE}|^2+\lambda\alpha P_R\|\boldsymbol{h}_{RE}\boldsymbol{w}_1\|^2)\gg 1/(4\ln 2)$，因此可有

$$R_E\approx\frac{B}{B+1}\log_2(1+\lambda P_S|\boldsymbol{h}_{SE}|^2+\lambda\alpha P_R\|\boldsymbol{h}_{RE}\boldsymbol{w}_1\|^2)\tag{5-25}$$

当 B 足够大时，可知 $B\approx B+1$。所以可以认为

$$\begin{aligned}R_E&=\log_2(1+\lambda P_S|\boldsymbol{h}_{SE}|^2+\lambda\alpha P_R\|\boldsymbol{h}_{RE}\boldsymbol{w}_1\|^2)\\&=\log_2\left(1+\frac{P_S|\boldsymbol{h}_{SE}|^2+\alpha P_R\|\boldsymbol{h}_{RE}\boldsymbol{w}_1\|^2}{\frac{1-\alpha}{M-1}P_R\|\boldsymbol{h}_{RE}\boldsymbol{w}_2\|^2+1}\right)\end{aligned}\tag{5-26}$$

最后，得到系统的可达安全速率为

$$\begin{aligned}R_S=\Big[&\log_2(1+\min(P_S\boldsymbol{h}_{SR}^H(\boldsymbol{I}+P_R\boldsymbol{h}_{RR}^H\boldsymbol{h}_{RR})^{-1}\boldsymbol{h}_{SR},\alpha P_R\|\boldsymbol{h}_{RD}\boldsymbol{w}_1\|^2))-\\&\log_2\left(1+\frac{P_S|\boldsymbol{h}_{SE}|^2+\alpha P_R\|\boldsymbol{h}_{RE}\boldsymbol{w}_1\|^2}{\frac{1-\alpha}{M-1}P_R\|\boldsymbol{h}_{RE}\boldsymbol{w}_2\|^2+1}\right)\Big]^+\end{aligned}\tag{5-27}$$

(2) 功率分配方案

在本节考虑的系统模型中，中继节点发送两种不同的信号，即有用期望信号和干扰信号，此时会涉及如何分配这两种信号的发射功率的问题。通过上面推导出的可达安全速率的公式可以看出，有用期望信号和干扰信号之间的发射功率的比率可以影响系统安全能力。本节讨论通过采用中继功率分配方案实现系统可达安全速率的最大值和当可达安全速率获得最大值时的信号功率最佳分配方案。

从式(5-27)可以看出，源节点 S 到中继节点 R 之间链路的可达安全速率部分 $P_S\boldsymbol{h}_{SR}^H(\boldsymbol{I}+P_R\boldsymbol{h}_{RR}^H\boldsymbol{h}_{RR})^{-1}\boldsymbol{h}_{SR}$与功率分配影响因子 α 无关，因此令

$$A=P_S\boldsymbol{h}_{SR}^H(\boldsymbol{I}+P_R\boldsymbol{h}_{RR}^H\boldsymbol{h}_{RR})^{-1}\boldsymbol{h}_{SR}\tag{5-28}$$

$$T=\frac{P_S|\boldsymbol{h}_{SE}|^2+\alpha P_R\|\boldsymbol{h}_{RE}\boldsymbol{w}_1\|^2}{\frac{1-\alpha}{M-1}P_R\|\boldsymbol{h}_{RE}\boldsymbol{w}_2\|^2+1}\tag{5-29}$$

将 T 进行转换，得到 α 关于 T 的函数：

$$\alpha(T)=\frac{[P_R\|\boldsymbol{h}_{RE}\boldsymbol{w}_2\|^2+(M-1)]T-(M-1)P_S|\boldsymbol{h}_{SE}|^2}{(M-1)P_R\|\boldsymbol{h}_{RE}\boldsymbol{w}_1\|^2+P_R\|\boldsymbol{h}_{RE}\boldsymbol{w}_2\|^2T}\tag{5-30}$$

因为 α 的范围是 $0\leqslant\alpha\leqslant 1$，因此可以推导出 T 的范围为

$$\frac{(M-1)P_S|\boldsymbol{h}_{SE}|^2}{P_R\|\boldsymbol{h}_{RE}\boldsymbol{w}_2\|^2+(M-1)}\leqslant T\leqslant P_R\|\boldsymbol{h}_{RE}\boldsymbol{w}_1\|^2+P_S|\boldsymbol{h}_{SE}|^2\tag{5-31}$$

为了便于书写，令

$$\tau_0=\frac{(M-1)P_S|\boldsymbol{h}_{SE}|^2}{P_R\|\boldsymbol{h}_{RE}\boldsymbol{w}_2\|^2+(M-1)}\tag{5-32}$$

$$\tau_1=P_R\|\boldsymbol{h}_{RE}\boldsymbol{w}_1\|^2+P_S|\boldsymbol{h}_{SE}|^2\tag{5-33}$$

因此，T 的范围可以写为 $\tau_0\leqslant T\leqslant\tau_1$。

若将系统可达安全速率写为 T 的函数，那么式(5-27)可以改写为

$$R_S=f(T)=\log_2\frac{1+\min(A,\alpha(T)P_R\|\boldsymbol{h}_{RD}\boldsymbol{w}_1\|^2)}{1+T},\quad\tau_0\leqslant T\leqslant\tau_1\tag{5-34}$$

因此，求最大可达安全速率的问题就可以转化为求 $f(T)$ 最大值的问题。接下来用二分法求解 $f(T)$ 最大值。根据实际情况，分为以下两种情况讨论。

情况 1 当 $A \geqslant P_R \|\boldsymbol{h}_{RD}\boldsymbol{w}_1\|^2$ 时，此时，$\min(A, \alpha(T)P_R\|\boldsymbol{h}_{RD}\boldsymbol{w}_1\|^2) = \alpha(T)P_R\|\boldsymbol{h}_{RD}\boldsymbol{w}_1\|^2$。

因此，$f(T)$ 写为

$$f(T) = \log_2 \frac{1+\alpha(T)P_R\|\boldsymbol{h}_{RD}\boldsymbol{w}_1\|^2}{1+T}, \quad \tau_0 \leqslant T \leqslant \tau_1 \tag{5-35}$$

分析式(5-35)可知，在 $T\in[\tau_0, \tau_1]$ 时，$f(T)$ 是一个单调函数，$f(T)$ 随 T 单调递增。因此，当 $T=\tau_1$ 时，$f(T)$ 取最大值，此时 $\alpha_{opt}=1$。在此种情况下，P_S 远大于 P_R 时，或者源节点 S 到中继节点 R 之间的信道状态信息远优于中继节点 R 到目的节点 D 之间的信道状态信息时，系统的可达安全速率获得最大值。此时，中继只转发有用期望信号，而不发送干扰信号，该方案下的系统可达安全速率最大。

情况 2 当 $A < P_R\|\boldsymbol{h}_{RD}\boldsymbol{w}_1\|^2$ 时，又可以分两种情况进行讨论。

① 当 $\alpha(T)P_R\|\boldsymbol{h}_{RD}\boldsymbol{w}_1\|^2 \leqslant A$ 时，可知

$$\frac{\|\boldsymbol{h}_{RD}\boldsymbol{w}_1\|^2\{[P_R\|\boldsymbol{h}_{RD}\boldsymbol{w}_2\|^2+(M-1)]T-(M-1)P_S|\boldsymbol{h}_{SE}|^2\}}{(M-1)\|\boldsymbol{h}_{RD}\boldsymbol{w}_1\|^2+\|\boldsymbol{h}_{RD}\boldsymbol{w}_2\|^2 T} \leqslant A \tag{5-36}$$

$$T \leqslant \frac{A(M-1)\|\boldsymbol{h}_{RD}\boldsymbol{w}_1\|^2+(M-1)P_S|\boldsymbol{h}_{SE}|^2\|\boldsymbol{h}_{RD}\boldsymbol{w}_1\|^2}{(M-1)\|\boldsymbol{h}_{RD}\boldsymbol{w}_1\|^2+(P_R\|\boldsymbol{h}_{RD}\boldsymbol{w}_1\|^2-A)\|\boldsymbol{h}_{RD}\boldsymbol{w}_2\|^2} \tag{5-37}$$

为了便于书写，令 $\tau_2 = \dfrac{A(M-1)\|\boldsymbol{h}_{RD}\boldsymbol{w}_1\|^2+(M-1)P_S|\boldsymbol{h}_{SE}|^2\|\boldsymbol{h}_{RD}\boldsymbol{w}_1\|^2}{(M-1)\|\boldsymbol{h}_{RD}\boldsymbol{w}_1\|^2+(P_R\|\boldsymbol{h}_{RD}\boldsymbol{w}_1\|^2-A)\|\boldsymbol{h}_{RD}\boldsymbol{w}_2\|^2}$

因此，$T \leqslant \tau_2$。此时，$\min(A, \alpha(T)P_R\|\boldsymbol{h}_{RD}\boldsymbol{w}_1\|^2) = \alpha(T)P_R\|\boldsymbol{h}_{RD}\boldsymbol{w}_1\|^2$，函数 $f(T)$ 可以写为

$$f(T) = \log_2 \frac{1+\alpha(T)P_R\|\boldsymbol{h}_{RD}\boldsymbol{w}_1\|^2}{1+T}, \quad \tau_0 \leqslant T \leqslant \tau_2 \tag{5-38}$$

可见函数 $f(T)$ 在 $T\in[\tau_0, \tau_2]$ 的情况下，是单调函数，且随 T 单调递增。因此，当 $T=\tau_2$ 时，$f(T)$ 取最大值，此时 $\alpha_{opt} = \dfrac{A}{P_R\|\boldsymbol{h}_{RD}\boldsymbol{w}_1\|^2}$。

② 当 $\alpha(T)P_R\|\boldsymbol{h}_{RD}\boldsymbol{w}_1\|^2 \geqslant A$ 时，

此时 $\tau_2 \leqslant T \leqslant \tau_1$，$\min(A, \alpha(T)P_R\|\boldsymbol{h}_{RD}\boldsymbol{w}_1\|^2) = A$，函数 $f(T)$ 可以写为

$$f(T) = \log_2 \frac{1+A}{1+T}, \quad \tau_2 \leqslant T \leqslant \tau_1 \tag{5-39}$$

因为 A 是与 T 无关的常数，在 $T\in[\tau_0, \tau_2]$ 的情况下，函数 $f(T)$ 仍然是一个单调函数，且随 T 单调递减。因此，当 $T=\tau_2$ 时，函数 $f(T)$ 取最大值，此时 $\alpha_{opt} = \dfrac{A}{P_R\|\boldsymbol{h}_{RD}\boldsymbol{w}_1\|^2}$。

综合以上分析，当 $A < P_R\|\boldsymbol{h}_{RD}\boldsymbol{w}_1\|^2$ 时，函数 $f(T)$ 能够达到最大值，此时 $T=\tau_2$，$\alpha_{opt} = \dfrac{A}{P_R\|\boldsymbol{h}_{RD}\boldsymbol{w}_1\|^2}$。当 P_R 大于或等于 P_S，或中继节点 R 到目的节点 D 的信道状态信息优于源节点 S 到中继节点 R 的信道状态信息时，中继节点 R 有用期望信号和干扰信号的发射功率之比为 $\alpha_{opt} = \dfrac{A}{P_R\|\boldsymbol{h}_{RD}\boldsymbol{w}_1\|^2}$，系统可以得到最大的可达安全速率。

4. 仿真结果及评估

在本节中，将对前一节所用的全双工混合中继干扰(FDHRJ)方案的理论结果进行评估分析。设所有的信道系数是独立同分布，均值为 0 且方差为 1 的随机变量，且是通过蒙特卡罗法随机生成的。对比了以下三种方案。

(1) 采用最优功率分配($\alpha=\alpha_{opt}$)的全双工混合中继干扰方案：中继节点既转发有用期望信号，又转发干扰信号，同时采用最优功率分配比。

(2) 采用平均功率分配($\alpha=0.5$)的全双工混合中继干扰方案：中继节点加入协作干扰信号，但不进行功率分配，中继的发射功率一半用于发射有用期望信号，一半用于发射干扰信号。

(3) 不加干扰信号(No Jamming)方案：此时 $\alpha=1$。无干扰信号方案意味着中继节点不发送干扰信号并且仅转发解码上一个时隙的有用期望信号。

通过 MATLAB 仿真分析，在不加特殊说明的情况下，将仿真的参数设置如下：令信道增益为 $\gamma_{\mathrm{SR}}=\|\boldsymbol{h}_{\mathrm{SR}}\|^2$，$\gamma_{\mathrm{RD}}=\|\boldsymbol{h}_{\mathrm{RD}}\|^2$，$\gamma_{\mathrm{SE}}=\|\boldsymbol{h}_{\mathrm{SE}}\|^2$，$\gamma_{\mathrm{RE}}=\|\boldsymbol{h}_{\mathrm{RE}}\|^2$，$\gamma_{\mathrm{RR}}=\|\boldsymbol{h}_{\mathrm{RR}}\|^2$，同时假设信道增益为 $\gamma_{\mathrm{SE}}=\gamma_{\mathrm{RE}}=0$ dB，$\gamma_{\mathrm{RR}}=-40$ dB，系统噪声功率为 $\sigma^2=\sigma_{\mathrm{R}}^2=\sigma_{\mathrm{D}}^2=\sigma_{\mathrm{E}}^2=1$，中继天线数为 $M=4$。从文献[14]中可以明显可以看出，合法信道增益会强于窃听信道增益。以下的仿真结果是对 10 000 次独立运行的数据取平均获得的。

图 5-2 说明了中继天线数和信道增益对可达安全速率的影响。可以得出结论，中继天线数的增加将大大提高系统可达安全速率。同时，信道增益也会影响整个系统的安全性能。首先考虑信道增益的影响。当窃听信道具有不同的增益时，三种方案有着不同的改变。将三种方案在 $\gamma_{\mathrm{SE}}=-25$ dB 且 $\gamma_{\mathrm{RE}}=-15$ dB 时与 $\gamma_{\mathrm{SE}}=\gamma_{\mathrm{RE}}=-15$ dB 时的情况进行对比，发现当中继节点 R 到窃听者节点 E 的信道状态信息要优于源节点 S 到窃听者节点 E 的信道状态时，三种方案下的系统可达安全速率会有所提升。将 $\gamma_{\mathrm{SE}}=-15$ dB 且 $\gamma_{\mathrm{RE}}=-25$ dB 情况下的三种方案分别与 $\gamma_{\mathrm{SE}}=\gamma_{\mathrm{RE}}=-15$ dB 情况下的三种方案进行对比，可见当源节点 S 到窃听者节点 E 的信道状态信息要优于中继节点 R 到窃听者节点 E 的信道状态信息时，采用最优功率分配($\alpha=\alpha_{\mathrm{opt}}$)与采用平均功率分配($\alpha=0.5$)的全双工混合中继干扰方案，会导致系统的可达安全速率下降。但是在采用不加干扰信号方案的情况下，系统的可达安全速率反而会有所提升，这是因为窃听信道的可达安全速率大大降低了，导致整个系统的安全性能得到改善。根据以上分析，三种不同的方案都是随着中继的天线数的增加而增加，同时，具有最优功率分配比($\alpha=\alpha_{\mathrm{opt}}$)的全双工混合中继干扰方案总体比其他两种方案具有更好的安全性能。

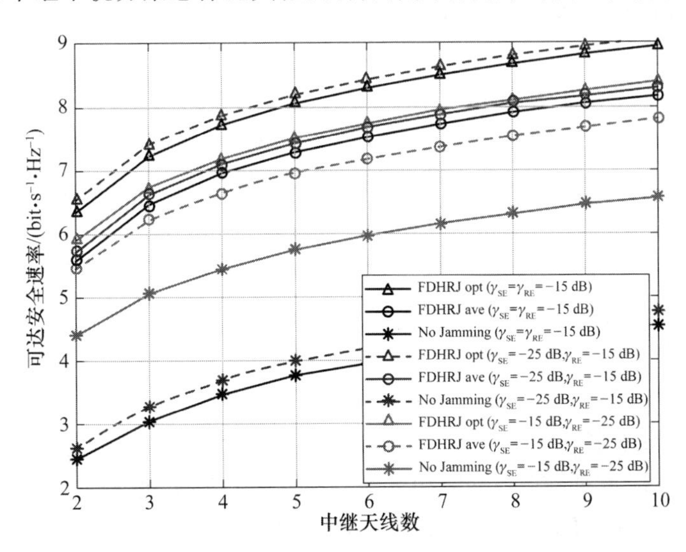

图 5-2　中继天线数和信道增益对可达安全速率的影响

图 5-3 描述的是中继节点的发射功率与系统的可达安全速率的关系。随着中继发射功率

的增加，三种方案的系统可达安全速率经历了先增加后减少的过程。在信道一定的情况下，当 P_R 较小时，中继节点 R 到目的节点 D 的可达安全速率小于源节点 S 到中继节点 R 的可达安全速率，此时合法主信道的可达安全速率由 P_R 决定，它会随 P_R 的增大而增大；当 P_R 增大到与 P_S 相近时，合法主信道的可达安全速率由源节点 S 到中继节点 R 之间的链路决定。此时，合法主信道的可达安全速率会受到自干扰因素的影响，从而导致合法主信道可达安全速率随 P_R 的增大而减小。对于窃听信道来说，其可达安全速率同时受 P_R 和 P_S 的影响，P_R 的增加既会增加有用期望信号部分，也会增加干扰信号部分，因此窃听信道的可达安全速率不会随 P_R 的增加而产生较大的变化。

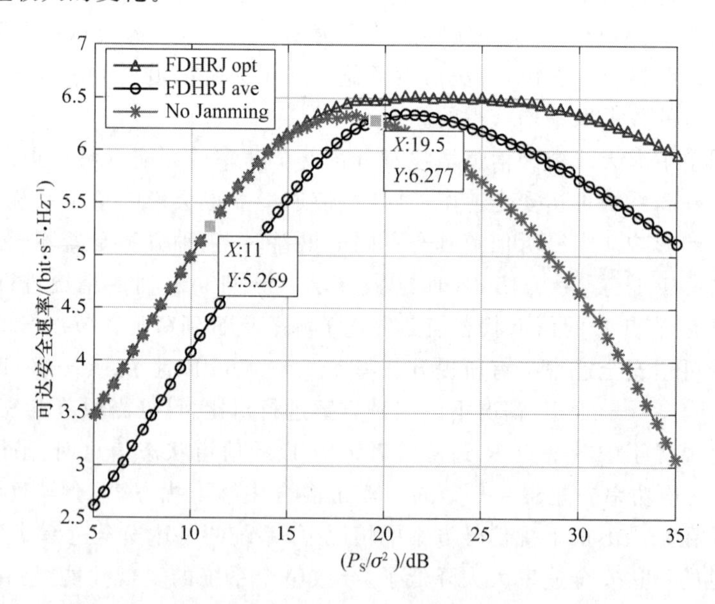

图 5-3　中继节点发射功率对可达安全速率的影响

从图 5-3 中可以看出，当 P_R/σ^2 小于大约 11 dB 时，两条线(FDHRJ opt 和 No Jamming)几乎重合，当 $A > P_R \|\boldsymbol{h}_{RD}\boldsymbol{w}_1\|^2$ 的情况，此时最优功率分配比为 $\alpha=1$。但在此之后，不加干扰信号方案的可达安全速率会急剧减少，而采用最优功率分配($\alpha=\alpha_{opt}$)的全双工混合中继干扰方案的可达安全速率的曲线缓慢降低。不加干扰信号方案因为窃听者节点不会接收到中继节点发的干扰信号，此时其窃听信道的可达安全速率会随着 P_R 的增加有明显的增大，从而导致系统的可达安全速率的急速下降。同时，可见两条线(FDHRJ ave 和 No Jamming)约在 $P_R/\sigma^2=19.5$ dB处有交点。这意味着如果中继节点的发射功率小于 19.5 dB，则不加干扰信号的方案的性能优于采用平均功率分配的全双工混合中继干扰方案，而 P_R/σ^2 超过 19.5 dB 时，采用平均功率分配的全双工混合中继干扰方案更好，此时满足 $A \leqslant P_R \|\boldsymbol{h}_{RD}\boldsymbol{w}_1\|^2$ 的情况。然而，在 P_R 增加的情况下，采用最优功率分配($\alpha=\alpha_{opt}$)的全双工混合中继干扰方案的安全性能仍然是这三种方案中最好的。

在图 5-4 中，讨论了源节点信号发射功率与系统可达安全速率的关系。在这里，考虑了文献[14]中的全双工干扰(FDJ)方案，这四种方案的四条线随着 P_S 的增加，同样经历了先上升再下降的过程。与前面系统的可达安全速率与中继节点发射功率变化的分析过程类似，当 P_S 较小时，R_{RD}大于 R_{SR}，又因为源节点 S 到中继节点 R 之间链路的信道状态信息要优于源节点 S 到窃听者节点之间链路的信道状态信息，所以此时在 P_S 增加时，与窃听信道的可达安全速率增幅相比，合法主信道的增幅更大，因此，当 P_S 较小时，系统的可达安全速率随 P_S 的增加而增加。随着 P_S 增大，且 R_{SR} 大于 R_{RD} 时，系统的可达安全速率会随着 P_S 的增加而减小。

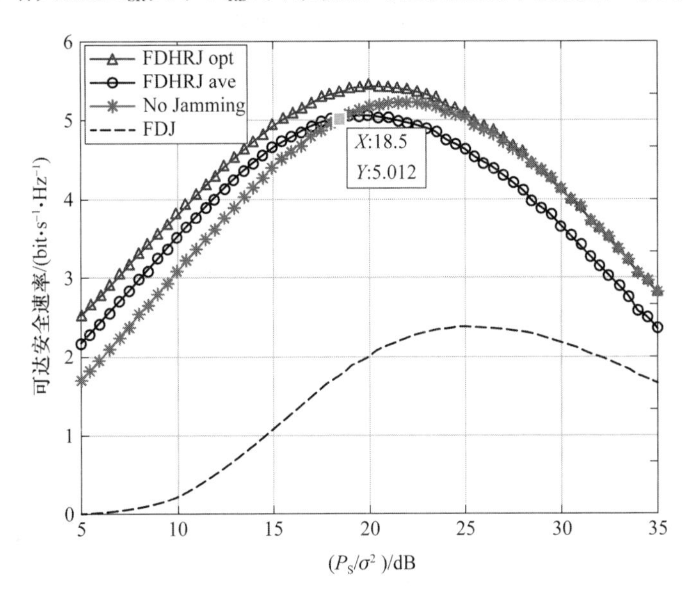

图 5-4　源节点发射功率对可达安全速率的影响

从图 5-4 看出，在相同的配置条件下，前文所用的全双工混合中继干扰技术的三种方案，无论是采用何种功率分配比（$\alpha=\alpha_{opt}$，$\alpha=1$ 或 $\alpha=0$），它们的系统可达安全速率均高于文献[14]中的全双工干扰（FDJ）方案的情况。这是因为全双工干扰（FDJ）方案既没有工作在完全全双工模式，也没有采用有效的干扰技术来阻止窃听者的窃听。当 P_S 较小时，此时满足 $A\leqslant P_R\|\boldsymbol{h}_{RD}\boldsymbol{w}_1\|^2$，在三种全双工混合中继干扰方案中，采用最优功率分配比（$\alpha=\alpha_{opt}$）的安全性能最好。源节点发射功率在 18.5 dB 时存在分界点，此前采用平均功率的分配比（$\alpha=0.5$）比采用不加干扰信号方案的要好，而在这之后，采用不加干扰信号的方案会有更好的效果。当 P_S 大于 25 dB 时，三种全双工混合中继干扰方案都存在安全性能下降的问题，但是当采用最优功率分配的时候仍然是方案中最好的。很明显，当源功率 P_S 足够大时，窃听者可以直接从源节点窃取大量的有用信息，这将导致窃听信道的可达安全速率继续增加，而合法主信道的可达安全速率会趋于稳定，造成整个系统的可达安全速率的下降。

本节主要讨论了四个节点的中继窃听信道，考虑全双工混合中继干扰方案作为提高物理层安全性能的有效途径。该方案考虑了人工干扰信号带来的优势与全双工技术带来的频谱利用率提升，同时对方案进行优化，提出了最优功率分配策略。在采用最优动学分配的全双工混合中继干扰方案中，中继节点采用解码转发协议，并设计了预编码矩阵作为人工干扰信号，使得在全双工模式下中继节点在每个时隙同时发送期望信号和人工干扰，目的节点可以解码出期望信号，并消除人工干扰的不利影响，而窃听者节点无法做到这一点。为了验证方案的可行性与有效性，本节给出了系统的可达安全速率，以及期望信号和人工噪声之间的最优功率分配策略。

5.2 全双工多中继系统物理层安全的性能研究

本节将单中继模型扩展到多中继模型，考虑全双工多中继系统物理层安全模型。本节首先介绍中继选择的概念，说明中继选择方案的优势，然后考虑结合全双工技术的中继选择方案，通过计算及仿真可以验证该方案能达到改善系统安全性的目的。

1. 相关研究

在无线通信中，往往尝试在两个或多个设备之间，通过某些协作形式来改善整体的效果。在无线协作网络中，协作中继技术由于其优势，可以作为未来无线网络设计的方案之一。协作通信已经应用到多种场景中，如交互式多媒体通信、实时救援等[15-16]。协作技术能够保证产生空间分集效应，同时具有增加系统容量、提高系统的可靠性等特点。

协作中继技术已引起极大关注，它的基本思想是通过中继节点的协作通信，源节点能与相应的目的节点更好地通信。这样，会产生几个明显的增益：首先，采用中继进行传输是为了应对源节点与目的节点在地理位置上相距太远的情况，因此在有中继节点的多跳通信中，会因为每个节点相对位置更近而减少路径损耗带来的问题；其次，增加了传输路径的多样性，因为在源节点和目的节点之间，不仅有源节点和目的节点的直接通信路径，还可以通过中继转发信号的路径，这样在目的节点处可以形成分集增益从而达到改善接收效果的目的；最后，在复杂的环境中，智能中继定位技术可以减轻阴影效应。由于信号到达目的节点的过程中往往需要多跳，所以在考虑通过增加中继节点来改善端到端传输效果的同时，也需要考虑为实现网络增益带来的时间消耗。

典型的中继选择技术有两种，分别是机会中继选择(Opportunistic Relay Selection，ORS)技术和最佳中继选择(Best Relay Selection，BRS)技术。在机会中继选择技术中，源节点通过选择策略，决定是采用广播形式还是采用可用中继中的一个来接收信号，在该选择过程中，需要中继节点与收发节点对之间交换信道状态信息。当信道状态信息交换结束时，决定采用集中式还是分布式的方法来决定最佳中继，从而保证通信。但是，选择一个中继节点用来传输信号可能无法利用协作中继传输的分集增益。在文献[18]中考虑了在最小化信道数量的同时不影响协作中继的分集增益。当全局信道状态信息可用时，文献[19]和[20]指出在机会中继选择的基础上可以选择最佳中继选择技术。当只知道部分信道状态信息时，文献[21]和[22]指出需要在提高系统性能和减少信道状态信息开销之间折中，选择具有良好平衡的最优中继选择方案。

本节内容主要介绍将中继选择方案与全双工技术相结合的可变双工中继选择方案作为提高系统安全的有效手段。

2. 系统模型介绍

如图5-5所示，考虑全双工多中继系统模型。在模型中，有一个单天线源节点S、一个单天线窃听者节点E、一个单天线目的节点D、K个双天线中继节点R_k，其中$k=1,2,\cdots,K$。假设K个中继节点均采用解码转发协议。在本节中，K个中继节点既支持全双工模式，又支持半双工模式。在中继节点的两根天线中，一根用来接收来自源节点的有用期望信号，一根用来转发经过中继节点解码出的有用期望信号。每个节点发送功率受限。假设所有信道的全局信道状态信息已知，设源节点S到第k个中继节点R_k的信道系数为$\boldsymbol{h}_{\mathrm{SR}_k}$，中继节点$\mathrm{R}_k$到目的节点D的信道系数为$\boldsymbol{h}_{\mathrm{R}_k\mathrm{D}}$，源节点S到窃听者节点E的信道系数为$\boldsymbol{h}_{\mathrm{SE}}$，第$k$个中继节点$\mathrm{R}_k$到窃听者节点E的信道系数为$\boldsymbol{h}_{\mathrm{R}_k\mathrm{E}}$。其中，所有信道均服从独立同分布的瑞利衰落。窃听者节点E具有强大的信道窃听能力，不仅能窃听到来自源节点S发出的的信息，还能窃听到中继节点R_k转发出的信息。假设所有信道经历块衰落，即信道传输特性在固定个字符周期上保持不变，且在一个块时间到另一个块时间里变化相互独立，且服从均值为0，信道方差分别为$\sigma_{\mathrm{SR}_k}^2$、$\sigma_{\mathrm{R}_k\mathrm{D}}^2$、$\sigma_{\mathrm{SE}}^2$和$\sigma_{\mathrm{R}_k\mathrm{E}}^2$的循环对称复高斯分布。$\boldsymbol{n}_{\mathrm{R}_k}(t)$、$\boldsymbol{n}_{\mathrm{D}}(t)$、$\boldsymbol{n}_{\mathrm{E}}(t)$分别为$t$时刻，中继节点处、目的节点处、窃听者节点处的加性噪声，分别服从均值为0，信道方差分别为$\sigma_{\mathrm{R}_k}^2$、σ_{D}^2、σ_{E}^2的循环对称复高斯分布。此外，由于源节点S和目的节点D之间距离很远，存在路径损耗，因此，认为两者之间无直传链路，两者只能通过中继节点R_k进行通信。

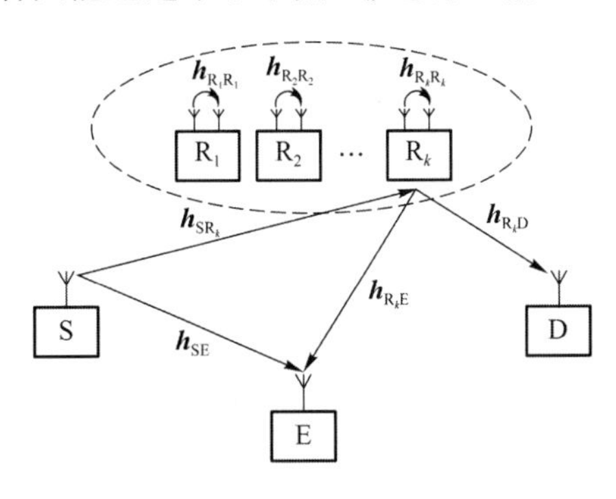

图5-5 全双工多中继系统模型

如果中继节点工作在全双工模式下，会由于同时收发信号，从而造成较强的自干扰。为了减少自干扰对系统性能的影响，应该提前采取干扰消除技术。在采取干扰消除技术之后，在中继节点处仍将存在残余自干扰。在文献[14]的研究中，认为残余自干扰服从循环对称复高斯分布，因此，将第k个中继的自干扰信道系数记为$\boldsymbol{h}_{\mathrm{R}_k\mathrm{R}_k}$，它服从均值为0，方差为$\sigma_{\mathrm{R}_k\mathrm{R}_k}^2$的循环对称复高斯分布。

(1) 半双工模式

接下来讨论多中继均工作在半双工模式下时，各个节点的收发关系。

在t时刻，源节点S采用广播的形式，发送期望信息$\boldsymbol{x}_{\mathrm{S}}(t)$到中继节点$\mathrm{R}_k$，此时所有的中继节点$\mathrm{R}_k$均能收到源节点S发出的期望信号。中继节点$\mathrm{R}_k$采用半双工模式。假设第$k$个中继节点被选择出来，因为它处于半双工模式，所以此时它的接收天线在工作，发送天线没有工作。第k个中继节点的接收信号公式为

$$\boldsymbol{y}_{\mathrm{R}_k}(t)=\boldsymbol{h}_{\mathrm{SR}_k}(t)\boldsymbol{x}_{\mathrm{S}}(t)+\boldsymbol{n}_{\mathrm{R}_k}(t) \tag{5-40}$$

窃听者节点E的接收信号公式为

$$\boldsymbol{y}_{\mathrm{E}}(t)=\boldsymbol{h}_{\mathrm{SE}}(t)\boldsymbol{x}_{\mathrm{S}}(t)+\boldsymbol{n}_{\mathrm{E}}(t) \tag{5-41}$$

在t时刻，中继节点R_k的发射天线不工作，不转发解码信号，因此目的节点D无法收到转发的信号。

在$t+1$时刻，中继节点R_k接收天线不工作，发射天线工作，因为所有的中继节点采用的是解码转发协议，它能够有效地解码转发出上一时隙的有用期望信号，因此它的转发公式为

$$\boldsymbol{x}_{\mathrm{R}}(t+1)=\boldsymbol{x}_{\mathrm{S}}(t) \tag{5-42}$$

可以写出目的节点D的接收信号公式为

$$\boldsymbol{y}_{\mathrm{D}}(t+1)=\boldsymbol{h}_{\mathrm{SR}_k}(t+1)\boldsymbol{x}_{\mathrm{R}_k}(t+1)+\boldsymbol{n}_{\mathrm{D}}(t+1) \tag{5-43}$$

此时,窃听者节点 E 接收的信号为

$$\boldsymbol{y}_{\mathrm{E}}(t+1)=\boldsymbol{h}_{\mathrm{SE}}(t+1)\boldsymbol{x}_{\mathrm{S}}(t+1)+\boldsymbol{n}_{\mathrm{E}}(t+1) \tag{5-44}$$

(2) 全双工模式

当中继节点 R_k 工作在全双工模式下时,在 t 时刻,源节点 S 采用广播的形式,发送期望信息为 $\boldsymbol{x}_{\mathrm{S}}(t)$。此时,中继节点 R_k 可以接收到来自源节点 S 的期望信号,窃听者节点 E 也可以窃听到期望信号。发送期望信号为 $\boldsymbol{x}_{\mathrm{S}}(t)$,传输块的长度为 $B+t'$ 个时隙,B 对应源节点 S 发送的 B 个连续码本,t' 个时隙是中继用来处理时延的时间。因此,中继节点 R 会在 t 时刻转发来自源节点 S 在 $t-t'$ 时刻的期望信号 $\boldsymbol{x}_{\mathrm{S}}(t-t')$。中继之所以转发 $t-t'$ 时刻期望信号是因为中继节点在 $t-t'$ 时刻接收信息 $\boldsymbol{x}_{\mathrm{S}}(t-t')$ 时,采用了自干扰消除技术,需要 t' 个时隙来处理时延[14],当解码完成后再将信息转发到目的节点 D。在一般情况下,只需要 1 个时隙就可以让中继节点解码出期望信号。因此,常常设为 $t'=1$。可以写出中继节点 R 在 t 时刻的发送信号公式为

$$\boldsymbol{x}_{\mathrm{R}_k}(t)=\boldsymbol{x}_{\mathrm{S}}(t-1) \tag{5-45}$$

在 t 时刻,中继节点 R_k、目的节点 D、窃听者节点 E 的接收信号 $\boldsymbol{y}_{\mathrm{R}_k}(t)$、$\boldsymbol{y}_{\mathrm{D}}(t)$、$\boldsymbol{y}_{\mathrm{E}}(t)$ 分别为

$$\boldsymbol{y}_{\mathrm{R}_k}(t)=\boldsymbol{h}_{\mathrm{SR}_k}(t)\boldsymbol{x}_{\mathrm{S}}(t)+\boldsymbol{h}_{\mathrm{R}_k\mathrm{R}_k}(t)\boldsymbol{x}_{\mathrm{R}_k}(t)+\boldsymbol{n}_{\mathrm{R}_k}(t) \tag{5-46}$$

$$\boldsymbol{y}_{\mathrm{D}}(t)=\boldsymbol{h}_{\mathrm{R}_k\mathrm{D}}(t)\boldsymbol{x}_{\mathrm{R}_k}(t)+\boldsymbol{n}_{\mathrm{D}}(t) \tag{5-47}$$

$$\begin{aligned}\boldsymbol{y}_{\mathrm{E}}(t)&=\boldsymbol{h}_{\mathrm{SE}}(t)\boldsymbol{x}_{\mathrm{S}}(t)+\boldsymbol{h}_{\mathrm{R}_k\mathrm{E}}(t)\boldsymbol{x}_{\mathrm{R}_k}(t)+\boldsymbol{n}_{\mathrm{E}}(t)\\&=\boldsymbol{h}_{\mathrm{SE}}(t)\boldsymbol{x}_{\mathrm{S}}(t)+\boldsymbol{h}_{\mathrm{R}_k\mathrm{E}}(t)\boldsymbol{x}_{\mathrm{S}}(t-1)+\boldsymbol{n}_{\mathrm{E}}(t)\end{aligned} \tag{5-48}$$

从式(5-48)中可以看出在 t 时刻,窃听者节点 E 可以同时接收到 t 时刻和 $t-1$ 时刻的信号。假设所有信道增益在一个传输块内保持不变。假设一个传输块的长度为 $B+1$ 个时隙,其中 B 个时隙对应于源节点 S 发送的 B 个连续码本,1 表示 1 个时隙的中继处理时延。因此,联合考虑 $B+1$ 个接收信号,重写式(5-48)可以得到

$$\boldsymbol{Y}_{\mathrm{E}}=\boldsymbol{H}\boldsymbol{X}_{\mathrm{S}}+\boldsymbol{N}_{\mathrm{E}} \tag{5-49}$$

其中,窃听者节点接收信号的块矩阵形式为 $\boldsymbol{Y}_{\mathrm{E}}=(\boldsymbol{y}_{\mathrm{E}}[B+1],\cdots,\boldsymbol{y}_{\mathrm{E}}[1])^{\mathrm{T}}$,窃听者节点接收信号的矩阵形式为 $\boldsymbol{X}_{\mathrm{S}}=(\boldsymbol{x}_{\mathrm{S}}[B],\cdots,\boldsymbol{x}_{\mathrm{S}}[1])^{\mathrm{T}}$,窃听信道的噪声块矩阵形式为 $\boldsymbol{N}_{\mathrm{E}}=(\boldsymbol{n}_{\mathrm{E}}[B+1],\cdots,\boldsymbol{n}_{\mathrm{E}}[1])^{\mathrm{T}}$。$\boldsymbol{H}$ 为窃听信道混合矩阵,可以写为

$$\boldsymbol{H}=\begin{pmatrix}\boldsymbol{h}_{\mathrm{R}_k\mathrm{E}} & & & & \\ \boldsymbol{h}_{\mathrm{SE}} & \boldsymbol{h}_{\mathrm{R}_k\mathrm{E}} & & & \\ & \boldsymbol{h}_{\mathrm{SE}} & \boldsymbol{h}_{\mathrm{R}_k\mathrm{E}} & & \\ & & & \ddots & \\ & & & \boldsymbol{h}_{\mathrm{SE}} & \boldsymbol{h}_{\mathrm{R}_k\mathrm{E}} \\ & & & & \boldsymbol{h}_{\mathrm{SE}}\end{pmatrix}_{(B+1)\times B} \tag{5-50}$$

3. 系统性能分析

下面针对全双工多中继物理层安全系统,给出中继工作在半双工与全双工两种模式下的系统可达安全速率与安全中断概率。

根据文献[14],可达安全速率的定义为

$$R_S=[R_{SD}-R_E]^+ \tag{5-51}$$

其中,R_{SD}表示源节点S到中继节点D之间链路的可达安全速率,R_E表示窃听信道的可达安全速率。

在多中继系统模型中,源节点S到目的节点D之间的链路包括源节点S到中继节点R_k之间的链路和中继节点R_k到目的节点D之间的链路。因此,主信道的可达安全速率为$R_{SD}=\min(R_{SR_k},R_{R_kD})$,即取$R_{SR_k}$与$R_{R_kD}$两者之间的最小值。

(1) 半双工模式

- 可达安全速率

在半双工模式下,假设窃听者节点E采用最大比合并(Maximal Ratio Combining,MRC)技术接收信号,同时信道的信噪比足够大,因此分别写出源节点S到第k个中继节点R_k之间的链路、第k个中继节点R_k到目的节点D之间的链路,窃听信道的可达安全速率为

$$R_{SR_k}^{HD}=\frac{1}{2}\log_2\left(1+\frac{P_S\,|\boldsymbol{h}_{SR_k}|^2}{\sigma_{SR_k}^2}\right)=\frac{1}{2}\log_2(1+\gamma_{SR_k}) \tag{5-52}$$

$$R_{R_kD}^{HD}=\frac{1}{2}\log_2\left(1+\frac{P_{R_k}\,|\boldsymbol{h}_{R_kD}|^2}{\sigma_{R_kD}^2}\right)=\frac{1}{2}\log_2(1+\gamma_{R_kD}) \tag{5-53}$$

$$R_E^{HD}=\frac{1}{2}\log_2\left(1+\frac{P_S\,|\boldsymbol{h}_{SE}|^2}{\sigma_{SE}^2}+\frac{P_{R_k}\,|\boldsymbol{h}_{R_kE}|^2}{\sigma_{R_kE}^2}\right)=\frac{1}{2}\log_2(1+\gamma_{SE}+\gamma_{R_kE}) \tag{5-54}$$

令$\gamma_{SR_k}=\frac{P_S\,|\boldsymbol{h}_{SR_k}|^2}{\sigma_{SR_k}^2}$,$\gamma_{R_kD}=\frac{P_{R_k}\,|\boldsymbol{h}_{R_kD}|^2}{\sigma_{R_kD}^2}$,$\gamma_{SE}=\frac{P_S\,|\boldsymbol{h}_{SE}|^2}{\sigma_{SE}^2}$,$\gamma_{R_kE}=\frac{P_{R_k}\,|\boldsymbol{h}_{R_kE}|^2}{\sigma_{R_kE}^2}$。因此,在半双工模式下,系统的可达安全速率可以表示为

$$\begin{aligned}R_S^{HD}&=[R_{SD}^{HD}-R_E^{HD}]^+\\&=[\min(R_{SR_k}^{HD},R_{R_kD}^{HD})-R_E^{HD}]^+\\&=\left[\frac{1}{2}\log_2(1+\min(\gamma_{SR_k},\gamma_{R_kD}))-\frac{1}{2}\log_2(1+\gamma_{SE}+\gamma_{R_kE})\right]^+\\&=\left[\frac{1}{2}\log_2\left(\frac{1+\min(\gamma_{SR_k},\gamma_{R_kD})}{1+\gamma_{SE}+\gamma_{R_kE}}\right)\right]^+\\&=\left[\log_2\sqrt{\frac{1+\min(\gamma_{SR_k},\gamma_{R_kD})}{1+\gamma_{SE}+\gamma_{R_kE}}}\right]^+\end{aligned} \tag{5-55}$$

- 安全中断概率

在已知瑞利信道条件下,各条链路的信道增益$|\boldsymbol{h}_{R_kD}|$、$|\boldsymbol{h}_{SR_k}|$、$|\boldsymbol{h}_{SE}|$、$|\boldsymbol{h}_{R_kE}|$的概率密度函数可以分别表示为

$$f_{|\boldsymbol{h}_{R_kD}|}(x)=\frac{x}{\sigma_{R_kD}^2}e^{-\frac{x^2}{2\sigma_{R_kD}^2}} \tag{5-56}$$

$$f_{|\boldsymbol{h}_{SR_k}|}(x)=\frac{x}{\sigma_{SR_k}^2}e^{-\frac{x^2}{2\sigma_{SR_k}^2}} \tag{5-57}$$

$$f_{|\boldsymbol{h}_{SE}|}(x)=\frac{x}{\sigma_{SE}^2}e^{-\frac{x^2}{2\sigma_{SE}^2}} \tag{5-58}$$

$$f_{|\boldsymbol{h}_{R_kE}|}(x)=\frac{x}{\sigma_{R_kE}^2}e^{-\frac{x^2}{2\sigma_{R_kE}^2}} \tag{5-59}$$

其中,$x>0$。

信道功率增益$|\boldsymbol{h}_{R_kD}|^2$、$|\boldsymbol{h}_{SR_k}|^2$、$|\boldsymbol{h}_{SE}|^2$、$|\boldsymbol{h}_{R_kE}|^2$服从指数分布，它们的概率密度函数可以分别表示为

$$f_{|\boldsymbol{h}_{R_kD}|^2}(x)=\frac{1}{2\sigma_{R_kD}^2}e^{-\frac{x}{2\sigma_{R_kD}^2}} \tag{5-60}$$

$$f_{|\boldsymbol{h}_{SR_k}|^2}(x)=\frac{1}{2\sigma_{SR_k}^2}e^{-\frac{x}{2\sigma_{SR_k}^2}} \tag{5-61}$$

$$f_{|\boldsymbol{h}_{SE}|^2}(x)=\frac{1}{2\sigma_{SE}^2}e^{-\frac{x}{2\sigma_{SE}^2}} \tag{5-62}$$

$$f_{|\boldsymbol{h}_{R_kE}|^2}(x)=\frac{1}{2\sigma_{R_kE}^2}e^{-\frac{x}{2\sigma_{R_kE}^2}} \tag{5-63}$$

其中，$x>0$。

令$X_H=\min(\gamma_{SR_k},\gamma_{R_kD})$，$Y_H=\gamma_{SE}+\gamma_{R_kE}$，$\lambda_{SE}=P_S\sigma_{SE}^2$，$\lambda_{R_kD}=P_{R_k}\sigma_{R_kD}^2$，$\lambda_{SR_k}=P_S\sigma_{SR_k}^2$，$\lambda_{R_kE}=P_{R_k}\sigma_{R_kE}^2$。

那么X_H的累积分布函数可以由式(5-64)得到：

$$\begin{aligned}F_{X_H}(x)&=1-[1-F_{\gamma_{SR_k}}(x)][1-F_{\gamma_{R_kD}}(x)]\\&=1-e^{-x\left(\frac{1}{\lambda_{SR_k}}+\frac{1}{\lambda_{R_kD}}\right)}\end{aligned} \tag{5-64}$$

$Y_H=\gamma_{SE}+\gamma_{R_kE}$的概率密度函数为

$$f_{Y_H}(y)=\frac{1}{\lambda_{SE}-\lambda_{R_kE}}\left(e^{-\frac{1}{\lambda_{SE}}y}-e^{-\frac{1}{\lambda_{R_kE}}y}\right) \tag{5-65}$$

将式(5-55)、式(5-64)、式(5-65)代入逐个代入安全中断概率$\Pr[R_S^{HD}<R_S]$中，可以得到半双工模式下，安全中断概率为

$$\begin{aligned}P_{HD}&=\Pr[R_S^{HD}<R_S]\\&=\Pr\left[\frac{1}{2}\log_2\left(\frac{1+\min(\gamma_{SR_k},\gamma_{R_kD})}{1+\gamma_{SE}+\gamma_{R_kE}}\right)<R_S\right]\\&=\Pr\left[\frac{1+\min(\gamma_{SR_k},\gamma_{R_kD})}{1+\gamma_{SE}+\gamma_{R_kE}}<2^{2R_S}\right]\\&=\Pr\left[\frac{1+X_H}{1+Y_H}<2^{2R_S}\right]\\&=F_{Z_H}(2^{2R_S})\\&=\int_0^\infty F_{X_H}(2^{2R_S}(y+1)-1)f_{Y_H}(y)\mathrm{d}y\\&=1-e^{(1-2^{2z})\left(\frac{1}{\lambda_{SR_k}}+\frac{1}{\lambda_{R_kD}}\right)}\frac{\lambda_{SR_k}^2\lambda_{R_kD}^2}{(\lambda_{SR_k}\lambda_{R_kD}+2^{2z}(\lambda_{SR_k}+\lambda_{R_kD})\lambda_{R_kE})(\lambda_{SR_k}\lambda_{R_kD}+2^{2z}(\lambda_{SR_k}+\lambda_{R_kD})\lambda_{SE})}\end{aligned} \tag{5-66}$$

化简可得

$$P_{HD}=1-e^{(1-2^{2z})\left(\frac{1}{\lambda_{SR_k}}+\frac{1}{\lambda_{R_kD}}\right)}\frac{\lambda_{SR_k}^2\lambda_{R_kD}^2}{\lambda_{SR_k}^2\lambda_{R_kD}^2+2^{2z}\lambda_{SR_k}\lambda_{R_kD}(\lambda_{SR_k}+\lambda_{R_kD})(\lambda_{SE}+\lambda_{R_kE})+2^{4z}\lambda_{SE}\lambda_{R_kE}(\lambda_{SR_k}+\lambda_{R_kD})^2} \tag{5-67}$$

(2) 全双工模式

- 可达安全速率

在全双工模式下，假设窃听者节点E采用最大比合并技术接收信号，同时信道的信噪比足够大，因此可以分别写出源节点S到中继节点R_k之间的链路、中继节点R_k到目的节点D

之间的链路以及窃听信道的可达安全速率。

可以得到源节点S到中继节点R_k之间链路的可达安全速率$R_{SR_k}^{FD}$为

$$R_{SR_k}^{FD}=\log_2\left(1+\frac{P_S\ |\boldsymbol{h}_{SR_k}|^2}{P_{R_k}\ |\boldsymbol{h}_{R_kR_k}|^2+\sigma_{SR_k}^2}\right)=\log_2\left(1+\frac{\gamma_{SR_k}}{\gamma_{R_kR_k}+1}\right) \tag{5-68}$$

中继节点R_k到目的节点D之间链路的可达安全速率$R_{R_kD}^{FD}$为

$$R_{R_kD}^{FD}=\log_2\left(1+\frac{P_{R_k}\ |\boldsymbol{h}_{R_kD}|^2}{\sigma_{R_kD}^2}\right)=\log_2(1+\gamma_{R_kD}) \tag{5-69}$$

窃听信道的可达安全速率R_E^{FD}为

$$R_E^{FD}=\frac{1}{B}\log_2\det(\boldsymbol{I}+\boldsymbol{H}^H\boldsymbol{H})=\frac{1}{B}\log_2\prod_{b=1}^{B}(1+\theta_b) \tag{5-70}$$

其中，$\boldsymbol{H}^H\boldsymbol{H}=a\boldsymbol{I}_B+g\boldsymbol{B}_B^1+g^*\boldsymbol{F}_B^1$，$a=P_S\ |\boldsymbol{h}_{SE}|^2+P_{R_k}\ |\boldsymbol{h}_{R_kE}|^2$，$g=(\sqrt{P_S}\boldsymbol{h}_{SE})^*\ \sqrt{P_{R_k}}\boldsymbol{h}_{R_kE}$。$\boldsymbol{B}_B(\boldsymbol{F}_B)$记为后向（前向）移位矩阵，其中只有第一次对角元素（超对角元素）值为一，其他位置值均为零。其中θ_b是对$\boldsymbol{H}^H\boldsymbol{H}$特征根分解后，第$b$个$\boldsymbol{H}^H\boldsymbol{H}$的特征值。$\theta_b$的定义如下，

$$\theta_b=(P_S\ |\boldsymbol{h}_{SE}|^2+P_{R_k}\ |\boldsymbol{h}_{R_kE}|^2)+2\left|(\sqrt{P_S}\boldsymbol{h}_{SE})^*\ \sqrt{P_{R_k}}\boldsymbol{h}_{R_kE}\right|\cos\frac{b\pi}{B+1},b\in\{1,2,\cdots,B\} \tag{5-71}$$

将式(5-71)代入式(5-70)得到

$$\begin{aligned}R_E^{FD}=&\log_2(1+P_S\ |\boldsymbol{h}_{SE}|^2+P_{R_k}\ |\boldsymbol{h}_{R_kE}|^2)+\\&\frac{1}{B}\sum_{b=1}^{B}\log_2\left(1+\frac{2\left|(\sqrt{P_S}\boldsymbol{h}_{SE})^*\ \sqrt{P_{R_k}}\ \boldsymbol{h}_{R_kE}\right|\cos\frac{b\pi}{B+1}}{1+P_S\ |\boldsymbol{h}_{SE}|^2+P_{R_k}\ |\boldsymbol{h}_{R_kE}|^2}\right)\end{aligned} \tag{5-72}$$

因为

$$\begin{aligned}2\left|(\sqrt{P_S}\boldsymbol{h}_{SE})^*\ \sqrt{P_{R_k}}\boldsymbol{h}_{R_kE}\right|\cos\frac{b\pi}{B+1}&\leqslant2\left|(\sqrt{P_S}\boldsymbol{h}_{SE})^*\ \sqrt{P_{R_k}}\ \boldsymbol{h}_{R_kE}\right|\\&\leqslant P_S\ |\boldsymbol{h}_{SE}|^2+P_{R_k}\ |\boldsymbol{h}_{R_kE}|^2\\&\leqslant1+P_S\ |\boldsymbol{h}_{SE}|^2+P_{R_k}\ |\boldsymbol{h}_{R_kE}|^2\end{aligned} \tag{5-73}$$

所以有

$$\left|\frac{2\left|(\sqrt{P_S}\boldsymbol{h}_{SE})^*\ \sqrt{P_{R_k}}\boldsymbol{h}_{R_kE}\right|\cos\frac{b\pi}{B+1}}{1+P_S\ |\boldsymbol{h}_{SE}|^2+P_{R_k}\ |\boldsymbol{h}_{R_kE}|^2}\right|\leqslant1 \tag{5-74}$$

此时，令

$$v=\frac{2\left|(\sqrt{P_S}\boldsymbol{h}_{SE})^*\ \sqrt{P_{R_k}}\boldsymbol{h}_{R_kE}\right|\cos\frac{b\pi}{B+1}}{1+P_S\ |\boldsymbol{h}_{SE}|^2+P_{R_k}\ |\boldsymbol{h}_{R_kE}|^2} \tag{5-75}$$

根据泰勒公式展开可以得到

$$\begin{aligned}\frac{1}{B}\sum_{b=1}^{B}\log_2(1+v)&=\frac{1}{B}\sum_{b=1}^{B}\frac{1}{\ln 2}\left(v-\frac{1}{2}v^2+\frac{1}{3}v^3+\cdots\right)\\&=\frac{1}{\ln 2}\cdot\frac{1}{B}\left(\sum_{b=1}^{B}v-\sum_{b=1}^{B}\frac{1}{2}v^2+\sum_{b=1}^{B}\frac{1}{3}v^3-\sum_{b=1}^{B}\frac{1}{4}v^4+\cdots\right)\end{aligned} \tag{5-76}$$

当k为奇数时，$\sum_{b=1}^{B}v^k=0$，此时，式(5-76)的奇数项均为0，则可以得到

$$\frac{1}{B}\sum_{b=1}^{B}\log_2(1+v)=-\frac{1}{\ln 2}\cdot\frac{1}{B}\left(\sum_{b=1}^{B}\frac{1}{2}v^2+\sum_{b=1}^{B}\frac{1}{4}v^4+\cdots\right)\leqslant 0 \tag{5-77}$$

令 $\Delta R_{\mathrm{E}}^{\mathrm{FD}}=-\frac{1}{B}\sum_{b=1}^{B}\log_2(1+v)$，则式(5-72)可被改写为

$$\begin{aligned}R_{\mathrm{E}}^{\mathrm{FD}}&=\log_2(1+P_{\mathrm{S}}\ |\boldsymbol{h}_{\mathrm{SE}}|^2+P_{\mathrm{R}_k}|\boldsymbol{h}_{\mathrm{R}_k\mathrm{E}}|^2)-\Delta R_{\mathrm{E}}^{\mathrm{FD}}\\&\leqslant\log_2(1+P_{\mathrm{S}}\ |\boldsymbol{h}_{\mathrm{SE}}|^2+P_{\mathrm{R}_k}|\boldsymbol{h}_{\mathrm{R}_k\mathrm{E}}|^2)\end{aligned} \tag{5-78}$$

当忽略 $\Delta R_{\mathrm{E}}^{\mathrm{FD}}$ 高次项时，可以得到

$$\begin{aligned}\Delta R_{\mathrm{E}}^{\mathrm{FD}}&=-\frac{1}{B}\sum_{b=1}^{B}\log_2(1+v)\\&\approx\frac{1}{\ln 2}\cdot\frac{1}{B}\sum_{b=1}^{B}\frac{1}{2}v^2\\&=\frac{1}{2\ln 2}\cdot\frac{1}{B}\cdot\left(\frac{2\left|(\sqrt{P_{\mathrm{S}}}\boldsymbol{h}_{\mathrm{SE}})^*\sqrt{P_{\mathrm{R}_k}}\boldsymbol{h}_{\mathrm{R}_k\mathrm{E}}\right|}{1+P_{\mathrm{S}}\ |\boldsymbol{h}_{\mathrm{SE}}|^2+P_{\mathrm{R}_k}\ |\boldsymbol{h}_{\mathrm{R}_k\mathrm{E}}|^2}\right)^2\sum_{b=1}^{B}\cos^2\frac{b\pi}{B+1}\\&=\frac{1}{2\ln 2}\cdot\left(\frac{1}{2}+\frac{1}{2B}\right)\cdot\left(\frac{2\left|(\sqrt{P_{\mathrm{S}}}\boldsymbol{h}_{\mathrm{SE}})^*\sqrt{P_{\mathrm{R}_k}}\boldsymbol{h}_{\mathrm{R}_k\mathrm{E}}\right|}{1+P_{\mathrm{S}}\ |\boldsymbol{h}_{\mathrm{SE}}|^2+P_{\mathrm{R}_k}\ |\boldsymbol{h}_{\mathrm{R}_k\mathrm{E}}|^2}\right)^2\end{aligned} \tag{5-79}$$

因为有 $\frac{2\left|(\sqrt{P_{\mathrm{S}}}\boldsymbol{h}_{\mathrm{SE}})^*\sqrt{P_{\mathrm{R}_k}}\boldsymbol{h}_{\mathrm{R}_k\mathrm{E}}\right|}{1+P_{\mathrm{S}}\ |\boldsymbol{h}_{\mathrm{SE}}|^2+P_{\mathrm{R}_k}|\boldsymbol{h}_{\mathrm{R}_k\mathrm{E}}|^2}<\frac{2\left|(\sqrt{P_{\mathrm{S}}}\boldsymbol{h}_{\mathrm{SE}})^*\sqrt{P_{\mathrm{R}_k}}\boldsymbol{h}_{\mathrm{R}_k\mathrm{E}}\right|}{P_{\mathrm{S}}\ |\boldsymbol{h}_{\mathrm{SE}}|^2+P_{\mathrm{R}_k}|\boldsymbol{h}_{\mathrm{R}_k\mathrm{E}}|^2}\leqslant 1$，当且仅当 $\sqrt{P_{\mathrm{S}}}|\boldsymbol{h}_{\mathrm{SE}}|=\sqrt{P_{\mathrm{R}_k}}|\boldsymbol{h}_{\mathrm{R}_k\mathrm{E}}|$ 时，等号成立。所以 $\Delta R_{\mathrm{E}}^{\mathrm{FD}}$ 的最大值为

$$\Delta R_{\mathrm{E,max}}^{\mathrm{FD}}=\frac{1}{2\ln 2}\cdot\left(\frac{1}{2}+\frac{1}{2B}\right)\approx\frac{1}{4\ln 2} \tag{5-80}$$

当 B 足够大时式(5-80)成立。把式(5-80)代入式(5-78)，可以得到窃听信道容量的最小值为

$$R_{\mathrm{E,min}}^{\mathrm{FD}}\approx\log_2(1+P_{\mathrm{S}}\ |\boldsymbol{h}_{\mathrm{SE}}|^2+P_{\mathrm{R}_k}|\boldsymbol{h}_{\mathrm{R}_k\mathrm{E}}|^2)-\frac{1}{4\ln 2} \tag{5-81}$$

又因为 $\Delta R_{\mathrm{E}}\geqslant 0$，所以根据式(5-78)可知窃听信道容量的最大值为

$$R_{\mathrm{E,max}}^{\mathrm{FD}}=\log_2(1+P_{\mathrm{S}}\ |\boldsymbol{h}_{\mathrm{SE}}|^2+P_{\mathrm{R}_k}|\boldsymbol{h}_{\mathrm{R}_k\mathrm{E}}|^2) \tag{5-82}$$

窃听信道可达安全速率的最大值和最小值仅相差一个常数 $1/(4\ln 2)$，在实际上，$\log_2(1+P_{\mathrm{S}}\ |\boldsymbol{h}_{\mathrm{SE}}|^2+P_{\mathrm{R}_k}|\boldsymbol{h}_{\mathrm{R}_k\mathrm{E}}|^2)\gg 1/(4\ln 2)$，因此常取最大值作为窃听信道可达安全速率 $R_{\mathrm{E}}^{\mathrm{FD}}\approx\log_2(1+P_{\mathrm{S}}\ |\boldsymbol{h}_{\mathrm{SE}}|^2+P_{\mathrm{R}_k}|\boldsymbol{h}_{\mathrm{R}_k\mathrm{E}}|^2)=\log_2(1+\gamma_{\mathrm{SE}}+\gamma_{\mathrm{R}_k\mathrm{E}})$。

最后，得到系统的可达安全速率为

$$\begin{aligned}R_{\mathrm{S}}^{\mathrm{FD}}&=\left[\log_2\left(1+\min\left(\frac{\gamma_{\mathrm{SR}_k}}{\gamma_{\mathrm{R}_k\mathrm{R}_k}+1},\gamma_{\mathrm{R}_k\mathrm{D}}\right)\right)-\log_2(1+\gamma_{\mathrm{SE}}+\gamma_{\mathrm{R}_k\mathrm{E}})\right]^+\\&=\left[\log_2\left(\frac{1+\min\left(\frac{\gamma_{\mathrm{SR}_k}}{\gamma_{\mathrm{R}_k\mathrm{R}_k}+1},\gamma_{\mathrm{R}_k\mathrm{D}}\right)}{1+\gamma_{\mathrm{SE}}+\gamma_{\mathrm{R}_k\mathrm{E}}}\right)\right]^+\end{aligned} \tag{5-83}$$

- 安全中断概率

下面分析全双工模式下系统的安全中断概率。

令 $X_1=\frac{\gamma_{\mathrm{SR}_k}}{\gamma_{\mathrm{R}_k\mathrm{R}_k}+1}$，$\gamma_{\mathrm{R}_k\mathrm{R}_k}=\frac{P_{\mathrm{R}_k}|\boldsymbol{h}_{\mathrm{R}_k\mathrm{R}_k}|^2}{\sigma_{\mathrm{R}_k\mathrm{R}_k}^2}$，那么 X_1 的累积分布函数为

$$\begin{aligned}F_{X_1}(x) &= \Pr[X_1 < x] \\ &= \int_0^{\infty} F_{\gamma_{\mathrm{SR}_k}}(x(y+1)) f_{\gamma_{\mathrm{R}_k\mathrm{R}_k}}(y)\mathrm{d}y \\ &= 1 - \frac{\lambda_{\mathrm{SR}_k}}{\lambda_{\mathrm{SR}_k} + \lambda_{\mathrm{R}_k\mathrm{R}_k} x} \mathrm{e}^{-\frac{1}{\lambda_{\mathrm{SR}_k}}x}\end{aligned} \tag{5-84}$$

令 $X_{\mathrm{F}} = \min\left(\frac{\gamma_{\mathrm{SR}_k}}{\gamma_{\mathrm{R}_k\mathrm{R}_k}+1}, \gamma_{\mathrm{R}_k\mathrm{D}}\right) = \min(X_1, \gamma_{\mathrm{R}_k\mathrm{D}})$，那么

$$\begin{aligned}F_{X_{\mathrm{F}}}(x) &= \Pr[\min(X_1, \gamma_{\mathrm{R}_k\mathrm{D}}) < x] \\ &= 1 - \Pr[\min(X_1, \gamma_{\mathrm{R}_k\mathrm{D}}) > x] \\ &= 1 - \Pr[X_1 > x]\Pr[\gamma_{\mathrm{R}_k\mathrm{D}} > x] \\ &= 1 - (1 - F_{X_1}(x))(1 - F_{\lambda_{\mathrm{R}_k\mathrm{D}}}(x)) \\ &= 1 - \frac{\lambda_{\mathrm{SR}_k}}{\lambda_{\mathrm{SR}_k} + \lambda_{\mathrm{R}_k\mathrm{R}_k} x} \mathrm{e}^{-\left(\frac{1}{\lambda_{\mathrm{SR}_k}} + \frac{1}{\lambda_{\mathrm{R}_k\mathrm{D}}}\right)x}\end{aligned} \tag{5-85}$$

$Y_{\mathrm{F}} = \gamma_{\mathrm{SE}} + \gamma_{\mathrm{R}_k\mathrm{E}}$ 的概率密度函数为

$$f_{Y_{\mathrm{F}}}(y) = \frac{1}{\lambda_{\mathrm{SE}} - \lambda_{\mathrm{R}_k\mathrm{E}}}\left(\mathrm{e}^{-\frac{1}{\lambda_{\mathrm{SE}}}y} - \mathrm{e}^{-\frac{1}{\lambda_{\mathrm{R}_k\mathrm{E}}}y}\right) \tag{5-86}$$

因此，$Z_{\mathrm{F}} = \log_2\left(\frac{1+X_{\mathrm{F}}}{1+Y_{\mathrm{F}}}\right)$ 的累积分布函数为

$$\begin{aligned}F_{Z_{\mathrm{F}}}(z) &= \Pr[Z_{\mathrm{F}} < z] \\ &= \Pr\left[\log_2\left(\frac{1+X_{\mathrm{F}}}{1+Y_{\mathrm{F}}}\right) < z\right] \\ &= \int_0^{\infty}\int_0^{2^z(1+y)-1} f_{X_{\mathrm{F}}}(x) f_{Y_{\mathrm{F}}}(y)\mathrm{d}x\mathrm{d}y \\ &= \int_0^{\infty} f_{Y_{\mathrm{F}}}(y) F_{X_{\mathrm{F}}}(2^z(1+y)-1)\mathrm{d}y\end{aligned} \tag{5-87}$$

化简得

$$\begin{aligned}F_{Z_{\mathrm{F}}}(z) = 1 &- \frac{\frac{1}{\lambda_{\mathrm{SE}} - \lambda_{\mathrm{R}_k\mathrm{E}}} ab \mathrm{e}^{\frac{\left(\frac{1}{\lambda_{\mathrm{SE}}}+b\right)c}{d}}}{d} E_1\left(\frac{\left(\frac{1}{\lambda_{\mathrm{SE}}}+b\right)c}{d}\right) \\ &+ \frac{\frac{1}{\lambda_{\mathrm{SE}} - \lambda_{\mathrm{R}_k\mathrm{E}}} ab \mathrm{e}^{\frac{\left(\frac{1}{\lambda_{\mathrm{R}_k\mathrm{E}}}+b\right)c}{d}}}{d} E_1\left(\frac{\left(\frac{1}{\lambda_{\mathrm{R}_k\mathrm{E}}}+b\right)c}{d}\right)\end{aligned} \tag{5-88}$$

其中，$E_1(x) = \int_x^{\infty} \frac{\mathrm{e}^{-t}}{t}\mathrm{d}t$，$|\arg(x)| < \pi$，$a = \mathrm{e}^{\left[\left(\frac{1}{\lambda_{\mathrm{SR}_k}} + \frac{1}{\lambda_{\mathrm{R}_k\mathrm{D}}}\right)(1-2^x)\right]}$，$b = \left(\frac{1}{\lambda_{\mathrm{SR}_k}} + \frac{1}{\lambda_{\mathrm{R}_k\mathrm{D}}}\right)2^x$，$c = 1 + \frac{\lambda_{\mathrm{R}_k\mathrm{R}_k}}{\lambda_{\mathrm{SR}_k}}2^x - \frac{\lambda_{\mathrm{R}_k\mathrm{R}_k}}{\lambda_{\mathrm{SR}_k}}$，$d = \frac{\lambda_{\mathrm{R}_k\mathrm{R}_k}}{\lambda_{\mathrm{SR}_k}}2^x$。

最后，全双工模式下，安全中断概率为

$$P_{\mathrm{FD}} = \Pr[R_{\mathrm{S}}^{\mathrm{FD}} < R_{\mathrm{S}}] = F_{Z_{\mathrm{F}}}(R_{\mathrm{S}}) \tag{5-89}$$

4. 中继选择方案

针对一般情况，文献[23]提出了最大-最小中继选择方案，在该方案中，要求知道每条链

路的信道状态信息。具体的描述是选择的中继，能够让源节点 S 到目的节点 D 之间链路的可达安全速率最大。公式表达如下：

$$k_{\text{con}} = \arg \max_{k=1,\cdots,K} \left[\min \left\{ \frac{\gamma_{\text{SR}_k}}{\gamma_{\text{R}_k \text{R}_k} + 1}, \gamma_{\text{R}_k \text{D}} \right\} \right] \tag{5-90}$$

其中 k_{con} 是选择后的中继节点。

本节将介绍可变双工中继选择(Modified Duplex Relay Selection，Modified Duplex RS)方案。在该方案中，首先选择使系统可达安全速率最大的中继节点作为选择后的中继进行信号传输。与传统的中继方案相比，本方案同时考虑了当中继选择后，窃听者链路对整个系统的可达安全速率的影响。因此，提出的可变双工中继选择方案具有更好的安全效果，能够对系统的安全性有很大的提升。公式表达如下：

$$\begin{aligned} k_{\text{opt}} &= \arg \max_{k=1,\cdots,K} \left[\max \{ R_{\text{S}}^{\text{HD}}, R_{\text{S}}^{\text{FD}} \} \right] \\ &= \arg \max_{k-1,\cdots,K} \left[\max \left\{ \frac{1 + \min\left(\frac{\gamma_{\text{SR}_k}}{\gamma_{\text{R}_k \text{R}_k} + 1}, \gamma_{\text{R}_k \text{D}} \right)}{1 + \gamma_{\text{SE}} + \gamma_{\text{R}_k \text{E}}}, \sqrt{\frac{1 + \min(\gamma_{\text{SR}_k}, \gamma_{\text{R}_k \text{D}})}{1 + \gamma_{\text{SE}} + \gamma_{\text{R}_k \text{E}}}} \right\} \right] \end{aligned} \tag{5-91}$$

所提出的方案可以采用集中式或分布式部署方法。对于采用集中式的部署方法，可以由源节点或者目的节点的中央处理单元来控制，需要知道这 K 个中继节点及其信道状态信息组成的数据库。然后，可以通过采用在式(5-91)中给出的标准查找数据库中的数据来确定最佳中继节点。对于采用分布式的部署方法，首先对比同样条件半双工模式和全双工模式下，采用各个中继节点的最大可达安全速率所选择的模式，并取该条件下最优的模式，然后对比各个中继节点，选取出最大可达安全速率的中继节点，即此时选出的中继节点被选择为最佳的中继节点。

根据可变双工中继选择方案，可以得到最优的中断概率为

$$P_{\text{opt}} = \left[\Pr\{ \max(R_{\text{S}}^{\text{HD}}, R_{\text{S}}^{\text{FD}}) < R_{\text{S}} \} \right]^N \tag{5-92}$$

5. 仿真结果及评估

下面对可变双工中继选择方案的理论结果进行评估分析。对比以下三个方案，即半双工中继选择(Half Duplex RS)方案、全双工中继选择(Full Duplex RS)方案、可变双工中继选择(Modified Duplex RS)方案。

在图 5-6 中，首先对比了三种方案下安全中断概率随自干扰方差的变化趋势。参数设置为：中继个数为 $N=8$，目标安全速率为 $R_{\text{S}}=3$ bit/(s · Hz)，各个信道的方差为 $\sigma_{\text{SE}}^2=15$ dB，$\sigma_{\text{R}_k\text{D}}^2=30$ dB，$\sigma_{\text{SR}_k}^2=30$ dB，$\sigma_{\text{R}_k\text{E}}^2=20$ dB，源节点 S 的发射功率为 $P_{\text{S}}=1$，中继节点发射功率为 $P_{\text{R}}=1$。可以发现在半双工中继选择方案下，安全中断概率不随自干扰方差的增加而变化，这是因为中继在半双工模式下，不存在自干扰对整个系统的影响。而随着自干扰强度的增加，全双工中继选择方案和可变双工中继选择方案的安全中断概率明显增加。在自干扰强度可以与窃听信道强度比拟时，半双工中继选择方案和全双工中继选择方案的曲线有交点，此后，随着自干扰强度变大，半双工中继选择方案体现出它的优势。在这三种方案对比下，可变双工中继选择方案一直具有较低的安全中断概率，有着更好的安全性能。

在图 5-7 中，随着主信道强度的增强，三种方案的安全中断概率均减小。在该部分的参数设置为：中继个数为 $N=5$，目标安全速率为 $R_{\text{S}}=3$ bit/(s · Hz)，各个信道的方差为 $\sigma_{\text{SE}}^2=15$

dB，$\sigma^2_{\mathrm{R}_k\mathrm{R}_k}=1$ dB，$\sigma^2_{\mathrm{R}_k\mathrm{E}}=10$ dB，源节点发射功率为 $P_\mathrm{S}=1$，中继节点发射功率为 $P_\mathrm{R}=1$。从图中可以看到，全双工中继选择方案和可变双工中继选择方案比半双工中继选择方案有更好的安全性能。当主信道强度远远大于窃听信道强度时，可变双工中继选择方案和全双工中继选择方案的曲线会很接近，但是可变双工中继选择方案的安全中断概率仍然小于全双工中继选择方案，因此安全效果更好。

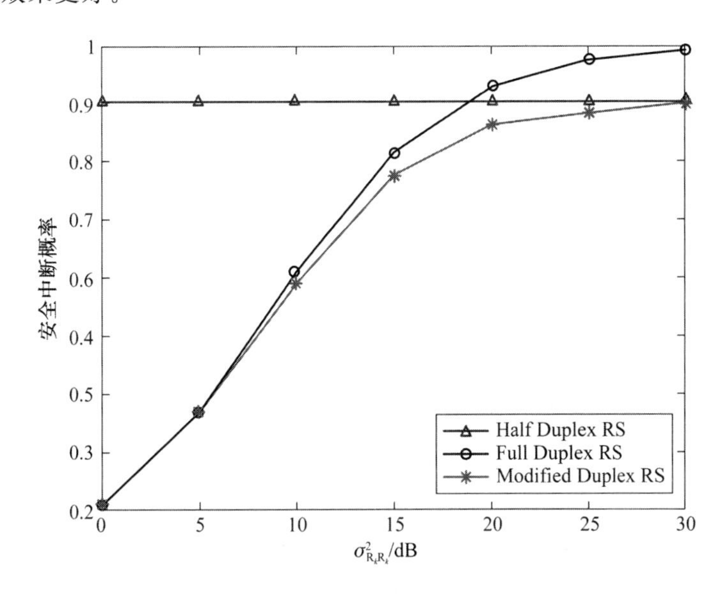

图 5-6　自干扰对安全中断概率的影响

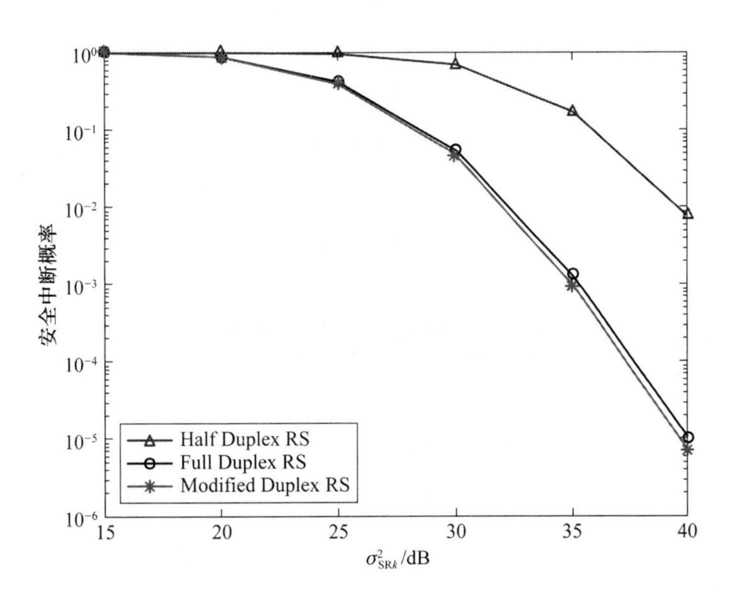

图 5-7　主信道强度对安全中断概率的影响

从图 5-8 可以看出，随可变双工的中继个数的增加，三种方案的安全中断概率均变小。在该部分的参数设置为：目标安全速率为 $R_\mathrm{S}=3$ bit/(s · Hz)，各个信道的方差为 $\sigma^2_{\mathrm{R}_k\mathrm{D}}=30$ dB，$\sigma^2_{\mathrm{SR}_k}=30$ dB，$\sigma^2_{\mathrm{SE}}=5$ dB，$\sigma^2_{\mathrm{R}_k\mathrm{E}}=10$ dB，源节点发射功率为 $P_\mathrm{S}=1$，中继节点发射功率为 $P_\mathrm{R}=1$。从图中可以看到，全双工中继选择方案和可变双工中继选择方案的安全速率减小的幅度要远大于半双工中继选择方案的。这说明了当中继数目的增加时,可变双工中继选择方案比全双工中继选择方案的安全中断概率更小,其更有优势。

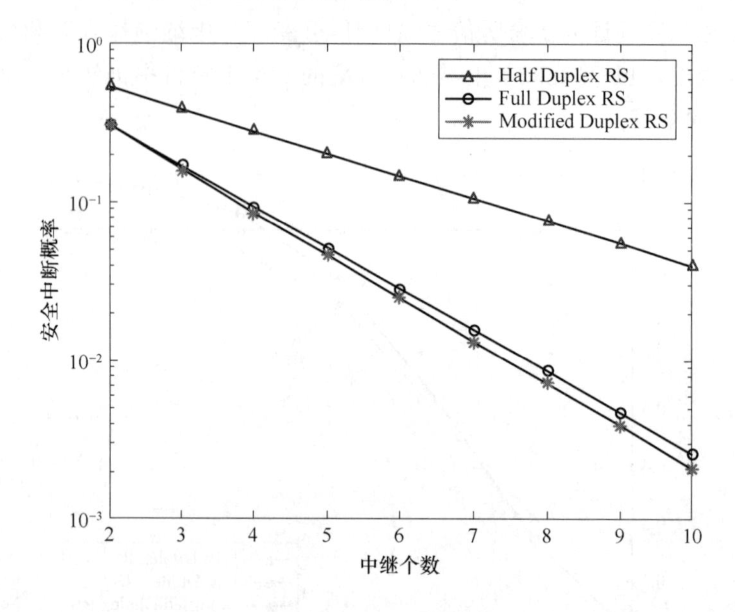

图 5-8 中继个数对安全中断概率的影响

本节考虑全双工多中继系统的物理层安全模型,在该模型中,存在用多个中继节点来协作传输。同时结合全双工技术与半双工技术,把中继选择的思想应用到物理层安全模型中,介绍了可变双工中继选择方案。该方案不仅考虑了主信道的状态信息对中继选择的影响,还将窃听信道的状态信息作为中继选择的考量因素,利用了半双工模式下没有自干扰对主信道产生影响与全双工模式下高频谱利用率的优势,在多个中继节点中选择可变双工模式将,可令整体系统可达安全速率最大的中继节点,作为最优中继选择结果。最后,给出半双工中继选择方案、全双工中继选择方案与可变双工中继选择方案的可达安全速率与安全中断概率,通过仿真对比了不同方案的性能。

5.3 多窃听者全双工中继系统物理层安全的性能研究

本节考虑多窃听者全双工中继系统物理层安全模型,这更加符合现实的多窃听者中继系统物理层安全模型。本节重点介绍了结合全双工技术的中继随机加权方案,可以通过计算和仿真对比不同参考方案的性能。

1. 相关研究

由于无线介质的传播特性,无线网络中的隐私和安全问题已经得到越来越多的关注。近年来关于安全通信的理论研究集中在增强物理层的安全性[24-30]。物理层安全的基本思想是利用无线信道的物理特性保密地发送信息。

文献[24]和[25]已经表明 MIMO 技术能够增强无线数据传输的安全性,同时能够增加衰落环境中的安全容量。在采用 MIMO 技术的研究中,文献[26]研究了多输入单输出多窃听者

(Multiple-Input-Single-Output Multiple Eavesdropper,MISOME)的场景,其中源节点和窃听者节点都配有多根天线,目的节点配有单根天线。文中假设无线信道的衰落系数对所有节点是已知的,则 MISOME 场景下的安全容量可以通过其广义特征值来表征。文献[27]研究了中断安全容量的问题,用来表征在给定中断概率条件下的最大安全速率。文中将一阶泰勒级数近似为指数函数,得到了中断安全容量的闭式表达式。文献[28]将 MIMO 窃听信道转换成 MIMO 广播信道来分析多天线系统的安全容量,其中目的节点和窃听者节点的天线对数量是任意的。通过优化发射信号的协方差矩阵,MIMO 窃听信道的安全容量可以通过源节点到目的节点之间的信道容量与源节点到窃听者节点之间的信道容量之差得出。

采用添加人工噪声的方法,可以允许源节点生成特定的干扰信号,使窃听者受到干扰信号的不利影响,而目的节点不受影响。文献[29]中研究了添加人工噪声的多天线通信模型,提出了期望信号与人工噪声之间的最优功率分配方案,并推导出了衰落环境下安全容量的闭式表达式。此外,文献[29]中还指出随着窃听者节点的数量增加,若分配更多的功率用于产生人工噪声,则能实现比增加期望信号的发射功率更好的安全性能。文献[30]在 MISOME 模型中提出了一种具有鲁棒性的人工噪声方案,并通过一维搜索算法解决了最大化安全速率的优化问题。结果表明,提出的具有鲁棒性的人工噪声方案在保密能力方面显著优于传统的非鲁棒方案。

在大量研究多窃听者中继网络的模型中,中继节点都是工作在半双工模式下。本节考虑将全双工的优势引入多窃听者中继网络,重点介绍结合全双工技术的全双工中继随机加权(Full Duplex Relay Random Weight,FDRRW)方案,用来改善系统的安全性能。

2. 系统模型介绍

如图 5-9 所示,考虑多窃听者全双工中继系统物理层安全模型。在模型中,有一个单天线源节点 S、一个单天线目的节点 D、一个配有 M 对收发天线的中继节点 R、K 个单天线中继节点 E_k,其中 $k=1,2,\cdots,K$。中继节点采用解码转发协议。

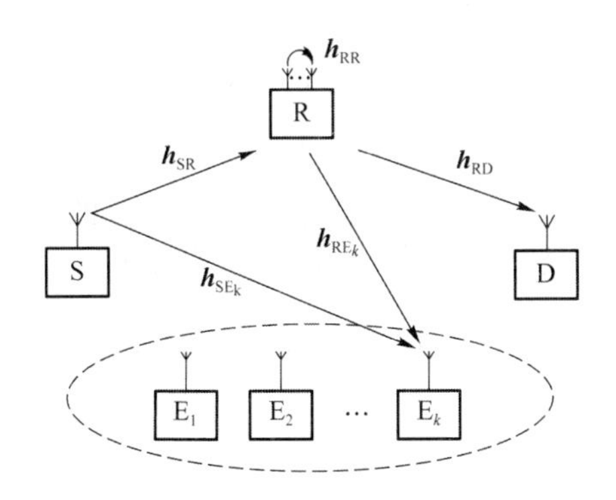

图 5-9　多窃听者全双工中继系统模型

设源节点 S 到中继节点 R 之间、中继节点 R 到目的节点 D 之间、源节点 S 到第 k 个窃听者节点 E_k 之间、中继节点 R 到第 k 个窃听者节点 E_k 之间的信道系数分别为 $\boldsymbol{h}_{SR}$、$\boldsymbol{h}_{RD}$、$\boldsymbol{h}_{SE_k}$、$\boldsymbol{h}_{RE_k}$。其中,所有信道均服从独立同分布的瑞利衰落。设所有信道经历块衰落,即信道传输特性在固定个字符周期上保持不变,且从一个块时间到另一个块时间里的变化相互独立,且服从均值为 0,信道方差分别为 σ_{SR}^2、σ_{RD}^2、$\sigma_{SE_k}^2$ 和 $\sigma_{RE_k}^2$ 的循环对称复高斯分布。$\boldsymbol{n}_R(t)$、$\boldsymbol{n}_D(t)$、$\boldsymbol{n}_{E_k}(t)$分

别为 t 时刻，中继节点处、目的节点处、第 k 个窃听者节点处的加性噪声，对应的三个矩阵之中的每一个元素均服从均值为 0，信道的方差分别为 σ_{R}^2、σ_{D}^2、$\sigma_{\mathrm{E}_k}^2$ 的循环对称复高斯分布。

中继节点由于工作在全双工模式下，存在较强的自干扰。采取自干扰消除技术后，在中继节点处仍将存在残余自干扰。在文献[14]中，将含有残余自干扰的自干扰信道系数记为 $\boldsymbol{h}_{\mathrm{RR}}$，其服从均值为 0，方差为 σ_{RR}^2 的循环对称复高斯分布。

在 t 时刻，源节点 S 只向全双工中继节点 R 发送期望信号 $\boldsymbol{x}_{\mathrm{S}}(t)$。此时，全双工中继节点 R 会将在 $t-1$ 时刻接收到的期望信号 $\boldsymbol{x}_{\mathrm{S}}(t-1)$ 解码，并在 t 时刻将其转发给目的节点 D。中继节点因为采用了自干扰消除技术，所以需要 1 个时隙来处理时延[14]。

在 t 时刻，采用全双工中继随机加权（FDRRW）方案后，在中继节点处的发送信号公式为

$$\boldsymbol{x}_{\mathrm{R}}(t)=\boldsymbol{w}^{\mathrm{H}}(t)\boldsymbol{x}_{\mathrm{S}}(t-1) \tag{5-93}$$

其中，$\boldsymbol{w}(t)=(w_1(t),w_2(t),\cdots,w_M(t))$ 为随机加权因子，其中 $w_m(t)$ 中的 $m=1,2,\cdots,M$。每一个 $w_m(t)$ 是独立同分布复高斯随机变量，均值为 0，方差为 $E[|w_m(t)|^2]=\sigma_w^2$。只对 $w_m(t)$ 的随机加权因子做约束，令 $\boldsymbol{h}_{\mathrm{RD}}\boldsymbol{w}^{\mathrm{H}}(t)=1$。

因此，在 t 时刻，中继节点 R 处、目的节点 D 处以及第 k 个窃听者节点 E_k 处接收到的信号为

$$\boldsymbol{y}_{\mathrm{R}}(t)=\sqrt{P_{\mathrm{S}}}\boldsymbol{h}_{\mathrm{SR}}\boldsymbol{x}_{\mathrm{S}}(t)+\sqrt{P_{\mathrm{R}}}\boldsymbol{h}_{\mathrm{RR}}\boldsymbol{x}_{\mathrm{R}}(t)+\boldsymbol{n}_{\mathrm{R}}(t) \tag{5-94}$$

$$\boldsymbol{y}_{\mathrm{D}}(t)=\sqrt{P_{\mathrm{R}}}\boldsymbol{h}_{\mathrm{RD}}\boldsymbol{x}_{\mathrm{R}}(t)+\boldsymbol{n}_{\mathrm{D}}(t)=\sqrt{P_{\mathrm{R}}}\boldsymbol{x}_{\mathrm{S}}(t-1)+\boldsymbol{n}_{\mathrm{D}}(t) \tag{5-95}$$

$$\begin{aligned}\boldsymbol{y}_{\mathrm{E}_k}(t)&=\sqrt{P_{\mathrm{S}}}\boldsymbol{h}_{\mathrm{SE}_k}\boldsymbol{x}_{\mathrm{S}}(t)+\sqrt{P_{\mathrm{R}}}\boldsymbol{h}_{\mathrm{RE}_k}\boldsymbol{x}_{\mathrm{R}}(t)+\boldsymbol{n}_{\mathrm{E}_k}(t)\\&=\sqrt{P_{\mathrm{S}}}\boldsymbol{h}_{\mathrm{SE}_k}\boldsymbol{x}_{\mathrm{S}}(t)+\sqrt{P_{\mathrm{R}}}\boldsymbol{h}_{\mathrm{RE}_k}\boldsymbol{w}^{\mathrm{H}}\boldsymbol{x}_{\mathrm{S}}(t-1)+\boldsymbol{n}_{\mathrm{E}_k}(t)\end{aligned} \tag{5-96}$$

其中，P_{S} 是源节点 S 的发射功率，P_{R} 是中继节点 R 的发射功率。

从式(5-96)可以看到在 t 时刻，窃听者节点可以同时接收到 t 时刻和 $t-1$ 时刻的信号。假设所有信道增益在一个传输块内保持不变。并假设一个传输块的长度为 $B+1$ 个时隙，其中 B 个时隙对应于源节点 S 发送的 B 个连续码本，1 表示 1 个时隙的中继处理时延[14]。因此，联合考虑 $B+1$ 个接收信号，重写式(5-96)可以得到

$$\boldsymbol{Y}_{\mathrm{E}_k}=\boldsymbol{H}\boldsymbol{X}_{\mathrm{S}}+\boldsymbol{N}_{\mathrm{E}_k} \tag{5-97}$$

其中，窃听者节点接收信号的矩阵形式为 $\boldsymbol{Y}_{\mathrm{E}_k}=(\boldsymbol{y}_{\mathrm{E}_k}[B+1],\cdots,\boldsymbol{y}_{\mathrm{E}_k}[1])^{\mathrm{T}}$，窃听者节点接收信号的矩阵形式为 $\boldsymbol{X}_{\mathrm{S}}=(\boldsymbol{x}_{\mathrm{S}}[B],\cdots,\boldsymbol{x}_{\mathrm{S}}[1])^{\mathrm{T}}$，窃听信道的噪声块矩阵形式为 $\boldsymbol{N}_{\mathrm{E}_k}=(\boldsymbol{n}_{\mathrm{E}_k}[B+1],\cdots,\boldsymbol{n}_{\mathrm{E}_k}[1])^{\mathrm{T}}$。$\boldsymbol{H}$ 为窃听信道矩阵，可以写为

$$\boldsymbol{H}=\begin{bmatrix}\sqrt{P_{\mathrm{R}}}\boldsymbol{h}_{\mathrm{RE}_k}\boldsymbol{w}^{\mathrm{H}} & & & & \\ \sqrt{P_{\mathrm{S}}}\boldsymbol{h}_{\mathrm{SE}_k} & \sqrt{P_{\mathrm{R}}}\boldsymbol{h}_{\mathrm{RE}_k}\boldsymbol{w}^{\mathrm{H}} & & & \\ & \sqrt{P_{\mathrm{S}}}\boldsymbol{h}_{\mathrm{SE}_k} & \sqrt{P_{\mathrm{R}}}\boldsymbol{h}_{\mathrm{RE}_k}\boldsymbol{w}^{\mathrm{H}} & & \\ & & \ddots & & \\ & & & \sqrt{P_{\mathrm{S}}}\boldsymbol{h}_{\mathrm{SE}_k} & \sqrt{P_{\mathrm{R}}}\boldsymbol{h}_{\mathrm{RE}_k}\boldsymbol{w}^{\mathrm{H}} \\ & & & & \sqrt{P_{\mathrm{S}}}\boldsymbol{h}_{\mathrm{SE}_k}\end{bmatrix}_{(B+1)\times B} \tag{5-98}$$

3. 系统性能分析

由文献[31]可知，多窃听者中继系统的可达安全速率为

$$R_S = [\min_{k=1,2,\cdots,K}\{R_{SD} - R_{E_k}\}]^+ \tag{5-99}$$

其中$[x]^+ = \max(x,0)$，R_{SD}表示源节点 S 到目的节点 D 之间链路的可达安全速率，R_{E_k}表示第 k 个窃听者节点的可达安全速率。根据本章的模型，主信道的可达安全速率为 $R_{SD} = \min(R_{SR}, R_{RD})$，即取源节点 S 到中继节点 R 之间的链路 R_{SR} 与中继节点 R 到目的节点 D 之间的链路 R_{RD} 两者之间的最小值。

因此，可以推导得到源节点 S 到中继节点 R 之间链路的可达安全速率 R_{SR} 为

$$R_{SR} = \log_2(1 + P_S \boldsymbol{h}_{SR}^H(\boldsymbol{I} + P_R \boldsymbol{h}_{RR}^H \boldsymbol{w}\boldsymbol{w}^H \boldsymbol{h}_{RR})^{-1}\boldsymbol{h}_{SR}) \tag{5-100}$$

中继节点 R 到目的节点 D 之间链路的可达安全速率 R_{RD} 为

$$R_{RD} = \log_2(1 + P_R) \tag{5-101}$$

第 k 个窃听者节点处的可达安全速率 R_{E_k} 为

$$R_{E_k} = \frac{1}{B}\log_2\det\{\boldsymbol{I} + \boldsymbol{H}^H\boldsymbol{H}\} = \frac{1}{B}\log_2\prod_{b=1}^{B}(1+\theta_b) \tag{5-102}$$

其中，$\boldsymbol{H}^H\boldsymbol{H} = a\boldsymbol{I}_B + g\boldsymbol{B}_B^1 + g^*\boldsymbol{F}_B^1$，而 $a = P_S|\boldsymbol{h}_{SE_k}|^2 + P_R\|\boldsymbol{h}_{RE_k}\boldsymbol{w}^H\|^2$，$g = (\sqrt{P_S}\boldsymbol{h}_{SE_k})^*\sqrt{P_R}\boldsymbol{h}_{RE_k}\boldsymbol{w}^H$。$\boldsymbol{B}_B(\boldsymbol{F}_B)$记为后向(前向)移位矩阵，其中只有第一次对角元素(超对角元素)值为一，其他位置值为零。θ_b 是第 b 个 $\boldsymbol{H}^H\boldsymbol{H}$ 的特征值。θ_b 的定义如下，

$$\theta_b = (P_S|\boldsymbol{h}_{SE_k}|^2 + P_R\|\boldsymbol{h}_{RE_k}\boldsymbol{w}^H\|^2) + 2\left|(\sqrt{P_S}\boldsymbol{h}_{SE_k})^*\sqrt{P_R}\boldsymbol{h}_{RE_k}\boldsymbol{w}^H\right|\cos\frac{b\pi}{B+1}, b\in\{1,2,\cdots,B\} \tag{5-103}$$

将式(5-103)代入式(5-102)得到

$$\begin{aligned} R_{E_k} = {} & \log_2(1 + P_S|\boldsymbol{h}_{SE_k}|^2 + P_R\|\boldsymbol{h}_{RE_k}\boldsymbol{w}^H\|^2) + \\ & \frac{1}{B}\sum_{b=1}^{B}\log_2\left(1 + \frac{2\left|(\sqrt{P_S}\boldsymbol{h}_{SE_k})^*\sqrt{P_R}\boldsymbol{h}_{RE_k}\boldsymbol{w}^H\right|\cos\frac{b\pi}{B+1}}{1 + P_S|\boldsymbol{h}_{SE_k}|^2 + P_R\|\boldsymbol{h}_{RE_k}\boldsymbol{w}^H\|^2}\right) \end{aligned} \tag{5-104}$$

因为

$$\begin{aligned} 2\left|(\sqrt{P_S}\boldsymbol{h}_{SE_k})^*\sqrt{P_R}\boldsymbol{h}_{RE_k}\boldsymbol{w}^H\right|\cos\frac{b\pi}{B+1} & \leqslant 2\left|(\sqrt{P_S}\boldsymbol{h}_{SE_k})^*\sqrt{P_R}\boldsymbol{h}_{RE_k}\boldsymbol{w}^H\right| \\ & \leqslant P_S|\boldsymbol{h}_{SE_k}|^2 + P_R\|\boldsymbol{h}_{RE_k}\boldsymbol{w}^H\|^2 \\ & \leqslant 1 + P_S|\boldsymbol{h}_{SE_k}|^2 + P_R\|\boldsymbol{h}_{RE_k}\boldsymbol{w}^H\|^2 \end{aligned} \tag{5-105}$$

所以

$$\left|\frac{2\left|(\sqrt{P_S}\boldsymbol{h}_{SE_k})^*\sqrt{P_R}\boldsymbol{h}_{RE_k}\boldsymbol{w}^H\right|\cos\frac{b\pi}{B+1}}{1 + P_S|\boldsymbol{h}_{SE_k}|^2 + P_R\|\boldsymbol{h}_{RE_k}\boldsymbol{w}^H\|^2}\right| \leqslant 1 \tag{5-106}$$

此时，令

$$v = \frac{2\left|(\sqrt{P_S}\boldsymbol{h}_{SE_k})^*\sqrt{P_R}\boldsymbol{h}_{RE_k}\boldsymbol{w}^H\right|\cos\frac{b\pi}{B+1}}{1 + P_S|\boldsymbol{h}_{SE_k}|^2 + P_R\|\boldsymbol{h}_{RE_k}\boldsymbol{w}^H\|^2} \tag{5-107}$$

根据泰勒公式展开可以得到

$$\frac{1}{B}\sum_{b=1}^{B}\log_2(1+v)=\frac{1}{B}\sum_{b=1}^{B}\frac{1}{\ln 2}\left(v-\frac{1}{2}v^2+\frac{1}{3}v^3+\cdots\right)$$
$$=\frac{1}{\ln 2}\cdot\frac{1}{B}\left(\sum_{b=1}^{B}v-\sum_{b=1}^{B}\frac{1}{2}v^2+\sum_{b=1}^{B}\frac{1}{3}v^3-\sum_{b=1}^{B}\frac{1}{4}v^4+\cdots\right) \tag{5-108}$$

当 k 为奇数时，$\sum_{b=1}^{B}v^k=0$，此时，式(5-108)的奇数项均为 0，则可以得到

$$\frac{1}{B}\sum_{b=1}^{B}\log_2(1+v)=-\frac{1}{\ln 2}\cdot\frac{1}{B}\left(\sum_{b=1}^{B}\frac{1}{2}v^2+\sum_{b=1}^{B}\frac{1}{4}v^4+\cdots\right)\leqslant 0 \tag{5-109}$$

令 $\Delta R_{\mathrm{E}_k}=-\frac{1}{B}\sum_{b=1}^{B}\log_2(1+v)$，则式(5-108)可被改写为

$$R_{\mathrm{E}_k}=\log_2(1+P_{\mathrm{S}}\,|\boldsymbol{h}_{\mathrm{SE}_k}|^2+P_{\mathrm{R}}\,\|\boldsymbol{h}_{\mathrm{RE}_k}\boldsymbol{w}^{\mathrm{H}}\|^2)-\Delta R_{\mathrm{E}_k}$$
$$\leqslant\log_2(1+P_{\mathrm{S}}\,|\boldsymbol{h}_{\mathrm{SE}_k}|^2+P_{\mathrm{R}}\,\|\boldsymbol{h}_{\mathrm{RE}_k}\boldsymbol{w}^{\mathrm{H}}\|^2) \tag{5-110}$$

当忽略 ΔR_{E_k} 高次项时，可以得到

$$\Delta R_{\mathrm{E}_k}=-\frac{1}{B}\sum_{b=1}^{B}\log_2(1+v)$$
$$\approx\frac{1}{\ln 2}\cdot\frac{1}{B}\sum_{b=1}^{B}\frac{1}{2}v^2$$
$$=\frac{1}{2\ln 2}\cdot\frac{1}{B}\cdot\left(\frac{2\left|(\sqrt{P_{\mathrm{S}}}\boldsymbol{h}_{\mathrm{SE}_k})^*\sqrt{P_{\mathrm{R}}}\boldsymbol{h}_{\mathrm{RE}_k}\boldsymbol{w}^{\mathrm{H}}\right|}{1+P_{\mathrm{S}}\,|\boldsymbol{h}_{\mathrm{SE}_k}|^2+P_{\mathrm{R}}\,\|\boldsymbol{h}_{\mathrm{RE}_k}\boldsymbol{w}^{\mathrm{H}}\|^2}\right)^2\sum_{b=1}^{B}\cos^2\frac{b\pi}{B+1}$$
$$=\frac{1}{2\ln 2}\cdot\left(\frac{1}{2}+\frac{1}{2B}\right)\cdot\left(\frac{2\left|(\sqrt{P_{\mathrm{S}}}\boldsymbol{h}_{\mathrm{SE}_k})^*\sqrt{P_{\mathrm{R}}}\boldsymbol{h}_{\mathrm{RE}_k}\boldsymbol{w}^{\mathrm{H}}\right|}{1+P_{\mathrm{S}}\,|\boldsymbol{h}_{\mathrm{SE}_k}|^2+P_{\mathrm{R}}\,\|\boldsymbol{h}_{\mathrm{RE}_k}\boldsymbol{w}^{\mathrm{H}}\|^2}\right)^2 \tag{5-111}$$

因为有 $\frac{2\left|(\sqrt{P_{\mathrm{S}}}\boldsymbol{h}_{\mathrm{SE}_k})^*\sqrt{P_{\mathrm{R}}}\boldsymbol{h}_{\mathrm{RE}_k}\boldsymbol{w}^{\mathrm{H}}\right|}{1+P_{\mathrm{S}}\,|\boldsymbol{h}_{\mathrm{SE}_k}|^2+P_{\mathrm{R}}\,\|\boldsymbol{h}_{\mathrm{RE}_k}\boldsymbol{w}^{\mathrm{H}}\|^2}<\frac{2\left|(\sqrt{P_{\mathrm{S}}}\boldsymbol{h}_{\mathrm{SE}_k})^*\sqrt{P_{\mathrm{R}}}\boldsymbol{h}_{\mathrm{RE}_k}\boldsymbol{w}^{\mathrm{H}}\right|}{P_{\mathrm{S}}\,|\boldsymbol{h}_{\mathrm{SE}_k}|^2+P_{\mathrm{R}}\,\|\boldsymbol{h}_{\mathrm{RE}_k}\boldsymbol{w}^{\mathrm{H}}\|^2}\leqslant 1$，当且仅当 $\sqrt{P_{\mathrm{S}}}\boldsymbol{h}_{\mathrm{SE}_k}=\sqrt{P_{\mathrm{R}}}\boldsymbol{h}_{\mathrm{RE}_k}\boldsymbol{w}^{\mathrm{H}}$ 时，等号成立，所以 ΔR_{E_k} 的最大值为

$$\Delta R_{\mathrm{E}_k,\max}=\frac{1}{2\ln 2}\cdot\left(\frac{1}{2}+\frac{1}{2B}\right)\approx\frac{1}{4\ln 2} \tag{5-112}$$

当 B 足够大时，式(5-112)成立。把式(5-112)代入式(5-110)，可以得到窃听信道容量的最小值为

$$R_{\mathrm{E}_k,\min}\approx\log_2(1+P_{\mathrm{S}}\,|\boldsymbol{h}_{\mathrm{SE}_k}|^2+P_{\mathrm{R}}\,\|\boldsymbol{h}_{\mathrm{RE}_k}\boldsymbol{w}^{\mathrm{H}}\|^2)-\frac{1}{4\ln 2} \tag{5-113}$$

又因为 $\Delta R_{\mathrm{E}}\geqslant 0$，所以根据式(5-110)可知窃听信道的可达安全速率的最大值为

$$R_{\mathrm{E}_k,\max}=\log_2(1+\mathrm{P_S}\,|\boldsymbol{h}_{\mathrm{SE}_k}|^2+P_{\mathrm{R}}\,\|\boldsymbol{h}_{\mathrm{RE}_k}\boldsymbol{w}^{\mathrm{H}}\|^2) \tag{5-114}$$

窃听信道可达安全速率的最大值和最小值仅相差一个常数 $1/(4\ln 2)$，由于 $\log_2(1+P_{\mathrm{S}}\,|\boldsymbol{h}_{\mathrm{SE}_k}|^2+P_{\mathrm{R}}\,\|\boldsymbol{h}_{\mathrm{RE}_k}\boldsymbol{w}^{\mathrm{H}}\|^2)\gg 1/(4\ln 2)$，因此常取最大值作为窃听信道的可达安全速率 $R_{\mathrm{E}_k}\approx\log_2(1+P_{\mathrm{S}}\,|\boldsymbol{h}_{\mathrm{SE}_k}|^2+P_{\mathrm{R}}\,\|\boldsymbol{h}_{\mathrm{RE}_k}\boldsymbol{w}^{\mathrm{H}}\|^2)$。

最后，得到系统的可达安全速率为

$$R_{\mathrm{S}}=\left[\min_{k=1,2,\cdots,K}\left\{\begin{array}{l}\log_2(1+\min(P_{\mathrm{S}}\boldsymbol{h}_{\mathrm{SR}}^{\mathrm{H}}(\boldsymbol{I}+P_{\mathrm{R}}\boldsymbol{h}_{\mathrm{RR}}^{\mathrm{H}}\boldsymbol{w}\boldsymbol{w}^{\mathrm{H}}\boldsymbol{h}_{\mathrm{RR}})^{-1}\boldsymbol{h}_{\mathrm{SR}},P_{\mathrm{R}}))-\\ \log_2(1+P_{\mathrm{S}}\,|\boldsymbol{h}_{\mathrm{SE}_k}|^2+P_{\mathrm{R}}\,\|\boldsymbol{h}_{\mathrm{RE}_k}\boldsymbol{w}^{\mathrm{H}}\|^2)\end{array}\right\}\right]^+ \tag{5-115}$$

4. 仿真结果及评估

下面对全双工中继随机加权(FDRRW)方案的理论结果进行评估分析。对比分析了不采用随机加权方法的普通全双工中继方案,即非全双工中继随机加权(Non-FDRRW)方案。

通过 MATLAB 仿真分析,在不加特殊说明的情况下,将仿真的参数设置如下:令信道增益为 $\gamma_{\mathrm{SR}}=\|\boldsymbol{h}_{\mathrm{SR}}\|^2$,$\gamma_{\mathrm{RD}}=\|\boldsymbol{h}_{\mathrm{RD}}\|^2$,$\gamma_{\mathrm{SE}_k}=\|\boldsymbol{h}_{\mathrm{SE}_k}\|^2$,$\gamma_{\mathrm{RE}_k}=\|\boldsymbol{h}_{\mathrm{RE}_k}\|^2$,$\gamma_{\mathrm{RR}}=\|\boldsymbol{h}_{\mathrm{RR}}\|^2$,同时假设信道增益为 $\gamma_{\mathrm{SR}}=\gamma_{\mathrm{RE}_k}=0$ dB,$\gamma_{\mathrm{RR}}=-40$ dB,系统噪声功率为 $\sigma^2=\sigma_{\mathrm{R}}^2=\sigma_{\mathrm{D}}^2=\sigma_{\mathrm{E}_k}^2=1$,中继天线数为 $M=4$。以下的仿真结果是对 10 000 次独立运行的数据取平均获得的。

图 5-10 体现的是中继天线数对两种方案的可达安全速率的影响。两种方案在不同的参数设置下,有着不同的变化趋势。在本部分的仿真中,窃听信道增益设为 $\gamma_{\mathrm{SE}_k}=\gamma_{\mathrm{RE}_k}=-20$ dB,从图可以看出,FDRRW 方案的安全性能均比 Non-FDRRW 方案的安全性能要好。具体来说,当源节点发射功率和中继节点发射功率相同时,FDRRW 和 Non-FDRRW 两种方案的可达安全速率随天线数目的增长而增加。当中继节点的发射功率比源节点的发射功率大时,FDRRW 方案下的可达安全速率随天线数目的增加而显著增加,而 Non-FDRRW 方案下的可达安全速率则基本保持不变。

在图 5-11 中,可见随着中继节点的发射功率的增加,两种方案下的可达安全速率都会先增加后减少。在本部分的仿真中,窃听信道增益为 $\gamma_{\mathrm{SE}_k}=\gamma_{\mathrm{RE}_k}=-25$ dB,源节点发射功率为 $P_{\mathrm{S}}/\sigma^2=15$ dB,从图中可见,在 P_{R}/σ^2 大约等于 18 dB 时,两条仿真曲线出现交点。在交点之前,因为源节点的发射功率远比中继节点的发射功率大,所以窃听者节点能够从源节点获取更多的期望信息,而通过中继节点采取的随机加权方案产生的效果不明显。在交点之后,即中继节点发射功率比源节点发射功率大时,可以发现 FDRRW 方案的可达安全速率明显大于 Non-FDRRW 方案的,此时系统采用 FDRRW 方案具有更好的安全性能。

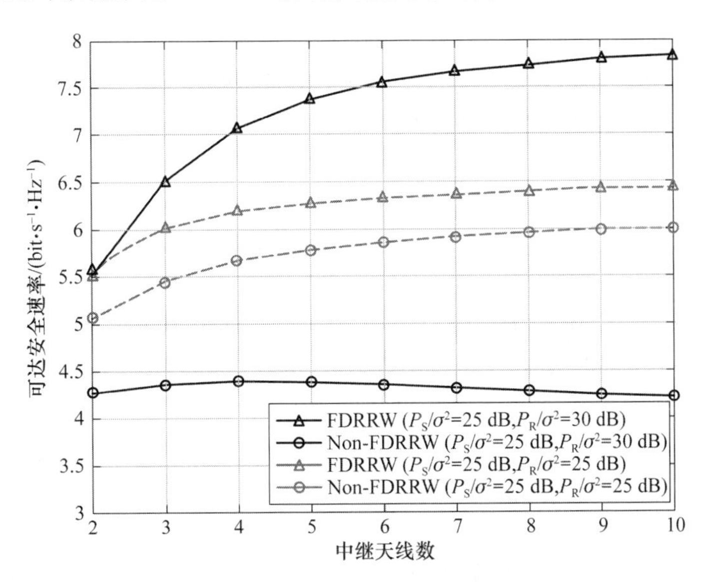

图 5-10 中继天线数对可达安全速率的影响

本节考虑多窃听者全双工中继系统的物理层安全模型。这一模型中,存在多个窃听者节点对主信道的信息进行窃听。通过将全双工技术应用到多窃听者的模型中,在中继节点处采用随机加权编码的方法,重点介绍了全双工中继随机加权方案。该方案主要考虑全双工模式下高频谱利用率的优势,给出采用全双工中继随机加权方案的可达安全速率,通过仿真对比分

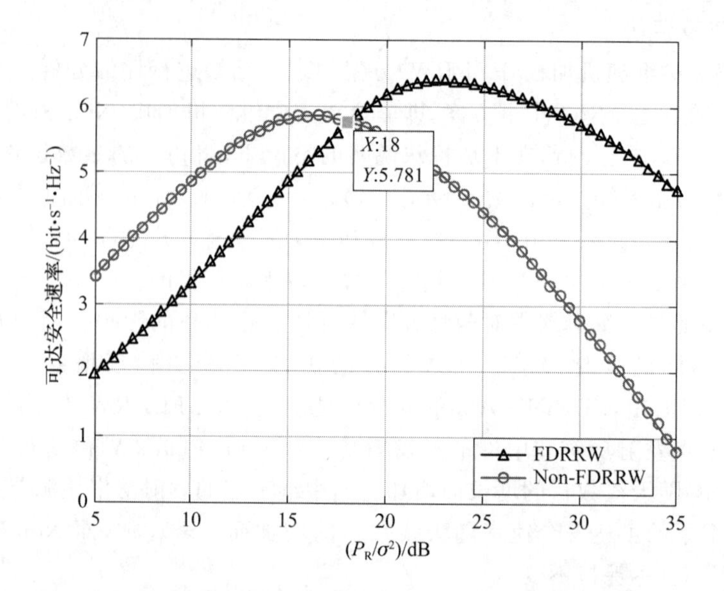

图 5-11 中继节点发射功率对可达安全速率的影响

析了两种不同方案的性能。

本章参考文献

[1] Wyner A D. The wire-tap channel. [J]. The Bell System Technical Journal, 54(8): 1355-1387, 1975.

[2] Goel S, Negi R. Guaranteeing secrecy using artificial noise[J]. IEEE Transactions on Wireless Communications, 2008, 7(6): 2180-2189.

[3] Bloch M, Barros J. Physical-layer security: from information theory to security engineering [M]. [S. l.]: Cambridge University Press, 2011.

[4] Wyner A D. The wire-tap channel[J]. The bell system technical journal, 1975, 54 (8): 1355-1387.

[5] Jeon H, Kim N, Choi J, et al. On multiuser secrecy rate in flat fading channel[C]// MILCOM 2009-2009 IEEE Military Communications Conference. [S. l.]:IEEE, 2009: 1-7.

[6] Pei M, Swindlehurst A L, Ma D, et al. On ergodic secrecy rate for MISO wiretap broadcast channels with opportunistic scheduling[J]. IEEE Communications Letters, 2014, 18(1): 50-53.

[7] Wang H M, Zheng T, Xia X G. Secure MISO wiretap channels with multiantenna passive eavesdropper: artificial noise vs. artificial fast fading[J]. IEEE Transactions on Wireless Communications, 2015, 14(1): 94-106.

[8] Ding Z, Peng M, Chen H H. A general relaying transmission protocol for MIMO secrecy communications[J]. IEEE Transactions on Communications, 2012, 60(11): 3461-3471.

[9] Dong L, Han Z, Petropulu A P, et al. Improving wireless physical layer security via cooperating relays[J]. IEEE Transactions on Signal Processing, 2010, 58(3): 1875-1888.

[10] Li J, Petropulu A P, Weber S. On cooperative relaying schemes for wireless physical layer security[J]. IEEE Transactions on Signal Processing, 2011, 59(10): 4985-4997.

[11] Li L, Chen Z, Fang J. On secrecy capacity of gaussian wiretap channel aided by a cooperative jammer[J]. IEEE Signal Processing Letters, 2014, 21(11): 1356-1360.

[12] Wang C, Wang H M, Xia X G. Hybrid opportunistic relaying and jamming with power allocation for secure cooperative networks[J]. IEEE Transactions on Wireless Communications, 2015, 14(2): 589-605.

[13] Ju H, Oh E, Hong D. Catching resource-devouring worms in next-generation wireless relay systems: Two-way relay and full-duplex relay[J]. IEEE Communications Magazine, 2009, 47(9): 58-65.

[14] Parsaeefard S, Le-Ngoc T. Improving wireless secrecy rate via full-duplex relay-assisted protocols[J]. IEEE Transactions on Information Forensics and Security, 2015, 10(10): 2095-2107.

[15] Shen X, Hjørungnes A, Zhang Q, et al. Guest editorial cooperative networking-challenges and applications (part I)[J]. IEEE Journal on Selected Areas in Communications, 2012, 30(2): 241-244.

[16] Han B, Li J, Su J, et al. Self-supported cooperative networking for emergency services in multi-hop wireless networks[J]. IEEE Journal on Selected Areas in Communications, 2012, 30(2): 450-457.

[17] Laneman J N, Tse D N C, Wornell G W. Cooperative diversity in wireless networks: Efficient protocols and outage behavior[J]. IEEE Transactions on Information theory, 2004, 50(12): 3062-3080.

[18] Bletsas A, Khisti A, Reed D P, et al. A simple Cooperative diversity method based on network path selection[J]. IEEE Journal on Selected Areas in Communications, 2005, 24(3):659-672.

[19] Bletsas A, Shin H, Win M Z. Cooperative communications with outage-optimal opportunistic relaying[J]. IEEE Transactions on Wireless Communications, 2007, 6(9): 3450-3460.

[20] Michalopoulos D S, Karagiannidis G K. Performance analysis of single relay selection in rayleigh fading[J]. IEEE Transactions on Wireless Communications, 2008, 7(10): 3718-3724.

[21] Michalopoulos D S, Karagiannidis G K. Two-relay distributed switch and stay combining[J]. IEEE Transactions on Communications, 2008, 56(11):1790-1794.

[22] Krikidis I, Thompson J, Mclaughlin S, et al. Amplify-and-forward with partial relay selection[J]. IEEE Communications Letters, 2008, 12(4):235-237.

[23] Krikidis I, Thompson J S, Mclaughlin S, et al. Max-min relay selection for legacy

amplify-and-forward systems with interference[J]. IEEE Transactions on Wireless Communications, 2009, 8(6):3016-3027.

[24] Jeong C, Kim I M, Kim D I. Joint secure beamforming design at the source and the relay for an amplify-and-forward MIMO untrusted relay system [J]. IEEE Transactions on Signal Processing, 2012, 60(1):310-325.

[25] Du H, Ratnarajah T, Pesavento M, et al. Joint transceiver beamforming in MIMO cognitive radio network via second-order cone programming[J]. IEEE Transactions on Signal Processing, 2012, 60(2):781-792.

[26] Khisti A, Wornell G, Wiesel A, et al. On the Gaussian MIMO wiretap channel[C]// IEEE International Symposium on Information Theory. [S. l.]: IEEE, 2007: 2471-2475.

[27] Chrysikos T, Dagiuklas T, Kotsopoulos S. A Closed-Form Expression for Outage Secrecy Capacity in Wireless Information-Theoretic Security. [C]// Security in Emerging Wireless Communication and Networking Systems - First International ICST Workshop, SEWCN 2009, Athens, Greece, September 14, 2009, Revised Selected Papers. [S. l.]:DBLP, 2009:3-12.

[28] Oggier F, Hassibi B. The secrecy capacity of the MIMO wiretap channel[J]. IEEE Transactions on Information Theory, 2007, 57(8):524-528.

[29] Zhou X, Mckay M R. Secure transmission with artificial noise over fading channels: achievable rate and optimal power allocation[J]. IEEE Transactions on Vehicular Technology, 2010, 59(8):3831-3842.

[30] Li Q, Ma W K. A robust artificial noise aided transmit design for MISO secrecy[C]// IEEE International Conference on Acoustics, Speech and Signal Processing. [S. l.]: IEEE, 2011:3436-3439.

[31] Dong L, Han Z, Petropulu A P, et al. Improving wireless physical layer security via cooperating relays[J]. IEEE Transactions on Signal Processing, 2010, 58(3): 1875-1888.

第6章　多用户多跳网络

多用户多跳无线网络是现代无线通信中一个重要的多用户并行传输形式，可以有效提高系统的传输质量，扩大系统的覆盖范围。本章首先介绍多用户多跳无线通信；其次，讨论在已有中继系统下对干扰对齐问题的研究；再次，根据中继干扰网络场景，给出无干扰传输的条件，并分析干扰中和技术的可行性；最后，从不同角度分析多用户多跳网络的安全性能和衡量系统性能的容量指标。

6.1　多用户多跳无线通信

随着移动通信系统和移动网络的发展，未来的移动通信将是一个无所不在的无线通信系统，可提供无缝、不同 QoS、高速率的无线多媒体业务，但高速传输与覆盖的矛盾是未来通信中有待解决的问题。虽然 OFDM、MIMO 和智能天线等技术实现了高速传输和频谱效率的提高，但它们不能改善高速传输与覆盖的矛盾。多跳中继技术可能是一个比较理想的解决方案之一。

伴随着世界经济的发展以及信息通信技术的进步，2020 年的全球移动数据流量比 2010 年的多了很多[1]。与此同时，网络接入将由无线设备主导，如智能手机、平板电脑、传感器等。无线设备以及移动数据流量的空前增长，激发了下一代无线网络的研究与发展，5G 将实现更高的数据速率、频谱效率、能源效率以及更低的时延。

未来的移动通信系统不再是一种技术的应用，而是多种技术的融合，甚至是可以是技术多元化的扩展。从简单的二进制调制到如今的多进制多维编码调制，从单载波传输到多载波传输，从单天线单入单出系统到多天线多入多出系统，从传统的全向天线系统到多波束智能天线，突出的一个特点将是“多”字开头，多种技术多元化的融合将是未来通信系统技术发展的一个必然趋势。随着通信用户密度的不断增加，网络的安全和干扰问题也越来越受到关注。

多用户多跳网络的传输方式不是传统意义上的基站和移动用户间的直接通信，而是信源借助一个或多个固定的或移动的中继节点将信息传输到目的节点，它的主要特点是通过把传统意义下的直接传输路径分成多个短小的路径来传递信源信息。相对于传统的单跳通信网络，多跳通信可以有效对抗用户传输的大尺度衰落及高发射功率对其他用户带来的干扰[2]。而将中继应用于通信网络可以有效扩大信号覆盖范围，并且可以建立可靠稳定的通信链路，使远距离的不稳定传输变得更稳定更有效[3]。中继技术常用的应用场景有两个方面[4]：一是源节点与目的节点间的直连链路处于深衰落的场景时会导致信号的衰减过大，此时若在源节点和目的节点之间引入一个或多个中继节点，将原本直连的传输扩展为两跳或多跳传输，这样便可以抵抗信道衰落对信号传输的影响，同时扩大信号的覆盖范围，消除覆盖盲区；二是选择并利用多个中继节点进行协作以构成虚拟的分布式天线阵列，这种方式可以使系统获得分集增益，提高通信的可靠性。

这种技术的传输方式不是传统意义下的基站和移动用户间的直接通信，而是信源借助一个或多个固定的或移动的中继节点将它的信息传输到目的节点（信宿），它的主要特点是通过把传统意义下的直接传输路径分成多个小路径来传递信源信息。有关文献研究表明，与传统的单跳传输相比，这种多跳传输具有降低系统的发送功率、延伸覆盖和提高系统的容量及吞吐量等特点。由于在无线传播中路径损耗正比于传播距离的2～4次方，多跳链路比单跳链路降低了发送功率，相应地减少了干扰，也潜在地增加了系统容量。它也可为处于死区或深衰落的用户建立可靠的多跳通信链路以延伸覆盖范围。多跳合作分集就是通过合作节点间的分集发送，在接收端实现分集增益以克服多径衰落。多个用户间相互合作可构成一个虚拟的分布式天线阵列，该阵列具有分布式 MIMO 的特性。多跳合作编码是多跳技术和编码的结合，也可实现分集增益以提高通信的可靠性。

这种网络是多个网络的融合，如蜂窝网、无线局域网（WLAN）及 PAN（个人区域网），旨在提供无处不在的高速数据覆盖。它起源于最早的分组无线网络，目前来说多指移动 Ad Hoc 网络或对等网络（Peer-to-peer Network）等组织网络。

从单用户中继到多用户中继，快速可靠地完成用户之间的信息互通是通信要解决的最基本问题。对于单一用户对的通信，通过单个中继或多中继串联形成多跳链路，主要应用中断概率这一指标衡量该链路的传输性能[5]。而对于两个及以上用户对的共同传输，由于发送端用户会对彼此的接收用户产生干扰，故引入中继协作的多跳传输，它可以在信号未到达目标节点前对信号进行干扰管理，使用干扰对齐[6]、干扰中和[7]等技术可以有效地减少用户对彼此的干扰，从而提升系统的性能。这对无线通信系统的总容量也会产生重要的影响。

对于传输安全这方面，无线多用户多跳网络由于自身传输媒介的广播特性，会相对容易被恶意设备窃听，这对于实现无线网络的安全传输是一个不可避免的挑战。传统的安全传输方法通过加密算法使明文不可读，再通过密钥解密获得原始数据。快速计算的发展使得窃听者有可能会解出机密信息，从而导致无线通信网络的安全将变得毫无保障。不同于传统的方法，物理层安全技术是基于无线媒介的互易性、时变性和随机性等特性来研究传输链路的安全连接问题的技术。它因无须复杂的加密算法以及可避免高计算能力攻击而受到了广泛关注。最早的研究工作始于 1949 年 Shannon 在文献[8]中提到的有关信息论安全研究的内容，Shannon 从信息论的观点出发，建立了经典的安全通信模型，文中提出了一种称为“一次性加密”的方法，该方法可以达到完全保密的目的。但由于密钥生成和密钥管理具有不小挑战，该方法难以在实际中应用。1975 年 Wyner 在文献[9]中提出了窃听信道模型，该模型利用合法信道和非法信道之间的差异，在物理层实现完全保密，不需要任何密钥。在 Wyner 的窃听信道模型中，窃听者接收到的信号是目的接收者接收到的信号的退化版本，而这使得在物理层实现保密成为可能。Wyner 也推导了离散无记忆信道的安全容量合法链路的互信息与窃听链路的互信息之差的最大值。后来 Csiszar 和 Korner 将研究推广应用到了广播信道中[10]，并分析了更一般的非退化的窃听信道。Leung-Yan-Cheong 和 Hellman 则研究了高斯信道中的安全传输问题[11]，推导出高斯信道的安全容量是合法信道容量和窃听信道容量的差值。随着研究的深入，物理层安全技术的研究场景扩展到了各类信道中，如衰落信道[12-16]、多天线信道[17-21]、中继信道[22-25]等。随着通信技术的飞速发展和人们对通信的环境以及质量等不断增长的需求，网络拓扑结构也更加复杂，在6.3节将分析复杂的多用户多跳网络，从不同角度研究其安全性能，分析衡量系统性能的容量指标，并给出实际的优化方案。

总而言之，从传统的单跳传输到多跳传输，从点对点通信到多点合作通信，多跳中继技术符合未来通信技术发展的趋势，它不仅能实现高速数据覆盖，而且也为下一代网络结构的设想提供了新的思路。这将对未来无线移动网络的发展有着很重要的理论和现实意义。

6.2 单中继多用户干扰传输

存在中继的多用户干扰系统一直是人们研究如何解决干扰问题时最常用的系统。干扰问题存在中继的系统中，将会比在非中继系统中更加复杂，相比非中继系统，存在中继的多用户系统中不仅存在多用户之间的干扰，而且可能存在中继信号在目的节点上产生的干扰和中继信号对其他中继节点产生的干扰。然而引入一个节点会增多信号处理的维度，如果将中继合理利用，将会有助于解决系统的干扰问题并提升系统容量。由于中继系统的重要性，所以本节主要介绍在中继的多用户系统中对干扰对齐技术的研究。

本节首先讲解在已有的传统中继系统下对干扰对齐的研究，总结在多个中继以及单个中继协作传输等场景下的干扰对齐技术的应用。然后，根据中继干扰网络场景，给出无干扰传输的条件，并分析干扰中和技术的可行性。最后，针对三种干扰中和方案，推导充分条件和必要条件，并给出严格的数学证明。

6.2.1 多用户中继系统研究

1. 中继系统及其协议

中继其实就是一个无线收发器，其接收端接收来自源节点的信息，发送端将信息转发至目的节点。中继系统是现代无线通信中一个重要的组网形式，可以有效提高系统的传输质量与扩大系统的覆盖范围。一般来讲，中继应用于通信系统中包括以下两种主要情况。

(1) 覆盖范围扩展：在直传链路强度很弱的情况下，通过使用中继可以建立起可靠稳定的通信链路，即将通信由不可能变为可能。

(2) 协作传输：当存在直传链路时(即直传链路增益不可忽略)，通过使用中继提升信号传输的可靠性，极大地提升系统性能。

目前中继系统基本都是使用两跳的传输方式，即第一个时隙中继接收信源发来的消息，第二个时隙中继将接收到的消息以放大转发(AF)或者解码转发(DF)等模式转发出去。两跳的中继传输方式是最容易实现的，然而两跳也给通信系统带来了一定的时延，对于提升系统容量帮助甚微。

干扰对齐的根本目的就是消除系统中存在的干扰，尽可能用更多的空间传输有用信号，所以系统最大自由度的确定依然是干扰对齐研究的首要的目的。现有的干扰对齐技术在传统中继系统下的研究主要包含了如下两种场景。

(1) 多用户多中继系统

如图6-1所示，此系统的特点在于多个中继共同存在于一个系统中，在第一个时隙信源节点发送消息，每个中继都会接收到该消息，中继接收到信源信号后通过放大转发（AF）模式或者解码转发（DF）模式在第二个时隙向目的节点发送信号。信源与目的节点之间不存在直传链路。针对该场景，在文献[34]中借助干扰对齐技术得出了如下结论：在存在 n 个信源、n 个中继、n 个目的节点的情况下，可以达到 n 自由度。这篇论文使用干扰对齐技术借助中继的帮助，使得信源发送的数据流在到达目的节点的时候可以进行对角线型变换，从而消除干扰。

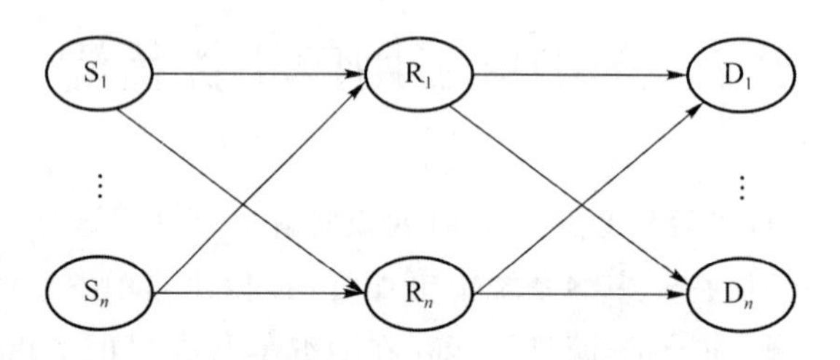

图 6-1　多用户多中继系统

（2）中继协作传输系统

如图 6-2 所示，该系统的特点在于选择了中继协作模式，它不仅仅存在中继传输链路，还存在信源到目的节点的直传链路，这是最常见最普通的一种中继形式。信源节点和目的节点间存在有效的传输链路。中继系统可以增加信号处理的维度，协助系统消除干扰，帮助目的节点解出有用信号。针对该场景文献[38]研究了一种加强的中继协助的干扰对齐算法，通过该算法提升了系统整体的自由度。

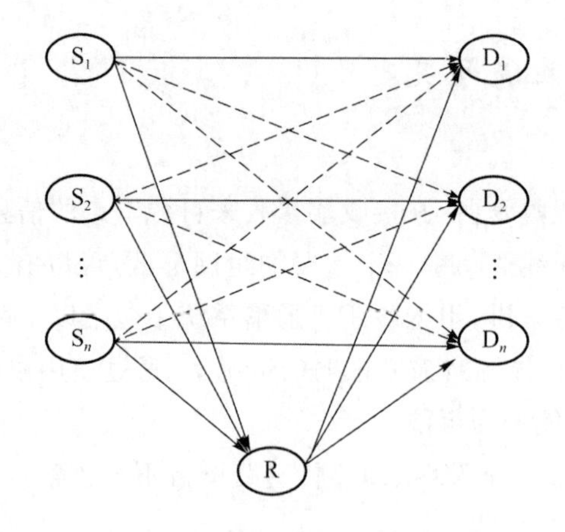

图 6-2　中继协作传输系统

另外，还有多天线中继、单天线中继、单个中继不存在直传链路、多个中继并且存在直传链路等模式，但都可经过上述两种模式推导出来。

注意，不管是存在一个中继还是存在多个中继，在这些场景中中继的工作模式都是传统的模式，即两跳模式。这种模式无法带来系统的自由度的提升。因此新型中继模式成了无线通信中研究的热点问题。但是新型中继系统超出本书讨论范围，读者感兴趣可自行研究。

2. 中继协议

中继系统设计的一个关键点就是对来自源节点信息的处理，不同的处理和转发方式将产生不同的中继协议。每个中继协议都有其独特的优势，应该根据具体应用场景的需求来选择中继协议。下面介绍几种常见的中继协议。

(1) 放大转发(Amplify-and-Forward，AF)协议。

AF协议由文献[26]提出，AF中继又称非再生中继[27]，因为中继只是放大接收到的来自源节点的信息，并将其转发给目的节点。和接下来介绍的其他中继协议相比，AF协议最为简单，复杂度最低，处理时延也最小。然而，当中继放大倍数大于1时，在有用信号功率得以放大的同时，中继接收信号中的噪声功率也随之增大。

(2) 解码转发(Decode-and-Forward，DF)协议

DF协议由文献[28]提出，DF中继是一种再生中继。DF中继先解码再转发，克服了放大转发协议中噪声功率被放大的不足。也就是说，采用DF协议的中继对接收到的信号先解码，然后转发重新编码的信号至目的节点[29]。与AF协议相比，采用DF协议的中继具有较高的计算复杂度，因而DF中继的处理时延要大于AF中继的。

此外，若源节点和中继节点之间的信道质量较差，中继可能无法正确解码出源节点发来的信息，从而向目的节点转发错误信息。因此，在DF双跳系统中，系统性能取决于源节点和中继节点之间的链路以及中继节点和目的节点之间的链路中的较差者[30]。

(3) 选择性解码转发(Selective DF，SDF)协议

SDF协议由文献[31]提出，只有当SDF中继能正确解码来自源节点的信息时，才会将消息转发给目的节点。采用SDF协议时，中继处需要设置一个门限值。当中继接收信号的信噪比(Signal-to-Noise Ratio，SNR)大于该门限值时，中继正确解码的可能性较大，中继便将信号解码后转发至目的节点。反之，当源节点和中继节点之间的链路质量较差，接收信号的信噪比低于设定的门限值时，中继则不转发信号。

若采用DF协议的中继，中继解码错误时仍会将信号转发给目的节点，SDF协议的提出避免了这种情况的发生，中继可根据链路质量自适应地选择DF模式或采用直传链路进行通信。

(4) 压缩转发(Compress-and-Forward，CF)协议

CF协议又被称为估计转发协议[27]或者量化转发协议[32]。在CF协议中，中继转发接收信号量化和压缩后的版本。与DF协议不同的是，压缩转发协议不止包含量化过程，还需要对接收信号进行源编码[33-34]。CF中继不是将接收信号解码，而是在转发前对信号进行量化和源编码，因而转发信号存在估计误差。

(5) 存储转发(Save-and-Forward，SF)协议

采用SF协议的中继，先将接收信号存储下来，过段时间再将信号转发至目的节点。以上提及的4种中继协议均在物理层实现，而SF协议在网络层实现。使用SF协议的中继适用于误码率较高的多跳网络，或者能承受较长时延的系统[35]。

3. 中继协助的干扰网络的研究

找出给定干扰网络的可达自由度以及预编码方案，是目前研究的一个主要方向。下面将首先给出自由度的定义，然后介绍两种最常用的干扰管理技术——干扰对齐和干扰中和，最后分析瞬时中继干扰网络的模型。

(1) 自由度的定义

如何精确描述干扰网络的容量，一直是学术界致力于攻克的难题。可是由于干扰的存在，该问题变得很复杂，至今仍是一个公开问题。所以，自由度变成描述多用户干扰网络性能的一个关键指标，定义如下：

$$\mathrm{DOF}=\lim_{P\to\infty}\frac{C_{\mathrm{S}}}{\log_2\left(\frac{P}{\sigma^2}\right)} \tag{6-1}$$

其中，P 是源节点的发送功率，σ^2 是目的节点的高斯白噪声功率，C_{S} 是网络的和速率。

对于 K-user 多天线干扰网络，当每个用户配备 M 天线时，信道为时变信道或者频率选择性信道时，文献[39]给出该网络的和速率为

$$C(\mathrm{SNR})=\frac{KM}{2}\log_2\mathrm{SNR}+o(\log_2\mathrm{SNR}) \tag{6-2}$$

其中，$\mathrm{SNR}=\frac{P}{\sigma^2}$。根据自由度的定义，式(6-2)中的系数$\frac{KM}{2}$就是 K-user 多用户干扰网络的自由度。

可以看出，自由度可以近似表征干扰网络在高信噪比时的容量。自由度也被称为复用增益，即自由度代表了网络可以无干扰传输的独立数据流的数目。

(2) 干扰对齐

描述不同干扰网络下的可达自由度，并给出实现该自由度的预编码方案一直是一个研究热点。文献[39]～[41]给出了在 K-user 场景下，采用干扰对齐技术能达到的自由度。文献[42]则给出了 X 信道下的可达自由度。然而，在 K-user 场景中，干扰对齐技术的实现要求每个用户配备很多天线，或者在时域(频域)上进行高维度的符号扩展。这些严苛的要求都是不太实际的。

所以，有些研究者开始尝试加入中继来协助进行干扰管理。文献[36]、[37]、[43]～[49]关注的均为中继干扰网络的可达自由度，其中文献[74]和[78]研究的是半双工中继，而文献[36]、[37]、[48]、[49]关注的则是全双工中继干扰网络。下面简单介绍一下干扰对齐技术的基本原理。

干扰对齐是由 Jafar 最先提出的，后来该技术被应用到很多场景中，也衍生出好几种干扰对齐技术，如线性干扰对齐[40-45]、渐近干扰对齐[39]、盲干扰对齐[46]。其中，线性干扰对齐最简单，更实现，也是被人研究最多的一种。接下来将主要介绍线性干扰对齐的基本原理。

线性干扰对齐就是通过设计预编码向量，使得来自不同源节点的干扰信号对齐到同一信号空间上。以 X 信道为例，如图 6-3 所示。该模型中有 2 个源节点、2 个目的节点，每个节点有 3 根天线。X 信道的意思就是，任一源节点与任一目的节点之间都有独立的有用信息要传输。所以，图 6-3 所示的网络要传输 4 个独立的数据流。在任一目的节点，会收到 4 个信号，而每个目的节点只有 3 根天线。以目的节点 1 为例，接收信号如下：

$$\boldsymbol{y}_1=\boldsymbol{H}^{[11]}\boldsymbol{P}^{[11]}\boldsymbol{x}_{11}+\boldsymbol{H}^{[12]}\boldsymbol{P}^{[12]}\boldsymbol{x}_{12}+\boldsymbol{H}^{[11]}\boldsymbol{P}^{[21]}\boldsymbol{x}_{21}+\boldsymbol{H}^{[12]}\boldsymbol{P}^{[22]}\boldsymbol{x}_{22}+\boldsymbol{n}_1 \tag{6-3}$$

其中，$\boldsymbol{H}^{[ij]},i,j\in\{1,2\}$ 表示发射节点 j 和接收节点 i 之间的信道；$\boldsymbol{x}_{ij}$ 和 $\boldsymbol{P}^{[ij]},i,j\in\{1,2\}$ 分别表示发射节点 j 和接收节点 i 之间的信号以及其预编码向量；$\boldsymbol{n}_1$ 表示目的节点 1 的高斯白噪声。

于是，对目的节点而言，要利用 3 个信号的空间维度，成功从 4 个信号中解码出 2 个有用信号。于是，我们需要设计源节点的预编码向量，使得 2 个干扰信号对齐到一个信号空间，即

$$\mathrm{span}(\boldsymbol{H}^{[11]}\boldsymbol{P}^{[21]})=\mathrm{span}(\boldsymbol{H}^{[12]}\boldsymbol{P}^{[22]}) \tag{6-4}$$

同理，为了实现目的节点 2 处的干扰对齐，需要满足：

$$\mathrm{span}(\boldsymbol{H}^{[21]}\boldsymbol{P}^{[11]})=\mathrm{span}(\boldsymbol{H}^{[22]}\boldsymbol{P}^{[12]}) \tag{6-5}$$

于是，只要涉及的预编码向量满足式(6-4)和式(6-5)，每个目的节点就可以利用自己的 3

根天线成功解码出 2 个有用信号。这种通过设计预编码向量来实现干扰对齐的技术就是线性干扰对齐技术。

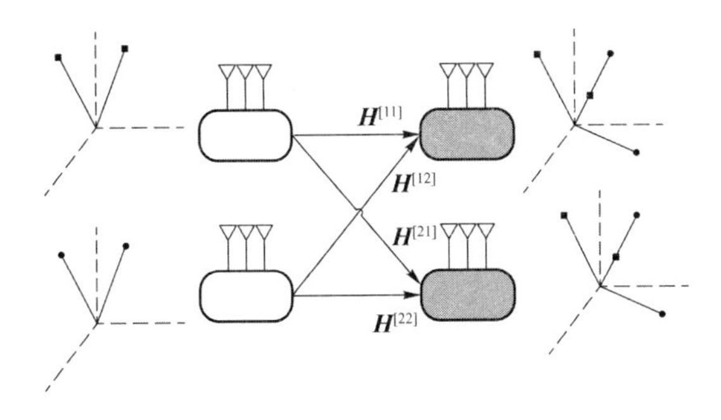

图 6-3 X 信道的干扰对齐

6.2.2 单中继干扰网络的性能研究

1. 系统和信号模型

在共享媒介中实现信息传输是无线通信的一个基本问题。在这种场景下，多对用户共用同一无线信道时会出现多个信息流竞争资源。多对用户之间会彼此干扰，从而造成速率的严重下降。此时，如何进行干扰管理就至关重要。

2008 年 Jafer 提出干扰对齐技术，使得在 K-user 场景下，每个用户能达到 1/2 的自由度。然而，在传统的正交方案中，每个用户的自由度仅为 $1/K$。干扰对齐技术一经提出，就引起学术界的广泛关注。不过，为了实现上述 1/2 的自由度，必须要求每个用户配备很多天线，或者在时域(频域)上进行高维度的符号扩展。这些严苛的要求都是不太实际的。所以，有些研究者开始尝试加入中继来协助进行干扰管理。

在中继干扰网络中，干扰的存在形式更加复杂多变，这是因为中继不仅可以转发有用信号，还可以转发干扰信号。但是，中继的加入提供了更多的可控变量(如中继处理矩阵)，增大了网络无干扰传输的可能性。在研究中继干扰网络的过程中，David Tse 等人发现一种新的干扰管理技术，即干扰中和。简单来讲，干扰中和技术就是，联合设计源节点和中继的预编码矩阵，使得这两路信号到达非目的节点时相互抵消。

如图 6-4 所示，模型中包括 2 个源节点 S_i、2 个目的节点 D_j 和一个瞬时中继 R，其中 $i,j\in\{1,2\}$。每一个源节点将向自己的目的节点传输 d 个数据流。假设中继 R 无记忆，拥有一个线性处理矩阵，且为全双工模式。与文献[48]、[49]类似，本节并不考虑中继的残余自干扰。$\boldsymbol{H}^{[j,i]}\in\mathbb{C}^{M\times M}$、$\boldsymbol{F}^{[i]}\in\mathbb{C}^{N\times M}$和 $\boldsymbol{G}^{[j]}\in\mathbb{C}^{M\times N}$ 分别代表链路 S_i-D_j、S_i-R 和 $R-D_j$ 的信道矩阵。其中，N 是中继的天线数，M 是 S_i、D_j 的天线数，$i,j\in\{1,2\}$。此外，假设这些信道矩阵的元素都是独立同分布的复高斯变量。接下来，我们将用(M,d,N)表征该系统模型。

因此，D_j 线性处理之后的接收信号可以表示为

$$\begin{aligned}\boldsymbol{y}^{[j]}=&\boldsymbol{U}^{[j]}(\boldsymbol{H}^{[j,j]}+\boldsymbol{G}^{[j]}\boldsymbol{A}\boldsymbol{F}^{[j]})\boldsymbol{V}^{[j]}\boldsymbol{s}^{[j]}+\\&\boldsymbol{U}^{[j]}(\boldsymbol{H}^{[j,i]}+\boldsymbol{G}^{[j]}\boldsymbol{A}\boldsymbol{F}^{[i]})\boldsymbol{V}^{[i]}\boldsymbol{s}^{[i]}+\\&\boldsymbol{U}^{[j]}(\boldsymbol{n}^{[j]}+\boldsymbol{G}^{[j]}\boldsymbol{A}\boldsymbol{n}^{[R]}),\quad i\neq j\end{aligned}\tag{6-6}$$

其中，$\boldsymbol{U}^{[j]}\in\mathbb{C}^{d\times M}$代表 D_j，$j\in\{1,2\}$的接收矩阵；$\boldsymbol{s}^{[i]}\in\mathbb{C}^{d\times 1}$和 $\boldsymbol{V}^{[i]}\in\mathbb{C}^{M\times d}$ 分别代表 S_i，$i\in\{1,2\}$的发送信号和发送矩阵；$\boldsymbol{A}$ 代表中继处理矩阵；$\boldsymbol{n}^{[j]}\in\mathbb{C}^{M\times 1}$，$j\in\{1,2,R\}$代表接收节点 j 的噪

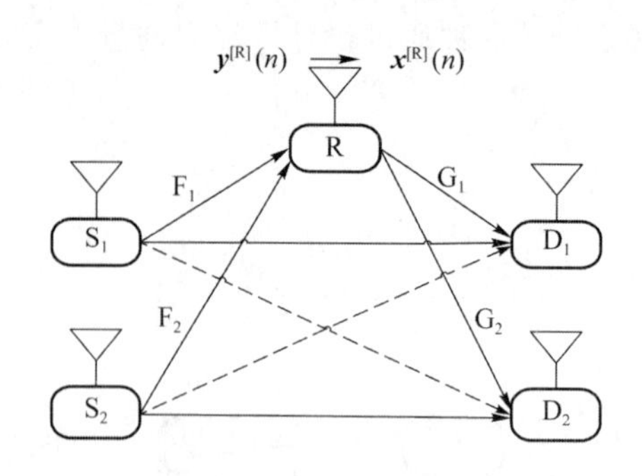

图 6-4　瞬时中继干扰网络

声信号，并且 $\boldsymbol{n}^{[j]}$ 的元素都是独立同分布的复高斯变量，均值为零，方差为 1。

式(6-6)的第一项表示有用信号，经由 2 条链路到达：(1)直传链路；(2)经由中继转发的链路，即等效信道矩阵为 $\boldsymbol{G}^{[j]}\boldsymbol{A}\boldsymbol{F}^{[j]}$。式(6-6)的第二项表示干扰信号，也是经由 2 条链路达到。式(6-6)的最后一项是噪声信号，包括 D_j 的噪声以及中继 R 转发来的噪声。

为了保证 $2d$ 个数据流的无干扰传输，发送矩阵 $\boldsymbol{V}^{[i]}$、中继处理矩阵 $\mathbf{A}$，以及接收矩阵 $\boldsymbol{U}^{[j]}, i,j\in\{1,2\}$，需要满足以下无干扰传输约束条件：

$$\boldsymbol{U}^{[j]}(\boldsymbol{H}^{[j,i]}+\boldsymbol{G}^{[j]}\boldsymbol{A}\boldsymbol{F}^{[i]})\boldsymbol{V}^{[i]}=0, \quad \forall j, i\neq j \tag{6-7}$$

$$\operatorname{rank}(\boldsymbol{U}^{[j]}(\boldsymbol{H}^{[j,j]}+\boldsymbol{G}^{[j]}\boldsymbol{A}\boldsymbol{F}^{[j]})\boldsymbol{V}^{[j]})=d \tag{6-8}$$

其中，式(6-7)是干扰消除约束，保证 D_j 的干扰被完全消除；式(6-8)是可解约束，保证 D_j 的有用信号能正确解码。

2. 无干扰传输方案

前文提到描述不同干扰网络下的可达自由度，并给出实现该自由度的预编码方案一直是一个研究热点。而研究网络的可达自由度与用户数以及天线数之间的约束关系，给出网络无干扰传输的可行性分析，则是另一个研究热点。文献[50]～[55]都是研究可行性的文章，包括在 K-user 场景下的分析[50-51]、广播信道下的分析[52]、中继干扰网络中干扰对齐的可行性分析[53-54]，以及频分半双工中继干扰网络下干扰中和的可行性分析[55]。

为了最大化利用系统的各种资源，我们应该联合设计所有的发送矩阵 $\boldsymbol{V}^{[i]}$、中继处理矩阵 $\mathbf{A}$ 和接收矩阵 $\boldsymbol{U}^{[j]}, i,j\in\{1,2\}$ 来共同消除干扰。这样的话，干扰避免技术、干扰中和技术和干扰对齐技术可以组合使用，共同管理网络中的干扰。为了表述方便，我们将这种方案记为广义干扰中和(Generalized Interference Neutralization，GIN)。干扰中和的意思就是，当干扰经由两条路径到达非期望目的节点时，可以设计预编码矩阵，使得这两项干扰相互中和。也就是说，通过设计预编码矩阵，使得经由两条不同路径的干扰信号互为相反数，即功率相等，一正一负。当网络中源节点 S_i 与目的节点 $D_j(i\neq j)$之间存在两条独立路径时，就可以使用干扰中和技术。其中，D_j 并不是 S_i 的期望目的节点。也就是说，对 D_j 而言，从 S_i 发来的信号都是干扰信号，并且干扰都是经由两条路径达到 D_j 的。

对于 MIMO 干扰信道，文献[50]指出，线性干扰对齐的可行性条件等效于分析一系列多变量二次方程的可解性。正如文献[52]、[56]所示，由必要条件推出的自由度上界可能是不可实现的。这也就是说，推导充要条件是很困难的事情。对于中继干扰网络，无干扰传输的约束条件是多变量三次方程，因此推导 GIN 的充要条件更是充满挑战[55]，迄今为止，这仍是一个开放性问题。

为了数学推导上的可操作性，我们考虑将上述三次方程进行线性化处理，与文献[55]类似，我们考虑另外两种干扰中和方案：(1)纯干扰中和(Pure Interference Neutralization，PIN)，即只利用中继处理矩阵 $\mathbf{A}$ 来消除干扰；(2)协作干扰中和(Coordinated Interference Neutralization，CIN)，即联合设计中继处理矩阵 $\mathbf{A}$ 和接收矩阵 $\boldsymbol{U}^{[j]}$，$i,j\in\{1,2\}$来进行干扰消除。

3. 干扰中和技术的可行性约束条件

这一节将给出上述三种方案下的可行性分析结果，包括 GIN 的必要条件、PIN 和 CIN 的充要条件。结论如下。

定理 1(必要条件)　对于全双工瞬时中继干扰网络(M,d,N)，当中继有一个线性处理矩阵时，GIN 方案的必要条件为

$$N^2\geqslant 2d(3d-2M) \tag{6-9}$$

定理 2(PIN 的充要条件)　对于全双工瞬时中继干扰网络(M,d,N)，当中继有一个线性处理矩阵时，PIN 方案的充要条件为

$$N=2d \tag{6-10}$$

定理 3(GIN 的充要条件)　对于全双工瞬时中继干扰网络(M,d,N)，当中继有一个线性处理矩阵时，CIN 方案的充要条件为

$$N=\max\{2(2d-M),M\} \tag{6-11}$$

需要指出的是，上述三个定理中的 d 满足 $M/2\leqslant d\leqslant M$。因为简单的时分复用方案即可实现网络的总自由度为 M，此时没有必要加入中继。另外，因为 PIN 和 CIN 方案中，干扰消除并不依赖于发送矩阵的设计，所以即便发送端不知道信道状态信息，定理仍然成立。

依据上述三个定理，可以得出所需中继天线数随数据流的变化情况，如图 6-5 所示。假设 S_i，D_j 的天线数 M 为 16。可以看出，PIN 方案实现无干扰传输时所需中继天线数最多，因为该方案只利用中继的天线资源来实现干扰消除。相对而言，由于 CIN 方案联合利用中继和接收节点的天线资源，所以所需的中继天线数会低于 PIN 方案所需的中继天线数。GIN 方案要充分利用发送节点、中继以及接收节点的所有天线，因而所需的天线数是三种方案中最少的。需要指出的是，图中给出的 GIN 方案所需的天线数只满足无干扰传输的必要性。也就是说，对 GIN 方案而言，当中继天线配置满足图 6-1 时，也不一定能实现无干扰传输。

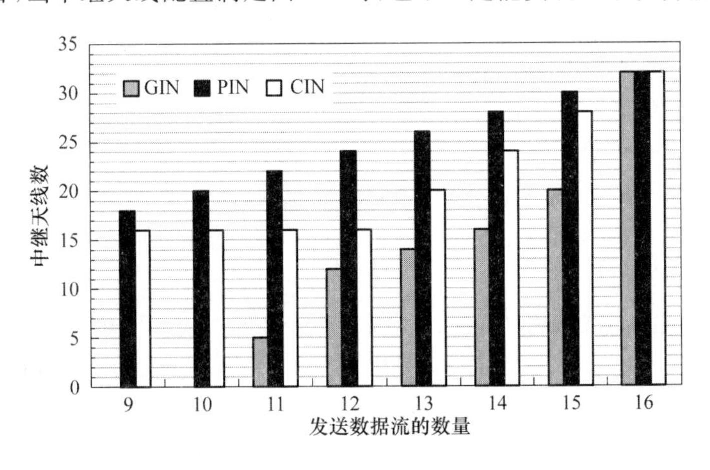

图 6-5　中继天线数与数据流之间的关系

4. 干扰中和的可行性分析

前文我们给出了结论，下面将给出严格的数学证明。对于 GIN 方案，我们给出必要条件的推导思路。而对于 PIN 和 CIN 的证明，首先对约束条件进行一些变形，完成问题转化，再分别从必要性和充分性两方面给出证明。

(1) 广义干扰中和的可行性分析

与文献[50]类似，本书将分析广义干扰中和方案的必要性转化为判断线性方程组的可解性，也就是判断式(6-7)是否有解。首先，可以看出式(6-7)包含的方程个数为 $2d^2$。接下来，计算该方案中可用的独立变量总数。在 GIN 方案中，所有的发送矩阵 $\boldsymbol{V}^{[i]}$，中继处理矩阵 $\boldsymbol{A}$ 和接收矩阵 $\boldsymbol{U}^{[j]}$，$i,j\in\{1,2\}$ 都用来消除干扰。由文献[50]可知，对于每一个 $\boldsymbol{V}^{[i]}$ 或 $\boldsymbol{U}^{[j]}$ 而言，可以提供的独立变量个数为 $d(M-d)$。中继处理矩阵 $\boldsymbol{A}$ 可以提供的变量个数为 N^2。所以，CIN 方案中可用的独立变量共有 $4d(M-d)+N^2$ 个。由线性代数的知识可知，一个线性方程组有解，当且仅当方程数不超过变量数，所以我们得到了定理 1。

(2) 纯干扰中和的可行性分析

对纯干扰中和方案而言，仅利用中继来消除干扰，所以我们将发送矩阵 $\boldsymbol{V}^{[i]}$ 和接收矩阵 $\boldsymbol{U}^{[j]}$ 设为任意矩阵。从而，无干扰传输的约束条件式(6-35)和式(6-36)变为矩阵 $\boldsymbol{A}$ 的线性方程，表示如下：

$$\boldsymbol{H}_P^{[j,i]}+\boldsymbol{G}_P^{[j]}\boldsymbol{A}\boldsymbol{F}_P^{[i]}=\boldsymbol{O},\quad \forall j,i\neq j \tag{6-12}$$

$$\mathrm{rank}(\boldsymbol{H}_P^{[j,j]}+\boldsymbol{G}_P^{[j]}\boldsymbol{A}\boldsymbol{F}_P^{[j]})=d \tag{6-13}$$

其中，$\boldsymbol{H}_P^{[j,i]}\stackrel{\Delta}{=}\boldsymbol{U}^{[j]}\boldsymbol{H}^{[j,i]}\boldsymbol{V}^{[i]}$，$\boldsymbol{G}_P^{[j]}\stackrel{\Delta}{=}\boldsymbol{U}^{[j]}\boldsymbol{G}^{[j]}$，$\boldsymbol{F}_P^{[i]}\stackrel{\Delta}{=}\boldsymbol{F}^{[i]}\boldsymbol{V}^{[i]}$，$i,j\in\{1,2\}$ 分别代表链路 $\mathrm{S}_i-\mathrm{D}_j$，$\mathrm{R}-\mathrm{D}_j$ 以及 $\mathrm{S}_i-\mathrm{R}$ 的等效信道。

接下来，我们首先给出满足式(6-12)的矩阵 $\boldsymbol{A}$ 存在的充要条件，进而证明由式(6-12)得出的矩阵 $\boldsymbol{A}$ 也能以概率 1 使得式(6-13)成立。

利用克罗内克积的性质 $\mathrm{vec}(\boldsymbol{AXB})=(\boldsymbol{B}^{\mathrm{T}}\otimes\boldsymbol{A})\mathrm{vec}(\boldsymbol{X})$，我们可以将所有用户的干扰消除条件式(6-12)合并成一个统一的系统方程，如下所示：

$$\boldsymbol{C}_P\boldsymbol{\gamma}=-\boldsymbol{h} \tag{6-14}$$

且 $\boldsymbol{C}_P\stackrel{\Delta}{=}\begin{pmatrix}(\boldsymbol{F}_P^{[2]})^{\mathrm{T}}\otimes\boldsymbol{G}_P^{[1]}\\(\boldsymbol{F}_P^{[1]})^{\mathrm{T}}\otimes\boldsymbol{G}_P^{[2]}\end{pmatrix}\in\mathbb{C}^{2d^2\times N^2}$，$\boldsymbol{\gamma}\stackrel{\Delta}{=}\mathrm{vec}(\boldsymbol{A})\in\mathbb{C}^{N^2\times 1}$，$\boldsymbol{h}\stackrel{\Delta}{=}(\mathrm{vec}(\boldsymbol{H}_P^{[1,2]})^{\mathrm{T}},\mathrm{vec}(\boldsymbol{H}_P^{[2,1]})^{\mathrm{T}})^{\mathrm{T}}$。

由线性代数的知识可知，方程(6-14)可解的充要条件是 $\mathrm{rank}(\boldsymbol{C}_P)=\mathrm{rank}((\boldsymbol{C}_P,\ -\boldsymbol{h}))$。可以看出，$\boldsymbol{h}$ 中的所有元素都与 $\boldsymbol{C}_P$ 中的元素相互独立。也就是说，式(6-14)可解等效于 $\boldsymbol{C}_P$ 行满秩。因此，式(6-40)可解的充要条件是

$$\mathrm{rank}(\boldsymbol{C}_P)=2d^2 \tag{6-15}$$

所以，我们只要保证 $\boldsymbol{C}_P$ 行满秩，就可以得到满足式(6-12)的矩阵 $\boldsymbol{A}$。接下来，证明将该矩阵 $\boldsymbol{A}$ 代入式(6-13)，式(6-13)以概率 1 成立。首先，直传信道矩阵 $\boldsymbol{H}_P^{[j,j]}$ 并未出现在式(6-13)中，所以矩阵 $\boldsymbol{A}$ 并不依赖于 $\boldsymbol{H}_P^{[j,j]}$。因为 $\boldsymbol{H}_P^{[j,j]}$ 独立于式(6-13)中的其他项，且 $\boldsymbol{H}_P^{[j,j]}$ 中的所有元素都是独立同分布的复高斯变量，所以式(6-13)以概率 1 成立。至此，我们已经证明在 PIN 方案下，要实现无干扰传输，只需保证 $\boldsymbol{C}_P$ 行满秩。下面将从必要性和充分性两方面给出定理 2 的证明。

① 必要性证明

我们将用反证法来证明证明 $N=2d$ 是 $\boldsymbol{C}_P$ 行满秩的必要条件。也就是说，我们将证明，当 $N<2d$ 时，$\boldsymbol{C}_P$ 的秩小于 $2d^2$，接下来的分析中我们假定 $N=2d-1$。

记$(\boldsymbol{F}_P^{[i]})^{\mathrm{T}} \triangleq (\boldsymbol{f}_{P,1}^{[i]}, \boldsymbol{f}_{P,2}^{[i]}, \cdots, \boldsymbol{f}_{P,d}^{[i]})^{\mathrm{T}}$，$\boldsymbol{G}_P^{[i]} \triangleq (\boldsymbol{g}_{P,1}^{[i]}, \boldsymbol{g}_{P,2}^{[i]}, \cdots, \boldsymbol{g}_{P,d}^{[i]})^{\mathrm{T}}$，其中 $\boldsymbol{f}_{P,j}^{[i]}, \boldsymbol{g}_{P,j}^{[i]}, i \in \{1,2\}$，$j \in \{1,2,\cdots,d\}$都是 $1 \times N$ 的相互独立的行向量。所以，我们可以用更加详细的形式表示 $\boldsymbol{C}_P$，如图 6-6 所示。

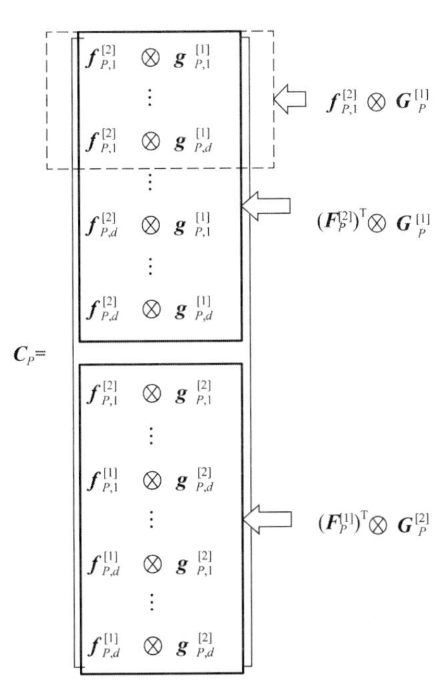

图 6-6　$\boldsymbol{C}_P$ 的一种详细表达形式

当 $N=2d-1$ 时，$[\boldsymbol{f}_{P,1}^{[2]}, \cdots, \boldsymbol{f}_{P,d}^{[2]}, \boldsymbol{f}_{P,1}^{[1]}, \cdots, \boldsymbol{f}_{P,d}^{[1]}]^{\mathrm{T}} \in \mathbb{C}^{2d \times N}$的秩最多是 $2d-1$。因此，$\boldsymbol{f}_{P,d}^{[1]}$可以表示成 $\boldsymbol{f}_{P,i}^{[2]}$和 $\boldsymbol{f}_{P,j}^{[1]}$的线性组合，其中 $1 \leqslant i \leqslant d$，$1 \leqslant j \leqslant d-1$，表示如下：

$$\boldsymbol{f}_{P,d}^{[1]} = \alpha_1 \boldsymbol{f}_{P,1}^{[2]} + \cdots + \alpha_d \boldsymbol{f}_{P,d}^{[2]} + \alpha_{d+1} \boldsymbol{f}_{P,1}^{[1]} + \cdots + \alpha_{2d-1} \boldsymbol{f}_{P,d-1}^{[1]} \tag{6-16}$$

其中 $\alpha_1, \cdots, \alpha_{2d-1}$表示系数。同样，$\boldsymbol{g}_{P,d}^{[2]}$也可以表示为

$$\boldsymbol{g}_{P,d}^{[2]} = \beta_1 \boldsymbol{g}_{P,1}^{[1]} + \cdots + \beta_d \boldsymbol{g}_{P,d}^{[1]} + \beta_{d+1} \boldsymbol{g}_{P,1}^{[2]} + \cdots + \beta_{2d-1} \boldsymbol{g}_{P,d-1}^{[2]} \tag{6-17}$$

其中 $\beta_1, \cdots, \beta_{2d-1}$也代表系数。因此，$\boldsymbol{C}_P$ 的最后一行可以表示为

$$\begin{aligned}
\boldsymbol{f}_{P,d}^{[1]} \otimes \boldsymbol{g}_{P,d}^{[2]} &= \left(\sum_{i=1}^{d} \alpha_i \boldsymbol{f}_{P,i}^{[2]} + \sum_{j=1}^{d-1} \alpha_{d+j} \boldsymbol{f}_{P,j}^{[1]}\right) \otimes \left(\sum_{i=1}^{d} \beta_i \boldsymbol{g}_{P,i}^{[1]} + \sum_{j=1}^{d-1} \beta_{d+j} \boldsymbol{g}_{P,j}^{[2]}\right) \\
&\overset{(a)}{=\!=} \left(\sum_{i=1}^{d} \alpha_i \boldsymbol{f}_{P,i}^{[2]}\right) \otimes \left(\sum_{i=1}^{d} \beta_i \boldsymbol{g}_{P,i}^{[1]}\right) + \left(\sum_{j=1}^{d-1} \alpha_{d+j} \boldsymbol{f}_{P,j}^{[1]}\right) \otimes \boldsymbol{g}_{P,d}^{[2]} + \\
&\quad \left(\sum_{i=1}^{d} \alpha_i \boldsymbol{f}_{P,i}^{[2]}\right) \otimes \left(\sum_{j=1}^{d-1} \beta_{d+j} \boldsymbol{g}_{P,j}^{[2]}\right) \\
&\overset{(b)}{=\!=} \left(\sum_{i=1}^{d} \alpha_i \boldsymbol{f}_{P,i}^{[2]}\right) \otimes \left(\sum_{i=1}^{d} \beta_i \boldsymbol{g}_{P,i}^{[1]}\right) + \left(\sum_{j=1}^{d-1} \alpha_{d+j} \boldsymbol{f}_{P,j}^{[1]}\right) \otimes \boldsymbol{g}_{P,d}^{[2]} + \\
&\quad \left(\boldsymbol{f}_{P,d}^{[1]} - \sum_{j=1}^{d-1} \alpha_{d+j} \boldsymbol{f}_{P,j}^{[1]}\right) \otimes \left(\sum_{j=1}^{d-1} \beta_{d+j} \boldsymbol{g}_{P,j}^{[2]}\right)
\end{aligned} \tag{6-18}$$

因为$(\boldsymbol{A}+\boldsymbol{B}) \otimes \boldsymbol{C} = \boldsymbol{A} \otimes \boldsymbol{C} + \boldsymbol{B} \otimes \boldsymbol{C}$，由式(6-18)可以看出 $\boldsymbol{C}_P$ 的最后一行可以表示成前 $2d^2-1$行的线性组合。因此，当 $N<2d$ 时，$\boldsymbol{C}_P$ 并不是行满秩，$N=2d$ 的必要性得以证明。

② 充分性证明

为了证明定理 2 的充分性，只需证明 $N=2d$ 时，$\boldsymbol{C}_P$ 以概率 1 行满秩。依据文献[51]中的

定理 2,如果对于任一给定值的 $\boldsymbol{F}_P^{[i]}$ 和 $\boldsymbol{G}_P^{[j]}$,$\boldsymbol{C}_P$ 是行满秩矩阵,那么对于任意的 $\boldsymbol{F}_P^{[i]}$ 和 $\boldsymbol{G}_P^{[j]}$,当矩阵元素为独立同分布的变量时,$\boldsymbol{C}_P$ 也是行满秩的。因此,我们将构建一个行满秩矩阵 $\boldsymbol{C}_P$ 来证明定理 2 的充分性。

接下来,将 $\boldsymbol{F}_P^{[i]}$ 的元素取值设为 0 或 1,$\boldsymbol{G}_P^{[j]}$ 的元素设为任意的独立同分布的变量,从而构建一个分块对角矩阵 $\boldsymbol{C}_P$,并证明构建出来的矩阵以概率 1 行满秩。

与文献[55]的过程相似,我们先改写 $\boldsymbol{C}_P$ 的表示形式,如图 6-7 所示,其中 $f_{P,k,l}^{[i]}$ 表示 S_i 的第 l 个数据流到中继的第 k 个天线的等效信道系数。观察 $\boldsymbol{C}_P$ 的结构可知,如果非零列 $\boldsymbol{f}_k^{[2]}=(f_{P,k,1}^{[2]},\cdots,f_{P,k,d}^{[2]})^{\mathrm{T}}$ 与 $\boldsymbol{f}_k^{[1]}=(f_{P,k,1}^{[1]},\cdots,f_{P,k,d}^{[1]})^{\mathrm{T}}$ 不重叠,$\boldsymbol{C}_1=(\boldsymbol{F}_P^{[2]})^{\mathrm{T}}\otimes\boldsymbol{G}_P^{[1]}$ 与 $\boldsymbol{C}_2=(\boldsymbol{F}_P^{[1]})^{\mathrm{T}}\otimes\boldsymbol{G}_P^{[2]}$ 的非零列就不会重叠。矩阵$(\boldsymbol{F}_P^{[i]})^{\mathrm{T}}$ 有 $N=2d$ 列,所以 $\boldsymbol{C}_1$,$\boldsymbol{C}_2$ 均可以有 d 列互不重叠。为了便于理解,我们设定$(\boldsymbol{F}_P^{[2]})^{\mathrm{T}}$ 的前 d 列以及$(\boldsymbol{F}_P^{[1]})^{\mathrm{T}}$ 的后 d 列为非零列。也就是说,当 $1\leqslant m\leqslant d$,$d+1\leqslant n\leqslant 2d$ 时,$\boldsymbol{f}_m^{[2]}$ 和 $\boldsymbol{f}_n^{[1]}$ 非零。

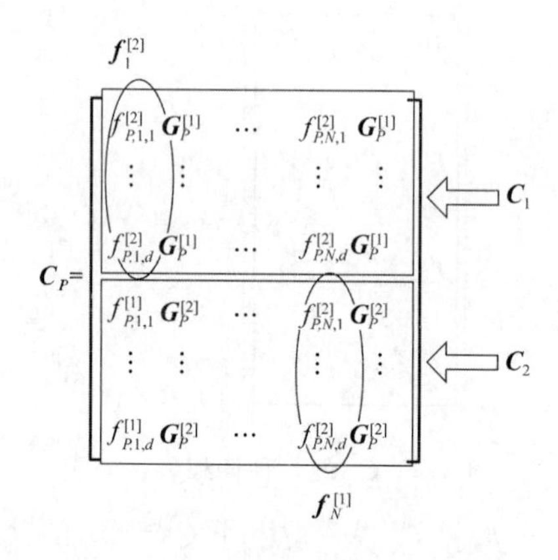

图 6-7 $\boldsymbol{C}_P$ 的结构

因此,$\boldsymbol{C}_P$ 可以写成分块对角矩阵的形式,如下所示:

$$\hat{\boldsymbol{C}}_P=\begin{pmatrix}\hat{\boldsymbol{C}}_1 & \\ & \hat{\boldsymbol{C}}_2\end{pmatrix} \tag{6-19}$$

可以看出,矩阵 $\hat{\boldsymbol{C}}_P$ 的秩等于 $\hat{\boldsymbol{C}}_i$ 的秩之和,$i\in\{1,2\}$。

最后,我们来构造行满秩矩阵 $\hat{\boldsymbol{C}}_1$ 和 $\hat{\boldsymbol{C}}_2$。设置$(\boldsymbol{f}_1^{[2]},\cdots,\boldsymbol{f}_d^{[2]})=\boldsymbol{I}_d$,$(\boldsymbol{f}_{d+1}^{[1]},\cdots,\boldsymbol{f}_{2d}^{[1]})=\boldsymbol{I}_d$,其中 $\boldsymbol{I}_d$ 表示 $d\times d$ 的单位矩阵。所以,构建的矩阵 $\hat{\boldsymbol{C}}_P$ 可以表示为

$$\hat{\boldsymbol{C}}_P=\begin{bmatrix}\boldsymbol{G}_P^{[1]} & & & & & \\ & \ddots & & & & \\ & & \boldsymbol{G}_P^{[1]} & & & \\ & & & \boldsymbol{G}_P^{[2]} & & \\ & & & & \ddots & \\ & & & & & \boldsymbol{G}_P^{[2]}\end{bmatrix} \tag{6-20}$$
$$\underbrace{\qquad\qquad\qquad}_{d}\underbrace{\qquad\qquad\qquad}_{d}$$

矩阵 $\boldsymbol{G}_P^{[i]}\in\mathbb{C}^{d\times N}$的元素都是任意的独立同分布变量,所以 $\boldsymbol{G}_P^{[i]}$,$i\in\{1,2\}$以概率 1 行满

秩。又因为 $\hat{C}_P$ 的每个块对角矩阵都是行满秩，所以 $\hat{C}_P$ 是行满秩矩阵，定理 2 的充分性得以证明。

根据定理 2 给出的约束关系，我们对大量不同的系统参数(M,d,N)进行了数值仿真。仿真结果证明，我们总是能够找到满足干扰消除条件式(6-12)的中继处理矩阵 $\boldsymbol{A}$，并且将该矩阵 $\boldsymbol{A}$ 带入式(6-13)的左边，能以概率 1 保证矩阵的秩符合要求。

(3) 协作干扰中和的可行性分析

在 CIN 方案中，每个目的节点要保留 d 维的子空间来接收有用信号。我们知道每个目的节点有 M 个天线，接收信号包括 d 个有用信号和 d 个干扰信号。所以中继需要协助每个目的节点消除 $2d-M$ 个干扰信号，这样目的节点只需采用迫零接收矩阵就可以完全消除剩余的 $M-d$ 个干扰信号。在 CIN 方案中，我们联合设计中继处理矩阵 $\boldsymbol{A}$ 和接收矩阵 $\boldsymbol{U}^{[j]}$ 来消除干扰，所以我们将发送矩阵 $\boldsymbol{V}^{[i]}$ 设为任意矩阵，由此得到无干扰传输的约束条件：

$$\boldsymbol{H}_{\mathrm{IN}}^{[j,i]}+\boldsymbol{G}^{[j]}\boldsymbol{A}\boldsymbol{F}_{\mathrm{IN}}^{[i]}=\boldsymbol{O}_{M\times(2d-M)},\quad \forall j,i\neq j \tag{6-21}$$

$$\mathrm{rank}\{(\boldsymbol{H}_{\mathrm{C}}^{[j,j]}+\boldsymbol{G}^{[j]}\boldsymbol{A}\boldsymbol{F}_{\mathrm{C}}^{[j]},\ \boldsymbol{H}_{\mathrm{R}}^{[j,i]}+\boldsymbol{G}^{[j]}\boldsymbol{A}\boldsymbol{F}_{\mathrm{R}}^{[i]}])=M \tag{6-22}$$

其中，$\boldsymbol{H}_{\mathrm{C}}^{[j,j]}\triangleq\boldsymbol{H}^{[j,j]}\boldsymbol{V}^{[j]}$ 和 $\boldsymbol{F}_{\mathrm{C}}^{[j]}\triangleq\boldsymbol{F}^{[j]}\boldsymbol{V}^{[j]}$ 分别表示有用信号经过链路 $\mathrm{S}_j-\mathrm{D}_j$ 和 $\mathrm{S}_j-\mathrm{R}$ 时的等效信道矩阵；$\boldsymbol{H}_{\mathrm{R}}^{[j,i]}\triangleq\boldsymbol{H}^{[j,i]}\boldsymbol{V}_{\mathrm{R}}^{[i]}$ 和 $\boldsymbol{F}_{\mathrm{R}}^{[i]}\triangleq\boldsymbol{F}^{[j]}\boldsymbol{V}_{\mathrm{R}}^{[i]}$ 分别表示在 D_j 处的剩余干扰信号经过链路 $\mathrm{S}_i-\mathrm{D}_j$ 和 $\mathrm{S}_i-\mathrm{R}$ 时的等效信道矩阵；$\boldsymbol{H}_{\mathrm{IN}}^{[j,i]}\triangleq\boldsymbol{H}^{[j,i]}\boldsymbol{V}_{\mathrm{IN}}^{[i]}$ 和 $\boldsymbol{F}_{\mathrm{IN}}^{[i]}\triangleq\boldsymbol{F}^{[i]}\boldsymbol{V}_{\mathrm{IN}}^{[i]}$ 分别代表被中继消除掉的干扰信号经过链路 $\mathrm{S}_i-\mathrm{D}_j$ 和 $\mathrm{S}_i-\mathrm{R}$ 时的等效信道矩阵；且有 $\boldsymbol{V}^{[i]}=(\boldsymbol{V}_{\mathrm{IN}}^{[i]},\ \boldsymbol{V}_{\mathrm{R}}^{[i]})$，$j\in\{1,2\},i\neq j$。

接下来，我们首先给出式(6-19)有解的充要条件，与 PIN 方案类似。进而证明将满足式(6-19)的矩阵 $\boldsymbol{A}$ 代入式(6-20)，式(6-20)以概率 1 成立。最后给出目的节点的迫零接收矩阵 $\boldsymbol{U}^{[j]}$ 的设计。

与定理 2 类似，利用克罗内克积的性质，我们将所有用户的干扰消除条件式(6-21)合并成一个统一的系统方程，如下所示：

$$\boldsymbol{C}_{\mathrm{C}}\boldsymbol{\gamma}=-\boldsymbol{h}_{\mathrm{C}} \tag{6-23}$$

其中，$\boldsymbol{C}_{\mathrm{C}}\triangleq\begin{pmatrix}(\boldsymbol{F}_{\mathrm{IN}}^{[2]})^{\mathrm{T}}\otimes\boldsymbol{G}^{[1]}\\(\boldsymbol{F}_{\mathrm{IN}}^{[1]})^{\mathrm{T}}\otimes\boldsymbol{G}^{[2]}\end{pmatrix}\in\mathbb{C}^{[2M(2d-M)]\times N^2}$，$\boldsymbol{h}\triangleq(\mathrm{vec}(\boldsymbol{H}_{\mathrm{IN}}^{[1,2]})^{\mathrm{T}},\mathrm{vec}(\boldsymbol{H}_{\mathrm{IN}}^{[2,1]})^{\mathrm{T}})^{\mathrm{T}}$，$\boldsymbol{\gamma}$ 与式(6-12)中的定义一致，即 $\boldsymbol{\gamma}\triangleq\mathrm{vec}(\boldsymbol{A})\in\mathbb{C}^{N^2\times 1}$。于是，我们得到干扰消除约束式(6-19)的充要条件是

$$\mathrm{rank}(\boldsymbol{C}_{\mathrm{C}})=2M(2d-M) \tag{6-24}$$

我们来仔细观察一下式(6-22)。与定理 2 类似，我们可知第一个列矩阵块 $\boldsymbol{H}_{\mathrm{C}}^{[j,j]}+\boldsymbol{G}^{[j]}\boldsymbol{A}\boldsymbol{F}_{\mathrm{C}}^{[j]}$ 的秩以概率 1 为 d。此外，剩余干扰信号的发送矩阵 $\boldsymbol{V}_{\mathrm{R}}^{[i]}$ 并未出现在式(6-21)中，即矩阵 $\boldsymbol{A}$ 并不依赖于 $\boldsymbol{V}_{\mathrm{R}}^{[i]}$，所以第二个列矩阵块 $\boldsymbol{H}_{\mathrm{R}}^{[j,i]}+\boldsymbol{G}^{[j]}\boldsymbol{A}\boldsymbol{F}_{\mathrm{R}}^{[i]}$ 的秩也以概率 1 为 $M-d$。又因为 $\boldsymbol{H}_{\mathrm{C}}^{[j,j]}$ 的元素独立于第二个列矩阵块中的各项，所以式(6-22)成立。

对矩阵 $\boldsymbol{H}_{\mathrm{R}}^{[j,i]}+\boldsymbol{G}^{[j]}\boldsymbol{A}\boldsymbol{F}_{\mathrm{R}}^{[i]}$ 进行奇异值分解(Singular Value Decomposition，SVD)：

$$\boldsymbol{H}_{\mathrm{R}}^{[j,i]}+\boldsymbol{G}^{[j]}\boldsymbol{A}\boldsymbol{F}_{\mathrm{R}}^{[i]}=(\boldsymbol{U}_1^{[j,i]}\quad \boldsymbol{U}_0^{[j,i]})(\boldsymbol{\Lambda}^{[j,i]}\quad \boldsymbol{O})^{\mathrm{T}}(\boldsymbol{V}^{[j,i]})^{\mathrm{H}} \tag{6-25}$$

目的节点 D_j 的接收矩阵设为 $\boldsymbol{U}^{[j]}=(\boldsymbol{U}_0^{[j,i]})^{\mathrm{H}}$。于是，我们得到

$$\boldsymbol{U}^{[j]}(\boldsymbol{H}_{\mathrm{R}}^{[j,i]}+\boldsymbol{G}^{[j]}\boldsymbol{A}\boldsymbol{F}_{\mathrm{R}}^{[i]})=\boldsymbol{O} \tag{6-26}$$

$$\mathrm{rank}(\boldsymbol{U}^{[j]}(\boldsymbol{H}_{\mathrm{C}}^{[j,j]}+\boldsymbol{G}^{[j]}\boldsymbol{A}\boldsymbol{F}_{\mathrm{C}}^{[j]}))=d \tag{6-27}$$

所以,D_j可以完全消除剩余的干扰信号,正确解码 d 个有用信号。综上所述,在 CIN 方案中,要实现无干扰传输,只需保证 $\boldsymbol{C}_{\mathrm{C}}$ 的行满秩。下面将从必要性和充分性两方面给出定理 3 的证明。

① 必要性证明

我们同样采用反证法来证明定理 3 的必要性。约束 $N\geqslant 2(2d-M)$ 的必要性的证明与定理 2 类似,此处不再赘述。所以,接下来只需说明 $N\geqslant M$ 的必要性。

当 $N<M$ 时,矩阵 $\boldsymbol{G}^{[1]}\in\mathbb{C}^{M\times N}$的秩必然小于 M。利用性质 $\mathrm{rank}(\boldsymbol{A}\otimes\boldsymbol{B})=\mathrm{rank}(\boldsymbol{A})\mathrm{rank}(\boldsymbol{B})$,可知矩阵 $\boldsymbol{C}_{\mathrm{C}}$ 的第一个行矩阵块$(\boldsymbol{F}_{\mathrm{IN}}^{[2]})^{\mathrm{T}}\otimes\boldsymbol{G}^{[1]}$的秩小于 $M(2d-M)$,即 $\boldsymbol{C}_{\mathrm{C}}$ 并不是行满秩矩阵。定理 3 的必要性得以证明。

② 充分性证明

与定理 2 的证明过程类似,我们将 $\boldsymbol{F}_{\mathrm{IN}}^{[j]}$ 的元素取值设为 0 或 1,$\boldsymbol{G}^{[j]}$ 的元素设为任意的独立同分布的变量,从而构建一个分块对角矩阵:

$$\hat{\boldsymbol{C}}_{\mathrm{C}}=\begin{bmatrix} \boldsymbol{G}^{[1]} & & & \boldsymbol{O} & & & \\ & \ddots & & \vdots & & & \\ & & \boldsymbol{G}^{[1]} & \boldsymbol{O} & & & \\ & & & \boldsymbol{O} & \boldsymbol{G}^{[2]} & & \\ & & & \vdots & & \ddots & \\ & & & \boldsymbol{O} & & & \boldsymbol{G}^{[2]} \end{bmatrix} \begin{matrix} \\ \end{matrix} \tag{6-28}$$

其中列块宽度依次为 $\underbrace{\quad}_{2d-M}$、$\underbrace{\quad}_{N-2(2d-M)}$、$\underbrace{\quad}_{2d-M}$。

$\boldsymbol{G}^{[j]}$的元素都是独立同分布的变量,即 $\hat{\boldsymbol{C}}_{\mathrm{C}}$ 的对角线上的矩阵 $\boldsymbol{G}^{[j]}\in\mathbb{C}^{M\times N}$,$j\in\{1,2\}$均为行满秩矩阵,所以 $\hat{\boldsymbol{C}}_{\mathrm{C}}$ 行满秩,充分性得以证明。

我们同样对定理 3 进行了数值仿真,针对大量不同的系统参数(M,d,N),仿真结果验证了定理 3 的正确性。也就是说,我们总是能够找到满足干扰消除条件式(6-21)的中继处理矩阵 $\boldsymbol{A}$,并且将该矩阵 $\boldsymbol{A}$ 代入式(6-22)的左边,能以概率 1 保证矩阵的秩符合要求。

本节分析了在不采用符号扩展的情况下,中继干扰网络中干扰中和的可行性条件。首先,可以将网络的无干扰传输刻画为两个条件,即对应的线性方程组的可解性以及矩阵的秩约束。其中,线性方程组的可解性是为了保证消除干扰,称之为干扰消除条件;矩阵的秩约束是为了保证有用信号的正确接收,称之为可解性条件。

本节依据消除干扰所用系统资源的差异,讨论三种不同的干扰中和技术,分别为广义干扰中和、纯干扰中和以及协作干扰中和。GIN 方案可以设计发送矩阵、中继处理矩阵以及接收矩阵,三者共同来实现干扰消除,PIN 方案只利用中继来消除干扰,而 CIN 则是联合利用中继处理矩阵和接收矩阵来消除干扰。我们推导出了 GIN 方案的必要条件,以及 PIN、CIN 方案的充要条件,并给出了严格的数学证明。根据本节的结论,我们可以知道对于给定的发送数据流个数,中继所需配备的最少天线数。

6.3 多跳多用户分组传输

本节主要讨论多天线半双工多用户多跳网络网络模型的相关性能。首先,对该模型的瞬时安全容量进行推导并利用凸优化等理论推导出了上界；其次，利用概率论等知识对系统模型的遍历安全容量进行了推导并分析了影响遍历安全容量的因素以及节点位置对安全容量的影响；再次，通过仿真验证了理论推导结果，证实了不同参数条件下瞬时安全容量的上界，分析了影响遍历安全容量的变量与遍历安全容量的关系；最后，得出了节点位置对系统安全性能的影响。

6.3.1　系统模型

系统模型如图 6-8 所示，图中 S 表示单天线的源节点，R 表示中继，配置了 M 根天线，中继采用半双工传输方式，即某一时刻中继只能接收信号或者发送信号，不能两者同时进行。U_1、U_2 表示 2 个不同的合法用户。E 表示单天线的窃听者，假设该窃听者既可以从信源 S 处获取信息，也可以从中继 R 处获取信息。源节点 S 与用户 U_1、用户 U_2 之间不存在直传链路，只能通过中继传输信息。

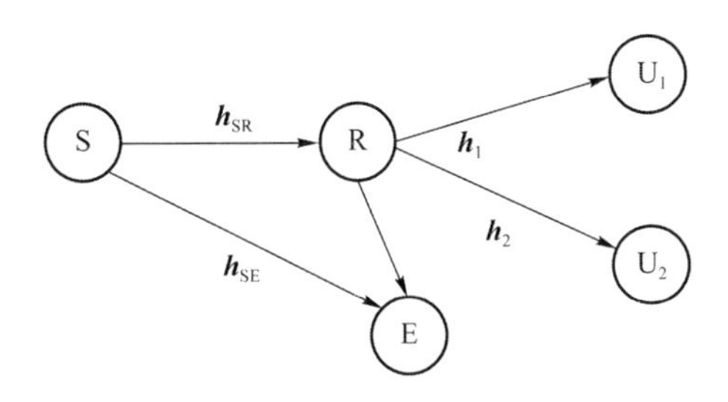

图 6-8　中继广播窃听信道

假设合法用户之间不能相互窃听到信息。中继采用译码转发策略，即中继首先要对其接收到的信号进行译码，再进行重新编码后，将编码后的信号发送到目的接收者处。安全容量的计算公式为 $C_S=[C_T-C_E]^+$，因为中继采用译码转发协议，因此有

$$C_T=\min(C_{SR},C_{R,12}) \tag{6-29}$$

其中 C_{SR} 和 $C_{R,12}$ 分别代表 S 到 R 的信道容量和 R 到用户 U_1、U_2 的广播信道容量，假设 C_{SR} 远优于 $C_{R,12}$，则

$$C_S=[C_{R,12}-C_E]^+ \tag{6-30}$$

从式(6-30)可以看出，解决系统安全容量需要知道 $C_{R,12}$ 和 C_E，所以接下来重点分析中继与用户及窃听者组成的系统信道安全容量。

6.3.2　瞬时安全容量

(1) 模型计算

对于半双工中继来说，一次的信号传输需要通过两个时隙来完成。首先信源 S 发送信号 $\boldsymbol{x}_S$ 到中继 R 处，$\boldsymbol{x}_S$ 为均值为 0，平均功率为 1 的信号，则中继 R 处的接收信号可以表示为

$$\boldsymbol{y}_R=\sqrt{P_{SR}}\boldsymbol{h}_{SR}\boldsymbol{x}_S+\boldsymbol{n}_R \tag{6-31}$$

其中，$\boldsymbol{y}_R$ 表示中继的接收信号；P_{SR} 表示信源发射信号的功率；$\boldsymbol{h}_{SR}$ 表示信源与中继之间信道衰落系数矩阵；$\boldsymbol{n}_R$ 表示中继处的噪声，是满足独立同分布的均值为 0，方差为 σ^2 的圆周对称高斯随机变量。然后中继对接收到的信号进行译码，进行重新编码后的信号为 $\boldsymbol{x}_R$。设用户 U_1 和用户 U_2 的天线数分别为 N_1 和 N_2，则接收用户接收到的信号可以表示为

$$\boldsymbol{y}_k=\boldsymbol{h}_k\boldsymbol{x}_{\mathrm{R}}+\boldsymbol{n}_k,\quad k=1,2 \tag{6-32}$$

其中，$\boldsymbol{y}_k$ 表示接收用户 $\mathrm{U}_k(k=1,2)$的接收信号；$\boldsymbol{h}_k\in\mathbb{C}^{N_k\times M}$表示中继到接收用户 U_k 的信道系数矩阵，且认为中继与接收用户 U_1、中继与接收用户 U_2 之间的信道均服从瑞利分布；$\boldsymbol{n}_k$ 表示接收节点 k 处的噪声，是满足独立同分布的均值为 0，方差为 $\sigma^2\boldsymbol{I}_{N_k}$ 的圆周对称高斯随机变量，$\boldsymbol{I}_{N_k}$ 是大小为 N_k 的单位矩阵。

窃听节点的接收信号可以表示为

$$\boldsymbol{y}_{\mathrm{E}}=\boldsymbol{h}_{\mathrm{E}}^{\dagger}\boldsymbol{x}_{\mathrm{R}}+\boldsymbol{n}_{\mathrm{E}} \tag{6-33}$$

其中，$\boldsymbol{y}_{\mathrm{E}}$ 表示窃听节点接收的信号；$\boldsymbol{h}_{\mathrm{E}}\in\mathbb{C}^{M\times 1}$表示中继节点与窃听节点之间的信道系数矩阵；$\boldsymbol{n}_{\mathrm{E}}$ 表示窃听节点的噪声，是满足独立同分布的均值为 0，方差为 σ^2 的圆周对称高斯随机变量。接收用户处的噪声和窃听节点的噪声相互独立。设中继节点发射信号的输入协方差矩阵为 $\boldsymbol{Q}$，则

$$\boldsymbol{Q}=E\{\boldsymbol{x}_{\mathrm{R}}\boldsymbol{x}_{\mathrm{R}}^{\mathrm{H}}\}=\frac{1}{n}\sum_{i=1}^{n}\boldsymbol{x}_{\mathrm{R}_i}\boldsymbol{x}_{\mathrm{R}_i}^{\mathrm{H}} \tag{6-34}$$

其中 $E\{\cdot\}$表示期望，$(\cdot)^{\mathrm{H}}$ 表示矩阵的共轭转置。限制中继发送信号的功率，则要求 $\boldsymbol{Q}\geqslant\boldsymbol{O}$，即 $\boldsymbol{Q}$ 是半正定矩阵。半正定矩阵的定义是设 $\boldsymbol{A}$ 是实对称矩阵，如果对任意的实非零列矩阵 $\boldsymbol{X}$，有 $\boldsymbol{X}^{\mathrm{T}}\boldsymbol{A}\boldsymbol{X}\geqslant 0$，就称 $\boldsymbol{A}$ 为半正定矩阵。为了满足实际的功率约束条件，则要求 $\mathrm{Tr}(\boldsymbol{Q})\leqslant P_{\mathrm{R}}$。则接收用户 U_1和接收用户 U_2对应的速率为

$$R_k(\boldsymbol{Q})=\log_2\left(1+\frac{1}{\sigma^2}\boldsymbol{h}_k\boldsymbol{Q}\boldsymbol{h}_k^{\mathrm{H}}\right) \tag{6-35}$$

先假设窃听者不能窃听到任何信息，则中继广播信道的信道容量 C_{RBC}为

$$C_{\mathrm{RBC}}=\bigcup_{\boldsymbol{Q}:\mathrm{Tr}(\boldsymbol{Q})\leqslant P,\boldsymbol{Q}\geqslant 0}\mathrm{dpch}((R_1(\boldsymbol{Q}),R_2(\boldsymbol{Q}))) \tag{6-36}$$

其中 $\mathrm{dpch}(x):=\{\boldsymbol{y}\in\mathbb{R}_+^2:y_i\leqslant x_i,i=1,2\}$。由于 C_{RBC}是凸函数，可以利用一般解决凸优化问题的方法，即利用拉格朗日乘子法求最优解。则求 C_{RBC}的上界问题可以转化成

$$\max_{\boldsymbol{Q}}R_{\Sigma}(\boldsymbol{Q},\mu)=\mu R_1(\boldsymbol{Q})+(1-\mu)R_2(\boldsymbol{Q})\quad \text{约束 }\boldsymbol{Q}\geqslant 0,\mathrm{Tr}(\boldsymbol{Q})\leqslant P_{\mathrm{R}} \tag{6-37}$$

其中 μ 为权重参数，$\mu\in[0,1]$。

现在考虑窃听节点可以从中继窃听信息，则系统的安全容量求解如下。当窃听者存在时，中继广播信道的容量为

$$\begin{aligned}C_{\mathrm{RBC}}=&\bigcup_{\boldsymbol{Q}:\mathrm{Tr}(\boldsymbol{Q})\leqslant P,\boldsymbol{Q}\geqslant 0}\mathrm{dpch}((R_1(\boldsymbol{Q}),R_2(\boldsymbol{Q})))\\ \text{约束}\quad&\boldsymbol{Q}\geqslant 0\\ &\mathrm{Tr}(\boldsymbol{Q})\leqslant P_{\mathrm{R}}\\ &\boldsymbol{h}_{\mathrm{E}}^{\mathrm{H}}\boldsymbol{Q}\boldsymbol{h}_{\mathrm{E}}\leqslant a\end{aligned} \tag{6-38}$$

其中 a 是对窃听节点窃听信息的限制，即对窃听节点窃听到的信号的功率约束，满足下列约束条件：

$$0\leqslant a\leqslant\|\boldsymbol{h}_{\mathrm{E}}\|^2P_{\mathrm{R}}=a_{\max} \tag{6-39}$$

可以看出，a 与中继发射功率、窃听节点与中继节点之间的信道衰落系数有关。降低中继发射功率，则 a 变小，即窃听节点窃听到的信号功率减少。

(2) 系统瞬时安全容量优化

本节主要解决 6.4.2 节中式(6-38)中提到的中继广播窃听信道模型的安全容量优化问题。利用凸优化的理论知识可知，首先要构造拉格朗日函数：

$$\mathscr{L}(\boldsymbol{Q},\mu,\boldsymbol{\psi})=-\mu R_1(\boldsymbol{Q})-(1-\mu)R_2(\boldsymbol{Q})-\mathrm{Tr}(\boldsymbol{Q}\boldsymbol{\psi})-q_1(P_{\mathrm{R}}-\mathrm{Tr}(\boldsymbol{Q}))-q_2(a-\boldsymbol{h}_{\mathrm{E}}^{\mathrm{H}}\boldsymbol{Q}\boldsymbol{h}_{\mathrm{E}}) \tag{6-40}$$

其中对偶变量 $q_1,q_2\geqslant 0,\boldsymbol{\psi}\geqslant 0$。设最优协方差矩阵为 $\boldsymbol{Q}_{\mathrm{opt}}$，$\boldsymbol{Q}_{\mathrm{opt}}$一定满足下列 KKT 条件[66]：

$$\begin{gathered}
\boldsymbol{\psi}=q_1\boldsymbol{I}+q_2\boldsymbol{h}_{\mathrm{E}}\boldsymbol{h}_{\mathrm{E}}^{\mathrm{H}}-\frac{\mu\boldsymbol{h}_1\boldsymbol{h}_1^{\mathrm{H}}}{\sigma^2+\boldsymbol{h}_1^{\mathrm{H}}\boldsymbol{Q}_{\mathrm{opt}}\boldsymbol{h}_1}-\frac{(1-\mu)\boldsymbol{h}_2\boldsymbol{h}_2^{\mathrm{H}}}{\sigma^2+\boldsymbol{h}_2^{\mathrm{H}}\boldsymbol{Q}_{\mathrm{opt}}\boldsymbol{h}_2}\\
\text{约束}\quad \boldsymbol{Q}_{\mathrm{opt}}\geqslant 0,\mathrm{Tr}(\boldsymbol{Q}_{\mathrm{opt}})\leqslant P_{\mathrm{R}},\boldsymbol{h}_{\mathrm{E}}^{\mathrm{H}}\boldsymbol{Q}_{\mathrm{opt}}\boldsymbol{h}_{\mathrm{E}}\leqslant a\\
q_1\geqslant 0,q_2\geqslant 0,\boldsymbol{\psi}\geqslant\boldsymbol{O}\\
q_1(P_{\mathrm{R}}-\mathrm{Tr}(\boldsymbol{Q}_{\mathrm{opt}}))=0,q_2(a-\boldsymbol{h}_{\mathrm{E}}^{\mathrm{H}}\boldsymbol{Q}_{\mathrm{opt}}\boldsymbol{h}_{\mathrm{E}})=0\\
\mathrm{Tr}(\boldsymbol{Q}_{\mathrm{opt}}\boldsymbol{\psi})=0
\end{gathered} \tag{6-41}$$

由于 $\boldsymbol{Q}$ 是 $M\times M$ 维矩阵，当中继天线数越多时，越不容易求出闭式解，所以可利用仿真软件在矩阵行、列数较小时，算出最优协方差矩阵 $\boldsymbol{Q}_{\mathrm{opt}}$，对于 $\boldsymbol{Q}$ 的最优性，将其代入 KKT 条件可验证其是否为最优。则可得接收用户 U_1 和接收用户 U_2 对应的最大速率：

$$R_1=\log_2\left(1+\frac{1}{\sigma^2}\boldsymbol{h}_1\boldsymbol{Q}_{\mathrm{opt}}\boldsymbol{h}_1^{\mathrm{H}}\right) \tag{6-42}$$

$$R_2=\log_2\left(1+\frac{1}{\sigma^2}\boldsymbol{h}_2\boldsymbol{Q}_{\mathrm{opt}}\boldsymbol{h}_2^{\mathrm{H}}\right) \tag{6-43}$$

所以系统的最大瞬时安全容量为

$$C_{\mathrm{S}}=\bigcup \mathrm{dpch}((R_1(\boldsymbol{Q}_{\mathrm{opt}}),R_2(\boldsymbol{Q}_{\mathrm{opt}}))) \tag{6-44}$$

后面将对该部分进行相应的数值仿真，给出在不同参数条件下瞬时安全容量的上界变化及相关性能分析。

6.3.3 遍历安全容量

由于信道状态是一个不断变化的随机过程，应该从统计角度来描述信道容量，即遍历的信道容量。遍历信道容量是指随机信道在所有衰落状态下最大信息速率的时间平均。考虑小尺度衰落，小尺度衰落是指在几个波长距离或几秒时间内传播后电磁波的相位、幅度或多径时延快速变化，它容易受到信号的多径传播、移动台的运动速度、周围物体的移动速度和传输带宽等的影响，这种衰落往往只要求无线信号经过短时间或短距离传输。由于传输过程中相关影响变量(如散射、反射等)都是随机的，所以信道衰落系数也都是随机变量。

下面继续分析系统的遍历安全容量。同样，信号的传输过程分为两个时隙，首先信源 S 发送信号 $\boldsymbol{x}_{\mathrm{S}}$ 到中继 R 处，$\boldsymbol{x}_{\mathrm{S}}$ 为均值为 0，平均功率为 1 的信号，则中继 R 处的接收信号可以表示为

$$\boldsymbol{y}_{\mathrm{R}}=\sqrt{P_{\mathrm{S}}}\boldsymbol{h}_{\mathrm{SR}}\boldsymbol{x}_{\mathrm{S}}+\boldsymbol{n}_{\mathrm{R}} \tag{6-45}$$

窃听者 E 从信源 S 处窃听的信号为

$$\boldsymbol{y}_{\mathrm{E}}=\sqrt{P_{\mathrm{S}}}\boldsymbol{h}_{\mathrm{RE}}\boldsymbol{x}_{\mathrm{S}}+\boldsymbol{n}_{\mathrm{E}} \tag{6-46}$$

其中 $\boldsymbol{h}_{\mathrm{SR}}$和 $\boldsymbol{h}_{\mathrm{RE}}$分别是源节点与中继、源节点与窃听者之间的信道系数，且认为所有信道均服从瑞利分布，P_{S} 是源节点总功率，$\boldsymbol{n}_{\mathrm{R}}$ 和 $\boldsymbol{n}_{\mathrm{E}}$ 分别是中继节点和窃听者处的噪声。然后中继根据接收到的信号进行译码以获取信息，再对译码所获得的信息进行重新编码，并在编码成信号后发送给用户。在无线环境下，各用户共享物理传输信道，这就使得用户的接收信号中除了自己期望的信息符号外，还会掺杂来自其他用户的信息符号，为了分析方便，设用户配置为单天线，则用户 U_1收到的信号为

$$\boldsymbol{y}_1=\sqrt{P_{\mathrm{R}}}\boldsymbol{h}_1^{\mathrm{H}}\boldsymbol{w}_1\boldsymbol{x}_1+\sqrt{P_{\mathrm{R}}}\boldsymbol{h}_1^{\mathrm{H}}\boldsymbol{w}_2\boldsymbol{x}_2+\boldsymbol{n}_1 \tag{6-47}$$

用户 U_2收到的信号为

$$\boldsymbol{y}_2=\sqrt{P_{\mathrm{R}}}\boldsymbol{h}_2^{\mathrm{H}}\boldsymbol{w}_2\boldsymbol{x}_2+\sqrt{P_{\mathrm{R}}}\boldsymbol{h}_2^{\mathrm{H}}\boldsymbol{w}_1\boldsymbol{x}_1+\boldsymbol{n}_2 \tag{6-48}$$

其中 $x_i(i=1,2)$是中继要发送的信息,$\boldsymbol{h}_{\mathrm{R}}$,$\boldsymbol{h}_1^{\mathrm{H}}$ 和 $\boldsymbol{h}_2^{\mathrm{H}}$ 分别是源节点与中继、中继与用户 U_1和中继与用户 U_2之间的信道系数矩阵,它们相互独立且都服从均值为 0,方差为 1 的复高斯分布。$\boldsymbol{w}_1$ 和 $\boldsymbol{w}_2$ 是单位波束成形向量,采用波束成形预编码技术,通过对信号进行加权处理来减小用户之间的干扰并改善通信系统的性能。P_{R} 是中继总功率,$\boldsymbol{n}_1$ 和 $\boldsymbol{n}_2$ 分别是用户 U_1和用户 U_2处的噪声,服从均值为 0,方差为 σ^2 的复高斯分布。

窃听者 E 收到的信号为

$$\boldsymbol{y}_{\mathrm{E}}=\sqrt{P_{\mathrm{R}}}\boldsymbol{h}_{\mathrm{E}}\sum_{i=1}^{2}\boldsymbol{w}_i\boldsymbol{x}_i+\boldsymbol{n}_{\mathrm{E}},\quad i=1,2 \tag{6-49}$$

其中 $\boldsymbol{h}_{\mathrm{E}}$ 是中继与窃听者之间的信道系数矩阵,服从均值为 0,方差为 1 的复高斯分布。假设每个用户均已知各自的信道状态信息 $\boldsymbol{h}_k$,并将量化后的信道状态信息以 B bit 反馈。量化采用随机向量量化(Random Vector Quantization,RVQ)方法,2^B 个量化向量相互独立,且都选自各向同分布的 M 维单位球上。

量化信息选择过程如下。

令$\widetilde{\boldsymbol{h}}_k=\boldsymbol{h}_k/\|\boldsymbol{h}_k\|$,表示单位向量,则$\widetilde{\boldsymbol{h}}_k$ 可以分解为

$$\widetilde{\boldsymbol{h}}_k=\cos\theta_k\hat{\boldsymbol{h}}_k+\sin\theta_k\boldsymbol{g}_k \tag{6-50}$$

其中$\hat{\boldsymbol{h}}_k=\boldsymbol{c}_{ki_k}$,$\boldsymbol{c}_{ki_k}$来自码簿$C_k=\{\boldsymbol{c}_{k1},\boldsymbol{c}_{k2},\cdots,\boldsymbol{c}_{k2^B}\}$,其下标 $i_k=\arg\max\limits_{1\leqslant j\leqslant 2^B}|\widetilde{\boldsymbol{h}}_k^{\mathrm{H}}\boldsymbol{c}_{kj}|$,满足最小距离准则,并且从码簿选出的$\hat{\boldsymbol{h}}_k$ 满足$\hat{\boldsymbol{h}}_j^{\mathrm{H}}\boldsymbol{w}_k=0$, $\forall j\neq k$。$\boldsymbol{g}_k$ 是和$\hat{\boldsymbol{h}}_k$ 正交的单位向量,θ_k 是$\widetilde{\boldsymbol{h}}_k$ 和$\hat{\boldsymbol{h}}_k$之间的夹角。所以从码簿中挑选出符合要求的$\hat{\boldsymbol{h}}_k$,就可得到要反馈的量化信息,其中量化误差 $\sin\theta_k$ 满足$((M-1)/M)\delta\leqslant E\{\sin^2\theta_k\}<\delta(\delta=2^{-B/(M-1)})$[62]。

基于以上分析,可以得到用户 U_1 的信干噪比 γ_1 为

$$\begin{aligned}\gamma_1&=\frac{P_{\mathrm{R}}\,|\boldsymbol{h}_1^{\mathrm{H}}\boldsymbol{w}_1|^2}{P_{\mathrm{R}}\,|\boldsymbol{h}_1^{\mathrm{H}}\boldsymbol{w}_2|^2+\sigma^2}\\&=\frac{\rho\,|\boldsymbol{h}_1^{\mathrm{H}}\boldsymbol{w}_1|^2}{\rho\,|\widetilde{\boldsymbol{h}}_1^{\mathrm{H}}\|\boldsymbol{h}_1^{\mathrm{H}}\|\boldsymbol{w}_2|^2+1}\\&=\frac{\rho\,|\boldsymbol{h}_1^{\mathrm{H}}\boldsymbol{w}_1|^2}{\rho\,|(\cos\theta_1\hat{\boldsymbol{h}}_1^{\mathrm{H}}+\sin\theta_1\boldsymbol{g}_1^{\mathrm{H}})\|\boldsymbol{h}_1^{\mathrm{H}}\|\boldsymbol{w}_2|^2+1}\\&=\frac{\rho\,|\boldsymbol{h}_1^{\mathrm{H}}\boldsymbol{w}_1|^2}{\rho\sin^2\theta_1\,\|\boldsymbol{h}_1\|^2\,|\boldsymbol{g}_1^{\mathrm{H}}\boldsymbol{w}_2|^2+1}\end{aligned} \tag{6-51}$$

其中,$\|\boldsymbol{h}_k\|^2$,θ_k,$|\boldsymbol{g}_i^{\mathrm{H}}\boldsymbol{w}_j|^2(\forall i\neq j)$是相互独立的随机变量,$\rho=P_{\mathrm{R}}/\sigma^2$ 是每个用户的信噪比。

同理,可以得到用户 U_2 的信干噪比 γ_2 为

$$\begin{aligned}\gamma_2&=\frac{P_{\mathrm{R}}\,|\boldsymbol{h}_2^{\mathrm{H}}\boldsymbol{w}_2|^2}{P_{\mathrm{R}}\,|\boldsymbol{h}_2^{\mathrm{H}}\boldsymbol{w}_1|^2+\sigma^2}\\&=\frac{\rho\,|\boldsymbol{h}_2^{\mathrm{H}}\boldsymbol{w}_2|^2}{\rho\,|\widetilde{\boldsymbol{h}}_2^{\mathrm{H}}\|\boldsymbol{h}_2^{\mathrm{H}}\|\boldsymbol{w}_1|^2+1}\end{aligned}$$

$$=\frac{\rho\left|\boldsymbol{h}_2^{\mathrm{H}}\boldsymbol{w}_2\right|^2}{\rho\left|(\cos\theta_2\hat{\boldsymbol{h}}_2^{\mathrm{H}}+\sin\theta_2\boldsymbol{g}_2^{\mathrm{H}})\|\boldsymbol{h}_2^{\mathrm{H}}\|\boldsymbol{w}_1\right|^2+1}$$

$$=\frac{\rho\left|\boldsymbol{h}_2^{\mathrm{H}}\boldsymbol{w}_2\right|^2}{\rho\sin^2\theta_2\|\boldsymbol{h}_2\|^2\left|\boldsymbol{g}_2^{\mathrm{H}}\boldsymbol{w}_1\right|^2+1}\tag{6-52}$$

同理,窃听者E的信干噪比γ_{E_k}为

$$\gamma_{\mathrm{E}_k}=\frac{\left|\boldsymbol{h}_{\mathrm{E}}^{\mathrm{H}}\boldsymbol{w}_k\right|^2}{\sum_{i=1,i\neq k}^{2}\left|\boldsymbol{h}_{\mathrm{E}}^{\mathrm{H}}\boldsymbol{w}_i\right|^2+\frac{1}{\rho}}\tag{6-53}$$

所以安全和速率为

$$R_{\mathrm{sum}}=\Big[\underbrace{E\{\log_2(1+\gamma_1)\}}_{R_{\mathrm{L1}}}-\underbrace{E\{\log_2(1+\gamma_{\mathrm{E}_1})\}}_{R_{\mathrm{E}_1}}\Big]^{+}+\Big[\underbrace{E\{\log_2(1+\gamma_2)\}}_{R_{\mathrm{L2}}}-\underbrace{E\{\log_2(1+\gamma_{\mathrm{E}_2})\}}_{R_{\mathrm{E}_2}}\Big]^{+}\tag{6-54}$$

其中$E\{\cdot\}$表示取期望值,$[x]^{+}=\max(x,0)$。假设用户U_1和用户U_2与中继节点之间的信道具有对称性,则各用户具有相等的遍历安全速率,则式(6-54)可进一步写成

$$R_{\mathrm{sum}}=2[R_{\mathrm{L}}-R_{\mathrm{E}}]^{+}\tag{6-55}$$

其中R_{L}表示合法用户的可达安全速率,R_{E}表示窃听节点的速率。所以,要计算遍历的安全和速率,关键是求γ_k和γ_{E_k}的概率分布。

当量化误差较小时,可以得到式(6-56):

$$\rho\left|\boldsymbol{h}_k^{\mathrm{H}}\boldsymbol{w}_k\right|^2=\rho\|\boldsymbol{h}_k\|^2\left|\tilde{\boldsymbol{h}}_k^{\mathrm{H}}\boldsymbol{w}_k\right|^2\overset{(a)}{\approx}\rho\|\boldsymbol{h}_k\|^2\left|\hat{\boldsymbol{h}}_k^{\mathrm{H}}\boldsymbol{w}_k\right|^2\tag{6-56}$$

由量化近似的相关知识可知,$\|\boldsymbol{h}_k\|^2\left|\hat{\boldsymbol{h}}_k^{\mathrm{H}}\boldsymbol{w}_k\right|^2$服从$\chi^2_{2(M-1)}$分布,$\sin^2\theta_i\|\boldsymbol{h}_i\|^2\left|\boldsymbol{g}_i^{\mathrm{H}}\boldsymbol{w}_j\right|^2(\forall i\neq j)$服从$\delta\chi^2_2$分布[63],所以将$\gamma_k$记为

$$\gamma_k\overset{d}{=}\frac{\chi^2_{2(M-1)}}{\delta\chi^2_2+\frac{1}{\rho}}\tag{6-57}$$

设$y\sim\chi^2_{2(M-1)}$,$z\sim\chi^2_2$,由概率论统计知识可知y和z的概率密度函数分别为$f(y)=y^{M-2}\mathrm{e}^{-y}/(M-2)!$和$f(z)=\mathrm{e}^{-z}$,则$\gamma_k$可记为

$$\gamma_k=\frac{y}{\delta z+\frac{1}{\rho}}\tag{6-58}$$

令$F(x)$为γ_k的分布函数,则

$$\begin{aligned}F(x)&=\Pr\left(\frac{y}{\delta z+\frac{1}{\rho}}\leqslant x\right)\\&=\int_0^{\infty}F_{Y|Z}\left(x\delta z+\frac{x}{\rho}\right)f_Z(z)\mathrm{d}z\\&=\int_0^{\infty}\left(1-\mathrm{e}^{-\left(x\delta z+\frac{x}{\rho}\right)}\sum_{i=0}^{M-2}\frac{\left(x\delta z+\frac{x}{\rho}\right)^i}{i!}\right)f_Z(z)\mathrm{d}z\\&=1-\sum_{m=0}^{M-2}\sum_{i=0}^{m}\frac{\delta^{m-i}x^m\mathrm{e}^{-x/\rho}}{i!\rho^i(1+\delta x)^{1+m-i}}\end{aligned}\tag{6-59}$$

设$f(x)$为γ_k的概率密度函数,则遍历的合法用户的可达安全速率为

$$
\begin{aligned}
R_{\mathrm{L}} &= \int_0^{\infty} \log_2(1+x) f(x)\mathrm{d}x \\
&= \log_2 \mathrm{e}\left(\ln(1+x)F(x)\Big|_0^{\infty} - \int_0^{\infty} \frac{F(x)}{1+x}\mathrm{d}x\right) \\
&= \log_2 \mathrm{e}\int_0^{\infty} \frac{1-F(x)}{1+x}\mathrm{d}x
\end{aligned} \tag{6-60}
$$

将 $F(x)$代入得

$$
\begin{aligned}
R_{\mathrm{L}} &= \log_2(e)\int_0^{\infty}\left\{\left[\sum_{m=0}^{M-2}\sum_{i=0}^{m}\frac{\delta^{m-i}x^{m}\mathrm{e}^{-x/\rho}}{i!\rho^{i}(1+\delta x)^{1+m-i}}\right]\Big/(1+x)\right\}\mathrm{d}x \\
&= \log_2(e)\sum_{m=0}^{M-2}\sum_{i=0}^{m}\left(\frac{1}{i!\rho^{i}\delta}\times\int_0^{\infty}\frac{x^{m}\mathrm{e}^{-x/\rho}}{\left(\frac{1}{\delta}+x\right)^{1+m-i}(1+x)}\mathrm{d}x\right) \\
&= \log_2(e)\sum_{m=0}^{M-2}\sum_{i=0}^{m}\left(\frac{1}{i!\rho^{i}\delta}\times I\left(\frac{1}{\rho},\frac{1}{\delta},m,1+m-i\right)\right)
\end{aligned} \tag{6-61}
$$

其中

$$
\begin{aligned}
I(a,b,m,n) &= \int_0^{\infty}\frac{x^{m}\mathrm{e}^{-ax}}{(x+b)^{n}(x+1)}\mathrm{d}x \\
&= \sum_{i=1}^{n}\frac{(-1)^{i-1}}{(1-b)^{i}}\cdot I_2(a,b,m,n-i+1)+\frac{I_2(a,1,m,1)}{(b-1)^{n}}
\end{aligned} \tag{6-62}
$$

$$
I_2(a,b,m,n) = \mathrm{e}^{ab}\sum_{i=0}^{m}\binom{m}{i}(-b)^{m-i}I_1(a,b,i-n) \tag{6-63}
$$

$$
I_1(a,b,m) = \begin{cases}
\mathrm{e}^{-ab}\displaystyle\sum_{i=0}^{m}\frac{m!}{i!}\frac{b^{i}}{a^{m-i+1}}, & m \geqslant 0 \\
E_1(ab), & m = -1 \\
(-a)^{-m-1}\dfrac{E_1(ab),}{(-m-1)!}+\dfrac{\mathrm{e}^{-ab}}{b^{-m-1}}\displaystyle\sum_{i=0}^{-m-2}\frac{(-ab)^{i}(-m-i-2)!}{(-m-1)!}, & m \leqslant -2
\end{cases} \tag{6-64}
$$

设 $G(x)$为 γ_{E_k} 的分布函数,同理,则窃听者的速率可以表示为

$$
R_{\mathrm{E}} = \log_2 \mathrm{e}\int_0^{\infty}\frac{1-G(x)}{1+x}\mathrm{d}x = \log_2 \mathrm{e}\int_0^{\infty}\frac{\mathrm{e}^{-x/\rho}}{(1+x)^{M}}\mathrm{d}x \tag{6-65}
$$

所以遍历安全和速率为

$$
R_{\mathrm{sum}} = 2\log_2 \mathrm{e}\left[\sum_{m=0}^{M-2}\sum_{i=0}^{m}\left(\frac{1}{i!\rho^{i}\delta}\times\int_0^{\infty}\frac{x^{m}\mathrm{e}^{-x/\rho}}{\left(\frac{1}{\delta}+x\right)^{1+m-i}(1+x)}\mathrm{d}x\right)-\int_0^{\infty}\frac{\mathrm{e}^{-x/\rho}}{(1+x)^{M}}\mathrm{d}x\right]^{+} \tag{6-66}
$$

观察式(6-66),遍历安全和速率与中继天线数 M,每个用户的信噪比 ρ 和量化信息比特数 B 有关。分析可知,中继天线数 M 越多和量化信息比特数 B 越多时,遍历安全和速率越大。可看到该遍历安全和速率的表达式为非闭式解,接下来会对推导结果进行相应的仿真,从中可以进一步看出中继天线数 M 和量化信息比特数 B 与遍历安全和速率的关系。需要注意的是,当信噪比非常大,即 $\rho\to\infty$时,γ_k 记为

$$
\gamma_k \overset{d}{\approx} \frac{\chi^2_{2(M-1)}}{\delta\chi^2_2} \tag{6-67}
$$

则

$$R_{\mathrm{L}} = \log_2(e)\sum_{m=0}^{M-2}\int_0^{\infty}\frac{x^m}{(1+x)^{m+1}(x+\delta)}\mathrm{d}x \tag{6-68}$$

可以看到，当 $\rho\to\infty$ 时，R_{L} 和 R_{E} 都与 ρ 无关，所以可以得出结论，即当信噪比 ρ 达到一定值时，系统的安全容量不会随 ρ 变化。

6.3.4　节点位置对系统安全容量的影响

前文推导的瞬时安全容量和遍历安全容量考虑的都是小尺度衰落情况，为了进一步考虑节点位置对系统安全容量的影响，应考虑在大尺度衰落情况下的信号传输。大尺度衰落主要包括路径传播损耗和阴影衰落，主要由移动台和基站空间上的距离以及无线电波传播过程中受到建筑物阻挡造成。在本节中，信号传输和接收过程与 6.4.3 节相同，与 6.4.3 节不同的是，本节会将各节点的距离和信噪比的关系考虑进去。假设信道为瑞利衰落信道，由衰落知识可知，信道衰落系数 h 为均值为零的复高斯随机变量，又由 6.4.3 节的分析可知，$\gamma\propto|h^2|$，所以 γ 服从指数分布。由于中继节点到用户 U_1 和用户 U_2 的信道具有对称性，所以只需要分析其中用户 U_1 的信噪比，用户 U_2 的推导计算同理可得。设 γ_{R1} 为中继节点与用户 U_1 之间信道的信噪比，γ_{RE} 为中继节点与窃听者 Eve 之间信道的信噪比，γ_{SE} 为源节点与窃听者 Eve 之间信道的信噪比，则三者的概率密度函数依次为

$$f(\gamma_{\mathrm{R1}})=\frac{1}{\overline{\gamma}_{\mathrm{R1}}}\mathrm{e}^{-\frac{\gamma_{\mathrm{R1}}}{\overline{\gamma}_{\mathrm{R1}}}},\quad \gamma_{\mathrm{R1}}>0 \tag{6-69}$$

$$f(\gamma_{\mathrm{RE}})=\frac{1}{\overline{\gamma}_{\mathrm{RE}}}\mathrm{e}^{-\frac{\gamma_{\mathrm{RE}}}{\overline{\gamma}_{\mathrm{RE}}}},\quad \gamma_{\mathrm{RE}}>0 \tag{6-70}$$

$$f(\gamma_{\mathrm{SE}})=\frac{1}{\overline{\gamma}_{\mathrm{SE}}}\mathrm{e}^{-\frac{\gamma_{\mathrm{SE}}}{\overline{\gamma}_{\mathrm{SE}}}},\quad \gamma_{\mathrm{SE}}>0 \tag{6-71}$$

其中 $\overline{\gamma}$ 表示 γ 的平均值。考虑路径损耗，则 $|h|^2=\lambda d^{-\alpha}$，其中 λ 是与天线增益有关的系数，d 表示两个节点之间的距离，α 是路径衰落系数。假设窃听者既可以从源节点处窃听信息，也可以从中继节点窃听信息，为了提高系统的安全性，中继发送用户已知的协作干扰信号 $\boldsymbol{x}_j$，窃听者由于受到协作信号的干扰而无法有效地分解出中继重新编码后发送的有用信号，从而用户不会受到影响。则窃听者收到的信号为

$$\boldsymbol{y}_{\mathrm{E}}=\boldsymbol{h}_{\mathrm{SE}}\boldsymbol{x}_{\mathrm{S}}+\boldsymbol{h}_{\mathrm{RE}}\boldsymbol{x}_j+\boldsymbol{n}_{\mathrm{E}} \tag{6-72}$$

其中 $\boldsymbol{y}_{\mathrm{E}}$ 为窃听者接收的信号，$\boldsymbol{h}_{\mathrm{SE}}$ 和 $\boldsymbol{h}_{\mathrm{RE}}$ 分别表示源节点与窃听节点、中继节点与窃听者之间的信道衰落系数。

系统的安全和速率可以表示为

$$\begin{aligned}R_{\mathrm{sum}}&=2[\log_2(1+\gamma_1)-\log_2(1+\gamma_{\mathrm{E}})]^+\\&=2\left[\log_2\left(1+\frac{P_{\mathrm{R}}|h_1|^2}{\sigma^2}\right)-\log_2\left(1+\frac{P_{\mathrm{S}}|\boldsymbol{h}_{\mathrm{SE}}|^2}{P_j|\boldsymbol{h}_{\mathrm{RE}}|^2+\sigma_{\mathrm{E}}^2}\right)\right]^+\end{aligned} \tag{6-73}$$

其中 P_{S} 和 P_{R} 表示源节点和中继节点有用信号的发射功率，P_j 表示中继发送干扰信号的功率，σ^2 和 σ_{E}^2 表示用户和窃听节点的噪声。进一步分析，又 $|h|^2=\lambda d^{-\alpha}$，则式(6-73)可以写成

$$R_{\mathrm{sum}}=2\left[\log_2\left(1+\frac{P_{\mathrm{R}}\lambda_{\mathrm{R1}}d_{\mathrm{R1}}^{-\alpha}}{\sigma^2}\right)-\log_2\left(1+\frac{P_{\mathrm{S}}\lambda_{\mathrm{SE}}d_{\mathrm{SE}}^{-\alpha}}{P_j\lambda_{\mathrm{RE}}d_{\mathrm{RE}}^{-\alpha}+\sigma_{\mathrm{E}}^2}\right)\right]^+ \tag{6-74}$$

其中 λ_{R1}、λ_{SE} 和 λ_{RE} 都是和天线增益有关的系数，α 是路径衰落系数，d_{R1} 是中继节点与用户 U_1

之间的距离，d_{SE}是源节点与窃听节点之间的距离，d_{RE}是中继节点与窃听者的距离。观察式(6-74)，发现系统的安全容量确实与节点位置有关，接下来将在6.3.5节具体分析节点位置对安全容量的影响，讨论最佳安全的位置分布，以保证系统的安全性能。

6.3.5 仿真分析

本节将对前面理论推导的结果进行MATLAB仿真验证，首先给出不同参数条件下瞬时安全容量的上界，然后分析天线数和反馈信息比特数与遍历安全容量的关系，最后分析节点位置对系统安全性能的影响，找出系统的安全区域。

(1) 系统瞬时安全容量仿真

仿真参数设定：

用户U_1和用户U_2的天线数为$N_1=N_2=2$，中继天线数为$M=2$，信噪比为SNR=10 dB，中继发射功率为$P_R=10$ W，噪声方差为$\sigma^2=1$，中继节点与用户U_1之间、中继节点与用户U_2之间的信道衰落系数矩阵，中继节点与窃听节点之间的信道衰落系数矩阵分别为：

$$\boldsymbol{h}_1=\begin{pmatrix}1-0.5j & 1-0.5j\\ -0.5 & 1.3\end{pmatrix},\quad \boldsymbol{h}_2=\begin{pmatrix}1.2-0.2j & 0.7\\ 1 & -0.2j\end{pmatrix},\quad \boldsymbol{h}_E=\begin{pmatrix}1.3\\ 1.3j\end{pmatrix}。$$

安全容量界随约束因子a的变化仿真图如图6-9所示，其中横坐标和纵坐标分别表示用户U_1和用户U_2的可达安全速率，单位为bit/s。对于式$\max \mu R_1(\boldsymbol{Q})+(1-\mu)R_2(\boldsymbol{Q})$，其中的$\mu$是分配给用户$U_1$和用户$U_2$的可达安全速率的权重，$\mu\in[0,1]$。图中不同的曲线对应为不同仿真条件下可达安全速率的边界。在已知权重μ的条件下，求出令速率和最大的输入协方差矩阵$\boldsymbol{Q}$，然后将$\boldsymbol{Q}$再代入式(6-35)，求出对应用户U_1和用户U_2的速率，最后可得仿真图6-9中的各条曲线，即给定仿真条件下的可达安全速率。

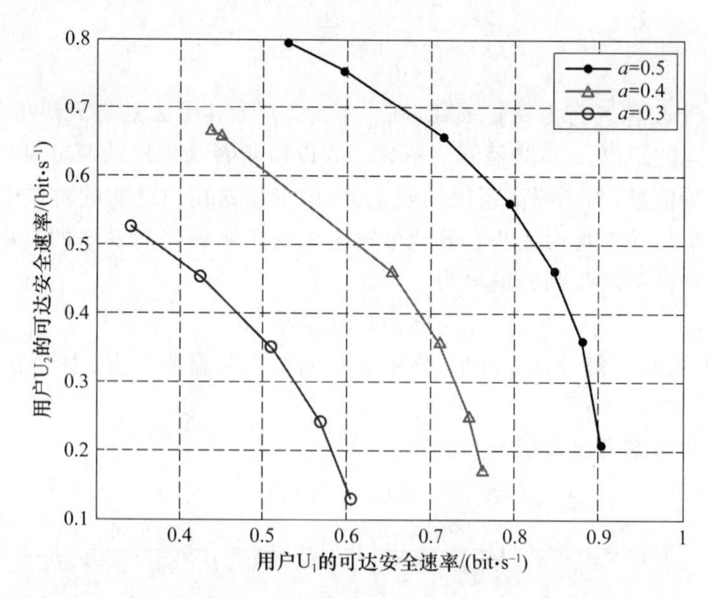

图6-9 瞬时安全容量界随约束因子a的变化

图6-9中的三条曲线分别表示了不同窃听信号功率约束因子a对应的不同中继广播窃听信道模型的安全容量界，$a=0.5$，$a=0.4$，$a=0.3$分别表示约束窃听者获得的信号功率为0.5 dB，0.4 dB，0.3 dB。可以看出当$a=0.5$，$a=0.4$，$a=0.3$时，模型的安全容量界依次减

小。原因在于加入对窃听信号功率的约束条件后，a 减小，即 $\boldsymbol{h}_{\mathrm{E}}^{\mathrm{H}}\boldsymbol{Q}\boldsymbol{h}_{\mathrm{E}}$ 减小，即输入的最优协方差矩阵 $\boldsymbol{Q}$ 需要随之改变，使得对应的用户速率 $R_1(\boldsymbol{Q})$ 和 $R_2(\boldsymbol{Q})$ 减小，所以系统的安全容量界减小。改变 $\boldsymbol{Q}$，即减小了中继发射的功率，则窃听节点的窃听信号的功率显然会减少，仿真图的结果与 6.3.4 节理论分析一致。

(2) 系统遍历安全容量随中继天线数的变化

遍历安全容量随中继天线数的变化仿真图如图 6-10 所示。

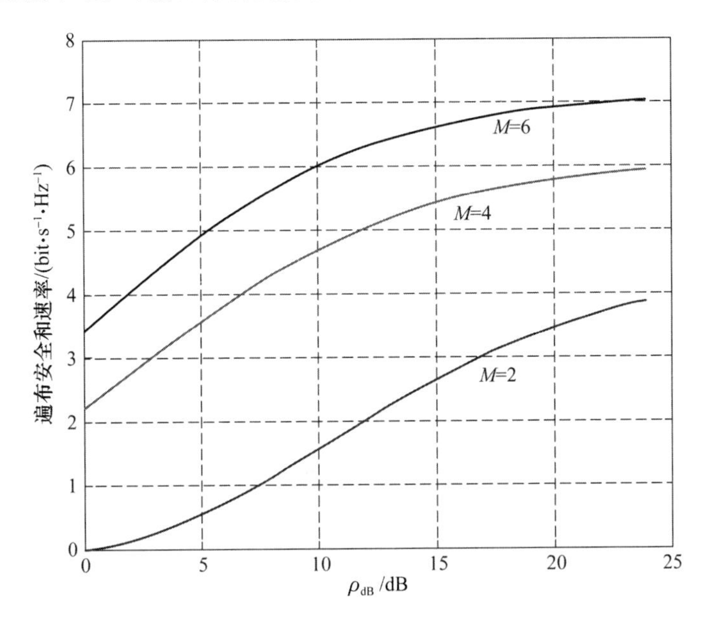

图 6-10　遍历安全容量随中继天线数的变化

图中曲线分别表示当中继天线数为 $M=2$，$M=4$，$M=6$ 时，系统的遍历安全和速率。其中横坐标 $\rho_{\mathrm{dB}}=10\lg\rho$，单位为 dB，$\rho$ 是每个用户的信噪比，纵坐标表示系统的遍历安全和速率，单位是 bit/(s·Hz)。观察图 6-10，当用户信噪比一定时，系统的遍历安全和速率随中继天线数的增加而增加，这与 6.4.1 节的理论分析一致。将该理论应用到实际情况中时，可以通过增加中继节点的发射天线数来提高系统的安全性能。

(3) 系统遍历安全容量随用户反馈信息比特数的变化

设中继天线数为 $M=4$，系统的遍历安全容量随用户反馈信道状态信息(CSI)比特数的变化仿真图如图 6-11 所示。图中横坐标 $\rho_{\mathrm{dB}}=10\lg\rho$，单位为 dB，$\rho$ 是每个用户的信噪比，纵坐标表示系统的遍历安全和速率，单位是 bit/(s·Hz)。图中曲线分别表示当用户反馈信息比特数为 $B=4$，$B=4$，$B=12$ 时，系统的遍历安全和速率。由图 6-11 可以看出，纵向观察时，当信噪比一定时，系统的遍历安全和速率随反馈信息比特数 B 的增加而增加。横向观察时，当反馈信息比特数 B 一定时，系统的遍历安全和速率随着信噪比的增加先增加后不变，因为由当 $\rho\to\infty$ 时，R_{L} 和 R_{E} 都与 ρ 无关，所以当信噪比 ρ 达到一定值时，系统的遍历安全和速率不会随 ρ 变化。仿真结果与理论分析一致。将该理论应用到实际情况中时，可以增加用户对信道状态信息的反馈，提高系统的安全性能。而且在一般情况下，用户的信噪比越大，系统的安全容量越大，但信噪比的值大到一定程度时，再增加信噪比对系统的安全性的提升帮助不大。

(4) 节点位置对系统安全性能的影响

源节点、中继节点、用户和窃听者的位置分布会影响系统的安全容量。为了方便计算和仿真，设各功率都设为 1 W，λ_{R1}，λ_{SE} 和 λ_{RE} 都设为 1，衰落因子为 $\alpha=2$，$\sigma^2=\sigma_E^2=1$。假设源节点、中继节点、用户的位置都固定，且在坐标平面内源节点的坐标是(0,0)，中继节点坐标是(1,0)。代入各参数，则式(6-74)可写为

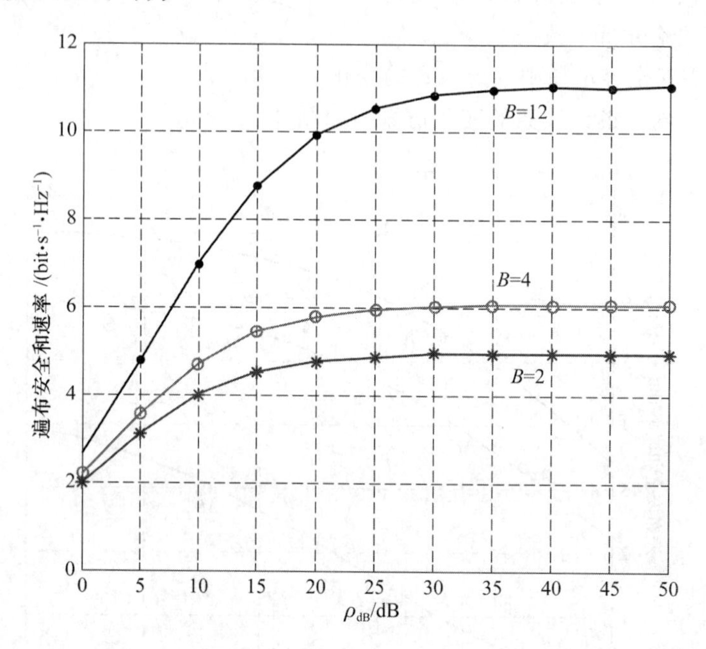

图 6-11　遍历安全容量随用户反馈信息比特数的变化

$$R_{sum}=2\log_2\frac{2(1+d_{RE}^{-2})}{1+d_{RE}^{-2}+d_{SE}^{-2}} \tag{6-75}$$

寻找安全容量为零的区域，则令 $R_{sum}=0$，可得 $d_{SE}^{-2}-d_{RE}^{-2}=1$。

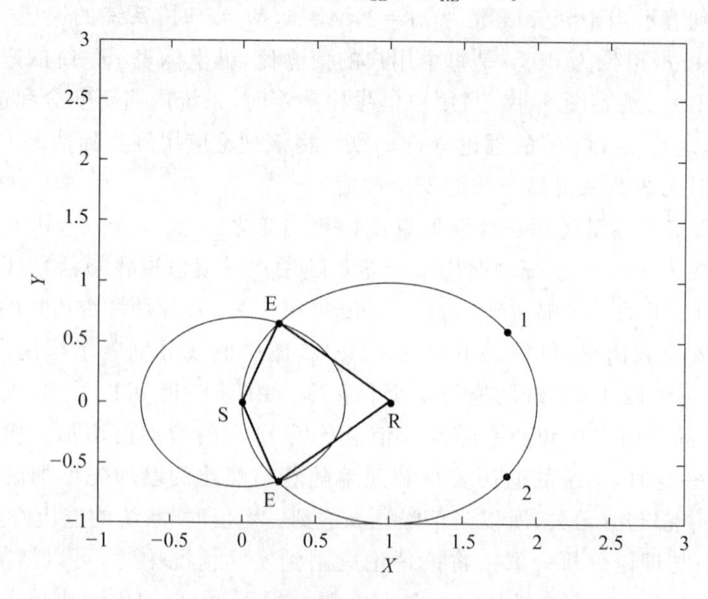

图 6-12　功率一定条件下的安全区域

功率一定条件下的安全区域仿真图如图 6-12 所示，S、R、E 分别表示源节点、中继节点和窃听者，1 和 2 表示用户，假设用户关于中继对称分布。当窃听者位于图中的黑色直线围成的

四边形的边上时，系统安全容量为零，当窃听者位于四边形内部时，则系统安全容量小于零，系统通信安全极易受到威胁。

改变各节点的功率，设中继节点的功率分别为 1 W 和 5 W，源节点、中继节点、用户的位置都不变，在坐标平面内源节点的坐标是(0,0)，中继节点坐标(1,0)。λ_{R1}、λ_{SE}和 λ_{RE}都设为 1，衰落因子为 $\alpha=2,\sigma^2=\sigma_E^2=1$。不同功率条件下的安全区域如图 6-13 所示。从图 6-13 可以看出，随着中继节点功率的增大，四边形的面积在减小，表示系统的安全容量小于零的区域在减小，因此系统安全容量大于零的区域在增大，即窃听者能够成功窃听到信号的范围缩小，要成功窃听的话，窃听者必须缩小与源节点之间的距离。综上，提高中继节点的功率，可以提高系统安全性。

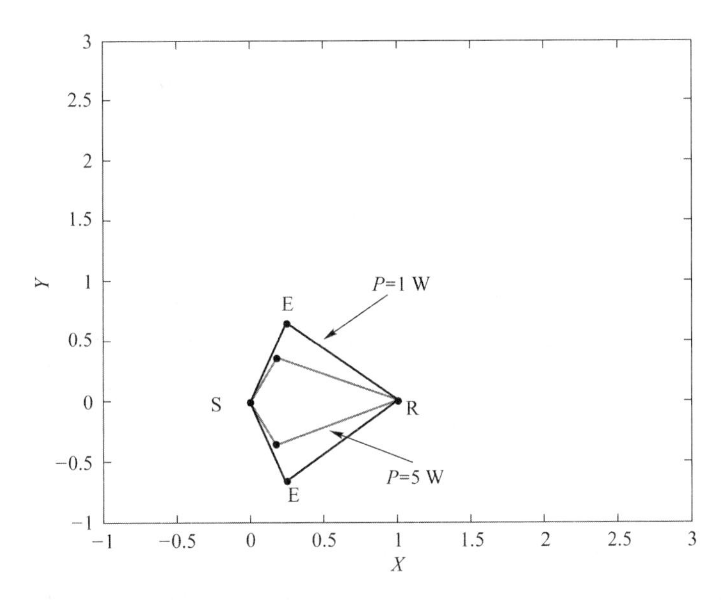

图 6-13　不同功率条件下的安全区域

本节介绍了中继广播窃听信道模型，首先对模型的瞬时安全容量进行推导，然后推导了系统遍历安全容量，最后分析了源节点、中继节点和窃听节点的位置对系统安全容量的影响。并且，本节通过仿真验证了推导结果，首先给出在不同参数条件下瞬时安全容量的上界，然后分析天线数和反馈信息比特数对遍历安全容量的影响。仿真结果表明增加中继节点的发射天线数和用户对信道状态信息的反馈可以提高系统的安全性能，最后分析节点位置对系统安全性能的影响，给出不同中继功率条件下的安全区域图，结论表明只有当窃听者位于安全区域外，才能实现安全通信。根据推导结论，可以找到能提高多跳多用户网络安全容量的因素，进一步提高系统的安全性能。

在对中继广播窃听系统瞬时安全容量公式进行分析时，发现对窃听用户的信号功率约束不同时，推导出的上界不同，在这一点上读者可以再做深入的研究。同时，在分析用户反馈信息比特数对系统遍历安全容量的影响时，发现当信噪比达到一定值时，系统的安全容量不会随之变化，所以还可以对最优的信噪比进行推导，以提供实际应用，避免过度增大信噪比而造成资源浪费。

本章参考文献

[1] 胡金泉. 5G系统的关键技术及其国内外发展现状[J]. 电信快报,2017(1):10-14.

[2] Gastpar M, Vetterli M. On the capacity of wireless networks: the relay case[C]// Twenty-First Annual Joint Conference of the IEEE Computer and Communications Societies. New York: IEEE, 2002:1577-1586.

[3] Cover T M, Gamal A E. Capacity theorems for the relay channel [J]. IEEE Trans Inf Theory: 1979, 25:572-584.

[4] Hasna M O, Alouini M S. Harmonic mean and end-to-end performance of transmission systems with relays [J]. IEEE Trans. Commun. , 2004, 52:130-135.

[5] Laneman J N, Wornell G W. Distributed space-time coded protocols for exploiting cooperative diversity in wireless networks [J]. IEEE Transactions on Information Theory, 2003, 49(10): 2415-2425.

[6] Cadambe V R, Jafar S A. Interference Alignment and Degrees of Freedom of the K-User Interference Channel [J]. IEEE Trans Inf Theory, 2008, 54(8):3425-3441.

[7] Mohajer S, Diggavi S N, Fragouli C, Tse D. Transmission Techniques for Relay-Interference Networks [C]//IEEE 2008 46th Annual Allerton Conference on Communication, Control, and Computing. Monticello: IEEE, 2008:467-474.

[8] Shannon C E. Communication Theory of Secrecy Systems [J]. The Bell System Technical Journal, 1949, 28(4):656-715.

[9] Wyner A D. The wire-tap channel [J]. The Bell System Technical Journal, 1975, 54(8):1355-1387.

[10] Csiszar I, Korner J. Broadcast channels with confidential messages [J]. IEEE Transactions on Information Theory, 1978, 24(3):339-348.

[11] Leung-Yan-Cheong S K, Hellman M E. The gaussian wiretap channel [J]. IEEE Transactions Information Theory, 1978, 24(7):451-456.

[12] Barros J, Rodrigues M R D. Secrecy capacity of wireless channels[C]// IEEE International Symposium on Information Theory. Seattle: IEEE, 2006:356-360.

[13] Gopala P K, Lai L, Gamal H. On the secrecy capacity of fading channels [J]. IEEE Transactions on Information Theory, 2008, 54(10):4687-4698.

[14] Liang Y, Poor H V, Shamai S. secure communication over fading channels [J]. IEEE Transactions on Information Theory, 2008, 54(6):2470-2492.

[15] Wang P Y, Yu G D, Zhang Z Y. On the secrecy capacity of fading wireless channel with multiple eavesdroppers[C]// IEEE International Symposium on Information Theory. Nice: IEEE, 2007:1301-1305.

[16] Khisti A, Tchamkerten A, Wornell G W. Secure broadcasting over fading channels [J]. IEEE Transactions on Information Theory, 2008, 54(6):2453-2469.

[17] Parada P, Blahut R. Secrecy capacity of SIMO and slow fading channels[C]// International Symposium on Information Theory. Adelaide: IEEE, 2005:2052-2155.

[18] Wang L F, Yang N, Elkashlan M, et al. Physical layer security of maximal ratio combining in two-wave with diffuse power fading channels [J]. IEEE Transactions on Information Forensics and Security, 2014, 9(2):247-258.

[19] Li Z, Trappe W, Yates R. Secret communication via multi-antenna transmission[C]// Information Sciences and Systems, IEEE 2007 41st Annual Conference on Information Sciences and Systems. Baltimore: IEEE, 2007: 905-910.

[20] Shafiee S, Ulukus S. Achievable rates in gaussian MISO channels with secrecy constraints[C]// IEEE International Symposium on Information Theory. Nice:IEEE, 2007:2466-2470.

[21] Khisti A, Wornell G W. Secure transmission with multiple antennas Ⅰ: The MISOME Wiretap Channel [J]. IEEE Transactions on Information Theory, 2010, 56(7): 3088-3104.

[22] Lai L, El Gamal H. The relay-eavesdropper channel: cooperation for secrecy [J]. IEEE Transactions on Information Theory, 2008, 54(9):4005-4019.

[23] Dong L, Han Z, Petropulu A P, et al. Improving wireless physical layer security via cooperating relays [J]. IEEE Transactions on Signal Processing, 2010, 58(3): 1875-1888.

[24] Wyrembelski R F, Boche H, et al. Physical layer integration of private, common, and confidential messages in bidirectional relay networks [J]. IEEE Transactions on Wireless Communications, 2012, 11(9):3170-3179.

[25] Louie R H Y, Li Y, Vucetic B. Practical physical layer network coding for two-way relay channels: performance analysis and comparison [J]. IEEE Transactions on Wireless Communications, 2010, 9(2):764-777.

[26] Laneman J N, Wornell G W, Tse D N C. An efficient protocol for realizing cooperative diversity in wireless networks [C]//2001 IEEE International Symposium on Information Theory. Washington: IEEE, 2001:294.

[27] Duong T Q, Suraweera H A, Tsiftsis T A et all. OSTBC transmission in MIMO AF relay systems with keyhole and spatial correlation effects [C]//2011 International Communications Conference. Kyoto: IEEE, 2011:1-6.

[28] Sendonaris A, Erkip E, Aazhang B. User cooperation diversity part Ⅰ: system description [J]. IEEE Trans Comm,2003, 51(11):1927-1938.

[29] Soldani D, Dixit S. Wireless relays for broadband access [J]. IEEE Communications Magazine, 2008, 46(3):58-66.

[30] Riihonen T, Werner S, Wichman R, et all. On the feasibility of full-duplex relaying in the presence of loop interference[C]// IEEE 10th Workshop Signal Process Adv Wireless Commun. Perugia: IEEE, 2009:275-279.

[31] Laneman J N, Tse D N C, Wornell G W. Cooperative diversity in wireless networks: efficient protocols and outage behavior [J]. IEEE Trans Inform Theory, 2004, 50 (12):3062-3080.

[32] Agrawal M, Love D J, Balakrishnan V. A lower bound on feedback capacity of colored gaussian relay channels[C]//2012 50th Annual Allerton Conference on Communication, Control, and Computing (Allerton). Monticello:IEEE:2012.

[33] Simoens S, Muoz-Medina O, Vidal J, et all. Compress-and-Forward cooperative MIMO relaying with full channel state information [J]. IEEE Transactions on Signal Processing, 2010, 58(2):781-791.

[34] Kramer G, Gastpar M, Gupta P. Cooperative strategies and capacity theorems for relay networks [J]. IEEE Transactions on Information Theory, 2005, 51 (9): 3037-3063.

[35] Anthony S A, Shah S I A. Multihop lightwave networks: a comparison of store-and-forward and hot-potato routing[J]. IEEE Transactions on Communications, 1992, 40 (6):1082-1090.

[36] Gou T, Jafar S A, Wang C et all. Aligned interference neutralization and the degrees of freedom of the 2×2×2 interference channel[J]. IEEE Trans. Inf. Theory, 2012, 58(7): 4381-4395.

[37] Lee N, Wang C. Aligned Interference Neutralization and the Degrees of Freedom of the Two-User Wireless Networks with an Instantaneous Relay[J]. IEEE Trans. Comm., 2013, 61(9): 3611-3619.

[38] Hamazumi H, Imamura K, Iai N, et all. A study of a loop interference canceller for the relay stations in an SFN for digital terrestrial broadcasting[C]// IEEE Globecom. San Francisco: IEEE, 2000:167-171.

[39] Cadambe V R, Jafar S A. Interference alignment and degrees of freedom of the K-user interference channel[J]. IEEE Trans. Inf. Theory, 2008, 54(8):3425-3441.

[40] Gou T, Jafar S A. Degrees of freedom of the K-user MIMO interference channel[J]. IEEE Trans. Inf. Theory, 2010, 56(12):6040-6057.

[41] Bresler G, Cartwright D, Tse D. Feasibility of interference alignment for the MIMO interference channel: The symmetric square case[C]//IEEE Information Theory Workshop. Paraty: IEEE, 2011:447-451.

[42] Jafar S A, Shamai S. Degrees of freedom region for the MIMO X channel[J]. IEEE Trans. Inf. Theory,2008, 54:151-170.

[43] Tannious R, Nosratinia A. The interference channel with MIMO relay: degrees of freedom[C]// 2008 IEEE ISIT. Toronto:IEEE, 2015:1908-1912.

[44] Nourani B, Motahari S, Khandani A. Relay-aided interference alignment for the quasi-static interference channel[C]//IEEE ISIT 2010. Austin: IEEE, 2010:405-409.

[45] Chen S, Cheng R S. On the achievable degrees of freedom of a K-user MIMO

interference channel with a MIMO relay [J]. IEEE Trans. Wireless Commun, 2013, 12(8): 4118-4128.

[46] Tian Y, Yener A. Guiding blind transmitters: Degrees of freedom optimal interference alignment using relays [J]. IEEE Trans. Inf. Theory, 2013, 59(8): 4819-4832.

[47] Mohajer S, Diggavi S, Fragouli C et all. Transmission techniques for relay-interference networks[C]// ACCCCC 2008. Monticello: IEEE, 2008:467-474.

[48] Sridharan S, Vishwanath S Jafar S. A, et all. On the capacity of cognitive relay assisted gaussian interference channel[C]// 2008 IEEE ISIT. Toronto: IEEE, 2008: 549-553.

[49] Ho Z K M, Jorswieck E. Instantaneous relaying: optimal strategies and interference neutralization [J]. IEEE Trans Signal Process, 2012, 60(12): 6655-6668.

[50] Yetis C M, Gou T, Jafar S A, et all. On feasibility of interference alignment in MIMO interference networks. IEEE Trans Signal Process [J], 2010, 58 (9): 4771-4782.

[51] Gonzalez O, Beltran C, Santamaria I. On the feasibility of interference alignment for the K-user MIMO channel with constant coefficients[EB/OL]. http://arxiv-web3. library. cornell. edu/abs/1202. 0186v1.

[52] Liu T, Yang C. On the feasibility of interference alignment for MIMO interference broadcast channels with constant coefficients [J]. IEEE Trans. Signal Process, 2013, 61(9):2178-2191.

[53] Ning H, Ling C, Leung K K. Relay-aided interference alignment: feasibility conditions and algorithm[C]// IEEE ISIT. Austin: IEEE, 2010:390-394.

[54] Liu Z, Sun D. Relay-assisted opposite directional interference alignment: feasibility condition and achievable degrees of freedom[J]. IEEE Commun Letters, 2015, 19(1): 66-69.

[55] Wu D, Yang C, Liu T, et all. Feasibility conditions for interference neutralization in relay-aided interference channel [J]. IEEE Trans Signal Process, 2014, 62 (6): 1408-1423.

[56] Razaviyayn M, Lyubeznik G, Luo Z. On the degrees of freedom achievable through interference alignment in a MIMO interference channel [J]. IEEE Trans. Signal Process, 2012, 60(2):812-821.

[57] Maddah-Ali M A, Niesen U. Fundamental limits of caching[J]. Information Theory IEEE Transactions, 2014, 60(5):1077-1081.

[58] Shariatpanahi S P, Motahari S A, Khalaj B H. Multi-server coded caching[J]. IEEE Transactions on Information Theory, 2016, 62(12):7253-7271.

[59] Golrezaei N, Shanmugam K, Dimakis A G et al. Femtocaching: wireless video content delivery through distributed caching helpers[C]// 2012 Proceedings IEEE INFOCOM IEEE. Orlando: IEEE, 2012:1107-1115.

[60] Liu A, Lau V K N. Exploiting base station caching in MIMO cellular networks: opportunistic cooperation for video streaming [J]. IEEE Transactions on Signal Processing, 2014, 63(1):57-69.

[61] Sengupta A, Tandon R, Simeone O. Cache aided wireless networks: tradeoffs between storage and latency[C]// Conference on Information Scienceand Systems. Princeton: IEEE, 2015:320-325.

[62] Jindal N. MIMO broadcast channels with finite-rate feedback [J]. IEEE Trans. Inf. Theory,2006,52(11):5045-5060.

[63] Li N, Tao X, Xu J. Ergodic secrecy sum-rate for downlink multiuser MIMO systems with limited CSI feedback[J]. IEEE Communications Letters, 2014, 18(6):969-972.

第 7 章　非对称信道的安全无线传输

在无线通信安全传输的研究中，除了有由独立窃听者所引起的安全问题外，还存在合法用户间的隐私数据泄露问题。例如，当系统中存在多个用户在相同时频资源传输时，用户想要确保其隐私，即不希望自己接收到的信息发生泄露。因此，在这类系统模型中，就需要防止非目接收者获取到机密信息。本章的关注点就是这类的系统模型，本章先从基础的非对称干扰信道模型出发，理论推导系统的安全自由度，进而分析安全自由度的可达性。

7.1　多用户隐私传播信道

7.1.1　机密消息广播信道

本节介绍 BCCM，其中一个源节点拥有两个接收端，即拥有接收端 1 和接收端 2 的公共信息，并拥有仅针对接收端 1 的保密信息。机密信息需要对接收端 2 尽可能保密。从源节点到接收端 1 和接收端 2 的广播信道会受到衰减系数和加性高斯噪声的破坏。假设在发送端和接收端都是已知信道状态信息的。本节首先介绍了具有独立子信道的并行 BCCM。并行 BCCM 是衰落 BCCM 的信息理论模型，随后介绍了并行 BCCM 的保密容量区域，并给出了带有退化子信道的并行 BCCM 的保密容量区域。在此基础上，本节介绍了并行高斯 BCCM 的保密容量区域，并推导了达到该区域边界的最优电源功率分配。本节还介绍了基本高斯 BCCM 的保密容量区域，并将保密容量的结果应用于衰落 BCCM 的研究。

1. 背景

无线通信具有固有的广播特性，其安全问题由 Wyner 在文献[1]中引入。在这个模型中，源节点希望将机密信息传输到目标节点，并希望让窃听器尽可能不知道这些信息。保密容量是一个重要的性能度量。它是在窃听器不获取任何信息的情况下从源节点到目标节点所能达到的最大通信速率。文献[1]和[2]分别给出了离散无记忆窃听信道和高斯窃听信道的保密容量。文献[3]～[11]对多天线信道进行了研究。Csiszar 和 Korner 在文献[12]中研究了一种更通用的窃听信道模型，其中源节点除了对接收端只有一个机密消息外，对两个接收端也只有一个共同的消息。该信道被视为带有机密消息的广播信道。

本节以文献[12]中所研究的 BCCM 信道为基础，介绍了衰落 BCCM。该信道从源节点到接收方 1 和接收端 2 的信道除了受到加性高斯噪声的影响外，还受乘性衰落增益系数的影响。衰落 BCCM 模型捕捉无线信道的基本时变特性，因此了解该信道对于解决无线应用中的安全问题具有重要作用。对于衰落 BCCM，假设衰落增益系数是平稳的，并且随时间的推移而遍历。进一步假设 CSI 在发送端和接收端都是已知的。源节点的 CSI 可以通过两个接收者的可靠反馈来实现,这两个接收者都是广播网络的合法成员,理应接收源节点的信息。在文献[7]中考虑了发送端不知道 CSI 的情况。

相比在文献[13]~[17]中研究的衰落广播信道,衰落 BCCM 需要一个额外的保密约束,即一个接收端的机密信息对另一个接收端必须是完全保密的。相比文献[5]~[7],即完整的 CSI 情况下的衰落窃听信道研究,本节中的衰落 BCCM 假设源节点都有一个共同的消息接收端,除了机密消息接收端 1 外。因此,衰落 BCCM 包括衰落窃听信道,其作为一个特例。衰落 BCCM 也包括在文献[18]中研究的并行高斯窃听信道,其作为一种特殊情况。原因与上面相同,即在文献[18]中每个子信道都假设了功率约束。

在介绍衰落 BCCM 之前,本节首先介绍了具有 L 独立子信道的并行 BCCM 的一般模型,其中源节点与接收端 1 和接收端 2 通过 L 条并行链路进行通信。该模型是一种通用的信息理论模型,衰落 BCCM 是其中一个特例。本节讨论了并行 BCCM 的保密容量区域。特别地,本节介绍了一个逆向证明来证明每个子信道的独立输入对于达到保密容量区域是最优的。这一事实并不直接遵循文献[12]中给出的 BCCM 保密容量区域的特征。随后本节给出了子信道退化的并行 BCCM 的保密容量区域。

此外,本节还介绍了并行高斯 BCCM,并以一个子信道并行 BCCM 为例进行了详细的介绍。并行高斯 BCCM 的保密容量区域是所有源功率分配的速率区域的联合。此外,本节给出了达到保密容量区域边界的最优功率分配,从而完全描述了该区域的特征。并行高斯 BCCM 的保密容量区域也建立了基本高斯 BCCM 的保密容量区域。这个结果补充了 Csiszar 和 Korner 在文献[12]中给出的离散无记忆 BCCM 的保密容量区域。

随后,本节将结果用于研究衰落 BCCM。本节首先介绍了该算法的遍历性能,即不考虑消息传输的时延约束,并对所有信道状态的保密容量区域进行平均。现在的衰落 BCCM 可以看作每一种衰落状态对应一个子信道的并行高斯 BCCM。因此,并行高斯 BCCM 的保密容量区域适用于衰落 BCCM。特别是由于源节点知道 CSI,可以通过信道状态实现动态改变其传输功率,以获得最佳性能。最终得到了达到衰落 BCCM 保密容量边界的最优功率分配。

本节还介绍了衰落 BCCM 的中断性能,即消息必须在一定时间内传输才能满足延迟约束。本节采用块衰落模型,其衰落系数在一个块上保持不变,在下一个块中变为另一个现实状态。假设块长度足够大,以保证在一个块中译码。假设源节点的功率约束适用于大量块。在遍历性能分析中,假设在发送端和接收端的 CSI 都是已知的,因此源节点可以分配其传输功率以实现最佳的中断性能。首先,本节获得了在公共消息的目标率或机密消息的目标率未达到时最小化中断概率的功率分配。然后,本节获得了最小化中断概率的功率分配。在此情况下,机密消息的目标速率没有达到,这取决于所有信道状态下公共消息的目标速率必须达到的约束。

2. 并行机密广播信道

(1) 信道模型

本节使用 $X_{[1,L]}$ 表示一组变量($X_1, X_2, \cdots, X_L$),使用 $\boldsymbol{X}_{[1,L]}^n$ 表示一组向量($\boldsymbol{X}_1^n, \boldsymbol{X}_2^n, \cdots, \boldsymbol{X}_L^n$),其中 $\boldsymbol{X}_l^n$ 表示向量($\boldsymbol{X}_{l_1}, \boldsymbol{X}_{l_2}, \cdots, \boldsymbol{X}_{l_n}$)。考虑具有 L 独立子信道的并行 BCCM,如图 7-1 所示,其中有一个源节点和两个接收端。每个子信道被假定为从源节点到两个接收端的通用广

播信道。源节点希望向接收端同时传输公共信息，并向接收端 1 传输机密信息。同时，源节点希望对接收端 2 尽可能保密该机密信息。

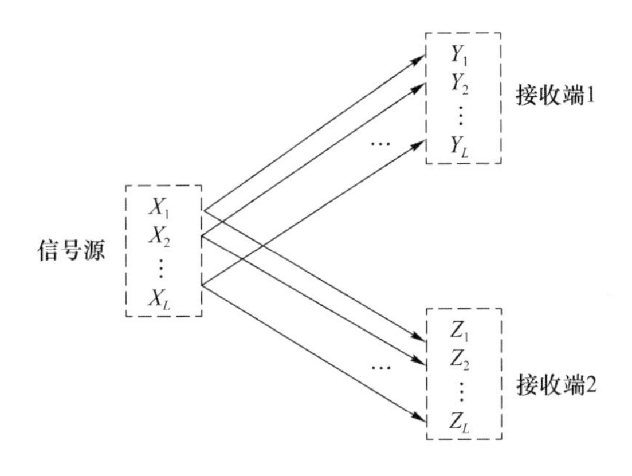

图 7-1　并行广播信道

并行 BCCM 由 L 个有限输入 $\boldsymbol{X}_{[1,L]}$、$2L$ 个有限输出 $\boldsymbol{Y}_{[1,L]}$ 和 $\boldsymbol{Z}_{[1,L]}$ 组成。给出的转移概率分布为

$$p(\boldsymbol{y}_{[1,L]},\boldsymbol{z}_{[1,L]} \mid \boldsymbol{x}_{[1,L]}) = \prod_{l=1}^{L}(y_l,z_l \mid x_l) \tag{7-1}$$

其中，对于 $l=1,\cdots,L$，满足 $x_l\in X$，$y_l\in Y$ 和 $z_l\in \boldsymbol{Z}_l$。如果并行 BCCM 只有一个子信道，则该信道为文献[12]中所研究的 BCCM。在文献[12]中，每个子信道被假定为通用广播信道。

$A(2^{nR_0},2^{nR_1},n)$ 编码包含两个信息集、一个在源节点上的随机编码器和两个解码器。其中，信息集为 $\mathscr{W}_0=\{1,2,\cdots,2^{nR_0}\}$ 和 $\mathscr{W}_1=\{1,2,\cdots,2^{nR_1}\}$，且信息 W_0 和 W_1 分别均匀分布在集合 $\mathscr{W}_0$ 和 $\mathscr{W}_1$ 上。随机编码器映射每个信息对 $(w_0,w_1)\in(\mathscr{W}_0,\mathscr{W}_1)$ 到编码字 $\boldsymbol{x}^n_{[1,L]}$。一个解码器在接收端 1，并映射一个接收序列 $\boldsymbol{y}^n_{[1,L]}$ 到信息对 $(w_0^{(1)},\hat{w}_1)\in(\mathscr{W}_0,\mathscr{W}_1)$，另一个解码器在接收端 2，并映射一个接收序列 $\boldsymbol{z}^n_{[1,L]}$ 到信息 $\hat{w}_0^{(2)}\in\mathscr{W}_0$。

在接收端 2 所获得的保密信息 W_1 的保密级别由疑义率来度量，其定义如下：

$$\frac{1}{n}H(W_1|\boldsymbol{Z}^n_{[1,L]}) \tag{7-2}$$

疑义率越高，接收端 2 获得的机密信息 W_1 就越少。平均误差概率如下：

$$P_e = \frac{1}{2^{nR_0}2^{nR_1}} \times \sum_{w_0=1}^{2^{nR_0}}\sum_{w_1=1}^{2^{nR_1}}\Pr\{(\hat{w}_0^{(1)},\hat{w}_1) \neq (w_0,w_1) \text{ 或 } \hat{w}_0^{(2)} \neq w_0\} \tag{7-3}$$

如果存在一系列的 $(2^{nR_0},2^{nR_1},n)$，随着 n 趋近于无穷大时，平均误差概率 $P_e\to 0$。三元组 (R_0,R_1,R_e) 疑义率是可获得的，且其疑义率满足式(7-4)：

$$R_e \leqslant \sum_{n\to\infty}\frac{1}{n}H(W_1 \mid \boldsymbol{Z}^n_{[1,L]}) \tag{7-4}$$

本节所关注的是达到完全保密的情况，即接收端 2 没有获得关于消息 W_1 的任何信息。如果 $R_e=R_1$ 发生，在这种情况下，定义了保密容量区域。

定义 1　保密能力区域 C_S 定义为包含所有 (R_0,R_1) 可实现的保密容量区域的集合，即

$$C_S=\{(R_0,R_1):(R_0,R_1,R_e=R_1) \text{ is achievable}\} \tag{7-5}$$

在完全保密情况下，文献[1]和文献[12]给出了保密容量域的定义，以此作为性能度量。本节在衰落广播信道的背景下研究了这一经典概念。此外，本节所研究的保密概念与密码学

中的保密概念相同。但本节关注的是通过利用底层物理信道实现的保密,这与基于共享密钥的加密方法不同。通过物理层方法实现保密的编码方案可以在文献[1]和文献[12]中找到。此处把信息论的方法应用在研究无线衰落广播信道。

(2) 安全容量区域

对于并行 BCCM,可得到以下保密容量区域。

定理 1 并行 BCCM 的保密容量区域如下:

$$C_{\mathrm{S}} = \bigcup_{\prod_l [p(q_l)p(u_l|q_l)p(x_l|u_l)p(y_l,z_l|x_l)]} \left\{ \begin{aligned} &(R_0,R_1): \\ &R_0 \leqslant \min\left\{ \sum_{l=1}^{L} I(Q_l;Y_l), \sum_{l=1}^{L} I(Q_l;Z_l) \right\} \\ &R_1 \leqslant \sum_{l=1}^{L} [I(U_l;Y_l \mid Q_l) - I(U_l;Z_l \mid Q_l)] \end{aligned} \right\} \tag{7-6}$$

其中 Q_l 可以被选为对于 $l=1,\cdots,L$ 的一个关于 U_l 的特定函数。如果源节点只向接收端 1 传输机密信息,即 $R_0=0$,那么并行 BCCM 就成为并行窃听信道。该信道的保密容量在以下推论中给出。

推论 1 并行窃听信道的保密容量为

$$C_{\mathrm{S}} = \sum_{l=1}^{L} C_s^{(l)} \tag{7-7}$$

其中 C_{S} 为子信道 l 的保密容量,同时给出了式(7-8):

$$C_{\mathrm{S}}^{(l)} = \max[I(U_l;Y_l) - I(U_l;Z_l)] \tag{7-8}$$

前一个方程的最大值是分布在 $p(u_l,x_l)p(y_l,z_l|x_l)$ 上的,其满足马尔可夫链条件 $U_l \to X_l \to (Y_l,Z_l)$。

证明:推论 1 是从定理 1 中通过令 $R_0=0$ 得出的,并通过一个常数 Q_l 使 $I(U_l;Y_l|Q_l) - I(U_l;Z_l|Q_l)$ 最大化。

标注 1 定理 1 表明了一个重要的性质,即对与每个子信道来说,具有独立的输入是最优的。尽管并行 BCCM 可以被视为 BCCM 的一个特例,但这一事实并不是直接源于文献[12]。在文献[12]中,子信道 l 的保密容量区域 $C_{\mathrm{S}}^{(l)}$ 为

$$C_{\mathrm{S}}^{(l)} = \bigcup_{p(q_l)p(u_l|q_l)p(x_l|u_l)p(y_l,z_l|x_l)} \left\{ \begin{aligned} &(R_0,R_1): \\ &R_0 \leqslant \min\{I(Q_l;Y_l), I(Q_l;Z_l)\} \\ &R_1 \leqslant I(U_l;Y_l|Q_l) - I(U_l;Z_l|Q_l) \end{aligned} \right\} \tag{7-9}$$

本节现定义子信道的保密容量区域的总和为

$$C_{\mathrm{sum}} = \left\{ \begin{aligned} &(R_0,R_1): \\ &R_0 = \sum\nolimits_l R_{l0}, R_1 = \sum\nolimits_l R_{l1}, \\ &\text{其中}(R_{l0},R_{l1}) \in C_{\mathrm{S}}^{(l)} \quad \text{for} \quad l = 1,\cdots,L. \end{aligned} \right\} \tag{7-10}$$

标注 2 定理 1 中的保密容量区域 C_{S} 可能大于子信道的保密容量区域之和 C_{sum}。因此,并行 BCCM 的保密容量区域是通过在所有并行子信道上编码来实现的。公共速率有以下性质:

$$\begin{aligned} R_0 &= \min\left\{ \sum_{l=1}^{L} I(Q_l;Y_l), \sum_{l=1}^{L} I(Q_l;Z_l) \right\} \\ &\geqslant \sum_{l=1}^{L} \min\{I(Q_l;Y_l), I(Q_l;Z_l)\} = \sum_{l=1}^{L} R_{l0} \end{aligned} \tag{7-11}$$

从下面的简单示例中也可以看出这一点。为简单起见，考虑这样一种情况：源节点对两个接收端都只有公共消息。进一步假设 $L=2$ 和对于 $l=1,2$ 每个子信道为确定性广播信道，如图 7-2 所示。对于子信道 1，到接收端 1 和 2 的链路容量分别为 $C_{11}=3$ 和 $C_{12}=4$。对于子信道 2，到接收端 1 和 2 的链路容量分别为 $C_{21}=7$ 和 $C_{22}=5$。该并行信道的容量为

$$C=\min\{C_{11}+C_{21},C_{12}+C_{22}\}=\min\{3+7,4+5\}=9 \tag{7-12}$$

然而，两个子信道的容量之和为

$$\sum_{l=1}^{2}\min\{C_{l1},C_{l2}\}=\min\{3,4\}+\min\{7,5\}=8 \tag{7-13}$$

显然，式(7-12)小于式(7-13)中给出的容量。

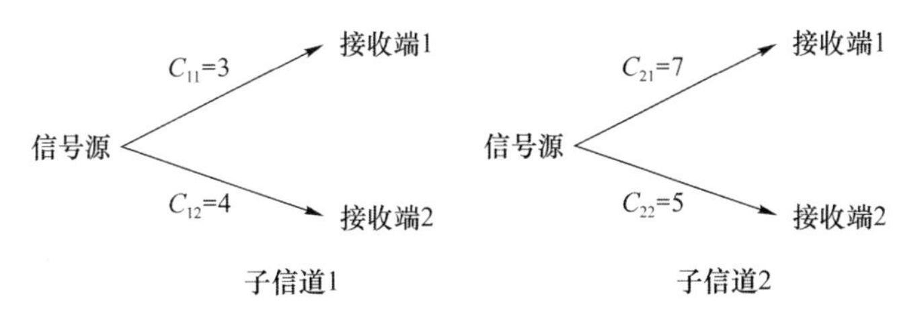

图 7-2　并行 BCCM 例子

与文献[19]中的定理 14.6.1 相似，本节得到了文献[12]中研究的 BCCM 的引理，它也适用于本节中的并行 BCCM。

引理 1　在文献[12]中研究的信道保密容量区域仅取决于信道从源节点到接收端 1 和信道从源节点到接收端 2 的边缘转移概率分布 $p(\boldsymbol{y}|\boldsymbol{x})$和 $p(\boldsymbol{z}|\boldsymbol{x})$。

证明：由文献[19]可知，疑义率$\frac{1}{n}H(W_1|\boldsymbol{Z}_{[1,L]}^n)$只取决于边缘分布 $p(\boldsymbol{z}|\boldsymbol{x})$。

推论 2　在目标节点和窃听器的噪声变量具有一般相关结构的情况下，定理 1 中给出的高斯窃听信道的保密容量是成立的。

3. 高斯机密消息广播信道

本节介绍了并行高斯 BCCM，其中接收端 1 和 2 的信道输出会被加性高斯噪声影响。信道的输入-输出关系为

$$Y_{li}=X_{li}+W_{li},Z_{li}=X_{li}+V_{li},\quad l=1,2\cdots,L \tag{7-14}$$

其中 i 是时间指数。对于 $l=1,\cdots,L$，噪声过程$\{W_{li}\}$和$\{V_{li}\}$是独立同分布，零均值高斯随机变量与方差为 μ_l^2 和 v_l^2。假设对于 $l\in A,\mu_l^2<v_l^2$；对于 $l\in A^c,\mu_l^2\geqslant v_l^2$。信道输入序列 $\boldsymbol{X}_{[1,L]}^n$受平均功率 P 约束，即

$$\sum_{i=1}^{n}\sum_{l=1}^{L}E[X_{li}^2]\leqslant P \tag{7-15}$$

利用引理 1 可得并行高斯 BCCM 的保密容量区域。由式(7-14)可以看出，并行高斯 BCCM 的子信道并没有物理上被退化。考虑以下子信道：

$$Y_{li}=X_{li}+W_{li},Z_{li}=X_{li}+W_{li}+V'_{li},\quad l\in A \tag{7-16}$$

其中$\{W_{li}\}$和$\{V'_{li}\}$是带有零均值高斯随机变量的 i. i. d. 随机过程，其中方差分别为 $\mu_l^2-v_l^2$（对于 $l\in \boldsymbol{A}^c$）和 $v_l^2-\mu_l^2$（对于 $l\in A$）。$\{W'_{li}\}$和$\{V'_{li}\}$是相互独立的。该信道与式(7-14)中定义的并行高斯 BCCM 具有相同的边缘分布 $p(\boldsymbol{y}|\boldsymbol{x})$和 $p(\boldsymbol{z}|\boldsymbol{x})$。因此，根据引理 1，这两个信道具有

相同的保密容量区域。

特别地，子信道的退化允许使用熵权不等式来证明逆过程。该信道的保密容量区域也适用于式(7-14)中定义的并行高斯 BCCM，并由以下定理给出。

定理 2 并行高斯 BCCM 的保密容量区域为

$$C_S^g = \bigcup_{p\in\mathscr{P}} P\left\{\begin{array}{l}(R_0, R_1):\\ R_0 \leqslant \min\left\{\begin{array}{l}\sum_{l\in A}\frac{1}{2}\log_2\left(1+\frac{p_{l0}}{\mu_l^2+p_{l1}}\right)+\sum_{l\in A^c}\frac{1}{2}\log\left(1+\frac{p_{l0}}{\mu_l^2}\right),\\ \sum_{l\in A}\frac{1}{2}\log_2\left(1+\frac{p_{l0}}{v_l^2+p_{l1}}\right)+\sum_{l\in A^c}\frac{1}{2}\log_2\left(1+\frac{p_{l0}}{v_l^2}\right)\end{array}\right\}\\ R_1 \leqslant \sum_{l\in A}\left[\frac{1}{2}\log_2\left(1+\frac{p_{l1}}{\mu_l^2}\right)-\frac{1}{2}\log_2\left(1+\frac{p_{l1}}{v_l^2}\right)\right]\end{array}\right\} \tag{7-17}$$

其中 $\boldsymbol{p}$ 为功率分配向量，由 (p_{l0}, p_{l1})（对于 $l\in \boldsymbol{A}$）和 p_{l0}（对于 $l\in \boldsymbol{A}^c$）分量组成，集合 $\mathscr{P}$ 中包含满足功率约束式(7-15)的所有功率分配向量 $\boldsymbol{p}$，即

$$\mathscr{P}:=\left\{\boldsymbol{p}:\sum_{l\in A}[p_{l0}+p_{l1}]+\sum_{l\in A^c}p_{l0}\leqslant P\right\} \tag{7-18}$$

其中 $\boldsymbol{p}$ 表示所有子信道之间的功率分配。对于 $l\in \boldsymbol{A}$，由于源节点同时传输公共消息和机密消息，p_{l0} 和 p_{l1} 分别是为传输公共消息和机密消息而分配的功率。对于 $l\in \boldsymbol{A}^c$，源节点只传输公共消息，因此 p_{l0} 表示为传输公共消息而分配的功率。

如果 $L=1$，则并行高斯 BCCM 变成了高斯 BCCM。下面的高斯 BCCM 的保密容量区域直接由定理 2 得到。

推论 3 高斯 BCCM 的保密容量区域为

$$C_S=\bigcup_{0\leqslant\beta\leqslant 1}\left\{\begin{array}{l}(R_0, R_1):\\ R_0\leqslant\min\left\{\frac{1}{2}\log_2\left(1+\frac{(1-\beta)P}{\mu^2+\beta P}\right), \frac{1}{2}\log_2\left(1+\frac{\beta P}{v_l^2+\beta P}\right)\right\}\\ R_1\leqslant\left[\frac{1}{2}\log_2\left(1+\frac{\beta P}{\mu^2}\right)-\frac{1}{2}\log_2\left(1+\frac{\beta P}{v_l^2}\right)\right]^+\end{array}\right\} \tag{7-19}$$

其中，如果 $x>0$，$(x)^+=x$；如果 $x\leqslant 0$，$(x)^+=0$。

为了表征式(7-17)中给出的并行高斯 BCCM 的保密容量区域，需要表征每一个边界点以及达到该边界点时对应的功率分配向量。式(7-17)中给出的保密容量区域是凸的。对于边界上的每一点 (R_0^*, R_1^*)，都存在 $\gamma_0>0$ 和 $\gamma_1>0$，使得 (R_0^*, R_1^*) 是式(7-20)所示优化问题的解。

$$\max_{(R_0, R_1)\in C_s^g}=[\gamma_0 R_0+\gamma_1 R_1] \tag{7-20}$$

因此，达到边界点 (R_0^*, R_1^*) 的功率分配 $\boldsymbol{p}^*$ 就是对式((7-21)所示优化问题的解。

$$\max_{p\in\mathscr{P}}[\gamma_0 R_0(\boldsymbol{p})+\gamma_1 R_1(\boldsymbol{p})]=\max_{p\in\mathscr{P}}[\gamma_0\min\{R_{01}(\boldsymbol{p}), R_{02}(\boldsymbol{p})\}+\gamma_1 R_1(\boldsymbol{p})] \tag{7-21}$$

其中 $R_0(\boldsymbol{p})$ 和 $R_1(\boldsymbol{p})$ 表示在式(7-17)中 R_0 和 R_1 的边界。定义 $R_0(\boldsymbol{p})=\min\{R_{01}(\boldsymbol{p}), R_{02}(\boldsymbol{p})\}$。式(7-21)作为并行高斯 BCCM 保密容量区域边界的完整表征，其解决方案提供了实现保密容量区域边界的功率分配。因此现在的目标是解决优化问题(7-21)。优化问题(7-21)一个最大最小优化问题，可以用文献[20]中使用的方法来求解。其主要思想包含在文献[20]的命题

1 中，将在下面的引理之中被陈述。

引理 2　求解式(7-21)的最优解有以下三种情况。

① $\boldsymbol{p}^*$ 使 $\gamma_0 R_{01}(\boldsymbol{p})+\gamma_1 R_1(\boldsymbol{p})$ 最大化，并且 $R_{01}(\boldsymbol{p}^*)<R_{02}(\boldsymbol{p}^*)$。

② $\boldsymbol{p}^*$ 使 $\gamma_0 R_{02}(\boldsymbol{p})+\gamma_1 R_1(\boldsymbol{p})$ 最大化，并且 $R_{01}(\boldsymbol{p}^*)>R_{02}(\boldsymbol{p}^*)$。

③ $\boldsymbol{p}^*$ 使 $\gamma_0(\alpha R_{01}(\boldsymbol{p})+\bar{\alpha} R_{02}(\boldsymbol{p}))+\gamma_1 R_1(\boldsymbol{p})$ 最大化，其中 $0<\alpha<1$，即是满足

$$\begin{cases} R_{01}(\boldsymbol{p}^*)=R_{02}(\boldsymbol{p}^*) \\ \bar{\alpha}=1-\alpha \end{cases} \tag{7-22}$$

利用引理 2，可得到求解式(7-21)的最优功率分配 $\boldsymbol{p}^*$。

定理 3　求解(7-21)，从而达到并行高斯 BCCM 保密容量区域边界的最优功率分配向量 $\boldsymbol{p}^*$，$\boldsymbol{p}^*$ 有以下三种形式。

① 如果下面 $\boldsymbol{p}^{(1)}$ 满足 $R_{01}(\boldsymbol{p}^{(1)})<R_{02}(\boldsymbol{p}^{(1)})$，则 $\boldsymbol{p}^*=\boldsymbol{p}^{(1)}$。

对于 $l\in\boldsymbol{A}$，如果$\dfrac{\gamma_1}{\gamma_0}>\dfrac{v_l^2}{v_l^2-\mu_l^2}$，那么有

$$\begin{cases} p_{l0}^{(1)}=\left(\dfrac{\gamma_0}{2\lambda\ln 2}-\left(\dfrac{\gamma_1}{\gamma_0}-1\right)(v_l^2-\mu_l^2)\right)^+ \\ p_{l1}^{(1)}=\left(\min\left\{\dfrac{1}{2}\sqrt{(v_l^2-\mu_l^2)\left(v_l^2-\mu_l^2+\dfrac{2\gamma_1}{\lambda\ln 2}\right)}-\dfrac{1}{2}(\mu_l^2+v_l^2),\dfrac{\gamma_1}{\gamma_0}(v_l^2-\mu_l^2)-v_l^2\right\}\right)^+ \end{cases} \tag{7-23}$$

或者如果$\dfrac{\gamma_1}{\gamma_0}\leqslant\dfrac{v_l^2}{v_l^2-\mu_l^2}$，那么有

$$\begin{cases} p_{l0}^{(1)}=\left(\dfrac{\gamma_0}{2\lambda\ln 2}-\mu_l^2\right)^+ \\ p_{l1}^{(1)}=0 \end{cases} \tag{7-24}$$

对于 $l\in\boldsymbol{A}^c$，有

$$p_{l0}^{(1)}=\left(\frac{\gamma_0}{2\lambda\ln 2}-\mu_l^2\right)^+ \tag{7-25}$$

其中选择 λ 满足功率约束：

$$\sum_{l\in A}[p_{l0}+p_{l1}]+\sum_{l\in\boldsymbol{A}^c}p_{l0}\leqslant P \tag{7-26}$$

② 如果下面 $\boldsymbol{p}^{(2)}$ 满足 $R_{01}(\boldsymbol{p}^{(2)})>R_{02}(\boldsymbol{p}^{(2)})$，则 $\boldsymbol{p}^*=\boldsymbol{p}^{(2)}$。

对于 $l\in\boldsymbol{A}$，如果$\dfrac{\gamma_1}{\gamma_0}>\dfrac{v_l^2}{v_l^2-\mu_l^2}$，那么有

$$\begin{cases} p_{l0}^{(2)}=\left(\dfrac{\gamma_0}{2\lambda\ln 2}-\left(\dfrac{\gamma_1}{\gamma_0}+1\right)(v_l^2-\mu_l^2)\right)^+ \\ p_{l1}^{(1)}=\left(\min\left\{\dfrac{1}{2}\sqrt{(v_l^2-\mu_l^2)\left(v_l^2-\mu_l^2+\dfrac{2\gamma_1}{\lambda\ln 2}\right)}-\dfrac{1}{2}(\mu_l^2+v_l^2),\dfrac{\gamma_1}{\gamma_0}(v_l^2-\mu_l^2)-\mu_l^2\right\}\right)^+ \end{cases} \tag{7-27}$$

或者如果$\dfrac{\gamma_1}{\gamma_0}\leqslant\dfrac{v_l^2}{v_l^2-\mu_l^2}$，那么有

$$\begin{cases} p_{l0}^{(2)}=\left(\dfrac{\gamma_0}{2\lambda\ln 2}-v_l^2\right)^+ \\ p_{l1}^{(1)}=0 \end{cases} \tag{7-28}$$

对于 $l\in\mathbf{A}^c$，有

$$p_{l0}^{(1)}=\left(\frac{\gamma_0}{2\lambda\ln 2}-v_l^2\right)^+ \tag{7-29}$$

其中选择 λ 满足在式(7-26)中定义的功率约束。

③ 如果存在 $0\leqslant\alpha\leqslant 1$ 使得下面 $\boldsymbol{p}^{(\alpha)}$ 满足 $R_{01}(\boldsymbol{p}^{(\alpha)})>R_{02}(\boldsymbol{p}^{(\alpha)})$，则 $\boldsymbol{p}^*=\boldsymbol{p}^{(\alpha)}$。

对于 $l\in\mathbf{A}$，如果$\frac{\gamma_1}{\gamma_0}>\frac{\alpha v_l^2+\bar{\alpha}\mu_l^2}{v_l^2-\mu_l^2}$，那么有

$$\begin{cases}p_{l0}^{(\alpha)}=\left(\frac{1}{2}\sqrt{\left(v_l^2-\mu_l^2-\frac{\gamma_0}{2\ln 2\lambda}\right)^2+\frac{2\alpha\gamma_0}{\lambda\ln 2}(v_l^2-\mu_l^2)}+\frac{\gamma_0}{4\ln 2\lambda}-\left(\frac{\gamma_1}{\gamma_0}-\alpha+\frac{1}{2}\right)(v_l^2-\mu_l^2)\right)^+\\ p_{l1}^{(\alpha)}=\left(\min\left\{\frac{1}{2}\sqrt{(v_l^2-\mu_l^2)\left(v_l^2-\mu_l^2+\frac{2\gamma_1}{\lambda\ln 2}\right)}-\frac{1}{2}(\mu_l^2+v_l^2),\frac{\gamma_1}{\gamma_0}(v_l^2-\mu_l^2)-(\alpha v_l^2+\bar{\alpha}\mu_l^2)\right\}\right)^+\end{cases} \tag{7-30}$$

或者如果$\frac{\gamma_1}{\gamma_0}\leqslant\frac{\alpha v_l^2+\bar{\alpha}\mu_l^2}{v_l^2-\mu_l^2}$，那么有

$$\begin{cases}p_{l0}^{(\alpha)}=\left(\frac{1}{2}\sqrt{\left(v_l^2-\mu_l^2-\frac{\gamma_0}{2\ln 2\lambda}\right)^2+\frac{2\alpha\gamma_0}{\lambda\ln 2}(v_l^2-\mu_l^2)}+\frac{\gamma_0}{4\lambda\ln 2}-\frac{1}{2}\left(\mu_l^2+v_l^2-\frac{\gamma_0}{2\ln 2\lambda}\right)\right)^+\\ p_{l1}^{(\alpha)}=0\end{cases} \tag{7-31}$$

其中对于 $l\in\mathbf{A}^c$，有

$$p_{l0}^{(\alpha)}=\left(\frac{1}{2}\sqrt{\left(v_l^2-\mu_l^2-\frac{\gamma_0}{2\ln 2\lambda}\right)^2+\frac{2\alpha\gamma_0}{\lambda\ln 2}(v_l^2-\mu_l^2)}-\frac{1}{2}\left(\mu_l^2+v_l^2-\frac{\gamma_0}{2\ln 2\lambda}\right)\right) \tag{7-32}$$

其中选择 λ 满足在(7-26)中定义的功率约束。

7.1.2 机密消息干扰信道

1. 双用户多天线机密消息干扰信道

(1) 模型

双用户多天线机密消息干扰信道(MIMO ICCM) 模型如图 7-3 所示，其输入输出关系表达式如下：

$$\boldsymbol{Y}_1=\boldsymbol{H}_{11}\boldsymbol{X}_1+\boldsymbol{H}_{21}\boldsymbol{X}_2+\boldsymbol{N}_1 \tag{7-33}$$

$$\boldsymbol{Y}_2=\boldsymbol{H}_{12}\boldsymbol{X}_1+\boldsymbol{H}_{22}\boldsymbol{X}_2+\boldsymbol{N}_2 \tag{7-34}$$

其中，$\boldsymbol{H}_{ij}\in\mathbb{R}^{N\times M}$为传输端 i 到接收机 j 的信道增益矩阵，$\boldsymbol{X}_i$ 为传输端 i 的信道输入，$\boldsymbol{Y}_i$ 为接收机 i 的信道输出，$\boldsymbol{N}_i$ 为接收机 i 的高斯噪声。传输端 i 从集合 $\mathcal{W}_i$ 中均匀选择信息 W_i，并将其编码为一个包含 n 个符号的信道输入 $\boldsymbol{X}_i^n$。信息 W_i 被可靠地传输到接收机 i，并对其他接收机 j 保密，$j\neq i$。

$$\Pr(\hat{W}_1\neq W_1)\leqslant\varepsilon,\quad \frac{1}{n}I(W_1;\boldsymbol{Y}_2^n)\leqslant\varepsilon \tag{7-35}$$

$$\Pr(\hat{W}_2\neq W_2)\leqslant\varepsilon,\quad \frac{1}{n}I(W_2;\boldsymbol{Y}_1^n)\leqslant\varepsilon \tag{7-36}$$

其中，$\hat{W}_i$ 为接收机对信息 W_i 的估计。信道输入会受到 P 的平均功率约束。用户 i 的速率为

$R_i=\frac{1}{n}\log_2|W_i|$。因此可得，总安全自由度(Secure Degrees of Freedom, SDoF) d_s 的表达式为

$$d_s=\lim_{P\to\infty}\frac{R_1+R_2}{\frac{1}{2}\log_2 P} \tag{7-37}$$

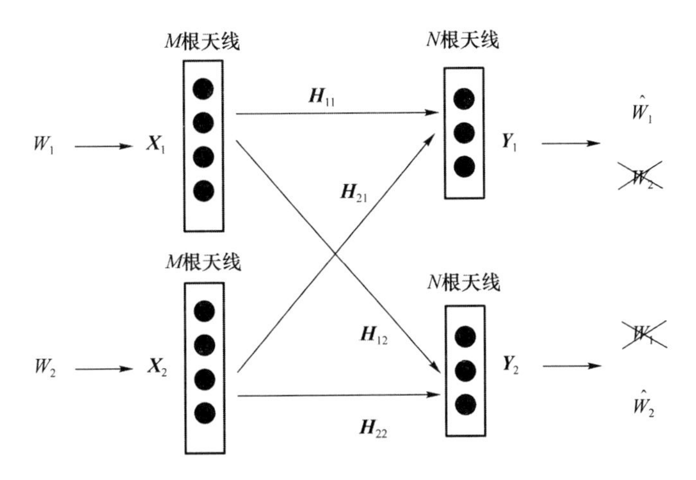

图 7-3　双用户多天线机密信息干扰信道模型

(2) 主要结论和上界

① 主要结论

定理 1　对于几乎所有的信道增益，双用户 $M\times N$ MIMO ICCM 的总 SDoF 为

$$d_s=\begin{cases}\min\left\{\frac{2N}{3},[4M-2N]^+\right\}, & M\leqslant N\\ \min\left\{2N,\frac{4M-2N}{3}\right\}, & M\geqslant N\end{cases} \tag{7-38}$$

当给定 N 时，d_s 为与 M 有关的函数。当 $M=N=1$ (SISO ICCM)时，在文献[21]中$d_s=2/3$。

② MIMO ICCM 的上界

a. 当 $M<N$ 时

当 $M<N$ 时，本节允许发送端之间的协作存在上界。接收机因此会产生一个 BCCMM，其中包含天线数为 $2M$ 的一个发送机，以及天线数皆为 N 的两个接收机。在该模型下，由文献[22]得到的 d_s 为

$$d_s\leqslant 2\min\{N,[2M-N]^+\}=\min\{2N,[4M-2N]^+\} \tag{7-39}$$

b. 当 $M<N$ 时

当 $M\geqslant N$ 时，本节给出了 MIMO ICCM 的两个上界。由无保密约束的双用户 IC 的 DOF (表示为 $\tilde{d}$)，可得边界：

$$d_s\leqslant\tilde{d}=\min\{M_1+M_2,N_1+N_2\max\{M_1,N_2\},\max\{M_2,N_1\}\} \tag{7-40}$$

$$=\min\{2N,M\} \tag{7-41}$$

由文献[21]的保密惩罚引理可得

$$nR_i\leqslant h(\tilde{\boldsymbol{X}}_1^n)+h(\tilde{\boldsymbol{X}}_1^n)-h(\boldsymbol{Y}_j^n)+nc_1 \tag{7-42}$$

其中，$\tilde{\boldsymbol{X}}_i^n=\boldsymbol{X}_i^n+\tilde{\boldsymbol{N}}_i^n$ 为高斯扰动信道输入。为便于理解，此处给出文献[21]的辅助引理，其表

达式如下：

$$h(\widetilde{\boldsymbol{X}}_i^n)\leqslant h(\boldsymbol{X}_i^{n\ (2)})+h(\boldsymbol{Y}_j^n)-nR_j+nc_2,\quad i\neq j \tag{7-43}$$

其中，$\boldsymbol{X}_i^{n^{(2)}}=(\widetilde{\boldsymbol{X}}_{i_{N+1}}^n,\widetilde{\boldsymbol{X}}_{i_{N+2}}^n,\cdots,\widetilde{\boldsymbol{X}}_{i_M}^n)$。

针对所有的用户，将式(7-43)用于式(7-42)可得

$$n(2R_1+R_2)\leqslant h(\boldsymbol{X}_1^{n^{(2)}})+h(\boldsymbol{X}_2^{n^{(2)}})+h(\boldsymbol{Y}_1^n)+nc_3 \tag{7-44}$$

$$n(R_1+2R_2)\leqslant h(\boldsymbol{X}_1^{n^{(2)}})+h(\boldsymbol{X}_2^{n^{(2)}})+h(\boldsymbol{Y}_2^n)+nc_4 \tag{7-45}$$

随后，将式(7-44)与式(7-45)相加，并利用高斯随机向量最大化微分熵可得

$$3n(R_1+R_2)$$

$$\leqslant 2(h(\boldsymbol{X}_1^{n(2)})+h(\boldsymbol{X}_2^{n^{(2)}}))+h(\boldsymbol{Y}_1^n)+h(\boldsymbol{Y}_2^n)+nc_5 \tag{7-46}$$

$$\leqslant 4(M-N)\cdot\frac{n}{2}\log_2 P+2N\cdot\frac{n}{2}\log_2 P+nc_6 \tag{7-47}$$

将式(7-46)除以 n 可得

$$R_1+R_2\leqslant\frac{4M-2N}{3}\cdot\frac{1}{2}\log_2 P+c_6 \tag{7-48}$$

随后取极限 $P\to\infty$，可得

$$d_s\leqslant\frac{4M-2N}{3} \tag{7-49}$$

为了将所获得的式(7-49)和式(7-41)两个上界结合，可发现若 $M\leqslant\frac{4M-2N}{3}$ 或 $2N\leqslant\frac{4M-2N}{3}$，那么 $M\geqslant 2N$。因此，当 $M\geqslant N$ 时，

$$d_s\leqslant\min\left\{2N,\frac{4M-2N}{3}\right\} \tag{7-50}$$

③ 边界结合

当接收机机天线数量一定时，增加发射机的天线数并不会降低 ICCM 的 SDoF。因此，式(7-50)中 $M=N$ 时所对应的 $d_s\leqslant\frac{2N}{3}$ 是任何 $M\leqslant N$ 时的有效上界。结合式(7-39)中的边界和 $d_s\leqslant\frac{2N}{3}$，可得当 $M\leqslant N$ 时，

$$d_s\leqslant\min\left\{\frac{2N}{3},[4M-2N]^+\right\} \tag{7-51}$$

结合式(7-50)和式(7-51)，可得到式(7-38)的逆证明。

(3) 实现方案

所有可实现方案的基本组成部分都为 1×1 SISO ICCM 和 2×2 MIMO ICCM 系统。通过适当的向量空间操作，可以将所有其他的方案简化为这些情况中的一种。文献[21]已给出了 1×1 SISO ICCM 的可实现方案。本节将给出一个可实现的 2×2 MIMO ICCM 方案。该方案结合了空间对齐和渐近实干扰对齐。空间对齐保证了泄露率有一个常数值上限，而渐近实干扰对齐能够最小化可靠译码所需的总无理数维度。为了实现对齐，将安全信号 $\boldsymbol{V}_i$ 和协同干扰信号 $\boldsymbol{U}_i$ 构造为线性组合。因此，发送信号为

$$\boldsymbol{X}_1=\boldsymbol{H}_{12}^{-1}\boldsymbol{V}_1+\boldsymbol{H}_{11}^{-1}\boldsymbol{U}_1 \tag{7-52}$$

$$\boldsymbol{X}_2=\boldsymbol{H}_{21}^{-1}\boldsymbol{V}_2+\boldsymbol{H}_{22}^{-1}\boldsymbol{U}_2 \tag{7-53}$$

接收信号为

$$
\begin{aligned}
\boldsymbol{Y}_1 &= \boldsymbol{H}_{11}\boldsymbol{H}_{12}^{-1}\boldsymbol{V}_1 + (\boldsymbol{U}_1 + \boldsymbol{V}_2) + \boldsymbol{H}_{21}\boldsymbol{H}_{22}^{-1}\boldsymbol{U}_2 \\
&= \boldsymbol{A}\boldsymbol{V}_1 + (\boldsymbol{U}_1 + \boldsymbol{V}_2) + \boldsymbol{B}\boldsymbol{U}_2
\end{aligned} \tag{7-54}
$$

$$
\begin{aligned}
\boldsymbol{Y}_2 &= (\boldsymbol{V}_1 + \boldsymbol{U}_2) + \boldsymbol{H}_{12}\boldsymbol{H}_{11}^{-1}\boldsymbol{U}_1 + \boldsymbol{H}_{22}\boldsymbol{H}_{21}^{-1}\boldsymbol{V}_2 \\
&= (\boldsymbol{V}_1 + \boldsymbol{U}_2) + \bar{\boldsymbol{B}}\boldsymbol{U}_1 + \bar{\boldsymbol{A}}\boldsymbol{V}_2
\end{aligned} \tag{7-55}
$$

考虑第一个接收机，不失一般性地，可发现 $\boldsymbol{A}=\boldsymbol{H}_{11}\boldsymbol{H}_{12}^{-1}$，$\boldsymbol{B}=\boldsymbol{H}_{21}\boldsymbol{H}_{22}^{-1}$ 通常不是对角阵。使用精确的实干扰对齐技术需要为 $\boldsymbol{V}_i$ 的可靠解码构造 5 个无理维数。但这会浪费第二个天线的观测空间，使得其 SDoF 只能达到仅用一个天线就能实现的值，即 2/5。因此，使用渐近实干涉对齐技术[3]。该技术可使得所需的信号分量约占总维度的 1/3。

此处定义无理维度的集合 T_i 为

$$T_1 = \left\{ \prod_{i,j=1,i\neq j}^{2} \bar{a}_{ij}^{r_{ij}} \prod_{i,j=1}^{2} \bar{b}_{ij}^{s_{ij}} : r_{ij}, s_{ij} = 1,\cdots,m \right\} \tag{7-56}$$

$$T_2 = \left\{ \prod_{i,j=1,i\neq j}^{2} a_{ij}^{r_{ij}} \prod_{i,j=1}^{2} b_{ij}^{s_{ij}} : r_{ij}, s_{ij} = 1,\cdots,m \right\} \tag{7-57}$$

其中 $\boldsymbol{t}_1$，$\boldsymbol{t}_2$ 分别为 T_1，T_2 集合中所有元素而构成的向量。定义 $M_{\mathrm{T}}=|T_i|=m^6$。注意 T_i 不包括信道 a_{ii} 和 $\bar{a}_{ii}$。因此，乘以该信道增益会产生新的 M_{T} 非理维度。若加密信号和协作干扰信号出现在 T_i 中的任一信道增益相乘，会渐近对齐 $\widetilde{T}_i$ 内的信号。此处 $\widetilde{T}_i$ 被定义为

$$\widetilde{T}_1 = \left\{ \prod_{i,j=1,i\neq j}^{2} \bar{a}_{ij}^{r_{ij}} \prod_{i,j=1}^{2} \bar{b}_{ij}^{s_{ij}} : r_{ij}, s_{ij} = 1,\cdots,m+1 \right\} \tag{7-58}$$

$$T_2 = \left\{ \prod_{i,j=1,i\neq j}^{2} a_{ij}^{r_{ij}} \prod_{i,j=1}^{2} b_{ij}^{s_{ij}} : r_{ij}, s_{ij} = 1,\cdots,m+1 \right\} \tag{7-59}$$

其中，$M_{\mathrm{R}}=|\widetilde{T}_i|=(m+1)^6$。

现给出了传输信号的显式结构。向量 $\boldsymbol{V}_i$ 和 $\boldsymbol{U}_i$ 是 2×1 向量。$\boldsymbol{v}_{ij}=(v_{ij1}\ v_{ij2}\cdots\ v_{ijM_T})^{\mathrm{T}}$ 表示来自天线 j 的用户 i 的加密信号。相似地，产生 $\boldsymbol{u}_{ij}=(u_{ij1}\ u_{ij2}\cdots\ u_{ijM_T})^{\mathrm{T}}$ 协作干扰信号。因此有

$$\begin{cases} \boldsymbol{V}_1 = \begin{pmatrix} \boldsymbol{t}_2^{\mathrm{T}}\boldsymbol{v}_{11} \\ \boldsymbol{t}_2^{\mathrm{T}}\boldsymbol{v}_{12} \end{pmatrix} \\ \boldsymbol{U}_1 = \begin{pmatrix} \boldsymbol{t}_1^{\mathrm{T}}\boldsymbol{u}_{11} \\ \boldsymbol{t}_1^{\mathrm{T}}\boldsymbol{u}_{12} \end{pmatrix} \end{cases} \tag{7-60}$$

$$\begin{cases} \boldsymbol{V}_2 = \begin{pmatrix} \boldsymbol{t}_1^{\mathrm{T}}\boldsymbol{v}_{21} \\ \boldsymbol{t}_1^{\mathrm{T}}\boldsymbol{v}_{22} \end{pmatrix} \\ \boldsymbol{U}_2 = \begin{pmatrix} \boldsymbol{t}_2^{\mathrm{T}}\boldsymbol{v}_{21} \\ \boldsymbol{t}_2^{\mathrm{T}}\boldsymbol{v}_{22} \end{pmatrix} \end{cases} \tag{7-61}$$

这意味着 $\boldsymbol{V}_1$ 和 $\boldsymbol{U}_2$ 的对齐是在 T_2 集合上进行的，而 $\boldsymbol{V}_2$ 和 $\boldsymbol{U}_1$ 的对齐是在 T_1 集合上进行的。利用这种构造，接收机 1 所接收到的信号 $\boldsymbol{Y}_1$ 为 $\begin{pmatrix} a_{11}\boldsymbol{t}_2^{\mathrm{T}}\boldsymbol{v}_{11} + \boldsymbol{t}_1^{\mathrm{T}}(\boldsymbol{u}_{11}+\boldsymbol{v}_{21}) + \boldsymbol{t}_2^{\mathrm{T}}(a_{12}\boldsymbol{v}_{12} + b_{11}\boldsymbol{u}_{21} + b_{12}\boldsymbol{u}_{22}) \\ a_{22}\boldsymbol{t}_2^{\mathrm{T}}\boldsymbol{v}_{12} + \boldsymbol{t}_1^{\mathrm{T}}(\boldsymbol{u}_{12}+\boldsymbol{v}_{22}) + \boldsymbol{t}_2^{\mathrm{T}}(a_{21}\boldsymbol{v}_{11} + b_{21}\boldsymbol{u}_{21} + b_{22}\boldsymbol{u}_{22}) \end{pmatrix}$。若使用本节中所述的渐近对齐和空间对齐的组合，则 d_{s} 大于或等于 4/3。

2. $\boldsymbol{M\times N}$ 多天线机密消息干扰信道

本节将展示任意 $M\times N$ 的 MIMO ICCM 的可实现方案。由于对称性，所以对于发射机

(接收机)来说,编码(解码)策略是相同。

(1) 当 $M \leqslant N$ 时

当 $M \leqslant N$ 时,有 $d_s \leqslant \min\left\{\frac{2N}{3},[4M-2N]^+\right\}$。而当 $2M \leqslant N$ 时,无法达到正速率。若 $\frac{1}{2} \leqslant \frac{M}{N} \leqslant \frac{2}{3}$,则可达到上界 $4M-2N$。若 $\frac{2}{3} \leqslant \frac{M}{N} \leqslant 1$,则上界为 $\frac{2N}{3}$。

① 当 $\frac{1}{2} < \frac{M}{N} \leqslant \frac{2}{3}$ 时

在该场景中,d_s 为整数。因此,此处使用高斯码本去传输加密信号 $\boldsymbol{V}_i$ 和协作干扰信号 $\boldsymbol{U}_i$。对这些信号进行预编码,使得一个用户的加密信号与另一个用户的协同干扰信号处于同一子空间。每个用户传输 $2M-N$ 维的信号 $\boldsymbol{V}_i$ 和 $\boldsymbol{U}_i$。传输信号如下:

$$\boldsymbol{X}_i = \boldsymbol{P}_i\boldsymbol{V}_i + \boldsymbol{Q}_i\boldsymbol{U}_i \tag{7-62}$$

接收机 1 所接收到的信号如下:

$$\boldsymbol{Y}_1 = \boldsymbol{H}_{11}\boldsymbol{P}_1\boldsymbol{V}_1 + (\boldsymbol{H}_{11}\boldsymbol{Q}_1\boldsymbol{U}_1 + \boldsymbol{H}_{21}\boldsymbol{P}_2\boldsymbol{V}_2) + \boldsymbol{H}_{21}\boldsymbol{Q}_2\boldsymbol{U}_2 \tag{7-63}$$

预编码矩阵 $\boldsymbol{P}_i$ 和 $\boldsymbol{Q}_i$ 的选择需满足以下两个条件,即 $\mathrm{span}\{\boldsymbol{H}_{21}\boldsymbol{P}_2\} \subseteq \mathrm{span}\{\boldsymbol{H}_{11}\boldsymbol{Q}_1\}$ 和 $\mathrm{span}\{\boldsymbol{H}_{12}\boldsymbol{P}_1\} \subseteq \mathrm{span}\{\boldsymbol{H}_{22}\boldsymbol{Q}_2\}$。因此可得,所选择的矩阵 $\boldsymbol{P}_i$ 和 $\boldsymbol{Q}_i$ 需满足式(7-64):

$$\begin{cases} (\boldsymbol{H}_{11} \ -\boldsymbol{H}_{21})\begin{pmatrix}\boldsymbol{Q}_1\\ \boldsymbol{P}_2\end{pmatrix} = 0 \\ (\boldsymbol{H}_{12} \ -\boldsymbol{H}_{22})\begin{pmatrix}\boldsymbol{P}_1\\ \boldsymbol{Q}_2\end{pmatrix} = 0 \end{cases} \tag{7-64}$$

通过对齐技术,可得

$$\boldsymbol{Y}_1 = \boldsymbol{H}_{11}\boldsymbol{P}_1\boldsymbol{V}_1 + \boldsymbol{H}_{11}\boldsymbol{Q}_1(\boldsymbol{U}_1 + \boldsymbol{V}_2) + \boldsymbol{H}_{21}\boldsymbol{Q}_2\boldsymbol{U}_2 \tag{7-65}$$

$$= (\boldsymbol{H}_{11}\boldsymbol{P}_1 \ \boldsymbol{H}_{11}\boldsymbol{Q}_1 \ \boldsymbol{H}_{21}\boldsymbol{Q}_2)\begin{pmatrix}\boldsymbol{V}_1\\ \boldsymbol{U}_1+\boldsymbol{V}_2\\ \boldsymbol{U}_2\end{pmatrix} \tag{7-66}$$

为了用零强迫接收机解码 $\boldsymbol{Y}_i$,总维数 $3(2M-N)$ 最多为 N。由于 $\frac{N}{M} \leqslant \frac{2}{3}$,所以该结论是正确的。由于每个加密信号都与另一用户的协作干扰信号对齐,所以泄露率的上界为一个常数。

② 当 $\frac{2}{3} < \frac{N}{M} \leqslant 1$ 时

在该场景下,将上述场景的可达方案与基础的 2×2 系统(或 SISO 系统)相结合。此处有 $\boldsymbol{V}_i = \begin{pmatrix}\boldsymbol{V}_i^{(1)}\\ \boldsymbol{V}_i^{(2)}\end{pmatrix}$ 和 $\boldsymbol{U}_i = \begin{pmatrix}\boldsymbol{U}_i^{(1)}\\ \boldsymbol{U}_i^{(2)}\end{pmatrix}$,其中 $\boldsymbol{V}_i^{(1)}$ 和 $\boldsymbol{U}_i^{(1)}$ 为大小为 $\left\lfloor\frac{N}{3}\right\rfloor$ 的高斯信号。向量 $\boldsymbol{V}_i^{(2)}$ 和 $\boldsymbol{U}_i^{(2)}$ 是从 PAM 星座中选出的。这些向量的大小为 N 除以 3 的余数,即其只能为 1 或 2。考虑 N 除以 3 余数为 2 的情况,对于用户 1,不失一般性,其发送信号为

$$\boldsymbol{X}_1 = \boldsymbol{P}_1\begin{bmatrix}\boldsymbol{v}_{1,1}^{(1)}\\ \boldsymbol{v}_{1,2}^{(1)}\\ \vdots\\ \boldsymbol{v}_{1,\left\lfloor\frac{N}{3}\right\rfloor}^{(1)}\\ \boldsymbol{t}_2^{\mathrm{T}}\boldsymbol{v}_{11}^{(2)}\\ \boldsymbol{t}_2^{\mathrm{T}}\boldsymbol{v}_{12}^{(2)}\end{bmatrix} + \boldsymbol{Q}_1\begin{bmatrix}\boldsymbol{u}_{1,1}^{(1)}\\ \boldsymbol{u}_{1,2}^{(1)}\\ \vdots\\ \boldsymbol{u}_{1,\left\lfloor\frac{N}{3}\right\rfloor}^{(1)}\\ \boldsymbol{t}_2^{\mathrm{T}}\boldsymbol{u}_{11}^{(2)}\\ \boldsymbol{t}_2^{\mathrm{T}}\boldsymbol{u}_{12}^{(2)}\end{bmatrix} \tag{7-67}$$

其中，$\boldsymbol{P}_i$ 和 $\boldsymbol{Q}_i$ 可如式(7-64)设计。若 $\frac{M}{N}\geqslant\frac{2}{3}+\frac{N \bmod 3}{3N}$，则无法对齐。将 $\boldsymbol{P}_i$ 进行分裂，即 $\boldsymbol{P}_i=\left(\boldsymbol{P}^{(1)}_{i_{N\times\lfloor\frac{N}{3}\rfloor}},\boldsymbol{P}^{(2)}_{i_{N\times N \bmod 3}}\right)$，并对 $\boldsymbol{Q}_i$ 进行同样的操作，可得

$$\boldsymbol{Y}_1=(\boldsymbol{H}_{11}\boldsymbol{P}_1^{(1)}\quad \boldsymbol{H}_{11}\boldsymbol{Q}_1^{(1)}\quad \boldsymbol{H}_{21}\boldsymbol{Q}_2^{(1)})\begin{pmatrix}\boldsymbol{V}_1^{(1)}\\ \boldsymbol{V}_2^{(1)}+\boldsymbol{U}_1^{(1)}\\ \boldsymbol{U}_2^{(1)}\end{pmatrix}+$$

$$(\boldsymbol{H}_{11}\boldsymbol{P}_1^{(2)}\quad \boldsymbol{H}_{11}\boldsymbol{Q}_1^{(2)}\quad \boldsymbol{H}_{21}\boldsymbol{Q}_2^{(2)})\begin{pmatrix}\boldsymbol{V}_1^{(2)}\\ \boldsymbol{V}_2^{(2)}+\boldsymbol{U}_1^{(2)}\\ \boldsymbol{U}_2^{(2)}\end{pmatrix}\tag{7-68}$$

定义 $\mathbb{R}^{N\times 3\lfloor\frac{N}{3}\rfloor}$ 矩阵为 $\boldsymbol{F}_1=(\boldsymbol{H}_{11}\boldsymbol{P}_1^{(1)},\boldsymbol{H}_{11}\boldsymbol{Q}_1^{(1)},\boldsymbol{H}_{21}\boldsymbol{Q}_2^{(1)})$。通过乘以调零矩阵 $\boldsymbol{Z}_1^{\mathrm{T}}\in\mathbb{R}^{N \bmod 3\times N}$，可消去 $\boldsymbol{Y}_1$ 中第一个分量的影响，使得 $\boldsymbol{Z}_1=(\boldsymbol{F}_1^{\mathrm{T}})^{\perp}$ 和 $\widetilde{\boldsymbol{Y}}_1=\boldsymbol{Z}_1^{\mathrm{T}}\boldsymbol{Y}_1$，因此可得

$$\widetilde{\boldsymbol{Y}}_1=(\boldsymbol{Z}_1^{\mathrm{T}}\boldsymbol{H}_{11}\boldsymbol{P}_1^{(2)}\quad \boldsymbol{Z}_1^{\mathrm{T}}\boldsymbol{H}_{11}\boldsymbol{Q}_1^{(2)}\quad \boldsymbol{Z}_1^{\mathrm{T}}\boldsymbol{H}_{21}\boldsymbol{Q}_2^{(2)})\begin{pmatrix}\boldsymbol{V}_1^{(2)}\\ \boldsymbol{V}_2^{(2)}+\boldsymbol{U}_1^{(2)}\\ \boldsymbol{U}_2^{(2)}\end{pmatrix}\tag{7-69}$$

此外，通过乘以 $(\boldsymbol{Z}_1^{\mathrm{T}}\boldsymbol{H}_{11}\boldsymbol{Q}_1^{(2)})^{-1}$，可将 $\boldsymbol{V}_2^{(2)}+\boldsymbol{U}_1^{(2)}$ 分量进行正交化，因此可得

$$\widetilde{\boldsymbol{Y}}_1=(\boldsymbol{Z}_1^{\mathrm{T}}\boldsymbol{H}_{11}\boldsymbol{Q}_1^{(2)})\widetilde{\boldsymbol{Y}}_1\tag{7-70}$$

$$=\boldsymbol{A}\boldsymbol{V}_1^{(2)}+(\boldsymbol{V}_2^{(2)}+\boldsymbol{U}_1^{(2)})+\boldsymbol{B}\boldsymbol{U}_2^{(2)}\tag{7-71}$$

其中，$\boldsymbol{A}=(\boldsymbol{Z}_1^{\mathrm{T}}\boldsymbol{H}_{11}\boldsymbol{Q}_1^{(2)})^{-1}\boldsymbol{Z}_1^{\mathrm{T}}\boldsymbol{H}_{11}\boldsymbol{P}_1^{(2)}$，$\boldsymbol{B}=(\boldsymbol{Z}_1^{\mathrm{T}}\boldsymbol{H}_{11}\boldsymbol{Q}_1^{(2)})^{-1}\boldsymbol{Z}_1^{\mathrm{T}}\boldsymbol{H}_{21}\boldsymbol{Q}_2^{(2)}$。在上述式子中，$\boldsymbol{A}$ 和 $\boldsymbol{B}$ 为 $(N \bmod 3)\times(N \bmod 3)$ 的矩阵。

若按 2×2 系统去设定 $\boldsymbol{t}_i$，则 $\boldsymbol{V}_1^{(2)}$ 和 $\boldsymbol{U}_2^{(2)}$ 能够被无差错解码。将其从 $\boldsymbol{Y}_1$ 中消除，则可得

$$\widetilde{\boldsymbol{Y}}_1=(\boldsymbol{H}_{11}\boldsymbol{P}_1^{(2)}\quad \boldsymbol{H}_{11}\boldsymbol{Q}_1^{(2)}\quad \boldsymbol{H}_{21}\boldsymbol{Q}_2^{(2)}\quad \boldsymbol{H}_{11}\boldsymbol{Q}_1^{(1)})\begin{pmatrix}\boldsymbol{V}_1^{(2)}\\ \boldsymbol{V}_2^{(1)}+\boldsymbol{U}_1^{(1)}\\ \boldsymbol{U}_2^{(1)}\\ \boldsymbol{V}_2^{(2)}+\boldsymbol{U}_1^{(2)}\end{pmatrix}\tag{7-72}$$

为了检验可解码性，维度的总数为 $3\left\lfloor\frac{N}{3}\right\rfloor+N \bmod 3=N$。因此，每个用户可达到 $\left\lfloor\frac{N}{3}\right\rfloor+\frac{N \bmod 3}{3}=\frac{N}{3}$，且 $d_s\geqslant\frac{2N}{3}$。

(2) 当 $M\geqslant N$ 时

当 $M\geqslant N$ 时，此处有两个上界。当 $1<\frac{M}{N}<2$ 时，上界为 $\frac{4M-2N}{3}$；当 $\frac{M}{N}\geqslant 2$ 时，上界为 $2N$。

① $1<\frac{M}{N}<2$

当 $1<\frac{M}{N}<2$ 时，每个交叉信道矩阵都有一个可用的零空间。因此，每个用户在其他用户的零空间发送 $M-N$ 个信号，并将其余天线用作方形系统。即是说，该可达方案不仅利用了零空间传输，还结合了空间对齐和渐近实干扰对齐。为了将方形系统的分量与零空间向量分开，此处对方形系统进行了预编码。令 $\boldsymbol{H}_{11}^{(1)}$ 和 $\boldsymbol{H}_{12}^{(1)}$ 为 $\mathbb{R}^{(M-N)\times M}$ 信道矩阵。传输信号为

$$\boldsymbol{X}_1=\boldsymbol{H}_{12}^{\perp}\boldsymbol{V}_{10}+\begin{pmatrix}\boldsymbol{H}_{11}^{(1)}\\ \boldsymbol{H}_{12}^{(1)}\end{pmatrix}^{\perp}\left(\boldsymbol{P}_1\begin{pmatrix}\boldsymbol{v}_{1,1}^{(1)}\\ \boldsymbol{v}_{1,2}^{(1)}\\ \vdots\\ \boldsymbol{v}_{1,\lfloor\frac{\widetilde{N}}{3}\rfloor}^{(1)}\\ \boldsymbol{t}_2^{\mathrm{T}}\boldsymbol{v}_{11}^{(2)}\\ \boldsymbol{t}_2^{\mathrm{T}}\boldsymbol{v}_{12}^{(2)}\end{pmatrix}+\boldsymbol{Q}_1\begin{pmatrix}\boldsymbol{u}_{1,1}^{(1)}\\ \boldsymbol{u}_{1,2}^{(1)}\\ \vdots\\ \boldsymbol{u}_{1,\lfloor\frac{\widetilde{N}}{3}\rfloor}^{(1)}\\ \boldsymbol{t}_1^{\mathrm{T}}\boldsymbol{u}_{11}^{(2)}\\ \boldsymbol{t}_1^{\mathrm{T}}\boldsymbol{u}_{12}^{(2)}\end{pmatrix}\right) \tag{7-73}$$

其中，$\widetilde{N}=2N-M$。预编码将在每个接收机的前 $M-N$ 个天线从方形系统中分离出来。因此通过零强迫，$\boldsymbol{V}_{i0}$ 可被可靠接收。$\boldsymbol{H}_{11}\begin{pmatrix}\boldsymbol{H}_{11}^{(1)}\\ \boldsymbol{H}_{12}^{(1)}\end{pmatrix}^{\perp}$ 的维度为 $N\times(2N-M)$。忽略接收机的前 $M-N$ 个天线，剩下的系统为$(2N-M)\times(2N-M)$，这如前文所述是一个方形系统。考虑前 $M-N$ 个天线，$\boldsymbol{Y}_1^{(1)}=\boldsymbol{H}_{11}\boldsymbol{H}_{12}^{\perp}\boldsymbol{V}_{10}$。因此，可解码 $\hat{\boldsymbol{V}}_{10}=(\boldsymbol{H}_{11}\boldsymbol{H}_{12}^{\perp})^{\dagger}\boldsymbol{Y}_1^{(1)}$。从 $\boldsymbol{Y}_1$ 中消除 $\boldsymbol{V}_{10}$，则只剩下方形系统。通过定义 $\bar{\boldsymbol{H}}_{11}=\boldsymbol{H}_{11}^{(2)}\begin{pmatrix}\boldsymbol{H}_{11}^{(1)}\\ \boldsymbol{H}_{12}^{(1)}\end{pmatrix}^{\perp}$，$\bar{\boldsymbol{H}}_{21}=\boldsymbol{H}_{21}^{(2)}\begin{pmatrix}\boldsymbol{H}_{21}^{(1)}\\ \boldsymbol{H}_{22}^{(1)}\end{pmatrix}^{\perp}$，$\bar{\boldsymbol{H}}_{12}=\boldsymbol{H}_{12}^{(2)}\begin{pmatrix}\boldsymbol{H}_{11}^{(1)}\\ \boldsymbol{H}_{12}^{(1)}\end{pmatrix}^{\perp}$ 和 $\bar{\boldsymbol{H}}_{22}=\boldsymbol{H}_{22}^{(2)}\begin{pmatrix}\boldsymbol{H}_{21}^{(1)}\\ \boldsymbol{H}_{22}^{(1)}\end{pmatrix}^{\perp}$，可构造维度集合和空间对齐矩阵。

② $\dfrac{M}{N}\geqslant 2$

当$\dfrac{M}{N}\geqslant 2$ 时，由于 $M\geqslant 2N$ 且 $M-N\geqslant N$，每个交叉信道 $\boldsymbol{H}_{12}$ 和 $\boldsymbol{H}_{21}$ 拥有 $M-N$ 个零空间向量。每个用户在其他接收机信道的零空间传输 N 个加密高斯信号分量，即 $\boldsymbol{V}_i=(v_{i1},v_{i2},\cdots,v_{iN}\boldsymbol{O}_{M-2N}^{\mathrm{T}})^{\mathrm{T}}$。因此，传输信号为

$$\begin{cases}\boldsymbol{X}_1=\boldsymbol{H}_{12}^{\perp}\boldsymbol{V}_1\\ \boldsymbol{X}_2=\boldsymbol{H}_{21}^{\perp}\boldsymbol{V}_2\end{cases} \tag{7-74}$$

接收机可直接解码 $\boldsymbol{V}_i$，即

$$\begin{cases}\hat{\boldsymbol{V}}_1=(\boldsymbol{H}_{11}\boldsymbol{H}_{12}^{\perp})^{\dagger}\boldsymbol{Y}_1\\ \hat{\boldsymbol{V}}_2=(\boldsymbol{H}_{22}\boldsymbol{H}_{21}^{\perp})^{\dagger}\boldsymbol{Y}_2\end{cases} \tag{7-75}$$

这些信号对其他接收机是不可见的，而且是安全的。

7.2 非对称安全传输

干扰信道作为基本信道模型，有关其安全自由度的推导已经有了很多的研究成果。从单天线节点到相同天线数的多天线节点，都已经得到准确的安全自由度。本节针对两用户干扰信道要确保信息保密的情况，介绍了一般化的多天线节点的信道模型，即当每个节点的天线数为任意数时，介绍了其准确的安全自由度以及相应的证明。

本节首先介绍了非对称高斯 MIMO 干扰信道的系统模型以及信号传输过程；然后，基于互信息给出了该信道模型的安全自由度上界；最后，给出了上界安全自由度可达方案，并证明了得到的是非对称 MIMO 信道模型安全自由度的准确解。

7.2.1 干扰信道的安全自由度

随着无线通信网络的复杂化，系统模型不再仅仅限于单用户的场景。而对于多用户场景，即使没有安全限制，推导求解准确的容量也是一个普遍难以解决的问题。因此对于多用户的场景，大部分工作都集中在对容量近似的追求上。自由度被用于表征无线信道容量，而安全自由度 SDoF 则在安全约束下被用来表征无线窃听信道的容量。文献[23]表明，给出了在有一个协作者的情况下，高斯窃听信道的准确安全自由度为 1/2，并将该结果扩展到了当协作者为 M 个的情况。文献[24]讨论了窃听者配备多个天线的情况，并证明只要协作者具有与窃听者相同数量的天线就可以达到 1/2 的安全自由度。文献[25]讨论了 MIMO 窃听信道，并给出了在协作者具有不同天线数的情况下的安全自由度，同时，研究了多址接入(MAC)窃听信道和广播(BC)窃听信道的安全自由度。文献[26]给出了 K 个用户的 MAC 窃听信道的安全自由度为 $K(K-1)/[K(K-1)+1]$，而在文献[27]中分别给出了 MIMO MAC 窃听信道和 MIMO BC 窃听信道的安全自由度域。此外，干扰信道的安全自由度也收到了较多的关注。事实证明，两用户干扰信道在保证机密信息的情况下的安全自由度为 2/3，而当干扰信道中存在 M 个协作者的时候，其安全自由度可以达到 1[21]。在文献[28]中得到了 K 用户的高斯干扰信道的准确安全自由度为 $K(K-1)/(2K-1)$，同时在文献[29]中给出了相同的信道模型在安全约束限制下的全部安全自由度域。文献[30]将单天线节点扩展到了多天线节点并研究了 $M \times N$ 的两用户干扰信道在保证机密信息的情况下的安全自由度。文献[23]给出了当相同的信道模型中存在多天线窃听者时的安全自由度。

大多数干扰信道物理层安全研究都认为每对发送-接收用户是等价的，即具有相同的配置。在没有安全约束的情况下，非对称高斯 MIMO 干扰信道的自由度是一个经典的问题，S. A. Jafar 在文献[31]中对此给出了结论，但是对于两用户的非对称高斯 MIMO 信道的安全自由度尚未给出。本节将讨论在一般情况下两用户高斯 MIMO 信道的安全自由度，即每个节点的天线数是任意的。然后分别给出安全自由度的上界和可达方案，从而得出准确的安全自由度。

7.2.2 非对称多用户 MIMO 干扰信道模型

本节主要讨论了非对称的两用户 MIMO 干扰信道模型，如图 7-4 所示。该信道模型具有一定的安全约束，即其中每一对发送-接收用户想要在进行机密信息传输的同时能够防止非目的接收者获得其信息。另外，在模型中的每一个节点都拥有多根天线且天线数的大小是任意的，可以表示为发送者 T_1 和 T_2 分别拥有 M_1 和 M_2 根天线，接收者 R_1 和 R_2 分别拥有 N_1 和 N_2 根天线数。因此，在 t 时刻两用户 MIMO 干扰信道的信号输入和输出关系可以表示为

$$\begin{aligned} \boldsymbol{Y}_1(t) &= \boldsymbol{H}_{11}(t)\boldsymbol{X}_1(t) + \boldsymbol{H}_{12}(t)\boldsymbol{X}_2(t) + \boldsymbol{Z}_1(t) \\ \boldsymbol{Y}_2(t) &= \boldsymbol{H}_{21}(t)\boldsymbol{X}_1(t) + \boldsymbol{H}_{22}(t)\boldsymbol{X}_2(t) + \boldsymbol{Z}_2(t) \end{aligned} \tag{7-76}$$

其中 $\boldsymbol{Y}_1(t)$ 和 $\boldsymbol{Y}_2(t)$ 分别为 $N_1 \times 1$ 和 $N_2 \times 1$ 信道输出向量，$\boldsymbol{X}_1(t)$ 和 $\boldsymbol{X}_2(t)$ 分别为 $M_1 \times 1$ 和 $M_2 \times 1$ 的信道输入向量，$\boldsymbol{H}_{ij}(t)$ 是从 T_j 到 $R_i(i,j=1,2)$ 的 $N_i \times M_j$ 的信道矩阵，$\boldsymbol{Z}_1(t)$ 和 $\boldsymbol{Z}_2(t)$ 分别是在 t 时刻的 $N_1 \times 1$ 和 $N_2 \times 1$ 的高斯白噪声向量。$\boldsymbol{H}_{ij}(t)$ 是独立的服从高斯分布的随机向量，且信道系数在每个信号时刻才会发生变化。

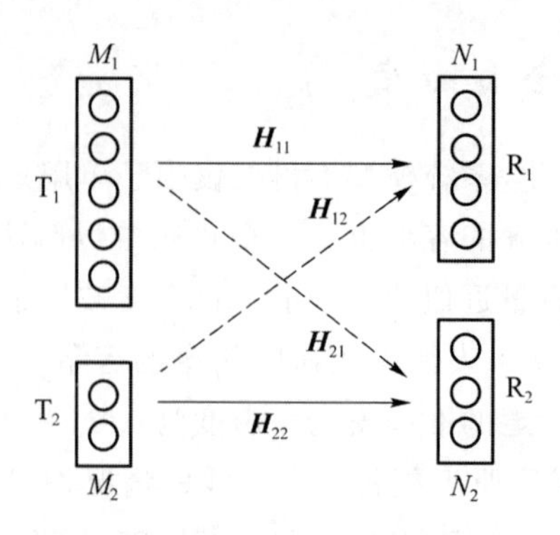

图 7-4 非对称的两用户 MIMO 干扰信道模型

本节假设所有的节点都已知信道状态信息。T_i 从消息序列 $W_i=\{1,2,\cdots,2^{nR_i}\}$ 中随机选择一个信息 W_i 发送，W_i 在平均功率 P 的约束下，被编码为一个码长为 n 的信道输入 $\boldsymbol{X}_i^n$，那么第 i 对用户的传输速率为 $R_i\triangleq(1/n)\log_2|W_i|$。$T_i$ 在发送消息的同时想要对接收者 $T_j\,(i\neq j)$ 保密。因此，对于任意 $\varepsilon>0$，信息的可靠性和安全性可以被表示为

$$\begin{aligned}\Pr(\hat{W}_1\neq W_1)\leqslant\epsilon\quad\frac{1}{n}I(W_1;\boldsymbol{Y}_2^n)\leqslant\epsilon\\ \Pr(\hat{W}_2\neq W_2)\leqslant\epsilon\quad\frac{1}{n}I(W_2;\boldsymbol{Y}_1^n)\leqslant\epsilon\end{aligned}\tag{7-77}$$

其中 $\hat{W}_i$ 为 W_i 的估计。根据安全自由度的定义可知，该系统模型的安全自由度为

$$d_{\mathrm{s}}=\lim_{P\to\infty}\frac{R_1+R_2}{\frac{1}{2}\log_2 P}\tag{7-78}$$

由于两对用户在系统模型中是等价的，因此在这有一个不失一般性的假设，假设第一对用户在发送者或者接收者处总是拥有最多的天线数，即 $\max(M_1,N_1)\geqslant\max(M_2,N_2)$。本节仅需要讨论在这种情况下的安全自由度。

7.2.3 非对称干扰信道的安全自由度

1. 主要结论

基于一般性假设，可以发现天线数的大小将分为两大部分：(1) T_1 拥有最多的天线数，$M_1\geqslant(N_1,N_2,M_2)$；(2) R_1 拥有最多的天线数，$N_1\geqslant(M_1,M_2,N_2)$。本节将分别按照这两部分给出总体的安全自由度，具体结论如定理 1 所示。

定理 1 MIMO 干扰信道的安全自由度为

(1) $M_1\geqslant(N_1,N_2,M_2)$

$$d_{\mathrm{s}}=\begin{cases}N_1+N_2, & M_2\geqslant N_1+N_2\\ \min\left(\dfrac{2(M_1+M_2)-(N_1+N_2)}{3},M_2\right), & N_1\leqslant M_2<N_1+N_2\\ \min\left(N_1,M_1+M_2-N_2,\dfrac{2M_1+N_1-N_2}{3}\right), & M_2<N_1\end{cases}\tag{7-79}$$

（2）$N_1 \geqslant (M_1, M_2, N_2)$

$$
d_s = \begin{cases} 0, & N_2 \geqslant M_1 + M_2 \\ \min(M_1, M_2, \dfrac{N_1 + N_2}{3}), & M_1 \leqslant N_2 < M_1 + M_2 \\ \min(M_1, \dfrac{2M_1 + N_1 - N_2}{3}, M_1 + M_2 - N_2), & N_2 < M_1 \end{cases} \tag{7-80}
$$

定理 1 按照天线数的大小关系划分了几个取值的区域，并给出了每个区域的安全自由度的值，这些值组成了系统模型的全部安全自由度。

2. 安全自由度的上界

下面将给出定理 1 的充分性证明，即求解系统模型的安全自由度的上界。文中将利用已知的结论和一些信息论的推导，分别得到从三个方面出发的安全自由度的上界，再结合三个安全自由度的上界，在每个区域内取其最小值，从而得到了系统模型的安全自由度上界。具体的三个上界的推导过程如下。

第一，基于文献[31]中的模型和结论可以得到对于两用户 MIMO 干扰信道，当每个节点的天线数为任意数时的自由度。文献中构建的系统模型与本节中所提出的系统模型是相似的，区别在于本节要考虑系统通信的过程中会受到安全约束的限制。显然可以得出，与没有安全约束的 MIMO 干扰信道对比，安全自由度将不会超过相同信道模型的自由度。因此，根据文献[31]中的结论可得到第一个安全自由度的上界。

$$
d_s \leqslant \min\{M_1 + M_2, N_1 + N_2, \max\{M_1, N_2\}, \max\{M_2, N_1\}\} \tag{7-81}
$$

第二，由安全约束可知，当第一对用户在传输机密信息的时候，是不希望第二对用户中的接收者可以窃听到信息的。那么此处考虑一种极端的情况，假设 T_1 和 T_2 彼此之间协作，那么它们可以被认为是一个拥有 $M_1 + M_2$ 根天线的节点；否则，R_2 被认为是一个窃听者。此时的系统模型即变成了一个典型的点对点 MIMO 窃听信道。可知，在有协作的情况下安全自由度必然是会大于或等于在没有协作的情况下的安全自由度的。因此，根据 MIMO 窃听信道安全自由度的结论[32]，可得另一个安全自由度的上界。具体是：当 $M_1 + M_2 \leqslant N_1 + N_2$ 时，安全自由度的上界为

$$
d_s \leqslant M_1 + M_2 - N_2 \tag{7-82}
$$

第三，从最基本的互信息和微分熵出发，结合前人的两个引理推导出安全自由度的上界。首先根据文献[33]～[36]中的安全惩罚引理，可以得到系统模型的传输速率有如下的关系：

$$
nR_i \leqslant h(\tilde{\boldsymbol{X}}_1) + h(\tilde{\boldsymbol{X}}_2) - h(\boldsymbol{Y}_j) + nc \tag{7-83}
$$

其中 $\tilde{\boldsymbol{X}}_i = \boldsymbol{X}_i + \tilde{\boldsymbol{N}}_i$ 是信道输入的噪声版本，c 是一个常数，$i, j = 1, 2 (i \neq j)$。其次参照文献[33]～[39]中的方法，此处将文献[33]～[36]中的帮助者角色引理延伸到向量版本，当发送者和接收者的天线数各不相同时的帮助者角色引理即为

$$
h(\tilde{\boldsymbol{X}}_i) \leqslant h(\boldsymbol{X}_i^{(2)}) + h(\boldsymbol{Y}_j) - nR_j + nc_1, \quad M_i \geqslant N_j \tag{7-84}
$$

$$
h(\tilde{\boldsymbol{X}}_i) \leqslant h(\boldsymbol{Y}_j) - nR_j + nc_2, \quad M_i < N_j \tag{7-85}
$$

其中 $\boldsymbol{X}_i^{(2)} = (\tilde{\boldsymbol{X}}_{i_{N_j+1}}, \tilde{\boldsymbol{X}}_{i_{N_j+2}}, \cdots, \tilde{\boldsymbol{X}}_{i_{M_i}})$。根据天线数的大小关系，接下来将分三种情况讨论该上界，并给出每种情况的上界。

(1) $M_1 \geqslant N_2$ 且 $M_2 \geqslant N_1$:将式(7-84)代入式(7-83)中可得

$$\begin{cases} 2nR_1 + R_2 \leqslant h(\boldsymbol{X}_1^{(2)}) + h(\boldsymbol{X}_2^{(2)}) + h(\boldsymbol{Y}_1) + nc_{11} \\ nR_1 + 2nR_2 \leqslant h(\boldsymbol{X}_1^{(2)}) + h(\boldsymbol{X}_2^{(2)}) + h(\boldsymbol{Y}_2) + nc_{12} \end{cases} \tag{7-86}$$

又根据微分熵的性质已知 $h(\boldsymbol{X}^n) \leqslant (n/2)\log_2 P$,则将式(7-86)中的两式相加可得

$$\begin{aligned} 3n(R_1 + R_2) &\leqslant 2(h(\boldsymbol{X}_1^{(2)}) + h(\boldsymbol{X}_2^{(2)})) + h(\boldsymbol{Y}_1) + h(\boldsymbol{Y}_2) + nc_{13} \\ &\leqslant [2(M_1 + M_2) - (N_1 + N_2)] \frac{n}{2} \log_2 P + nc_{14} \end{aligned} \tag{7-87}$$

根据安全自由度的定义,可以得到

$$d_s \leqslant \lim_{P \to \infty} \frac{R_1 + R_2}{\frac{1}{2}\log_2 P} = \frac{2(M_1 + M_2) - (N_1 + N_2)}{3} \tag{7-88}$$

(2) $M_1 < N_2$ 且 $M_2 < N_1$:将式(7-84)和式(7-85)代入式(7-83)可得

$$\begin{cases} 2nR_1 + R_2 \leqslant h(\boldsymbol{X}_1^{(2)}) + h(\boldsymbol{Y}_1) + nc_{21} \\ nR_1 + 2nR_2 \leqslant h(\boldsymbol{X}_1^{(2)}) + h(\boldsymbol{Y}_2) + nc_{22} \end{cases} \tag{7-89}$$

结合式(7-89)中的两个式子,可得

$$\begin{aligned} 3n(R_1 + R_2) &\leqslant 2h(\boldsymbol{X}_1^{(2)}) + h(\boldsymbol{Y}_1) + h(\boldsymbol{Y}_2) + nc_{23} \\ &\leqslant (2M_1 + N_1 - N_2) \frac{n}{2} \log_2 P + nc_{24} \end{aligned} \tag{7-90}$$

根据安全自由度的定义并结合式(7-90)可以得到如下的不等式:

$$d_s \leqslant \lim_{P \to \infty} \frac{R_1 + R_2}{\frac{1}{2}\log_2 P} = \frac{2M_1 + N_1 - N_2}{3} \tag{7-91}$$

(3) $M_1 < N_2$ 且 $M_2 < N_1$:将式(7-85)代入式(7-83)中,有如下不等式:

$$\begin{cases} 2nR_1 + R_2 \leqslant h(\boldsymbol{Y}_1) + nc_{31} \\ nR_1 + 2nR_2 \leqslant h(\boldsymbol{Y}_2) + nc_{32} \end{cases} \tag{7-92}$$

将式(7-92)中的两式相加可以得到

$$\begin{aligned} 3n(R_1 + R_2) &\leqslant h(\boldsymbol{Y}_1) + h(\boldsymbol{Y}_2) + nc_{33} \\ &\leqslant N_1 \frac{n}{2} \log_2 P + N_2 \frac{n}{2} \log_2 P + nc_{34} \end{aligned} \tag{7-93}$$

类似地,根据安全自由度的定义可以得到如下不等式:

$$d_s \leqslant \lim_{P \to \infty} \frac{R_1 + R_2}{\frac{1}{2}\log_2 P} = \frac{N_1 + N_2}{3} \tag{7-94}$$

最终,通过讨论三种情况下的安全自由度的上界,可得第三个安全自由度的上界。再结合之前得到的两个安全自由度的上界,根据天线数大小划分的区域,取每个区域内的最小安全自由度的上界,可以得到最终的上界为

① $M_1 \geqslant (N_1, N_2, M_2)$

$$d_s \leqslant \begin{cases} N_1 + N_2, & M_2 \geqslant N_1 + N_2 \\ \min\left(\dfrac{2(M_1 + M_2) - (N_1 + N_2)}{3}, M_2\right), & N_1 \leqslant M_2 < N_1 + N_2 \\ \min\left(N_1, M_1 + M_2 - N_2, \dfrac{2M_1 + N_1 - N_2}{3}\right), & M_2 < N_1 \end{cases} \tag{7-95}$$

② $N_1 \geqslant (M_1, M_2, N_2)$

$$d_s \leqslant \begin{cases} 0, & N_2 \geqslant M_1 + M_2 \\ \min\left(M_1, M_2, \dfrac{N_1+N_2}{3}\right), & M_1 \leqslant N_2 < M_1 + M_2 \\ \min\left(M_1, \dfrac{2M_1+N_1-N_2}{3}, M_1+M_2-N_2\right), & N_2 < M_1 \end{cases} \tag{7-96}$$

3. 安全自由度可达方案

下面通过给出可以达到与上界相同的安全自由度的可达方案，证明安全自由度的可达性，即完成必要性的证明。利用协作干扰、预编码和干扰对齐的技术，来设计系统模型的信号传输方案。根据发送者和接收者天线数的大小关系，将问题划分为一些子问题，在每个子问题中，给出不同的信号传输方案，从而达到该区域的安全自由度的上界。由于信号的传输方案的基本思路是相同的，因此在划分区域前，先给出总体的方案设计。

首先将发送者要发送的信号拆分为两部分：一部分为机密信号；另一部分为协作干扰信号。那么信道的输入信号可以表示为

$$\begin{aligned} \boldsymbol{X}_1 &= \boldsymbol{H}_{21}^{\perp} \boldsymbol{v}_1^{(1)} + \boldsymbol{P}_1 \boldsymbol{v}_1^{(2)} + \boldsymbol{Q}_1 \boldsymbol{u}_1 \\ \boldsymbol{X}_2 &= \boldsymbol{H}_{12}^{\perp} \boldsymbol{v}_2^{(1)} + \boldsymbol{P}_2 \boldsymbol{v}_2^{(2)} + \boldsymbol{Q}_2 \boldsymbol{u}_2 \end{aligned} \tag{7-97}$$

其中，$\boldsymbol{v}_i^{(1)}$ 和 $\boldsymbol{v}_i^{(2)}$ 是机密信号，$\boldsymbol{u}_i$ 是协作干扰信号，$\boldsymbol{H}_{21}^{\perp}$ 和 $\boldsymbol{H}_{12}^{\perp}$ 分别表示信道矩阵 $\boldsymbol{H}_{21}$ 和 $\boldsymbol{H}_{12}$ 的零空间，$\boldsymbol{P}_i$ 和 $\boldsymbol{Q}_i$ 分别表示预编码矩阵($i=1,2$)。需要说明的是，信道矩阵 $\boldsymbol{H}_{ij}(i,j=1,2,i\neq j)$ 的零空间只有在 $M_j > N_i$ 的时候才存在，且若零空间存在的话，则 $\boldsymbol{v}_1^{(1)}$ 和 $\boldsymbol{v}_2^{(1)}$ 分别是$(M_1-N_2)\times 1$ 和$(M_2-N_1)\times 1$ 的向量。

可以发现，机密信号又被拆分成了两部分：一部分是要在非目的节点信道的零空间发送；另一部分是要通过预编码矩阵处理。这是为了提高系统的安全性，让非目的接收者尽可能少地获取到机密信号。另外，选择的预编码矩阵需要满足如下的条件：

$$\begin{cases} (\boldsymbol{H}_{11} \quad -\boldsymbol{H}_{12}) \begin{pmatrix} \boldsymbol{Q}_1 \\ \boldsymbol{P}_2 \end{pmatrix} = 0 \\ (\boldsymbol{H}_{22} \quad -\boldsymbol{H}_{21}) \begin{pmatrix} \boldsymbol{Q}_2 \\ \boldsymbol{P}_1 \end{pmatrix} = 0 \end{cases} \tag{7-98}$$

相应地，根据信道的输入信号可以得到信道的输出信号为

$$\begin{cases} \boldsymbol{Y}_1 = \boldsymbol{H}_{11}\boldsymbol{X}_1 + \boldsymbol{H}_{12}\boldsymbol{X}_2 + \boldsymbol{Z}_1 \\ \quad = \boldsymbol{H}_{11}\boldsymbol{H}_{21}^{\perp}\boldsymbol{v}_1^{(1)} + \boldsymbol{H}_{11}\boldsymbol{P}_1\boldsymbol{v}_1^{(2)} + \boldsymbol{H}_{11}\boldsymbol{Q}_1(\boldsymbol{u}_1 + \boldsymbol{v}_2^{(2)}) + \boldsymbol{H}_{12}\boldsymbol{Q}_2\boldsymbol{u}_2 + \boldsymbol{Z}_1 \\ \boldsymbol{Y}_2 = \boldsymbol{H}_{21}\boldsymbol{X}_1 + \boldsymbol{H}_{22}\boldsymbol{X}_2 + \boldsymbol{Z}_2 \\ \quad = \boldsymbol{H}_{22}\boldsymbol{H}_{12}^{\perp}\boldsymbol{v}_2^{(1)} + \boldsymbol{H}_{22}\boldsymbol{P}_2\boldsymbol{v}_2^{(2)} + \boldsymbol{H}_{22}\boldsymbol{Q}_2(\boldsymbol{u}_2 + \boldsymbol{v}_1^{(2)}) + \boldsymbol{H}_{21}\boldsymbol{Q}_1\boldsymbol{u}_1 + \boldsymbol{Z}_2 \end{cases} \tag{7-99}$$

其中，$\boldsymbol{H}_{ij}$ 是从 T_j 到 R_i 的信道矩阵，$\boldsymbol{Z}_i$ 是在 R_i 处的高斯噪声($i,j=1,2$)。

观察信道的输出信号可知，$\boldsymbol{v}_i^{(1)}$ 是发送在 $\boldsymbol{H}_{ji}$ 零空间的信号，则可以确保只有 R_i 能够接收到该信号。$\boldsymbol{v}_j^{(2)}$ 则通过预编码可以实现在 R_i 处与具有相同维度的协作干扰信号 $\boldsymbol{u}_i$ 对齐($i,j=1,2,i\neq j$)。由于协作干扰信号的功率是由发送者确定的，因此利用空间对齐技术可以确保泄露的信息小于或等于一个常数。根据安全自由度的定义可知，非目的接收者从机密信息中获取到的自由度为零。

$$\lim_{P\to\infty}\frac{R_{\mathrm{e}}}{\frac{1}{2}\log_2 P}\leqslant\lim_{P\to\infty}\frac{C}{\frac{1}{2}\log_2 P}=0 \tag{7-100}$$

其中 R_{e} 表示泄露的信息速率，C 代表一个常数。因此，从安全自由度的角度可以说，该传输过程是安全的。

在明确了信号传输的基本思路后，此处将分两种情况讨论可达的安全自由度，分别是 T_1 拥有最多的天线数 $M_1\geqslant(N_1,M_2,N_2)$ 和 R_1 拥有最多的天线数 $N_1\geqslant(M_1,M_2,N_2)$。

情况一：T_1 的天线数最大 $M_1\geqslant(N_1,M_2,N_2)$

由于每个节点的天线数都是任意的，即使在明确了 M_1 是最大的天线数，天线数之间仍有许多可能的关系存在。所以此处将这种情况再细分为几个区域，然后分别给出每个区域的可达方案。如图 7-5 所示，给出了所有区域的可达安全自由度的值。需要注意的是，由于 $M_1\geqslant(N_1,M_2,N_2)$，因此只考虑图中在灰线右侧的区域。

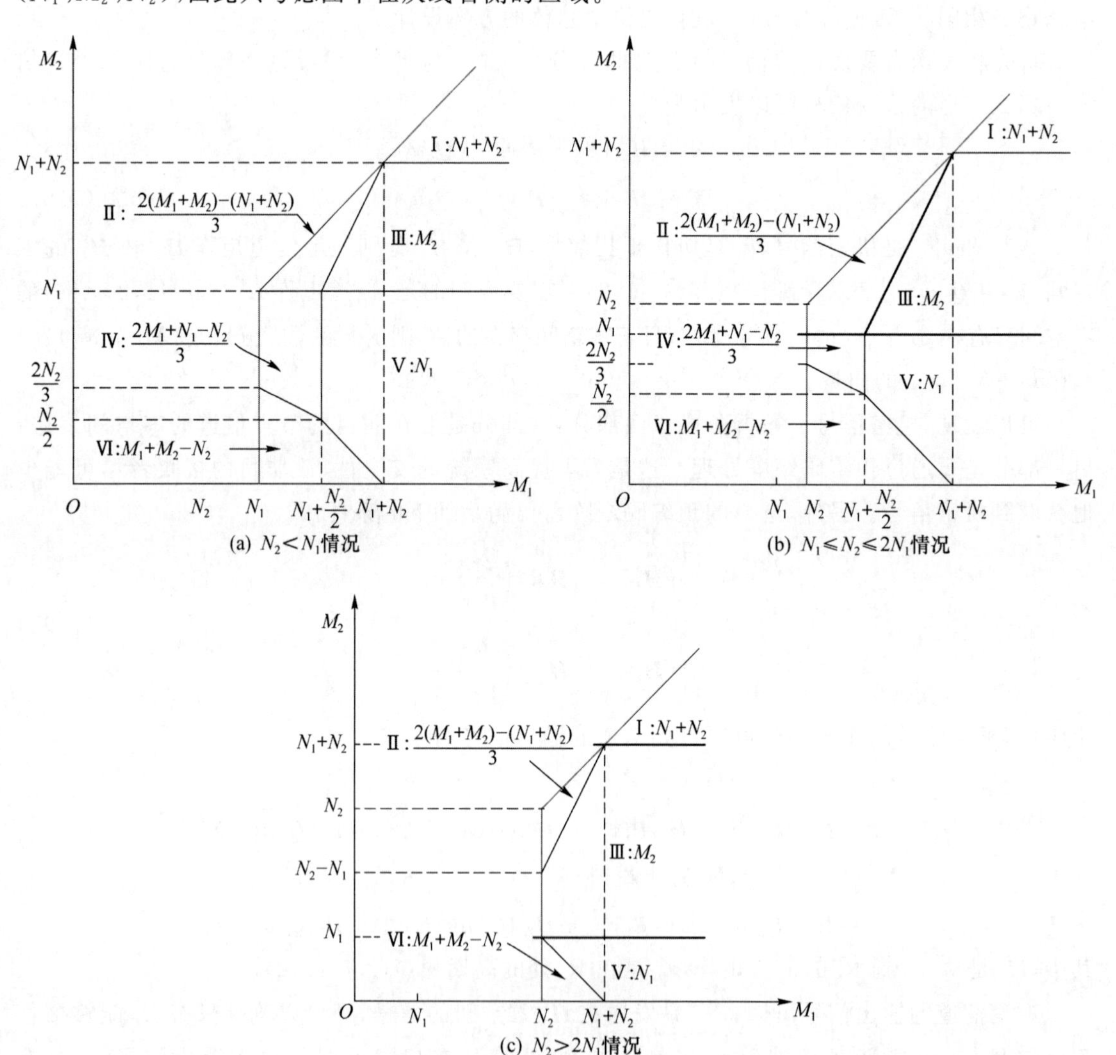

图 7-5　$M_1\geqslant(N_1,M_2,N_2)$的安全自由度

(1) $M_2 \geqslant N_1+N_2$(对应图 7-5 中的区域Ⅰ)

在该区域中,所有的发送者都具有比两个接收者的天线数之和都大的天线数。因此只要 T_i 在 $\boldsymbol{H}_{ji}$ 的零空间发送信号就可以确保 R_j 无法接收到机密信息,那么系统的可达安全自由度为 N_1+N_2。

(2) $N_1 \leqslant M_2 < N_1+N_2$

目标可达安全自由度为 $\min\{[2(M_1+M_2)-(N_1+N_2)]/3, M_2\}$,也可以表示为当 $M_2 \geqslant 2M_1-N_1-N_2$ 时 $d_s=[2(M_1+M_2)-(N_1+N_2)]/3$;当 $M_2<2M_1-N_1-N_2$ 时,$d_s=M_2$。因此接下来,将分别给出这两个安全自由度值的可达方案。

① $M_2 \geqslant 2M_1-N_1-N_2$(对应图 7-5 的区域Ⅱ):由于目标安全自由度为非整数,此处将允许 T_i 分三个时隙来完成高斯信号的传输。在 t 时刻的传输信号为

$$\boldsymbol{X}_1(t)=\boldsymbol{H}_{21}(t)^{\perp}\boldsymbol{v}_1^{(1)}(t)+\boldsymbol{P}\boldsymbol{P}_1(t)\boldsymbol{v}_1^{(2)}+\boldsymbol{Q}_1(t)\boldsymbol{u}_1 \tag{7-101}$$

$$\boldsymbol{X}_2(t)=\boldsymbol{H}_{12}(t)^{\perp}\boldsymbol{v}_2^{(1)}(t)+\boldsymbol{P}_2(t)\boldsymbol{v}_2^{(2)}+\boldsymbol{Q}_2(t)\boldsymbol{u}_2 \tag{7-102}$$

其中 $\boldsymbol{v}_1^{(2)}$ 和 $\boldsymbol{u}_2$ 是维度为 $N_1+N_2+M_2-2M_1$ 的向量信号,$\boldsymbol{v}_2^{(2)}$ 和 $\boldsymbol{u}_1$ 是维度为 $N_1+N_2+M_1-2M_2$ 的向量信号($t=1,2,3$)。

此处定义

$$\widetilde{\boldsymbol{H}}_{ij} \triangleq \begin{pmatrix} \boldsymbol{H}_{ij}(1) & \boldsymbol{O}_{N_i\times M_j} & \boldsymbol{O}_{N_i\times M_j} \\ \boldsymbol{O}_{N_i\times M_j} & \boldsymbol{H}_{ij}(2) & \boldsymbol{O}_{N_i\times M_j} \\ \boldsymbol{O}_{N_i\times M_j} & \boldsymbol{O}_{N_i\times M_j} & \boldsymbol{H}_{ij}(3) \end{pmatrix} \tag{7-103}$$

$$\widetilde{\boldsymbol{v}}_i^{(1)} \triangleq \begin{pmatrix} \boldsymbol{v}_i^{(1)}(1) \\ \boldsymbol{v}_i^{(1)}(2) \\ \boldsymbol{v}_i^{(1)}(3) \end{pmatrix} \tag{7-104}$$

$$\widetilde{\boldsymbol{Z}}_i \triangleq \begin{pmatrix} \boldsymbol{Z}_i(1) \\ \boldsymbol{Z}_i(2) \\ \boldsymbol{Z}_i(3) \end{pmatrix} \tag{7-105}$$

其中 $i,j=1,2$。则预编码矩阵可以表示为

$$\widetilde{\boldsymbol{H}}_{ij}^{\perp} \triangleq \begin{bmatrix} \boldsymbol{H}_{ij}^{\perp}(1) & \boldsymbol{O}_{M_j\times(M_j-N_i)} & \boldsymbol{O}_{M_j\times(M_j-N_i)} \\ \boldsymbol{O}_{M_j\times(M_j-N_i)} & \boldsymbol{H}_{ij}^{\perp}(2) & \boldsymbol{O}_{M_j\times(M_j-N_i)} \\ \boldsymbol{O}_{M_j\times(M_j-N_i)} & \boldsymbol{O}_{M_j\times(M_j-N_i)} & \boldsymbol{H}_{ij}^{\perp}(3) \end{bmatrix} \tag{7-106}$$

$$\widetilde{\boldsymbol{P}}_i \triangleq \begin{pmatrix} \boldsymbol{P}_i(1) \\ \boldsymbol{P}_i(2) \\ \boldsymbol{P}_i(3) \end{pmatrix} \tag{7-107}$$

$$\widetilde{\boldsymbol{Q}}_i \triangleq \begin{pmatrix} \boldsymbol{Q}_i(1) \\ \boldsymbol{Q}_i(2) \\ \boldsymbol{Q}_i(3) \end{pmatrix} \tag{7-108}$$

其中 $i,j=1,2,i\neq j$。因此,信道在 3 个时隙的传输可以表示为

$$\begin{aligned} \widetilde{\boldsymbol{Y}}_1 &= \widetilde{\boldsymbol{H}}_{11}\widetilde{\boldsymbol{H}}_{21}^{\perp}\widetilde{\boldsymbol{v}}_1^{(1)}+\widetilde{\boldsymbol{H}}_{11}\widetilde{\boldsymbol{P}}_1\boldsymbol{v}_1^{(2)}+\widetilde{\boldsymbol{H}}_{11}\widetilde{\boldsymbol{Q}}_1(\boldsymbol{u}_1+\boldsymbol{v}_2^{(2)})+\widetilde{\boldsymbol{H}}_{12}\widetilde{\boldsymbol{Q}}_2\boldsymbol{u}_2+\widetilde{\boldsymbol{Z}}_1 \\ &= \boldsymbol{\Lambda}_1(\widetilde{\boldsymbol{v}}_1^{(1)\mathrm{T}}, \boldsymbol{v}_1^{(2)\mathrm{T}}, (\boldsymbol{u}_1+\boldsymbol{v}_2^{(2)})^{\mathrm{T}}, \boldsymbol{u}_2^{\mathrm{T}})^{\mathrm{T}} \end{aligned} \tag{7-109}$$

$$\begin{aligned}\widetilde{\boldsymbol{Y}}_2 &= \widetilde{\boldsymbol{H}}_{22}\widetilde{\boldsymbol{H}}_{12}^{\perp}\widetilde{\boldsymbol{v}}_2^{(1)} + \widetilde{\boldsymbol{H}}_{22}\widetilde{\boldsymbol{P}}_2\boldsymbol{v}_2^{(2)} + \widetilde{\boldsymbol{H}}_{22}\widetilde{\boldsymbol{Q}}_2(\boldsymbol{u}_2 + \boldsymbol{v}_1^{(2)}) + \widetilde{\boldsymbol{H}}_{21}\widetilde{\boldsymbol{Q}}_1\boldsymbol{u}_1 + \widetilde{\boldsymbol{Z}}_2 \\ &= \boldsymbol{\Lambda}_2(\widetilde{\boldsymbol{v}}_2^{(1)\mathrm{T}}, \boldsymbol{v}_2^{(2)\mathrm{T}}, (\boldsymbol{u}_2 + \boldsymbol{v}_1)^{\mathrm{T}}, \boldsymbol{u}_1^{\mathrm{T}})^{\mathrm{T}}\end{aligned} \tag{7-110}$$

其中$\widetilde{\boldsymbol{Y}}_i \stackrel{\Delta}{=} (\boldsymbol{Y}_i(1)^{\mathrm{T}}, \boldsymbol{Y}_i(2)^{\mathrm{T}}, \boldsymbol{Y}_i(3)^{\mathrm{T}})^{\mathrm{T}}$，$\boldsymbol{\Lambda}_1 \stackrel{\Delta}{=} (\widetilde{\boldsymbol{H}}_{11}\widetilde{\boldsymbol{H}}_{21}^{\perp}, \widetilde{\boldsymbol{H}}_{11}\widetilde{\boldsymbol{P}}_1, \widetilde{\boldsymbol{H}}_{11}\widetilde{\boldsymbol{Q}}_1, \widetilde{\boldsymbol{H}}_{12}\widetilde{\boldsymbol{Q}}_2)$，$\boldsymbol{\Lambda}_2 \stackrel{\Delta}{=} (\widetilde{\boldsymbol{H}}_{22}\widetilde{\boldsymbol{H}}_{12}^{\perp}, \widetilde{\boldsymbol{H}}_{22}\widetilde{\boldsymbol{P}}_2, \widetilde{\boldsymbol{H}}_{22}\widetilde{\boldsymbol{Q}}_2, \widetilde{\boldsymbol{H}}_{21}\widetilde{\boldsymbol{Q}}_1)$。需要说明的是，$\boldsymbol{\Lambda}_i$ 是 $3N_i \times 3N_i$ 的满秩矩阵，机密信号 $\widetilde{\boldsymbol{v}}_i^{(1)}$ 和 $\boldsymbol{v}_i^{(2)}$ 在合法接收者 R_i 处是可以被解码出来的。

② $M_2 < 2M_1 - N_1 - N_2$（对应图 7-5 的区域Ⅲ）：在这个区域中需要达到的安全自由度为 M_2，因此选择的发送信号如下所示：

$$\begin{cases}\boldsymbol{X}_1 = \boldsymbol{H}_{21}^{\perp}\boldsymbol{v}_1^{(1)} + \boldsymbol{Q}_1\boldsymbol{u}_1 \\ \boldsymbol{X}_2 = \boldsymbol{H}_{12}^{\perp}\boldsymbol{v}_2^{(1)} + \boldsymbol{P}_2\boldsymbol{v}_2^{(2)}\end{cases} \tag{7-111}$$

其中，$\boldsymbol{v}_2^{(2)}$ 和 $\boldsymbol{u}_1$ 是 $N_1 + N_2 - M_1$ 维度的信号。此时信道的输出可以表示为

$$\begin{aligned}\boldsymbol{Y}_1 &= \boldsymbol{H}_{11}\boldsymbol{H}_{21}^{\perp}\boldsymbol{v}_1^{(1)} + \boldsymbol{H}_{11}\boldsymbol{Q}_1(\boldsymbol{u}_1 + \boldsymbol{v}_2^{(2)}) + \boldsymbol{Z}_1 \\ &= \boldsymbol{\Gamma}_1(\boldsymbol{v}_1^{(1)\mathrm{T}}, (\boldsymbol{u}_1 + \boldsymbol{v}_2^{(2)})^{\mathrm{T}})^{\mathrm{T}}\end{aligned} \tag{7-112}$$

$$\begin{aligned}\boldsymbol{Y}_2 &= \boldsymbol{H}_{22}\boldsymbol{H}_{12}^{\perp}\boldsymbol{v}_2^{(1)} + \boldsymbol{H}_{22}\boldsymbol{P}_2\boldsymbol{v}_2^{(2)} + \boldsymbol{H}_{21}\boldsymbol{Q}_1\boldsymbol{u}_1 + \boldsymbol{Z}_2 \\ &= \boldsymbol{\Gamma}_2(\boldsymbol{v}_2^{(1)\mathrm{T}}, \boldsymbol{v}_2^{(2)\mathrm{T}}, \boldsymbol{u}_1^{\mathrm{T}})^{\mathrm{T}}\end{aligned} \tag{7-113}$$

其中 $\boldsymbol{\Gamma}_1 \stackrel{\Delta}{=} (\boldsymbol{H}_{11}\boldsymbol{H}_{21}^{\perp}, \boldsymbol{H}_{11}\boldsymbol{Q}_1)$，$\boldsymbol{\Gamma}_2 \stackrel{\Delta}{=} (\boldsymbol{H}_{22}\boldsymbol{H}_{12}^{\perp}, \boldsymbol{H}_{22}\boldsymbol{P}_2, \boldsymbol{H}_{21}\boldsymbol{Q}_1)$。在接收者处的接收信号的向量维度是小于或等于接收者的天线数的，因此对于接收者来说，信号是可解的。

(3) $M_2 < N_1$

在这个区域中，需要证明可达的安全自由度的值为 $\min(N_1, M_1 + M_2 - N_2, (2M_1 + N_1 - N_2)/3)$。因此，本段中将分三部分呈现可达方案。

① $M_1 < N_1 + N_2/2$ 且 $M_2 \geqslant (N_1 - M_1 + 2N_2)/3$（图 7-5 中的区域Ⅳ）：这个区域的安全自由度为$(2M_1 + N_1 - N_2)/3$，这个值可能不是一个整数。与之前的方案类似，此处通过三个时隙来完成信息传输。则在 t 时刻的输入信号可以表示为

$$\boldsymbol{X}_1(t) = \boldsymbol{H}_{21}(t)^{\perp}\boldsymbol{v}_1^{(1)}(t) + \boldsymbol{P}_1(t)\boldsymbol{v}_1^{(2)} + \boldsymbol{Q}_1(t)\boldsymbol{u}_1 \tag{7-114}$$

$$\boldsymbol{X}_2(t) = \boldsymbol{P}_2(t)\boldsymbol{v}_2^{(2)} + \boldsymbol{Q}_2(t)\boldsymbol{u}_2 \tag{7-115}$$

其中 $\boldsymbol{v}_1^{(2)}$ 和 $\boldsymbol{u}_2$ 都是维度为 $2N_1 + N_2 - 2M_1$ 的信号，$\boldsymbol{v}_2^{(2)}$ 和 $\boldsymbol{u}_1$ 都是维度为 $M_1 + N_2 - N_1$ 的信号。则信道的输出可以表示为

$$\begin{aligned}\widetilde{\boldsymbol{Y}}_1 &= \widetilde{\boldsymbol{H}}_{11}\widetilde{\boldsymbol{H}}_{21}^{\perp}\widetilde{\boldsymbol{v}}_1^{(1)} + \widetilde{\boldsymbol{H}}_{11}\widetilde{\boldsymbol{P}}_1\boldsymbol{v}_1^{(2)} + \widetilde{\boldsymbol{H}}_{11}\widetilde{\boldsymbol{Q}}_1(\boldsymbol{u}_1 + \boldsymbol{v}_2^{(2)}) + \widetilde{\boldsymbol{H}}_{12}\widetilde{\boldsymbol{Q}}_2\boldsymbol{u}_2 + \widetilde{\boldsymbol{Z}}_1 \\ &= \boldsymbol{\Lambda}_1(\widetilde{\boldsymbol{v}}_1^{(1)\mathrm{T}}, \boldsymbol{v}_1^{(2)\mathrm{T}}, (\boldsymbol{u}_1 + \boldsymbol{v}_2^{(2)})^{\mathrm{T}}, \boldsymbol{u}_2^{\mathrm{T}})^{\mathrm{T}}\end{aligned} \tag{7-116}$$

$$\begin{aligned}\widetilde{\boldsymbol{Y}}_2 &= \widetilde{\boldsymbol{H}}_{22}\widetilde{\boldsymbol{P}}_2\boldsymbol{v}_2^{(2)} + \widetilde{\boldsymbol{H}}_{22}\widetilde{\boldsymbol{Q}}_2(\boldsymbol{u}_2 + \boldsymbol{v}_1^{(2)}) + \widetilde{\boldsymbol{H}}_{21}\widetilde{\boldsymbol{Q}}_1\boldsymbol{u}_1 + \widetilde{\boldsymbol{Z}}_2 \\ &= \boldsymbol{\Lambda}_3(\widetilde{\boldsymbol{v}}_2^{(2)\mathrm{T}}, (\boldsymbol{u}_2 + \boldsymbol{v}_1)^{\mathrm{T}}, \boldsymbol{u}_1^{\mathrm{T}})^{\mathrm{T}}\end{aligned} \tag{7-117}$$

其中，$\boldsymbol{\Lambda}_3 \stackrel{\Delta}{=} (\widetilde{\boldsymbol{H}}_{22}\widetilde{\boldsymbol{P}}_2, \widetilde{\boldsymbol{H}}_{22}\widetilde{\boldsymbol{Q}}_2, \widetilde{\boldsymbol{H}}_{21}\widetilde{\boldsymbol{Q}}_1)$。很容易计算出来，在$\widetilde{\boldsymbol{Y}}_i$ 处的接收信号的维度的总和不超过 $3N_i$。因此，通过所提出的方案$(2M_1 + N_1 - N_2)/3$ 的安全自由度是可以实现的。

② $M_1 \geqslant N_1 + N_2/2$ 且 $M_2 \geqslant N_1 + N_2 - M_1$（对应图 7-5 的区域Ⅴ）：需要注意的是在该区域需要可达的安全自由度等于 N_1。信道的输入信号表示为

$$\boldsymbol{X}_1 = \boldsymbol{H}_{21}^{\perp}\boldsymbol{v}_1^{(1)} + \boldsymbol{Q}_1\boldsymbol{u}_1 \tag{7-118}$$

$$\boldsymbol{X}_2 = \boldsymbol{P}_2\boldsymbol{v}_2^{(2)} \tag{7-119}$$

其中，$\boldsymbol{v}_2^{(2)}$ 和 $\boldsymbol{u}_1$ 是 $N_1 + N_2 - M_1$ 维度的向量。那么在接收者处的接收信号可以表示为

$$\begin{aligned}\boldsymbol{Y}_1 &= \boldsymbol{H}_{11}\boldsymbol{H}_{21}^{\perp}\boldsymbol{v}_1^{(1)} + \boldsymbol{H}_{11}\boldsymbol{Q}_1(\boldsymbol{u}_1 + \boldsymbol{v}_2^{(2)}) + \boldsymbol{Z}_1 \\ &= \boldsymbol{\Gamma}_1(\boldsymbol{v}_1^{(1)\mathrm{T}}, (\boldsymbol{u}_1 + \boldsymbol{v}_2^{(2)})^{\mathrm{T}})^{\mathrm{T}}\end{aligned} \tag{7-120}$$

$$\begin{aligned}\boldsymbol{Y}_2 &= \boldsymbol{H}_{22}\boldsymbol{P}_2\boldsymbol{v}_2^{(2)} + \boldsymbol{H}_{21}\boldsymbol{Q}_1\boldsymbol{u}_1 + \boldsymbol{Z}_2 \\ &= \boldsymbol{\Gamma}_3(\boldsymbol{v}_2^{(2)\mathrm{T}}, \boldsymbol{u}_1^{\mathrm{T}})^{\mathrm{T}}\end{aligned} \tag{7-121}$$

其中 $\boldsymbol{\Gamma}_3 \stackrel{\Delta}{=} (\boldsymbol{H}_{22}\boldsymbol{P}_2, \boldsymbol{H}_{21}\boldsymbol{Q}_1)$。显然 $\boldsymbol{Y}_i$ 的维度的和小于或等于 N_i，因此可达的自由度即为$d_s = M_1 - N_2 + N_1 + N_2 - M_1 = N_1$。

③ $M_2 < N_1 + N_2 - M_1$ 且 $M_2 < (N_1 - M_1 + 2N_2)/3$(对应图 7-5 的区域Ⅵ)：需要被证明的可达自由度为 $M_1 + M_2 - N_2$。为了给出简洁的结果说明，通过两组不同的传输信号来完成所提出的方案。

当 $M_2 < N_2/2$ 时，信道的输入被设计为

$$\boldsymbol{X}_1 = \boldsymbol{H}_{21}^{\perp}\boldsymbol{v}_1^{(1)} + \boldsymbol{Q}_1\boldsymbol{u}_1 \tag{7-122}$$

$$\boldsymbol{X}_2 = \boldsymbol{P}_2\boldsymbol{v}_2^{(2)} \tag{7-123}$$

其中 $\boldsymbol{v}_1^{(1)}$ 是$(M_1 - N_2)\times 1$ 的向量，$\boldsymbol{v}_2^{(2)}$ 和 $\boldsymbol{u}_1$ 是 $M_2 \times 1$ 的向量。与之前的方案相同，接收信号可以被表示为

$$\begin{aligned}\boldsymbol{Y}_1 &= \boldsymbol{H}_{11}\boldsymbol{H}_{21}^{\perp}\boldsymbol{v}_1^{(1)} + \boldsymbol{H}_{11}\boldsymbol{Q}_1(\boldsymbol{u}_1 + \boldsymbol{v}_2^{(2)}) + \boldsymbol{Z}_1 \\ &= \boldsymbol{\Gamma}_1(\boldsymbol{v}_1^{(1)\mathrm{T}}, (\boldsymbol{u}_1 + \boldsymbol{v}_2^{(2)})^{\mathrm{T}})^{\mathrm{T}}\end{aligned} \tag{7-124}$$

$$\begin{aligned}\boldsymbol{Y}_2 &= \boldsymbol{H}_{22}\boldsymbol{P}_2\boldsymbol{v}_2^{(2)} + \boldsymbol{H}_{21}\boldsymbol{Q}_1\boldsymbol{u}_1 + \boldsymbol{Z}_2 \\ &= \boldsymbol{\Gamma}_3(\boldsymbol{v}_2^{(2)\mathrm{T}}, \boldsymbol{u}_1^{\mathrm{T}})^{\mathrm{T}}\end{aligned} \tag{7-125}$$

当 $M_2 \geqslant N_2/2$ 时，传输信号被设计为

$$\boldsymbol{X}_1 = \boldsymbol{H}_{21}^{\perp}\boldsymbol{v}_1^{(1)} + \boldsymbol{P}_1(t)\boldsymbol{v}_1^{(2)} + \boldsymbol{Q}_1\boldsymbol{u}_1 \tag{7-126}$$

$$\boldsymbol{X}_2 = \boldsymbol{P}_2\boldsymbol{v}_2^{(2)} + \boldsymbol{Q}_2(t)\boldsymbol{u}_2 \tag{7-127}$$

其中，$\boldsymbol{v}_1^{(1)}$ 是$(M_1 - N_2)\times 1$ 的向量，$\boldsymbol{v}_1^{(2)}$ 和 $\boldsymbol{u}_2$ 都是$(N_1 + N_2 - M_1 - M_2)\times 1$ 的向量，而 $\boldsymbol{u}_1$ 和 $\boldsymbol{v}_2^{(2)}$ 则是$(2M_2 + M_1 - N_1 - N_2)\times 1$ 向量。然后就可以得到信道的输出为

$$\begin{aligned}\boldsymbol{Y}_1 &= \boldsymbol{H}_{11}\boldsymbol{H}_{21}^{\perp}\boldsymbol{v}_1^{(1)} + \boldsymbol{H}_{11}\boldsymbol{P}_1\boldsymbol{v}_1^{(2)} + \boldsymbol{H}_{11}\boldsymbol{Q}_1(\boldsymbol{u}_1 + \boldsymbol{v}_2^{(2)}) + \boldsymbol{H}_{12}\boldsymbol{Q}_2\boldsymbol{u}_2 + \boldsymbol{Z}_1 \\ &= \boldsymbol{\Gamma}_4(\boldsymbol{v}_1^{(1)\mathrm{T}}, \boldsymbol{v}_1^{(2)\mathrm{T}}, (\boldsymbol{u}_1 + \boldsymbol{v}_2^{(2)})^{\mathrm{T}}, \boldsymbol{u}_2^{\mathrm{T}})^{\mathrm{T}}\end{aligned} \tag{7-128}$$

$$\begin{aligned}\boldsymbol{Y}_2 &= \boldsymbol{H}_{22}\boldsymbol{P}_2\boldsymbol{v}_2^{(2)} + \boldsymbol{H}_{22}\boldsymbol{Q}_2(\boldsymbol{u}_2 + \boldsymbol{v}_1^{(2)}) + \boldsymbol{H}_{21}\boldsymbol{Q}_1\boldsymbol{u}_1 + \boldsymbol{Z}_2 \\ &= \boldsymbol{\Gamma}_5(\boldsymbol{v}_2^{(1)\mathrm{T}}, \boldsymbol{v}_2^{(2)\mathrm{T}}, (\boldsymbol{u}_2 + \boldsymbol{v}_1)^{\mathrm{T}}, \boldsymbol{u}_1^{\mathrm{T}})^{\mathrm{T}}\end{aligned} \tag{7-129}$$

其中，$\boldsymbol{\Gamma}_4 \stackrel{\Delta}{=} (\boldsymbol{H}_{11}\boldsymbol{H}_{21}^{\perp}, \boldsymbol{H}_{11}\boldsymbol{P}_1, \boldsymbol{H}_{11}\boldsymbol{Q}_1, \boldsymbol{H}_{12}\boldsymbol{Q}_2)$，$\boldsymbol{\Gamma}_5 \stackrel{\Delta}{=} (\boldsymbol{H}_{22}\boldsymbol{H}_{12}^{\perp}, \boldsymbol{H}_{22}\boldsymbol{P}_2, \boldsymbol{H}_{22}\boldsymbol{Q}_2, \boldsymbol{H}_{21}\boldsymbol{Q}_1)$。

可以发现两种方案，通过干扰对齐的技术，在保证不被其他非目的节点获取到信息的同时，都是能够达到 $M_1 + M_2 - N_2$ 的自由度的。

情况二：R_1 的天线数最大 $N_1 \geqslant (M_1, M_2, N_2)$

下面将给出当 N_1 为最大天线数时的安全自由度可达方案。图 7-6 中给出了在每一个区域中的安全自由度的值。需要说明的是，由于 $N_1 \geqslant (M_1, M_2, N_2)$ 因此在图中仅需要考虑由 $M_1 = N_1$ 和 $M_2 = N_1$ 两条线围成的区域。

(1) $M_1 \geqslant N_2$

下面分别给出三个安全自由度的值的可达方案。

① 当 $M_1 \geqslant N_1 - N_2$ 且 $M_2 \geqslant (N_1 - M_1 + 2N_2)/3$ 时(对应图 7-6 中的区域Ⅰ)：在本区域中，安全自由度的值为$(2M_1 + N_1 - N_2)/3$。为了达到该安全自由度，设计信道的输入信号为

$$\boldsymbol{X}_1(t)=\boldsymbol{H}_{21}(t)^{\perp}\boldsymbol{v}_1^{(1)}(t)+\boldsymbol{P}_1(t)\boldsymbol{v}_1^{(2)}+\boldsymbol{Q}_1(t)\boldsymbol{u}_1 \tag{7-130}$$

$$\boldsymbol{X}_2(t)=\boldsymbol{P}_2(t)\boldsymbol{v}_2^{(2)}+\boldsymbol{Q}_2(t)\boldsymbol{u}_2 \tag{7-131}$$

其中 $\boldsymbol{v}_1^{(2)}$ 和 $\boldsymbol{u}_2$ 都是维度为 $2N_1+N_2-2M_1$ 的向量，$\boldsymbol{v}_2^{(2)}$ 和 $\boldsymbol{u}_2$ 是维度为 $M_1+N_2-N_1$ 的向量。则在三个时刻的接收信号为

$$\begin{aligned}\widetilde{\boldsymbol{Y}}_1&=\widetilde{\boldsymbol{H}}_{11}\widetilde{\boldsymbol{H}}_{21}^{\perp}\widetilde{\boldsymbol{v}}_1^{(1)}+\widetilde{\boldsymbol{H}}_{11}\widetilde{\boldsymbol{P}}_1\boldsymbol{v}_1^{(2)}+\widetilde{\boldsymbol{H}}_{11}\widetilde{\boldsymbol{Q}}_1(\boldsymbol{u}_1+\boldsymbol{v}_2^{(2)})+\widetilde{\boldsymbol{H}}_{12}\widetilde{\boldsymbol{Q}}_2\boldsymbol{u}_2+\widetilde{\boldsymbol{Z}}_1\\&=\boldsymbol{\Lambda}_1(\boldsymbol{v}_1^{(1)\mathrm{T}},\boldsymbol{v}_1^{(2)\mathrm{T}},(\boldsymbol{u}_1+\boldsymbol{v}_2^{(2)})^{\mathrm{T}},\boldsymbol{u}_2^{\mathrm{T}})^{\mathrm{T}}\end{aligned} \tag{7-132}$$

$$\begin{aligned}\widetilde{\boldsymbol{Y}}_2&=\widetilde{\boldsymbol{H}}_{22}\widetilde{\boldsymbol{P}}_2\boldsymbol{v}_2^{(2)}+\widetilde{\boldsymbol{H}}_{22}\widetilde{\boldsymbol{Q}}_2(\boldsymbol{u}_2+\boldsymbol{v}_1^{(2)})+\widetilde{\boldsymbol{H}}_{21}\widetilde{\boldsymbol{Q}}_1\boldsymbol{u}_1+\widetilde{\boldsymbol{Z}}_2\\&=\boldsymbol{\Lambda}_3(\boldsymbol{v}_2^{(2)\mathrm{T}},(\boldsymbol{u}_2+\boldsymbol{v}_1)^{\mathrm{T}},\boldsymbol{u}_1^{\mathrm{T}})^{\mathrm{T}}\end{aligned} \tag{7-133}$$

通过计算可以得到接收信号$\widetilde{\boldsymbol{Y}}_i$ 的总维度是小于或等于$3N_i$ 的。因此从安全自由度的角度来说，传输信号能够可靠地被解码出来同时能够防止非目的接收者窃听到信息。

② 当 $M_2<N_2$ 且 $M_2<(N_1-M_1+2N_2)/3$ 时（对应图 7-6 中的区域Ⅱ）：在该区域中，需要证明的可达安全度的值为 $M_1+M_2-N_2$。同样地，为了给出一个简洁的方案，此处将分两个不同的情况来给出可达方案。

当 $M_2\geqslant N_2/2$ 时，信道的输入信号为

$$\boldsymbol{X}_1=\boldsymbol{H}_{21}^{\perp}\boldsymbol{v}_1^{(1)}+\boldsymbol{P}_1(t)\boldsymbol{v}_1^{(2)}+\boldsymbol{Q}_1\boldsymbol{u}_1 \tag{7-134}$$

$$\boldsymbol{X}_2=\boldsymbol{P}_2\boldsymbol{v}_2^{(2)}+\boldsymbol{Q}_2(t)\boldsymbol{u}_2 \tag{7-135}$$

其中 $\boldsymbol{v}_1^{(2)}$ 和 $\boldsymbol{u}_2$ 都是$(N_1+N_2)-(M_1+M_2)$维的向量，$\boldsymbol{v}_2^{(2)}$ 和 $\boldsymbol{u}_2$ 是维度为$(2M_2+M_1)-(N_1+N_2)$的向量。则接收信号可以表示为如下公式：

$$\begin{aligned}\boldsymbol{Y}_1&=\boldsymbol{H}_{11}\boldsymbol{H}_{21}^{\perp}\boldsymbol{v}_1^{(1)}+\boldsymbol{H}_{11}\boldsymbol{P}_1\boldsymbol{v}_1^{(2)}+\boldsymbol{H}_{11}\boldsymbol{Q}_1(\boldsymbol{u}_1+\boldsymbol{v}_2^{(2)})+\boldsymbol{H}_{12}\boldsymbol{Q}_2\boldsymbol{u}_2+\boldsymbol{Z}_1\\&=\boldsymbol{\Gamma}_4(\boldsymbol{v}_1^{(1)\mathrm{T}},\boldsymbol{v}_1^{(2)\mathrm{T}},(\boldsymbol{u}_1+\boldsymbol{v}_2^{(2)})^{\mathrm{T}},\boldsymbol{u}_2^{\mathrm{T}})^{\mathrm{T}}\end{aligned} \tag{7-136}$$

$$\begin{aligned}\boldsymbol{Y}_2&=\boldsymbol{H}_{22}\boldsymbol{P}_2\boldsymbol{v}_2^{(2)}+\boldsymbol{H}_{22}\boldsymbol{Q}_2(\boldsymbol{u}_2+\boldsymbol{v}_1^{(2)})+\boldsymbol{H}_{21}\boldsymbol{Q}_1\boldsymbol{u}_1+\boldsymbol{Z}_2\\&=\boldsymbol{\Gamma}_5(\boldsymbol{v}_2^{(1)\mathrm{T}},\boldsymbol{v}_2^{(2)\mathrm{T}},(\boldsymbol{u}_2+\boldsymbol{v}_1)^{\mathrm{T}},\boldsymbol{u}_1^{\mathrm{T}})^{\mathrm{T}}\end{aligned} \tag{7-137}$$

当 $M_2<N_2/2$ 时，信道的输入信号为

$$\boldsymbol{X}_1=\boldsymbol{H}_{21}^{\perp}\boldsymbol{v}_1^{(1)}+\boldsymbol{Q}_1\boldsymbol{u}_1 \tag{7-138}$$

$$\boldsymbol{X}_2=\boldsymbol{P}_2\boldsymbol{v}_2^{(2)} \tag{7-139}$$

其中 $\boldsymbol{v}_1^{(1)}$ 是$(M_1-N_2)\times1$ 的向量，$\boldsymbol{u}_1$ 和 $\boldsymbol{v}_2^{(2)}$ 则是 $M_2\times1$ 的向量。同样地，与之前的方案类似，可以得到接收信号为

$$\begin{aligned}\boldsymbol{Y}_1&=\boldsymbol{H}_{11}\boldsymbol{H}_{21}^{\perp}\boldsymbol{v}_1^{(1)}+\boldsymbol{H}_{11}\boldsymbol{Q}_1(\boldsymbol{u}_1+\boldsymbol{v}_2^{(2)})+\boldsymbol{Z}_1\\&=\boldsymbol{\Gamma}_1(\boldsymbol{v}_1^{(1)\mathrm{T}},(\boldsymbol{u}_1+\boldsymbol{v}_2^{(2)})^{\mathrm{T}})^{\mathrm{T}}\end{aligned} \tag{7-140}$$

$$\begin{aligned}\boldsymbol{Y}_2&=\boldsymbol{H}_{22}\boldsymbol{P}_2\boldsymbol{v}_2^{(2)}+\boldsymbol{H}_{21}\boldsymbol{Q}_1\boldsymbol{u}_1+\boldsymbol{Z}_2\\&=\boldsymbol{\Gamma}_3(\boldsymbol{v}_2^{(2)\mathrm{T}},\boldsymbol{u}_1^{\mathrm{T}})^{\mathrm{T}}\end{aligned} \tag{7-141}$$

显然，两种传输方案都可以在保证机密信息传送的同时得到 $M_1+M_1-N_2$ 的安全自由度。

③ 当 $M_1<N_1-N_2$ 且 $M_2\geqslant N_2$ 时（对应同 7-6 中的区域Ⅲ）：在本段中，需要提供一个可以达到 M_1 的安全自由度的方案。现设计信道的输入信号如下：

$$\boldsymbol{X}_1=\boldsymbol{H}_{21}^{\perp}\boldsymbol{v}_1^{(1)}+\boldsymbol{P}_1\boldsymbol{v}_1 \tag{7-142}$$

$$\boldsymbol{X}_2=\boldsymbol{Q}_2\boldsymbol{u}_2^{(2)} \tag{7-143}$$

其中 $\boldsymbol{v}_1^{(1)}$ 是一个$(M_1-N_2)\times1$ 的向量，而 $\boldsymbol{v}_1$ 和 $\boldsymbol{u}_2^{(2)}$ 是 $N_2\times1$ 的向量。则信道的输出信号为

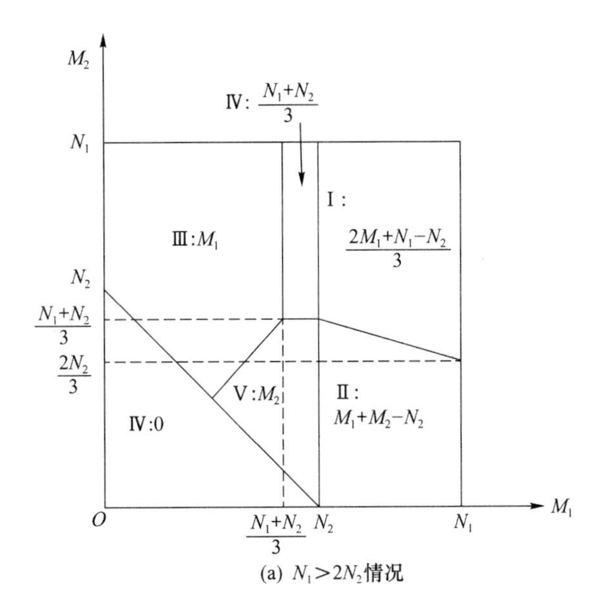

(a) $N_1>2N_2$情况

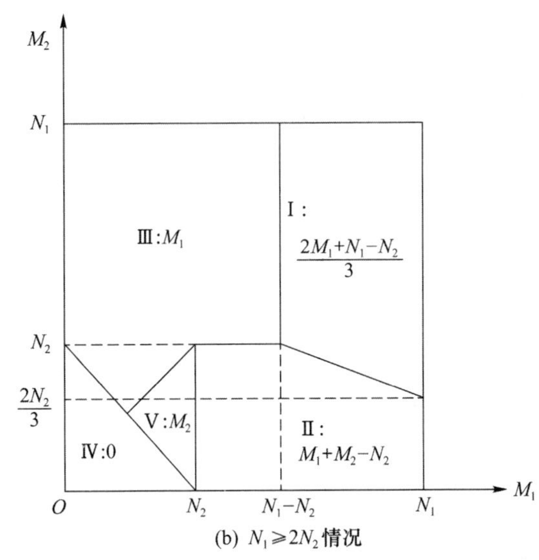

(b) $N_1\geqslant 2N_2$情况

图 7-6 $N_1\geqslant(M_1,M_2,N_2)$的安全自由度

$$\begin{aligned}\boldsymbol{Y}_1 &= \boldsymbol{H}_{11}\boldsymbol{H}_{21}^{\perp}\boldsymbol{v}_1^{(1)}+\boldsymbol{H}_{11}\boldsymbol{P}_1\boldsymbol{v}_1^{(2)}+\boldsymbol{H}_{12}\boldsymbol{Q}_2\boldsymbol{u}_2+\boldsymbol{Z}_1\\ &=\boldsymbol{\Gamma}_6(\boldsymbol{v}_1^{(1)\mathrm{T}},\boldsymbol{v}_2^{(2)\mathrm{T}},\boldsymbol{u}_2^{\mathrm{T}})^{\mathrm{T}}\end{aligned} \tag{7-144}$$

$$\boldsymbol{Y}_2=\boldsymbol{H}_{22}\boldsymbol{Q}_2(\boldsymbol{u}_2+\boldsymbol{v}_1^{(2)})+\boldsymbol{Z}_2 \tag{7-145}$$

其中 $\boldsymbol{\Gamma}_6\overset{\Delta}{=}(\boldsymbol{H}_{11}\boldsymbol{H}_{21}^{\perp},\boldsymbol{H}_{11}\boldsymbol{P}_1,\boldsymbol{H}_{12}\boldsymbol{Q}_2)$。在本区域中,只有用户 1 发送机密信息,而用户 2 则只发送干扰信号。系统可达的安全自由度为 M_1。

(2) $N_2-M_2\leqslant M_1<N_2$

根据结论可知,在本区域内需要达到的安全自由度为 $\min(M_1,M_2,(N_1+N_2)/3)$。因此将分为三个区域给出可达方案。

① 当 $M_1<M_2$ 且 $M_1<(N_1+N_2)/3$ 时(对应图 7-6 的区域Ⅲ):在不同的区域,将给出两组发送信号。

当 $M_1 \geqslant N_1/2$ 时，信道的输入如下所示：

$$\boldsymbol{X}_1 = \boldsymbol{P}_1 \boldsymbol{v}_1^{(2)} + \boldsymbol{Q}_1 \boldsymbol{u}_1 \tag{7-146}$$

$$\boldsymbol{X}_2 = \boldsymbol{P}_2 \boldsymbol{v}_2^{(2)} + \boldsymbol{Q}_2 \boldsymbol{u}_2 \tag{7-147}$$

其中 $\boldsymbol{v}_1^{(2)}$ 和 $\boldsymbol{u}_2$ 都是$(N_1 - M_1)\times 1$ 的向量，$\boldsymbol{v}_2^{(2)}$ 和 $\boldsymbol{u}_1$ 则都是$(2M_1 - N_2)\times 1$ 的向量。那么信道的输出信号为

$$\begin{aligned}\boldsymbol{Y}_1 &= \boldsymbol{H}_{11}\boldsymbol{P}_1\boldsymbol{v}_1^{(2)} + \boldsymbol{H}_{11}\boldsymbol{Q}_1(\boldsymbol{u}_1 + \boldsymbol{v}_2^{(2)}) + \boldsymbol{H}_{12}\boldsymbol{Q}_2\boldsymbol{u}_2 + \boldsymbol{Z}_1 \\ &= \boldsymbol{\Gamma}_7(\boldsymbol{v}_1^{(2)\mathrm{T}}, (\boldsymbol{u}_1 + \boldsymbol{v}_2^{(2)})^{\mathrm{T}}\boldsymbol{u}_2^{\mathrm{T}})^{\mathrm{T}}\end{aligned} \tag{7-148}$$

$$\begin{aligned}\boldsymbol{Y}_2 &= \boldsymbol{H}_{22}\boldsymbol{P}_2\boldsymbol{v}_2^{(2)} + \boldsymbol{H}_{22}\boldsymbol{Q}_2(\boldsymbol{u}_2 + \boldsymbol{v}_1^{(2)}) + \boldsymbol{H}_{21}\boldsymbol{Q}_1\boldsymbol{u}_1 + \boldsymbol{Z}_2 \\ &= \boldsymbol{\Gamma}_8(\boldsymbol{v}_2^{(2)\mathrm{T}}, (\boldsymbol{u}_2 + \boldsymbol{v}_1)^{\mathrm{T}}, \boldsymbol{u}_1^{\mathrm{T}})^{\mathrm{T}}\end{aligned} \tag{7-149}$$

其中 $\boldsymbol{\Gamma}_7 \stackrel{\Delta}{=} (\boldsymbol{H}_{11}\boldsymbol{P}_1, \boldsymbol{H}_{11}\boldsymbol{Q}_1, \boldsymbol{H}_{12}\boldsymbol{Q}_2)$，以及 $\boldsymbol{\Gamma}_8 \stackrel{\Delta}{=} (\boldsymbol{H}_{22}\boldsymbol{P}_2, \boldsymbol{H}_{22}\boldsymbol{Q}_2, \boldsymbol{H}_{21}\boldsymbol{Q}_1)$。

当 $M_1 < N_1/2$ 时，提供的信道输入为

$$\boldsymbol{X}_1 = \boldsymbol{P}_1 \boldsymbol{v}_1^{(2)} \tag{7-150}$$

$$\boldsymbol{X}_2 = \boldsymbol{Q}_2 \boldsymbol{u}_2 \tag{7-151}$$

其中，$\boldsymbol{v}_1^{(2)}$ 和 $\boldsymbol{u}_2$ 都是 $M_1 \times 1$ 的向量。此时信道的输出信号表示为

$$\boldsymbol{Y}_1 = \boldsymbol{H}_{11}\boldsymbol{P}_1\boldsymbol{v}_1^{(2)} + \boldsymbol{H}_{12}\boldsymbol{Q}_2\boldsymbol{u}_2 + \boldsymbol{Z}_1 = (\boldsymbol{H}_{11}\boldsymbol{P}_1 \quad \boldsymbol{H}_{12}\boldsymbol{Q}_2)\begin{pmatrix}\boldsymbol{v}_1^{(2)} \\ \boldsymbol{u}_2\end{pmatrix} \tag{7-152}$$

$$\boldsymbol{Y}_2 = \boldsymbol{H}_{22}\boldsymbol{Q}_2(\boldsymbol{u}_2 + \boldsymbol{v}_1^{(2)}) + \boldsymbol{Z}_2 \tag{7-153}$$

通过计算可知，这两组信号都可以在被目的接收者可靠地解码的同时向非目的接收者保密。因此，该系统模型可以达到 M_1 的自由度。

② 当 $M_1, M_2 \geqslant (N_1 + N_2)/3$ 时（对应图 7-6 中的区域Ⅳ）：同样地，由于目标安全自由度可能为非整数，因此将整个信息的传输过程分为 3 个时刻来完成。此时的信道输入信号可以表示为

$$\boldsymbol{X}_1(t) = \boldsymbol{P}_1(t)\boldsymbol{v}_1^{(2)} + \boldsymbol{Q}_1(t)\boldsymbol{u}_1 \tag{7-154}$$

$$\boldsymbol{X}_2(t) = \boldsymbol{P}_2(t)\boldsymbol{v}_2^{(2)} + \boldsymbol{Q}_2(t)\boldsymbol{u}_2 \tag{7-155}$$

其中 $\boldsymbol{v}_1^{(2)}$ 和 $\boldsymbol{u}_2$ 都是维度为 $2N_1 - N_2$ 的向量，$\boldsymbol{v}_2^{(2)}$ 和 $\boldsymbol{u}_1$ 则是维度为 $2N_2 - N_1$ 的向量。那么，信道的输出信号将被重写为

$$\begin{aligned}\widetilde{\boldsymbol{Y}}_1 &= \widetilde{\boldsymbol{H}}_{11}\widetilde{\boldsymbol{P}}_1\boldsymbol{v}_1^{(2)} + \widetilde{\boldsymbol{H}}_{11}\widetilde{\boldsymbol{Q}}_1(\boldsymbol{u}_1 + \boldsymbol{v}_2^{(2)}) + \widetilde{\boldsymbol{H}}_{12}\widetilde{\boldsymbol{Q}}_2\boldsymbol{u}_2 + \widetilde{\boldsymbol{Z}}_1 \\ &= \boldsymbol{\Lambda}_4(\boldsymbol{v}_1^{(2)\mathrm{T}}, (\boldsymbol{u}_1 + \boldsymbol{v}_2^{(2)})^{\mathrm{T}}, \boldsymbol{u}_2^{\mathrm{T}})^{\mathrm{T}}\end{aligned} \tag{7-156}$$

$$\begin{aligned}\widetilde{\boldsymbol{Y}}_2 &= \widetilde{\boldsymbol{H}}_{22}\widetilde{\boldsymbol{P}}_2\boldsymbol{v}_2^{(2)} + \widetilde{\boldsymbol{H}}_{22}\widetilde{\boldsymbol{Q}}_2(\boldsymbol{u}_2 + \boldsymbol{v}_1^{(2)}) + \widetilde{\boldsymbol{H}}_{21}\widetilde{\boldsymbol{Q}}_1\boldsymbol{u}_1 + \widetilde{\boldsymbol{Z}}_2 \\ &= \boldsymbol{\Lambda}_3(\boldsymbol{v}_2^{(2)\mathrm{T}}, (\boldsymbol{u}_2 + \boldsymbol{v}_1)^{\mathrm{T}}, \boldsymbol{u}_1^{\mathrm{T}})^{\mathrm{T}}\end{aligned} \tag{7-157}$$

其中 $\boldsymbol{\Lambda}_4 \stackrel{\Delta}{=} (\widetilde{\boldsymbol{H}}_{11}\widetilde{\boldsymbol{P}}_1, \widetilde{\boldsymbol{H}}_{11}\widetilde{\boldsymbol{Q}}_1, \widetilde{\boldsymbol{H}}_{12}\widetilde{\boldsymbol{Q}}_2)$。在这 3 个时隙中，第一对用户可以达到 $2N_2 - N_1$ 的自由度，而第二对用户可以达到 $2N_2 - N_1$ 的自由度。所以整个干扰信道的安全自由度可达到 $(N_1 + N_2)/3$。

③ 当 $M_1 \geqslant M_2$ 且 $M_2 < (N_1 + N_2)/3$ 时（对应图 7-6 中的区域Ⅴ）：在这个取值区域中，系统的目标安全自由度为 M_2。此处也同样分为两个部分来给出可以达到目标安全自由度的方案。

当 $M_2 \geqslant N_1/2$ 时，发送的信号为

$$\boldsymbol{X}_1 = \boldsymbol{P}_1 \boldsymbol{v}_1^{(2)} + \boldsymbol{Q}_1 \boldsymbol{u}_1 \tag{7-158}$$

$$\boldsymbol{X}_2=\boldsymbol{P}_2\boldsymbol{v}_2^{(2)}+\boldsymbol{Q}_2\boldsymbol{u}_2 \tag{7-159}$$

其中，$\boldsymbol{v}_1^{(2)}$ 和 $\boldsymbol{u}_2$ 都是$(N_1-M_2)\times 1$的向量，$\boldsymbol{v}_2^{(2)}$ 和 $\boldsymbol{u}_1$ 都是$(2M_2-N_1)\times 1$的向量。那么，信道的输出信号可以表示为

$$\begin{aligned}\boldsymbol{Y}_1&=\boldsymbol{H}_{11}\boldsymbol{P}_1\boldsymbol{v}_1^{(2)}+\boldsymbol{H}_{11}\boldsymbol{Q}_1(\boldsymbol{u}_1+\boldsymbol{v}_2^{(2)})+\boldsymbol{H}_{12}\boldsymbol{Q}_2\boldsymbol{u}_2+\boldsymbol{Z}_1\\&=\boldsymbol{\Lambda}_7(\boldsymbol{v}_1^{(2)}\boldsymbol{u}_1+\boldsymbol{v}_2^{(2)}\boldsymbol{u}_2)^{\mathrm{T}}\end{aligned} \tag{7-160}$$

$$\begin{aligned}\boldsymbol{Y}_2&=\boldsymbol{H}_{22}\boldsymbol{P}_2\boldsymbol{v}_2^{(2)}+\boldsymbol{H}_{22}\boldsymbol{Q}_2(\boldsymbol{u}_2+\boldsymbol{v}_1^{(2)})+\boldsymbol{H}_{21}\boldsymbol{Q}_1\boldsymbol{u}_1+\boldsymbol{Z}_2\\&=\boldsymbol{\Lambda}_8(\boldsymbol{v}_2^{(2)}\boldsymbol{u}_2+\boldsymbol{v}_1\boldsymbol{u}_1)^{\mathrm{T}}\end{aligned} \tag{7-161}$$

当 $M_2<N_1/2$ 时，信道的输入信号可以被表示为

$$\boldsymbol{X}_1=\boldsymbol{P}_1\boldsymbol{v}_1^{(2)} \tag{7-162}$$

$$\boldsymbol{X}_2=\boldsymbol{Q}_2\boldsymbol{u}_2 \tag{7-163}$$

其中，$\boldsymbol{v}_1^{(2)}$ 和 $\boldsymbol{u}_2$ 都是 $M_2\times 1$ 的向量。所以信道的输出信号可以被表示为

$$\boldsymbol{Y}_1=\boldsymbol{H}_{11}\boldsymbol{P}_1\boldsymbol{v}_1^{(2)}+\boldsymbol{H}_{12}\boldsymbol{Q}_2\boldsymbol{u}_2+\boldsymbol{Z}_1=(\boldsymbol{H}_{11}\boldsymbol{P}_1\quad \boldsymbol{H}_{12}\boldsymbol{Q}_2)\begin{pmatrix}\boldsymbol{v}_1^{(2)}\\ \boldsymbol{u}_2\end{pmatrix} \tag{7-164}$$

$$\boldsymbol{Y}_2=\boldsymbol{H}_{22}\boldsymbol{Q}_2(\boldsymbol{u}_2+\boldsymbol{v}_1^{(2)})+\boldsymbol{Z}_2 \tag{7-165}$$

通过利用迫零和干扰对齐的技术，这两种方案都能够实现 M_2 的安全自由度。

(3) 当 $N_2-M_2\leqslant M_1<N_2$ 时(对应图 7-6 中的区域Ⅵ)：在这个取值范围区域时，是没有安全自由度可以实现的，即安全自由度为零。这是因为任意一个接收者的天线数都大于两个发送者的天线数之和，这意味着接收者拥有足够的天线接收两个发送者发出的全部信息。那么在非目的接收者处，是可以完全解码所有信息的，所以说此时的可达安全自由度为零。

本章参考文献

[1] Wyner A D. The wire-tap channel[J]. The Bell Labs Technical Journal, 1975, 54(8): 1355-1387.

[2] Leung-Yan-Cheong S, Hellman M. The Gaussian wire-tap channel[J]. Information Theory IEEE Transactions on, 1978, 24(4):451-456.

[3] Parada P, Blahut R. Secrecy capacity of SIMO and slow fading channels[C]// Proceedings. International Symposium on Information Theory, 2005. ISIT 2005. Australia: IEEE, 2005:2152-2155.

[4] Barros J, Rodrigues M R D. Secrecy capacity of wireless channels[J]. Proc Isit, 2006: 356-360.

[5] Liang Y B, Poor H V, Secure communication over fading channels[C]// 2006 44th Annual Allerton Conference on Communication, Control, and Computing. Monticello: IEEE, 2006: 817-823.

[6] Li Z, Yates R, Trappe W. Secrecy capacity of independent parallel channels[C]// 2006 44th Annual Allerton Conference on Communication, Control, and Computing. Monticello: IEEE, 2006: 841-848.

[7] Gopala P K, Lai L F, El Gamal H. On the Secrecy Capacity of Fading Channels[J]. IEEE Transactions on Information Theory, 2008, 54(10):4687-4698.

[8] Khisti A, Wornell G. The MIMOME channel[C]// 2007 45th Annual Allerton Conference on Communication, Control, and Computing. Monticello: IEEE, 2007: 625-632.

[9] Oggier F, Hassibi B. The secrecy capacity of the MIMO wiretap channel[C]// 2007 45th Annual Allerton Conference on Communication, Control, and Computing. Monticello: IEEE, 2007: 848-855.

[10] Liu T, Shamai S. A note on the secrecy capacity of the multi-antenna wiretap channel [J]. IEEE Transactions on Information Theory, 2009, 55(6):2547-2553.

[11] Shafiee S, Liu N Q, Ulukus S. Towards the secrecy capacity of the gaussian MIMO wire-tap channel: the 2-2-1 channel[J]. IEEE Transactions on Information Theory, 2009, 55(9):4033-4039.

[12] Csiszar I, Korner J. Broadcast channels with confidential messages[J]. IEEE Transactions on Information Theory, 2003, 24(3):339-348.

[13] Hughes-Hartogs D. The capacity of the degraded spectral gaussian broadcast channel[D]. California: Stanford University, 1975.

[14] Tse D N. Optimal power allocation over parallel gaussian broadcast channels[C]// Proceedings of IEEE International Symposium on Information Theory. Germany: IEEE, 1997.

[15] Li L F, Goldsmith A J. Capacity and optimal resource allocation for fading broadcast channels-part I: ergodic capacity[J]. IEEE Transactions on Information Theory, 2001, 47(3): 1083-1102.

[16] Li L F, Goldsmith A J. Capacity and optimal resource allocation for fading broadcast channels. II. Outage capacity[J]. IEEE Transactions on Information Theory, 2002, 47(3): 1103-1127.

[17] Jindal N, Goldsmith A. Capacity and dirty paper coding for Gaussian broadcast channels with common information[C]// International Symposium on Information Theory. Chicago: IEEE, 2004:214-214.

[18] Yamamoto H. A coding theorem for secret sharing communication systems with two Gaussian wiretap channels[J]. IEEE Transactions on Information Theory, 1991, 37(3):634-638.

[19] Cover T M, Thomas J A. Elements of Information Theory[M]. New York: Wiley, 1991.

[20] Liang Y B, Veeravalli V V, Poor H V. Resource allocation for wireless fading relay channels: max-min solution[J]. IEEE Transactions on Information Theory, 2007, 53(10): 3432-3453.

[21] Xie J W, Ulukus S. Secure degrees of freedom of one-hop wireless networks. [J]. IEEE Transactions on Information Theory, 2014, 60(6):3359-3378.

[22] Sheng Y, Kobayashi M, Piantanida P, et al. Secrecy degrees of freedom of MIMO broadcast channels with delayed CSIT [J]. Information Theory, 2013, 59(9): 5244-5256.

[23] Xie J W, Ulukus S. Secure degrees of freedom of the Gaussian wiretap channel with helpers[C]// 2012 50th Annual Allerton Conference on Communication, Control,

and Computing. Monticello: IEEE, 2012: 193-200.

[24] Nafea M, Yener A. Degrees of freedom of the single antenna gaussian wiretap channel with a helper irrespective of the number of antennas at the eavesdropper[C]// IEEE Global Conference on Signal & Information Processing. Austin: IEEE, 2013:273-276.

[25] Nafea M, Yener A. Secure degrees of freedom for the MIMO wire-tap channel with a multi-antenna cooperative jammer[J]. IEEE Transactions on Information Theory, 2017, 63(11):7420-7441.

[26] Xie J W, Ulukus S. Secure degrees of freedom of the Gaussian multiple access wiretap channel [C]// Information Theory Proceedings (ISIT) 2013 IEEE International Symposium. Turkey: IEEE, 2013: 1337-1341.

[27] He X, Yener A. MIMO wiretap channels with unknown and varying eavesdropper channel states[J]. IEEE Transactions on Information Theory, 2014, 60(11):6844-6869.

[28] Xie Jianwei, Ulukus S. Secure degrees of freedom of K-user Gaussian interference channels: a unified view[J]. IEEE Transactions on Information Theory, 2015, 61(5): 2647-2661.

[29] Xie J W, Ulukus S. Secure degrees of freedom region of the gaussian interference channel with secrecy constraints[C]// 2014 IEEE Information Theory Workshop (ITW 2014). Hobart: IEEE, 2014: 361-365.

[30] Banawan K, Ulukus S. Secure degrees of freedom of the Gaussian mimo interference channel [C]// 2015 49th Asilomar Conference on Signals, Systems and Computers. Pacific Grove, CA: IEEE, 2015: 40-44.

[31] Jafar S A, Fakhereddin M J. Degrees of freedom for the MIMO interference channel[J]. IEEE Transactions on Information Theory, 2007, 53(7):2637-2642.

[32] Amir M, Khattab T, Elfouly T, et al. Secrecy for MIMO wiretap and MIMO broadcast channels with fading eavesdroppers: CSI does not increase the secure DoF [C]// Communications, Computers & Signal Processing. Victoria: IEEE, 2015: 479-484.

[33] Whitman M, Mattord H. Principles of information security[M]. 4th ed. [S. l.]: Delmar Cengage Learning, 2012.

[34] Xiao Y, Chen H H, Sun Bo, et al. MAC security and security overhead analysis in the IEEE 802. 15. 4 wireless sensor networks[J]. Eurasip Journal on Wireless Communications & Networking, 2006, 2006(2):093830.

[35] Apostolopoulos G, Peris V, Pradhan P, et al. Securing electronic commerce: reducing the SSL overhead[J]. IEEE Network, 2000, 14(4):8-16.

[36] Wong K H M,Zheng Y, Cao J N, et al. A dynamic user Authentication Scheme for Wireless Sensor Networks[C]// IEEE International Conference on Sensor Networks, Ubiquitous, and Trustworthy Computing. Taichung: IEEE, 2006:244-251.

[37] Ashar Aziz W D. Privacy and authentication for wireless local area networks[C]// IEEE Personal Communications. 1994,1(1):25-31.

[38] Venkatraman L, Agrawal D P. A novel authentication scheme for ad-hoc networks [C]// 2000 IEEE Wireless Communications and Networking Conference. Chicago:

IEEE，2000:1268-1273.

[39] Schneier B. Description of a new variable-length key，64-bit block cipher (blowfish). [C]// Fast Software Encryption，Cambridge Security Workshop. [S. l.]：Springer-Verlag，1993:191-204.

第 8 章　非满秩信道的安全无线传输

在无线通信安全传输的研究中，除了有由独立窃听者所引起的安全问题外，还有存在合法用户间的隐私数据泄露问题。例如，当系统中存在多个用户在相同时频资源传输时，用户想要确保其隐私不被泄漏，即不希望自己接收到的信息发生泄露。因此，在这类系统模型中，就需要防止非目的接收者获取机密信息。本章的关注点就是这类的系统模型，本章先从基础的非满秩干扰信道模型出发，理论推导系统的安全自由度，进而分析安全自由度的可达性。

8.1　非满秩 BCCMM 安全自由度

1. 系统模型

图 8-1 为 BCCM 系统模型。在此模型中，发射机配备 M 根天线，接收机配备 N 根天线。假设发射机发送两个消息，每个接收机只能解码相应的消息，而不能解码另一个消息。该信道在用 t 表示的接收机处的观测结果如下：

$$\boldsymbol{Y}_1(t)=\boldsymbol{H}_1(t)\boldsymbol{X}(t)+\boldsymbol{N}_1(t) \tag{8-1}$$

$$\boldsymbol{Y}_2(t)=\boldsymbol{H}_2(t)\boldsymbol{X}(t)+\boldsymbol{N}_2(t) \tag{8-2}$$

其中，$\boldsymbol{Y}_i(t)\in\mathbb{R}^N(i\in\{1,2\})$是第 i 个接收机在 t 时刻的信道输出；$\boldsymbol{X}(t)\in\mathbb{R}^M$是输入信号；$\boldsymbol{H}_i(t)\in\mathbb{R}^{N\times M}$是信道发射机和接收机 i 之间的增益矩阵；$\boldsymbol{H}_i(t)$的秩 D 是满足 $D\leqslant\min(M,N)$的值；$\boldsymbol{N}_i(t)\in\mathbb{R}^N$是接收机 i 上的加性高斯白噪声。

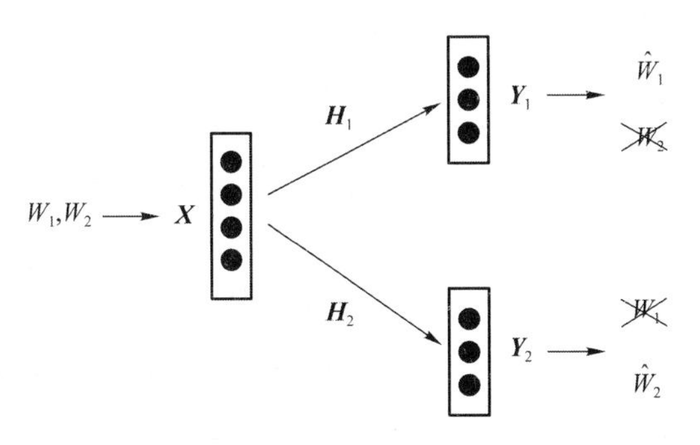

图 8-1　BCCM 系统模型

发送机将向接收机发送两个消息 W_1 和 W_2。每个接收机都可以解码相应的消息，而忽略另一个消息。消息 W_i 是从集合 $\mathcal{W}_i=\{1,2,\cdots,2^{nR_i}\}$中独立均匀地选择的，将其编码为一个满足平均功率限制为 P 的 n 字母输入向量 $\boldsymbol{X}^n$。对于任意 $\delta>0$，该模型的可靠性和安全性可以用如下公式解释：

$$\Pr(\hat{W}_i \neq W_i) \leqslant \delta \tag{8-3}$$

$$I(W_i;\boldsymbol{Y}_j^n) \leqslant n\delta \quad (i \neq j) \tag{8-4}$$

其中 $\hat{W}_i$ 是 W_i 的估计值。用 $R_i = \frac{1}{n}\log_2|W_i|$ 来表示 W_i 的速率。安全自由度表示无线系统的系统容量随信噪比的对数增长的速度[1]。由此，可得总 SDoF 的表达式为

$$d_{s,\Sigma} = \lim_{P\to\infty} \frac{R_1 + R_2}{\frac{1}{2}\log_2 P} \tag{8-5}$$

2. 主要结果

定理 1 具有保密消息的两用户 $M \times N$ 秩亏 MIMO 广播信道的总安全自由度被描述为

$$d_{s,\Sigma} = \begin{cases} 2D, & D \leqslant \frac{M}{2} \\ 2(M-D), & D \geqslant \frac{M}{2} \end{cases} \tag{8-6}$$

证明:此处给出外界和相应的可实现方案，以确定秩亏 BCCM 的总 SDoF，并在后续中进行详细描述。

备注:当信道矩阵满秩时，可以得到 $d_{s,\Sigma} = 2\min([M-N]^+, N)$，这与文献[2]中的结果相同。

3. 外边界及实现方案

下面将证明秩亏 BCCM 的外界，并给出相应的可实现方案。此处通过信息论推导得出外界，然后将外界分为 $D \leqslant \frac{M}{2}$ 和 $D \geqslant \frac{M}{2}$ 两种状态，并利用迫零技术来介绍可实现的方案。

(1) 秩亏 BCCM 的外界

为了获得秩亏 BCCM 的临界条件，此处使用信息论方法，如 Fano 不等式、互信息与熵之间的关系、熵的链规则和信息的链规则。因为接收机 2 相当于接收机 1 的窃听者，所以根据文献[3]得到了接收机 1 的保密率。证明如下:

证明:

$$n(R_1 - \delta) \leqslant I(W_1;\boldsymbol{Y}_1^n) - I(W_1;\boldsymbol{Y}_2^n) \tag{8-7}$$

$$\leqslant I(W_1;\boldsymbol{Y}_1^n,\boldsymbol{Y}_2^n) - I(W_1;\boldsymbol{Y}_2^n) \tag{8-8}$$

$$= I(W_1;\boldsymbol{Y}_1^n|\boldsymbol{Y}_2^n)$$

$$= h(\boldsymbol{Y}_1^n|\boldsymbol{Y}_2^n) - h(\boldsymbol{Y}_1^n|\boldsymbol{Y}_2^n,W_1)$$

$$\leqslant h(\boldsymbol{Y}_1^n|\boldsymbol{Y}_2^n) - h(\boldsymbol{Y}_1^n|\boldsymbol{Y}_2^n,W_1,W_2) \tag{8-9}$$

$$= h(\boldsymbol{Y}_1^n|\boldsymbol{Y}_2^n) + no(\log_2 P) \tag{8-10}$$

$$= h(\boldsymbol{Y}_1^n,\boldsymbol{Y}_2^n) - h(\boldsymbol{Y}_2^n) + no(\log_2 P)$$

$$= h(\widetilde{\boldsymbol{X}}^n,\boldsymbol{Y}_1^n,\boldsymbol{Y}_2^n) - h(\widetilde{\boldsymbol{X}}^n|\boldsymbol{Y}_1^n,\boldsymbol{Y}_2^n) - h(\boldsymbol{Y}_2^n) + no(\log_2 P) \tag{8-11}$$

$$\leqslant h(\widetilde{\boldsymbol{X}}^n,\boldsymbol{Y}_1^n,\boldsymbol{Y}_2^n) - h(\widetilde{\boldsymbol{X}}^n|\boldsymbol{Y}_1^n,\boldsymbol{Y}_2^n,\widetilde{\boldsymbol{X}}^n) - h(\boldsymbol{Y}_2^n) + no(\log_2 P) \tag{8-12}$$

$$= h(\widetilde{\boldsymbol{X}}^n,\boldsymbol{Y}_1^n,\boldsymbol{Y}_2^n) - h(\boldsymbol{Y}_2^n) + no(\log_2 P) \tag{8-13}$$

$$= h(\widetilde{\boldsymbol{X}}^n) + h(\boldsymbol{Y}_1^n,\boldsymbol{Y}_2^n|\widetilde{\boldsymbol{X}}^n) - h(\boldsymbol{Y}_2^n) + no(\log_2 P)$$

$$\leqslant h(\widetilde{\boldsymbol{X}}^n) - h(\boldsymbol{Y}_2^n) + no(\log_2 P) \tag{8-14}$$

$$\leqslant \min(M,2D)\frac{n}{2}\log_2 P - D\frac{n}{2}\log_2 P + no(\log_2 P) \tag{8-15}$$

其中式(8-7)是通过使用 Fano 不等式获得的，式(8-8)是通过 $I(W_1;\boldsymbol{Y}_2^n|\boldsymbol{Y}_1^n)=h(\boldsymbol{Y}_2^n|\boldsymbol{Y}_1^n)-h(\boldsymbol{Y}_2^n|\boldsymbol{Y}_1^n,W_1)\geqslant 0$ 获得的。式(8-9)和式(8-12)两者都来自调制不能增加熵的性质。此处得到式(8-10)是因为 $h(\boldsymbol{Y}_1^n|\boldsymbol{Y}_2^n,W_1,W_2)=h(N_1^n|\boldsymbol{Y}_2^n,W_1,W_2)=h(\boldsymbol{N}_1^n)=no(\log_2 P)$。在式(8-11)中 $\widetilde{\boldsymbol{X}}^n$ 的定义类似于文献[4]和文献[5]中的定义，即 $\widetilde{\boldsymbol{X}}^n=\boldsymbol{X}^n+\widetilde{\boldsymbol{N}}_1^n$。其中 $\widetilde{\boldsymbol{N}}_1^n\sim\mathcal{N}(0,\rho I_M)$，$\rho<\min\limits_j\frac{1}{\|\boldsymbol{H}_j\|^2}$。式(8-12)是从 $h(\widetilde{\boldsymbol{X}}^n|\boldsymbol{Y}_1^n,\boldsymbol{Y}_2^n,\boldsymbol{X}^n)=h(\widetilde{\boldsymbol{N}}^n|\boldsymbol{Y}_1^n,\boldsymbol{Y}_2^n,\boldsymbol{X}^n)=h(\widetilde{\boldsymbol{N}}^n)=no(\log_2 P)$ 获得的。由式(8-15)可知，发送机的有效维为 $\text{rank}\left(\begin{pmatrix}\boldsymbol{H}_1\\\boldsymbol{H}_2\end{pmatrix}\right)$，即 $\min(M,2D)$，接收机 2 的有效维为 D。

以下为得到式(8-14)的过程：

$$\begin{aligned}h(\boldsymbol{Y}_1^n,\boldsymbol{Y}_2^n|\boldsymbol{X}^n)&=h(\boldsymbol{Y}_1^n|\widetilde{\boldsymbol{X}}^n)+h(\boldsymbol{Y}_2^n|\boldsymbol{Y}_1^n,\widetilde{\boldsymbol{X}}^n)\\&\leqslant h(\boldsymbol{Y}_1^n|\widetilde{\boldsymbol{X}}^n)+h(\boldsymbol{Y}_2^n|\widetilde{\boldsymbol{X}}^n) \qquad (8\text{-}16)\\&=h(\boldsymbol{H}_1(\widetilde{\boldsymbol{X}}^n-\widetilde{\boldsymbol{N}}_1^n)+\boldsymbol{N}_1^n|\widetilde{\boldsymbol{X}}^n)+h(\boldsymbol{H}_2(\widetilde{\boldsymbol{X}}^n-\widetilde{\boldsymbol{N}}_1^n)+\boldsymbol{N}_2^n|\widetilde{\boldsymbol{X}}^n)\\&=h(-\boldsymbol{H}_1\widetilde{\boldsymbol{N}}_1^n+\boldsymbol{N}_1^n|\widetilde{\boldsymbol{X}}^n)+h(-\boldsymbol{H}_2\widetilde{\boldsymbol{N}}_1^n+\boldsymbol{N}_2^n|\widetilde{\boldsymbol{X}}^n)\\&\leqslant h(-\boldsymbol{H}_1\widetilde{\boldsymbol{N}}_1^n+\boldsymbol{N}_1^n)+h(-\boldsymbol{H}_2\widetilde{\boldsymbol{N}}_1^n+\boldsymbol{N}_2^n)\\&=no(\log_2 P) \qquad (8\text{-}17)\end{aligned}$$

其中式(8-16)和式(8-17)归因于调制不能增加熵的性质。

基于信道模型是对称的事实，可以得到

$$n(R_2-\delta)\leqslant\min(M,2D)\frac{n}{2}\log_2 P-D\frac{n}{2}\log_2 P+no(\log_2 P) \qquad (8\text{-}18)$$

将式(8-15)和式(8-18)代入式(8-5)，可得秩亏 BCCM 的外界为 $d_{s,\Sigma}\leqslant 2\min(M-D,D)$。

(2) 秩亏 BCCM 的可实现方案

① 对于 $D\leqslant\frac{M}{2}$：在这种情况下，$d_{s,\Sigma}=2D$，每个信道的零空间的秩为 $M-D$，且满足条件 $M-D\geqslant D$。这将使发射机发送安全高斯信号分量到非预期接收者的零空间。定义 $\boldsymbol{V}_i=(v_{i1},v_{i2},\cdots,v_{iD},O_{M-2D}^{\mathrm{T}})^{\mathrm{T}}$ 作为传输到接收机 i 的安全高斯信号。令 $(\boldsymbol{H}_2^{\perp}\ \boldsymbol{H}_1^{\perp})$ 为预编码矩阵，则 $\boldsymbol{X}^n$ 可表示为

$$\boldsymbol{X}^n=(\boldsymbol{H}_2^{\perp}\quad\boldsymbol{H}_1^{\perp})\begin{pmatrix}\boldsymbol{V}_1\\\boldsymbol{V}_2\end{pmatrix} \qquad (8\text{-}19)$$

将式(8-19)代入式(8-1)和式(8-2)，可以将 $\boldsymbol{Y}_1$ 和 $\boldsymbol{Y}_2$ 化简为

$$\begin{aligned}\boldsymbol{Y}_1&=\boldsymbol{H}_1\boldsymbol{X}+\boldsymbol{N}_1\\&=\boldsymbol{H}_1(\boldsymbol{H}_2^{\perp}\boldsymbol{H}_1^{\perp})\begin{pmatrix}\boldsymbol{V}_1\\\boldsymbol{V}_2\end{pmatrix}+\boldsymbol{N}_1\\&=\boldsymbol{H}_1\boldsymbol{H}_2^{\perp}\boldsymbol{V}_1+\boldsymbol{N}_1 \qquad (8\text{-}20)\\\boldsymbol{Y}_2&=\boldsymbol{H}_2\boldsymbol{X}+\boldsymbol{N}_2\\&=\boldsymbol{H}_2(\boldsymbol{H}_2^{\perp}\boldsymbol{H}_1^{\perp})\begin{pmatrix}\boldsymbol{V}_1\\\boldsymbol{V}_2\end{pmatrix}+\boldsymbol{N}_2\\&=\boldsymbol{H}_2\boldsymbol{H}_1^{\perp}\boldsymbol{V}_2+\boldsymbol{N}_2 \qquad (8\text{-}21)\end{aligned}$$

$(\boldsymbol{H}_1\boldsymbol{H}_2^{\perp})$ 和 $(\boldsymbol{H}_2\boldsymbol{H}_1^{\perp})$ 的秩分别表示为

$$\begin{aligned}\operatorname{rank}(\boldsymbol{H}_1\boldsymbol{H}_2^{\perp}) &= \min(\operatorname{rank}(\boldsymbol{H}_1),\operatorname{rank}(\boldsymbol{H}_2^{\perp}))\\ &= \min(D, M-D)\end{aligned} \tag{8-22}$$

$$\begin{aligned}\operatorname{rank}(\boldsymbol{H}_2\boldsymbol{H}_1^{\perp}) &= \min(\operatorname{rank}(\boldsymbol{H}_2),\operatorname{rank}(\boldsymbol{H}_1^{\perp}))\\ &= \min(D, M-D)\end{aligned} \tag{8-23}$$

在该场景下,它们的秩均为 D,也就是接收天线的有效数量为 D。因此可以通过在左边乘以$(\boldsymbol{H}_i\boldsymbol{H}_j^{\perp})^{\dagger}$ 来解码 $\boldsymbol{Y}_i$。

② 对于 $D \geqslant \dfrac{M}{2}$:在这种情况下,$d_{s,\Sigma}=2(M-D)$。每个信道的零空间秩等于安全信号的维数,因此使用与前面相同的方法。将 $\boldsymbol{V}_i=(v_{i1},v_{i2},\cdots,v_{i(M-D)})^{\mathrm{T}}$ 表示为发送给接收机 i 的安全高斯信号,因此 $\boldsymbol{Y}_1$ 和 $\boldsymbol{Y}_2$ 可以分别转换为式(8-20)和式(8-21)。$(\boldsymbol{H}_1\boldsymbol{H}_2^{\perp})$和$(\boldsymbol{H}_2\boldsymbol{H}_1^{\perp})$的秩为 $M-D$,这小于接收天线 D 的有效数目,因此可以在相应的接收机处对 $\boldsymbol{Y}_i$ 进行解码。

8.2 非满秩 ICCM 安全自由度

1. 系统模型

图 8-2 为 ICCM 系统模型。对于秩亏的 ICCM,假设发射机有 M 根天线,接收机有 N 根天线,在参数为 t 的信道中输入输出关系描述为

$$\boldsymbol{Y}_1(t)=\boldsymbol{H}_{11}(t)\boldsymbol{X}_1(t)+\boldsymbol{H}_{12}(t)\boldsymbol{X}_2(t)+\boldsymbol{N}_1(t) \tag{8-24}$$

$$\boldsymbol{Y}_2(t)=\boldsymbol{H}_{21}(t)\boldsymbol{X}_1(t)+\boldsymbol{H}_{22}(t)\boldsymbol{X}_2(t)+\boldsymbol{N}_2(t) \tag{8-25}$$

其中 $\boldsymbol{X}_i(t)\in\mathbb{R}^{M}$是第 i 个发射机的信道输入,$\boldsymbol{H}_{ji}(t)\in\mathbb{R}^{N\times M}$是信道发射机 i 和接收机 j 之间的增益矩阵,$\boldsymbol{H}_i(t)$的秩 D 满足 $D\leqslant\min(M,N)$。

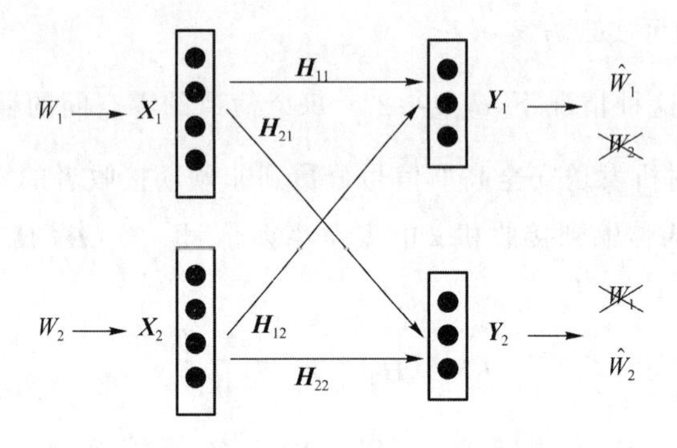

图 8-2 ICCM 系统模型

发射机 i 要将消息 W_i 发送给接收机 i 并防止其他接收机得到。消息 W_i 是从集合 $\mathcal{W}_i=\{1,2,\cdots,2^{nR_i}\}$中独立和统一地选择的,将其编码为一个满足平均功率限制为 P 的 n 字母输入向量 $\boldsymbol{X}_i^n$。对于任何 $\delta>0$,该模型的可靠性和安全性与式(8-3)和式(8-4)相同。W_i 的速率为 $R_i=\dfrac{1}{n}\log_2|W_i|$,该信道模型的总 SDoF 与式(8-5)相同。

2. 主要结果

定理 2 具有保密消息的两用户 $M\times N$ 秩亏 MIMO 干扰信道的总安全自由度描述为

① 若 $M\leqslant N$,当 $D<M$ 时有,

$$d_{s,\Sigma}=\begin{cases}\min\left(2D,4M-4D,\dfrac{4M-2D}{3}\right), & D\geqslant\dfrac{N}{2}\\ \min\left(4M-2N,\dfrac{4M-2D}{3}\right), & D\geqslant\dfrac{N}{2}\end{cases} \tag{8-26}$$

② 若 $M\leqslant N$，当 $D=M$ 时有

$$d_{s,\Sigma}=\begin{cases}\min(2D,4M-4D,\dfrac{2N}{3}), & D\leqslant\dfrac{N}{2}\\ \min(4M-2N,\dfrac{2N}{3}), & D\geqslant\dfrac{N}{2}\end{cases} \tag{8-27}$$

③ 若 $M\geqslant N$，则有

$$d_{s,\Sigma}=\min\left(2D,\frac{4M-2D}{3}\right) \tag{8-28}$$

证明： 为了获得秩亏 ICCM 的外界，使用文献[6]中基本模型的结果、文献[4]中的保密惩罚引理和辅助引理，以及发射机之间的协作。然后利用迫零技术、空间对齐和实干扰对齐技术来提供相应的可实现方案。最后确定秩亏的 ICCM 的总 SDoF。关于 M 的 SDoF 函数如图 8-3 所示。

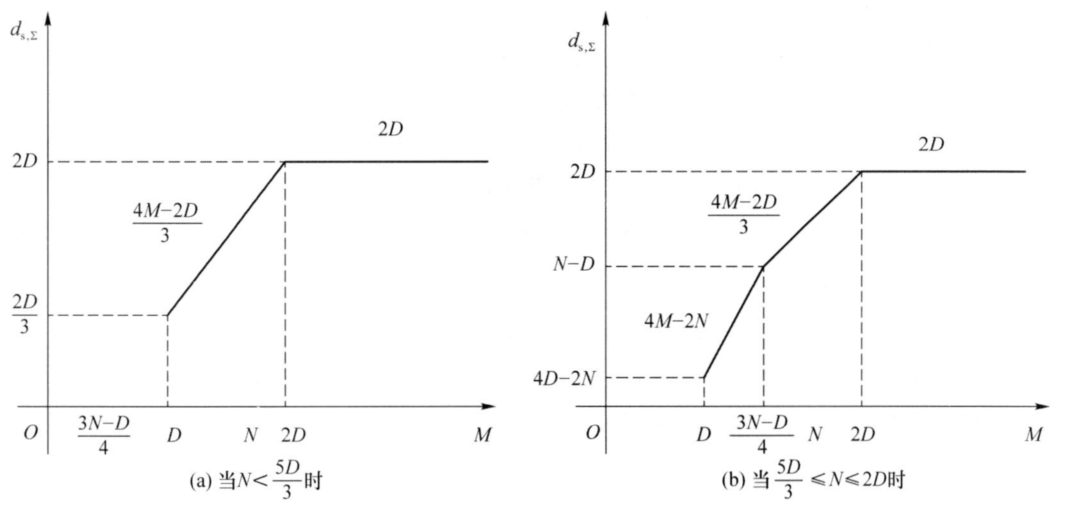

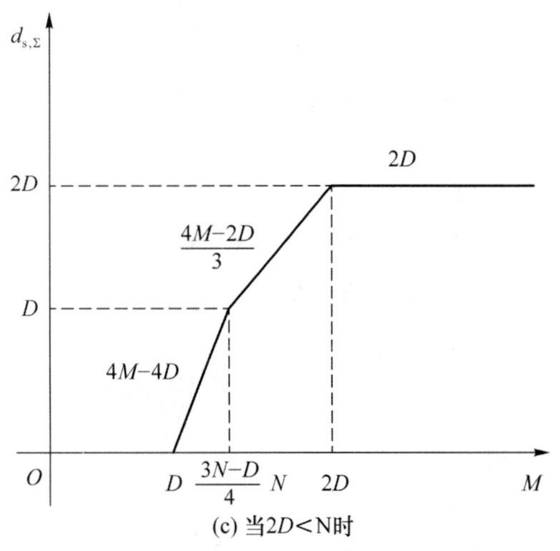

图 8-3　ICCM 系统的 SDoF

备注：当信道矩阵满秩时，可以得到与文献[4]中相同的结果。

$$d_{s,\Sigma}=\begin{cases}\min\left([4M-2N]^{+},\dfrac{2N}{3}\right), & M\leqslant N\\ \min\left(2N,\dfrac{4M-2N}{3}\right), & M\geqslant N\end{cases} \tag{8-29}$$

当 $M\leqslant N$ 时，秩亏结果与满秩结果之间存在差距。注意到，当 M 接近 N 时，差距减小，当 $M=N$ 时，差距为零。出现差距的原因是，当信道矩阵秩亏时，接收信号的有效维数为 D，且 D 最多为 M，而当信道矩阵为满秩时，接收信号的有效维数为 N。

3. 外界及实现方案

下面证明秩亏 ICCM 的外界，并给出了相应的可实现方案。该外界是通过将三个外界相结合而得出的。这三个外界分别为基本模型的外界、在保密约束下的外界以及充分考虑了发射机协作的外界。此处将可实现的方案分为五个方案，并通过采用迫零技术、空间对齐和实干扰对齐技术来实现。

(1) 秩亏 ICCM 的外界

此处首先介绍了三个外界，最后将它们组合起来得到结果，即式(8-44)～(8-46)。

① 第一个外界：对于相同的系统模型，由于保密约束，秩亏的 ICCM 的 SDoF 不超过 DoF。因此，根据文献[6]得到了第一个外界：

$$d_{s,\Sigma}\leqslant\min(2D,M+N-D) \tag{8-30}$$

② 第二个外界：考虑文献[4]中的保密惩罚引理，有

$$nR_i\leqslant h(\tilde{\boldsymbol{X}}_1^n)+h(\tilde{\boldsymbol{X}}_2^n)-h(\boldsymbol{Y}_j^n)+nc_1 \tag{8-31}$$

其中 $i\neq j$，$\tilde{\boldsymbol{X}}_i^n=\boldsymbol{X}_i^n+\boldsymbol{N}_i^n$。

将文献[4]中辅助引理的作用扩展到秩亏信道模型，加上信道矩阵没有零空间的情况，即 $D=M\leqslant N$，得到了扩展引理。

当 $D<M$ 时，

$$h(\tilde{\boldsymbol{X}}_i^n)\leqslant h(\boldsymbol{X}_i^{n^{(2)}})-h(\boldsymbol{Y}_j^n)-nR_j+nc_2 \tag{8-32}$$

当 $D=M$ 时，

$$h(\tilde{\boldsymbol{X}}_i^n)\leqslant h(\boldsymbol{Y}_j^n)-nR_j+nc_3 \tag{8-33}$$

其中 $\boldsymbol{X}_i^{n^{(2)}}=(\tilde{\boldsymbol{X}}_{i(D+1)}^n,\tilde{\boldsymbol{X}}_{i(D+2)}^n,\cdots,\tilde{\boldsymbol{X}}_{iM}^n)$表示发送到零空间的信号。第二种情况的证明如下：

$$\begin{aligned}R_j&\leqslant I(\boldsymbol{X}_j^n;\boldsymbol{Y}_j^n)+nc_4 &(8\text{-}34)\\ &=h(\boldsymbol{Y}_j^n)-h(\boldsymbol{Y}_j^n|\boldsymbol{X}_j^n)+nc_4\\ &=h(\boldsymbol{Y}_j^n)-h(\boldsymbol{H}_{jj}\boldsymbol{X}_j^n+\boldsymbol{H}_{ji}\boldsymbol{X}_i^n+\boldsymbol{N}_j^n|\boldsymbol{X}_j^n)+nc_4\\ &\leqslant h(\boldsymbol{Y}_j^n)-h(\boldsymbol{H}_{ji}\boldsymbol{X}_i^n+\boldsymbol{N}_j^n|\boldsymbol{X}_j^n)+nc_5 &(8\text{-}35)\\ &\leqslant h(\boldsymbol{Y}_j^n)-h(\tilde{\boldsymbol{X}}_i^n)+nc_6 &(8\text{-}36)\end{aligned}$$

其中式(8-34)是根据 Fano 不等式获得的。在式(8-35)中，可以在 $\boldsymbol{X}_j^n$ 的条件下消去 $\boldsymbol{H}_{jj}\boldsymbol{X}_j^n$。根据 $\tilde{\boldsymbol{X}}_i^n$ 与 $\boldsymbol{X}_j^n$ 独立的假设获得式(8-36)。

当 $D<M$ 时，有

$$n(2R_1+R_2)\leqslant h(\boldsymbol{X}_1^{n^{(2)}})+h(\boldsymbol{X}_2^{n^{(2)}})+h(\boldsymbol{Y}_1^n)+nc_7 \tag{8-37}$$

$$n(R_1+2R_2)\leqslant h(\boldsymbol{X}_1^{n^{(2)}})+h(\boldsymbol{X}_2^{n^{(2)}})+h(\boldsymbol{Y}_2^n)+nc_8 \tag{8-38}$$

将式(8-37)加到式(8-38)，得到

$$\begin{aligned}3n(R_1+R_2) &\leqslant 2\left[h(\boldsymbol{X}_1^{n^{(2)}})+h(\boldsymbol{X}_2^{n^{(2)}})\right]+h(\boldsymbol{Y}_1^n)+h(\boldsymbol{Y}_2^n)+nc_9\\ &\leqslant 4(M-D)\frac{n}{2}\log_2 P+2D\frac{n}{2}\log_2 P+nc_{10}\end{aligned} \tag{8-39}$$

其中式(8-39)是根据使微分熵最大化的高斯随机变量得出的，而 $\boldsymbol{X}_i^{n^{(2)}}$ 具有 $M-D$ 有效维，$\boldsymbol{Y}_i^n$ 具有 D 有效维。由此，得到 $d_{s,\Sigma}\leqslant\frac{4M-2D}{3}$。

当 $D=M$ 时，由式(8-31)和式(8-33)，有

$$n(2R_1+R_2)\leqslant +h(\boldsymbol{Y}_1^n)+nc_{11} \tag{8-40}$$

$$n(R_1+2R_2)\leqslant +h(\boldsymbol{Y}_2^n)+nc_{12} \tag{8-41}$$

将式(8-41)加到式(8-42)，得

$$\begin{aligned}3n(R_1+R_2) &\leqslant h(\boldsymbol{Y}_1^n)+h(\boldsymbol{Y}_2^n)+nc_{13}\\ &\leqslant 2N\frac{n}{2}\log_2 P+nc_{14}\end{aligned} \tag{8-42}$$

此处发现 $\boldsymbol{Y}_i^n$ 在这种情况下具有 N 有效维，因此可以实现式(8-42)。因此，可以得到该方案的 SDoF 为 $d_{s,\Sigma}\leqslant\frac{2N}{3}$。

综上所述，可得第二个外界。即当 $D<M$ 时，$d_{s,\Sigma}\leqslant\frac{4M-2D}{3}$，当 $D=M$ 时，$d_{s,\Sigma}\leqslant\frac{2N}{3}$。

③ 第三个外界：当 $M\leqslant N$ 时，通过考虑发射机的协作来获得第三个外界。结果等同于秩亏的 BCCM 的外边界，在发射机处有 $2M$ 根天线，在每个接收机处有 N 根天线。根据式(8-6)，得到了约束：

$$d_{s,\Sigma}\leqslant 2\min(D',[2M-D']^+) \tag{8-43}$$

其中 $D'=\text{rank}((\boldsymbol{H}_{ii},\boldsymbol{H}_{ij}))=\min(N,2D)$，从 $\boldsymbol{Y}_j=(\boldsymbol{H}_{ii}\ \boldsymbol{H}_{ij})\begin{pmatrix}\boldsymbol{X}_i\\ \boldsymbol{X}_j\end{pmatrix}+\boldsymbol{N}_i$ 推断，等效秩亏 BCCM 的信道矩阵为 $(\boldsymbol{H}_{ii},\boldsymbol{H}_{ij})$。这样可得：当 $D\leqslant\frac{N}{2}$ 时，$d_{s,\Sigma}\leqslant 2\min(4D,4M-4D)$；当 $D\geqslant\frac{N}{2}$ 时，$d_{s,\Sigma}\leqslant 2\min(2N,4M-2N)$。

综上所述，最终结果如下所示。

若 $M\leqslant N$，当 $D<M$ 时有

$$d_{s,\Sigma}\leqslant\begin{cases}\min\left(2D,4M-4D,\dfrac{4M-2D}{3}\right), & D\leqslant\dfrac{N}{2}\\ \min\left(4M-2N,\dfrac{4M-2D}{3}\right), & D\geqslant\dfrac{N}{2}\end{cases} \tag{8-44}$$

若 $M\leqslant N$，当 $D=M$ 时有

$$d_{s,\Sigma}\leqslant\begin{cases}\min\left(2D,4M-4D,\dfrac{2N}{3}\right), & D\leqslant\dfrac{N}{2}\\ \min\left(4M-2N,\dfrac{2N}{3}\right), & D\geqslant\dfrac{N}{2}\end{cases} \tag{8-45}$$

若 $M\geqslant N$，则有

$$d_{s,\Sigma}\leqslant\min\left(2D,\frac{4M-2D}{3}\right) \tag{8-46}$$

(2) 秩亏 ICCM 的可实现方案

本节仅给出了在 $D<M$ 的情况下的可实现方案，因为在文献[4]中已经给出了 $D=M$ 的可实现方案。为了方便介绍可实现的方案，$D<M$ 时的 SDoF 可以显示如下。

若 $D\leqslant\frac{N}{2}$，则有

$$d_{s,\Sigma}=\begin{cases}4M-4D, & D<M\leqslant\frac{5D}{4}\\ \frac{4M-2D}{3}, & \frac{5D}{4}\leqslant M\leqslant 2D\\ 2D, & 2D\leqslant M\end{cases} \tag{8-47}$$

若 $D\geqslant\frac{N}{2}$，则有

$$d_{s,\Sigma}=\begin{cases}4M-2N, & D<M\leqslant\frac{3N-D}{4}\\ \frac{4M-2D}{3}, & \frac{3N-D}{4}\leqslant M\leqslant 2D\\ 2D, & 2D\leqslant M\end{cases} \tag{8-48}$$

① 对于 $M\geqslant 2D$：从式(8-47)和式(8-48)中可发现无论是 $D\leqslant\frac{N}{2}$ 还是 $D\geqslant\frac{N}{2}$，只要 $M\geqslant 2D$，$d_{s,\Sigma}=2D$ 总是可行的。在这种情况下，每个直接信道的秩为 D，每个交叉信道的零空间的秩为 $M-D$，并且 $M-D\geqslant D$，因此让每个发射机将安全高斯信号分量发送到相应的交叉信道的零空间。输入信号如下所示：

$$\boldsymbol{X}_1=\boldsymbol{H}_{21}^{\perp}\boldsymbol{V}_1 \tag{8-49}$$

$$\boldsymbol{X}_2=\boldsymbol{H}_{12}^{\perp}\boldsymbol{V}_2 \tag{8-50}$$

其中 $\boldsymbol{V}_i=(v_{i1},v_{i2},\cdots,v_{iD},\boldsymbol{O}_{M-2D}^{\mathrm{T}})^{\mathrm{T}}$。然后信道输出为

$$\boldsymbol{Y}_1=\boldsymbol{H}_{11}\boldsymbol{X}_1+\boldsymbol{H}_{12}\boldsymbol{X}_2+\boldsymbol{N}_1=\boldsymbol{H}_{11}\boldsymbol{H}_{21}^{\perp}\boldsymbol{V}_1+\boldsymbol{N}_1 \tag{8-51}$$

$$\boldsymbol{Y}_2=\boldsymbol{H}_{21}\boldsymbol{X}_1+\boldsymbol{H}_{22}\boldsymbol{X}_2+\boldsymbol{N}_2=\boldsymbol{H}_{22}\boldsymbol{H}_{12}^{\perp}\boldsymbol{V}_2+\boldsymbol{N}_2 \tag{8-52}$$

在这种情况下，$(\boldsymbol{H}_{11}\boldsymbol{H}_{21}^{\perp})$ 和 $(\boldsymbol{H}_{21}\boldsymbol{H}_{12}^{\perp})$ 的秩均为 D，等于接收天线的有效数量，因此可以安全地解码 $\boldsymbol{Y}_i$。

② 对于 $D\leqslant\frac{N}{2}$ 和 $M\leqslant\frac{5D}{4}$：从式(8-47)中可得到 $d_{s,\Sigma}=4M-4D$。输入信号的设计如下：

$$\boldsymbol{X}_1=\boldsymbol{H}_{21}^{\perp}\boldsymbol{V}_{11}+\boldsymbol{P}_1\boldsymbol{V}_{12}+\boldsymbol{Q}_1\boldsymbol{U}_1 \tag{8-53}$$

$$\boldsymbol{X}_2=\boldsymbol{H}_{12}^{\perp}\boldsymbol{V}_{21}+\boldsymbol{P}_2\boldsymbol{V}_{22}+\boldsymbol{Q}_2\boldsymbol{U}_2 \tag{8-54}$$

其中 $\boldsymbol{V}_{i1}$ 的维度为 $M-D$，并将通过交叉信道的零空间传输；$\boldsymbol{V}_{i2}$ 表示用于与协作干扰信号对准同一子空间的安全信号；$\boldsymbol{U}_i$ 表示协同干扰信号；$\boldsymbol{V}_{i2}$ 和 $\boldsymbol{U}_i$ 具有相同的维度；$\boldsymbol{P}_i$ 和 $\boldsymbol{Q}_i$ 是预编码矩阵，并且具有与 $\boldsymbol{V}_{i2}$ 相同的维数。为了确保对齐，预编码矩阵 $\boldsymbol{P}_i$ 和 $\boldsymbol{Q}_i$ 满足以下条件：

$$(\boldsymbol{H}_{11}\quad -\boldsymbol{H}_{12})\begin{pmatrix}\boldsymbol{Q}_1\\ \boldsymbol{P}_2\end{pmatrix}=0 \tag{8-55}$$

$$(\boldsymbol{H}_{22}\quad -\boldsymbol{H}_{21})\begin{pmatrix}\boldsymbol{Q}_2\\ \boldsymbol{P}_1\end{pmatrix}=0 \tag{8-56}$$

由于 $\boldsymbol{H}_{11}$ 独立于 $\boldsymbol{H}_{12}$，$\boldsymbol{H}_{21}$ 独立于 $\boldsymbol{H}_{22}$，因此有

$$\text{rank}((\boldsymbol{H}_{11}, -\boldsymbol{H}_{12})) = \min(N, 2D) \tag{8-57}$$

$$\text{rank}([\boldsymbol{H}_{22}, -\boldsymbol{H}_{21}]) = \min(N, 2D) \tag{8-58}$$

在这种情况下，$\text{rank}([\boldsymbol{H}_{11}, -\boldsymbol{H}_{12}]) = 2D$，$\text{rank}([\boldsymbol{H}_{21}, -\boldsymbol{H}_{22}]) = 2D$，因此$(\boldsymbol{H}_{11}, \boldsymbol{H}_{12})$和$(\boldsymbol{H}_{21}, \boldsymbol{H}_{22})$的零空间均为$2M-2D$维。$\boldsymbol{P}_i$和$\boldsymbol{Q}_i$都为$M-D$维，由于$M-D<2(M-D)$，因此该校准方案是可行的。

将式(8-53)和式(8-54)应用于信道输出，可以获得

$$\begin{aligned}
\boldsymbol{Y}_1 &= \boldsymbol{H}_{11}\boldsymbol{X}_1 + \boldsymbol{H}_{12}\boldsymbol{X}_2 + \boldsymbol{N}_1 \\
&= \boldsymbol{H}_{11}\boldsymbol{H}_{21}^{\perp}\boldsymbol{V}_{11} + \boldsymbol{H}_{11}\boldsymbol{P}_1\boldsymbol{V}_{12} + \boldsymbol{H}_{11}\boldsymbol{Q}_1(\boldsymbol{U}_1 + \boldsymbol{V}_{22}) + \boldsymbol{H}_{12}\boldsymbol{Q}_2\boldsymbol{U}_2 + \boldsymbol{N}_1 \\
&= (\boldsymbol{H}_{11}\boldsymbol{H}_{21}^{\perp} \quad \boldsymbol{H}_{11}\boldsymbol{P}_1 \quad \boldsymbol{H}_{11}\boldsymbol{Q}_1 \quad \boldsymbol{H}_{12}\boldsymbol{Q}_2)\begin{pmatrix} \boldsymbol{V}_{11} \\ \boldsymbol{V}_{12} \\ \boldsymbol{U}_1 + \boldsymbol{V}_{22} \\ \boldsymbol{U}_2 \end{pmatrix} + \boldsymbol{N}_1
\end{aligned} \tag{8-59}$$

$$\begin{aligned}
\boldsymbol{Y}_2 &= \boldsymbol{H}_{21}\boldsymbol{X}_1 + \boldsymbol{H}_{22}\boldsymbol{X}_2 + \boldsymbol{N}_2 \\
&= \boldsymbol{H}_{22}\boldsymbol{H}_{12}^{\perp}\boldsymbol{V}_{21} + \boldsymbol{H}_{22}\boldsymbol{P}_2\boldsymbol{V}_{22} + \boldsymbol{H}_{22}\boldsymbol{Q}_2(\boldsymbol{U}_2 + \boldsymbol{V}_{12}) + \boldsymbol{H}_{21}\boldsymbol{Q}_1\boldsymbol{U}_1 + \boldsymbol{N}_2 \\
&= (\boldsymbol{H}_{22}\boldsymbol{H}_{12}^{\perp} \quad \boldsymbol{H}_{22}\boldsymbol{P}_2 \quad \boldsymbol{H}_{22}\boldsymbol{Q}_2 \quad \boldsymbol{H}_{21}\boldsymbol{Q}_1)\begin{pmatrix} \boldsymbol{V}_{21} \\ \boldsymbol{V}_{22} \\ \boldsymbol{U}_2 + \boldsymbol{V}_{12} \\ \boldsymbol{U}_1 \end{pmatrix} + \boldsymbol{N}_2
\end{aligned} \tag{8-60}$$

将$(\boldsymbol{H}_{11}\boldsymbol{H}_{21}^{\perp}, \boldsymbol{H}_{11}\boldsymbol{P}_1, \boldsymbol{H}_{11}\boldsymbol{Q}_1, \boldsymbol{H}_{12}\boldsymbol{Q}_2)$表示为$\bar{\boldsymbol{H}}_1$，将$(\boldsymbol{H}_{22}\boldsymbol{H}_{12}^{\perp}, \boldsymbol{H}_{22}\boldsymbol{P}_2, \boldsymbol{H}_{22}\boldsymbol{Q}_2, \boldsymbol{H}_{21}\boldsymbol{Q}_1)$表示为$\bar{\boldsymbol{H}}_2$。$\bar{\boldsymbol{H}}_i$具有$4M-4D$维，在这种情况下始终满足$4M-4D \leqslant D$，即总维数最大为有效接收天线的数量。因此，可以使用迫零对$\boldsymbol{Y}_i$进行解码。

③ 对于$D \geqslant \dfrac{N}{2}$和$M \leqslant \dfrac{3N-D}{4}$：从式(8-48)中发现$d_{s,\Sigma} = 4M-2N$。可以将先前可实现的方案应用于这种情况。对于这种情况，$\text{rank}((\boldsymbol{H}_{11}, \boldsymbol{H}_{12})) = N$，$\text{rank}((\boldsymbol{H}_{21}, \boldsymbol{H}_{22})) = N$，$(\boldsymbol{H}_{11}, \boldsymbol{H}_{12})$和$(\boldsymbol{H}_{21}, \boldsymbol{H}_{22})$的零空间均为$2M-N$维。$\boldsymbol{P}_i$和$\boldsymbol{Q}_i$都为$M-N+D$维，由于$M-N+D<2M-N$，因此可以实现空间对齐。$\bar{\boldsymbol{H}}_i$总共具有$4M-3N+2D$维，在这种情况下始终保持$4M-3N+2D \leqslant D$，因此解码方案是可行的。

④ 对于$D \leqslant \dfrac{N}{2}$和$\dfrac{5D}{4} \leqslant M \leqslant 2D$：首先将$(M,N)$秩亏ICCM转换为$(M,D)$满秩ICCM，以对安全信号进行解码。由于对称性，此处仅讨论$\boldsymbol{Y}_1$。考虑$\boldsymbol{H}_{11} = \boldsymbol{A}_{11}\boldsymbol{\Lambda}_{11}\boldsymbol{B}_{11}^{\dagger}$的奇异值分解，其中$\boldsymbol{A}_{11} \in \mathbb{R}^{N \times N}$，$\boldsymbol{B}_{11} \in \mathbb{R}^{M \times M}$。$\boldsymbol{\Lambda}_{11}$是对角矩阵，大小为$N \times M$，对角线放置为$\boldsymbol{H}_{11}$的奇异值，其他位置都为0。将左边的$\boldsymbol{Y}_1$乘以$\boldsymbol{A}_{11}^{\dagger}$，可得到

$$\boldsymbol{A}_{11}^{\dagger}\boldsymbol{Y}_1 = \boldsymbol{\Lambda}_{11}\boldsymbol{B}_{11}^{\dagger}X_1 + \boldsymbol{A}_{11}^{\dagger}\boldsymbol{H}_{12}\boldsymbol{X}_2 + \boldsymbol{A}_{11}^{\dagger}\boldsymbol{N}_1 \tag{8-61}$$

因为只有$\boldsymbol{A}_{11}$的前D行具有非零值，所以来自$\boldsymbol{X}_1$的有效信号只能保存在$\boldsymbol{A}_{11}^{\dagger}\boldsymbol{Y}_1$的前$D$行中。消除$\boldsymbol{A}_{11}^{\dagger}\boldsymbol{Y}_1$的其余$N-D$行，表示为$\tilde{\boldsymbol{Y}}_1 = \tilde{\boldsymbol{H}}_{11}\boldsymbol{X}_1 + \tilde{\boldsymbol{H}}_{12}\boldsymbol{X}_2 + \tilde{\boldsymbol{N}}_1$，$\tilde{\boldsymbol{Y}}_1 \in \mathbb{R}^D$，$\tilde{\boldsymbol{H}}_{11}, \tilde{\boldsymbol{H}}_{12} \in \mathbb{R}^{D \times M}$，$\tilde{\boldsymbol{N}}_1 \in \mathbb{R}^D$。在这里讨论最坏的情况，即$\text{rank}(\tilde{\boldsymbol{H}}_{12}) = D$，此时干扰最大。因此，获得了一个$(M,D)$满秩ICCM，输出信号为

$$\tilde{\boldsymbol{Y}}_1 = \tilde{\boldsymbol{H}}_{11}\boldsymbol{X}_1 + \tilde{\boldsymbol{H}}_{12}\boldsymbol{X}_2 + \tilde{\boldsymbol{N}}_1 \tag{8-62}$$

$$\widetilde{\boldsymbol{Y}}_2=\widetilde{\boldsymbol{H}}_{21}\boldsymbol{X}_1+\widetilde{\boldsymbol{H}}_{22}\boldsymbol{X}_2+\widetilde{\boldsymbol{N}}_2 \tag{8-63}$$

其中 $\widetilde{\boldsymbol{H}}_{21}$ 和 $\widetilde{\boldsymbol{H}}_{22}$ 是 $\boldsymbol{A}_{22}^{\dagger}\boldsymbol{H}_{21}$、$\boldsymbol{\Lambda}_{22}\boldsymbol{B}_{22}^{\dagger}$ 的前 D 行。

其次，结合零空间传输、空间对齐和渐近实干扰对齐技术来讨论可实现的方案。从式(8-47)可知，$d_{s,\Sigma}=\frac{4M-2D}{3}$。外界可以描述为 $d_{s,\Sigma}=2(M-D)+\frac{2}{3}(2D-M)$。将输入信号分为两部分，一部分用于零空间传输，另一部分用于对齐技术。将输入信号设置为

$$\boldsymbol{X}_1=\widetilde{\boldsymbol{H}}_{21}^{\perp}\boldsymbol{V}_{10}+\begin{pmatrix}\widetilde{\boldsymbol{H}}_{11}^{(1)}\\ \widetilde{\boldsymbol{H}}_{21}^{(1)}\end{pmatrix}^{\perp}\times\left(\boldsymbol{P}_1\begin{pmatrix}v_{11}\\ v_{12}\\ \vdots\\ v_{1\lfloor\frac{2D-M}{3}\rfloor}\\ \boldsymbol{t}_2^{\mathrm{T}}\boldsymbol{v}_{11}\\ \boldsymbol{t}_2^{\mathrm{T}}\boldsymbol{v}_{12}\end{pmatrix}+\boldsymbol{Q}_1\begin{pmatrix}u_{11}\\ u_{12}\\ \vdots\\ u_{1\lfloor\frac{2D-M}{3}\rfloor}\\ \boldsymbol{t}_1^{\mathrm{T}}\boldsymbol{u}_{11}\\ \boldsymbol{t}_1^{\mathrm{T}}\boldsymbol{u}_{12}\end{pmatrix}\right) \tag{8-64}$$

$$\boldsymbol{X}_2=\widetilde{\boldsymbol{H}}_{12}^{\perp}\boldsymbol{V}_{20}+\begin{pmatrix}\widetilde{\boldsymbol{H}}_{12}^{(1)}\\ \widetilde{\boldsymbol{H}}_{22}^{(1)}\end{pmatrix}^{\perp}\times\left(\boldsymbol{P}_2\begin{pmatrix}v_{21}\\ v_{22}\\ \vdots\\ v_{2\lfloor\frac{2D-M}{3}\rfloor}\\ \boldsymbol{t}_1^{\mathrm{T}}\boldsymbol{v}_{21}\\ \boldsymbol{t}_1^{\mathrm{T}}\boldsymbol{v}_{22}\end{pmatrix}+\boldsymbol{Q}_2\begin{pmatrix}u_{21}\\ u_{22}\\ \vdots\\ u_{2\lfloor\frac{2D-M}{3}\rfloor}\\ \boldsymbol{t}_2^{\mathrm{T}}\boldsymbol{u}_{21}\\ \boldsymbol{t}_2^{\mathrm{T}}\boldsymbol{u}_{22}\end{pmatrix}\right) \tag{8-65}$$

其中 $\boldsymbol{V}_{i0}$ 是维数为 $M-D$ 的部分安全信号，传输到交叉信道的零空间。$\widetilde{\boldsymbol{H}}_{ij}^{(1)}$ 代表 $\boldsymbol{H}_{ij}$ 的前 $M-D$ 行。$\boldsymbol{V}_i=(\boldsymbol{V}_{i1},\boldsymbol{V}_{i2})^{\mathrm{T}}=(v_{i1},v_{i2},\cdots,v_{i\lfloor\frac{2D-M}{3}\rfloor},\boldsymbol{t}_j^{\mathrm{T}}\boldsymbol{v}_{i1},\boldsymbol{t}_j^{\mathrm{T}}\boldsymbol{v}_{i2}]^{\mathrm{T}}$ 的维数为 $2D-M$，表示用于对齐的安全信号的另一部分。$\boldsymbol{U}_i=(\boldsymbol{U}_{i1},\boldsymbol{U}_{i2})=(u_{i1},u_{i2},\cdots,u_{i\lfloor\frac{2D-M}{3}\rfloor},\boldsymbol{t}_j^{\mathrm{T}}\boldsymbol{u}_{i1},\boldsymbol{t}_j^{\mathrm{T}}\boldsymbol{u}_{i2})$ 是干扰信号。$\boldsymbol{V}_{i1},\boldsymbol{U}_{i1}$ 的维数均为$\frac{2D-3M}{3}$，$\boldsymbol{V}_{i2},\boldsymbol{U}_{i2}$ 的维均为 $(2D-M)\bmod 3$，即 1 或 2。在本节中，假设 $(2D-M)\bmod 3=2$。v_{ij},u_{ij} 是用向量 $\boldsymbol{t}_i$ 加权的结构化 PAM 信号。$\boldsymbol{P}_i,\boldsymbol{Q}_i$ 是具有与 $\boldsymbol{V}_i$ 和 $\boldsymbol{U}_i$ 相同维的预编码矩阵。将式(8-64)和式(8-65)应用于式(8-62)和式(8-63)，得到

$$\widetilde{\boldsymbol{Y}}_1=\widetilde{\boldsymbol{H}}_{11}\widetilde{\boldsymbol{H}}_{21}^{\perp}\boldsymbol{V}_{10}+\widetilde{\boldsymbol{H}}_{11}\begin{pmatrix}\boldsymbol{H}_{11}^{(1)}\\ \boldsymbol{H}_{21}^{(1)}\end{pmatrix}^{\perp}(\boldsymbol{P}_1\boldsymbol{V}_1+\boldsymbol{Q}_1\boldsymbol{U}_1)+\widetilde{\boldsymbol{H}}_{12}\begin{pmatrix}\widetilde{\boldsymbol{H}}_{12}^{(1)}\\ \widetilde{\boldsymbol{H}}_{22}^{(1)}\end{pmatrix}^{\perp}(\boldsymbol{P}_2\boldsymbol{V}_2+\boldsymbol{Q}_2\boldsymbol{U}_2)+\widetilde{\boldsymbol{N}}_1 \tag{8-66}$$

$$\widetilde{\boldsymbol{Y}}_2=\widetilde{\boldsymbol{H}}_{22}\widetilde{\boldsymbol{H}}_{12}^{\perp}\boldsymbol{V}_{20}+\widetilde{\boldsymbol{H}}_{21}\begin{pmatrix}\boldsymbol{H}_{11}^{(1)}\\ \boldsymbol{H}_{21}^{(1)}\end{pmatrix}^{\perp}(\boldsymbol{P}_1\boldsymbol{V}_1+\boldsymbol{Q}_1\boldsymbol{U}_1)+\widetilde{\boldsymbol{H}}_{22}\begin{pmatrix}\widetilde{\boldsymbol{H}}_{12}^{(1)}\\ \widetilde{\boldsymbol{H}}_{22}^{(1)}\end{pmatrix}^{\perp}(\boldsymbol{P}_2\boldsymbol{V}_2+\boldsymbol{Q}_2\boldsymbol{U}_2)+\widetilde{\boldsymbol{N}}_2 \tag{8-67}$$

由式(8-66)和式(8-67)可知，接收机 1 的前 $M-D$ 个天线仅接收 $\boldsymbol{V}_{10}$，$\widetilde{\boldsymbol{H}}_{11}\begin{pmatrix}\boldsymbol{H}_{11}^{(1)}\\ \boldsymbol{H}_{21}^{(1)}\end{pmatrix}^{\perp}$ 的大小为 $D\times(2D-M)$。因此，可以通过迫零技术对 $\boldsymbol{V}_{10}$ 进行解码，然后从 $\widetilde{\boldsymbol{Y}}_1$ 中将其消除。类似地，可以对 $\boldsymbol{V}_{20}$ 进行解码，并从 $\widetilde{\boldsymbol{Y}}_2$ 中将它们取消。然后可得到 $(2D-M)\times(2D-M)$ 系统：

$$\begin{aligned}\bar{\boldsymbol{Y}}_1&=\bar{\boldsymbol{H}}_{11}(\boldsymbol{P}_1\boldsymbol{V}_1+\boldsymbol{Q}_1\boldsymbol{U}_1)+\bar{\boldsymbol{H}}_{12}(\boldsymbol{P}_2\boldsymbol{V}_2+\boldsymbol{Q}_2\boldsymbol{Q}_2)+\bar{\boldsymbol{N}}_1\\ &=(\bar{\boldsymbol{H}}_{11}\boldsymbol{P}_1\quad \bar{\boldsymbol{H}}_{11}\boldsymbol{Q}_1\quad \bar{\boldsymbol{H}}_{12}\boldsymbol{Q}_2)\begin{pmatrix}\boldsymbol{V}_1\\ \boldsymbol{U}_1+\boldsymbol{V}_2\\ \boldsymbol{U}_2\end{pmatrix}+\bar{\boldsymbol{N}}_1\end{aligned} \tag{8-68}$$

$$\begin{aligned}\bar{\boldsymbol{Y}}_2 &= \bar{\boldsymbol{H}}_{21}(\boldsymbol{P}_1\boldsymbol{V}_1+\boldsymbol{Q}_1\boldsymbol{U}_1)+\bar{\boldsymbol{H}}_{22}(\boldsymbol{P}_2\boldsymbol{V}_2+\boldsymbol{Q}_2\boldsymbol{U}_2)+\bar{\boldsymbol{N}}_2\\ &=(\bar{\boldsymbol{H}}_{22}\boldsymbol{P}_2\quad \bar{\boldsymbol{H}}_{22}\boldsymbol{Q}_2\quad \bar{\boldsymbol{H}}_{21}\boldsymbol{Q}_1)\begin{pmatrix}\boldsymbol{V}_2\\ \boldsymbol{U}_2+\boldsymbol{V}_1\\ \boldsymbol{U}_1\end{pmatrix}+\bar{\boldsymbol{N}}_2\end{aligned} \tag{8-69}$$

其中 $\bar{\boldsymbol{Y}}_i$ 代表 $\tilde{\boldsymbol{Y}}_i$ 的其余$(2D-M)$行；$\bar{\boldsymbol{H}}_{11}$代表$\tilde{\boldsymbol{H}}_{11}\begin{pmatrix}\boldsymbol{H}_{11}^{(1)}\\ \boldsymbol{H}_{21}^{(1)}\end{pmatrix}^{\perp}$的其余$(2D-M)$行；$\bar{\boldsymbol{H}}_{12}$，$\bar{\boldsymbol{H}}_{21}$，$\bar{\boldsymbol{H}}_{22}$的定义与 $\bar{\boldsymbol{H}}_{11}$相似；$\bar{\boldsymbol{N}}_i$ 代表 $\tilde{\boldsymbol{N}}_i$ 的其余$(2D-M)$行。

为了对齐，$\bar{\boldsymbol{Y}}_1$ 和 $\bar{\boldsymbol{Y}}_2$ 必须满足以下条件：

$$(\bar{\boldsymbol{H}}_{11}\quad -\bar{\boldsymbol{H}}_{12})\begin{pmatrix}\boldsymbol{Q}_1\\ \boldsymbol{P}_2\end{pmatrix}=0 \tag{8-70}$$

$$(\bar{\boldsymbol{H}}_{21}\quad -\bar{\boldsymbol{H}}_{22})\begin{pmatrix}\boldsymbol{P}_1\\ \boldsymbol{Q}_2\end{pmatrix}=0 \tag{8-71}$$

这意味着$\begin{pmatrix}\boldsymbol{Q}_i\\ \boldsymbol{P}_j\end{pmatrix}$需要位于$(\bar{\boldsymbol{H}}_{ii},-\bar{\boldsymbol{H}}_{ij})$的零空间中。由于 $2M-D\geqslant 2D-M\geqslant\left\lfloor\frac{2D-M}{3}\right\rfloor+(2D-M)\bmod 3$，因此在这种情况下始终可以实现对齐。

根据文献[4]中的 2×2 系统对其余的$(2D-M)\bmod 3$ 安全信号进行解码。将 $\boldsymbol{P}_i$ 拆分为 $\boldsymbol{P}_i=\left(\boldsymbol{P}^{(1)}_{i_{M\times\lfloor\frac{2D-M}{3}\rfloor}},\boldsymbol{P}^{(2)}_{i_{M\times(2D-M)\bmod 3}}\right)$形式，同理将 $\boldsymbol{Q}_i$ 拆分为 $\boldsymbol{Q}_i=\left(\boldsymbol{Q}^{(1)}_{i_{M\times\lfloor\frac{2D-M}{3}\rfloor}},\boldsymbol{Q}^{(2)}_{i_{M\times(2D-M)\bmod 3}}\right)$。根据式(8-64)和式(8-65)，有

$$\begin{aligned}\bar{\boldsymbol{Y}}_1 =&(\bar{\boldsymbol{H}}_{11}\boldsymbol{P}_1^{(1)}\quad \bar{\boldsymbol{H}}_{11}\boldsymbol{Q}_1^{(1)}\quad \bar{\boldsymbol{H}}_{12}\boldsymbol{Q}_2^{(1)})\begin{pmatrix}\boldsymbol{V}_1^{(1)}\\ \boldsymbol{U}_1^{(1)}+\boldsymbol{V}_2^{(1)}\\ \boldsymbol{U}_2^{(1)}\end{pmatrix}+\\ &(\bar{\boldsymbol{H}}_{11}\boldsymbol{P}_1^{(2)}\quad \bar{\boldsymbol{H}}_{11}\boldsymbol{Q}_1^{(2)}\quad \bar{\boldsymbol{H}}_{12}\boldsymbol{Q}_2^{(2)})\begin{pmatrix}\boldsymbol{V}_1^{(2)}\\ \boldsymbol{U}_1^{(2)}+\boldsymbol{V}_2^{(2)}\\ \boldsymbol{U}_2^{(2)}\end{pmatrix}+\bar{\boldsymbol{N}}_1\end{aligned} \tag{8-72}$$

$$\begin{aligned}\bar{\boldsymbol{Y}}_2 =&(\bar{\boldsymbol{H}}_{22}\boldsymbol{P}_2^{(1)}\quad \bar{\boldsymbol{H}}_{22}\boldsymbol{Q}_2^{(1)}\quad \bar{\boldsymbol{H}}_{21}\boldsymbol{Q}_1^{(1)})\begin{pmatrix}\boldsymbol{V}_2^{(1)}\\ \boldsymbol{U}_2^{(1)}+\boldsymbol{V}_1^{(1)}\\ \boldsymbol{U}_1^{(1)}\end{pmatrix}+\\ &(\bar{\boldsymbol{H}}_{22}\boldsymbol{P}_2^{(2)}\quad \bar{\boldsymbol{H}}_{22}\boldsymbol{Q}_2^{(2)}\quad \bar{\boldsymbol{H}}_{21}\boldsymbol{Q}_1^{(2)})\begin{pmatrix}\boldsymbol{V}_2^{(2)}\\ \boldsymbol{U}_2^{(2)}+\boldsymbol{V}_1^{(2)}\\ \boldsymbol{U}_1^{(2)}\end{pmatrix}+\bar{\boldsymbol{N}}_2\end{aligned} \tag{8-73}$$

令 $\boldsymbol{F}_1=(\bar{\boldsymbol{H}}_{11}\boldsymbol{P}_1^{(1)},\bar{\boldsymbol{H}}_{11}\boldsymbol{Q}_1^{(1)},\bar{\boldsymbol{H}}_{12}\boldsymbol{Q}_2^{(1)})$，$\boldsymbol{F}_2=(\bar{\boldsymbol{H}}_{22}\boldsymbol{P}_2^{(1)},\bar{\boldsymbol{H}}_{22}\boldsymbol{Q}_2^{(1)},\bar{\boldsymbol{H}}_{21}\boldsymbol{Q}_1^{(1)})$，且 $\boldsymbol{Z}_1=(\boldsymbol{F}_1^{\mathrm{T}})^{\perp}$，$\boldsymbol{Z}_2=(\boldsymbol{F}_2^{\mathrm{T}})^{\perp}$，其中 $\boldsymbol{F}_1,\boldsymbol{F}_2\in\mathbb{R}^{D\times 3\lfloor\frac{2D-M}{3}\rfloor}$，$\boldsymbol{Z}_1^{\mathrm{T}},\boldsymbol{Z}_2^{\mathrm{T}}\in\mathbb{R}^{(2D-M)\bmod 3\times D}$。

通过正交化 $\boldsymbol{U}_1^{(2)}+\boldsymbol{V}_2^{(2)}$ 和 $\boldsymbol{U}_2^{(2)}+\boldsymbol{V}_1^{(2)}$，将 $\bar{\boldsymbol{Y}}_i$ 转换为类似于文献[4]中 2×2 系统的形式：

$$\begin{aligned}\bar{\boldsymbol{Y}}_1 &= (\boldsymbol{Z}_1^{\mathrm{T}}\bar{\boldsymbol{H}}_{11}\boldsymbol{Q}_1^{(2)})^{-1}\boldsymbol{Z}_1^{\mathrm{T}}\bar{\boldsymbol{Y}}_1\\ &=\boldsymbol{E}\boldsymbol{V}_1^{(2)}+(\boldsymbol{V}_2^{(2)}+\boldsymbol{U}_1^{(2)})+\boldsymbol{F}\boldsymbol{U}_2^{(2)}+\bar{\boldsymbol{N}}_1\end{aligned} \tag{8-74}$$

$$\bar{\boldsymbol{Y}}_2 =(\boldsymbol{Z}_2^{\mathrm{T}}\bar{\boldsymbol{H}}_{22}\boldsymbol{Q}_2^{(2)})^{-1}\boldsymbol{Z}_2^{\mathrm{T}}\bar{\boldsymbol{Y}}_2$$

$$=\bar{\boldsymbol{E}}\boldsymbol{V}_2^{(2)}+(\boldsymbol{V}_1^{(2)}+\boldsymbol{U}_2^{(2)})+\bar{\boldsymbol{F}}\boldsymbol{U}_1^{(2)}+\bar{\boldsymbol{N}}_2 \tag{8-75}$$

其中 $\boldsymbol{E},\bar{\boldsymbol{E}},\boldsymbol{F},\bar{\boldsymbol{F}}$ 为$(2D-M)\bmod 3\times(2D-M)\bmod 3$ 矩阵，表达式为

$$\boldsymbol{E}=(\boldsymbol{Z}_1^{\mathrm{T}}\bar{\boldsymbol{H}}_{11}\boldsymbol{Q}_1^{(2)})^{-1}\boldsymbol{Z}_1^{\mathrm{T}}\bar{\boldsymbol{H}}_{11}\boldsymbol{P}_1^{(2)} \tag{8-76}$$

$$\bar{\boldsymbol{E}}=(\boldsymbol{Z}_2^{\mathrm{T}}\bar{\boldsymbol{H}}_{22}\boldsymbol{Q}_2^{(2)})^{-1}\boldsymbol{Z}_2^{\mathrm{T}}\bar{\boldsymbol{H}}_{22}\boldsymbol{P}_2^{(2)} \tag{8-77}$$

$$\boldsymbol{F}=(\boldsymbol{Z}_1^{\mathrm{T}}\bar{\boldsymbol{H}}_{11}\boldsymbol{Q}_1^{(2)})^{-1}\boldsymbol{Z}_1^{\mathrm{T}}\bar{\boldsymbol{H}}_{12}\boldsymbol{Q}_2^{(2)} \tag{8-78}$$

$$\bar{\boldsymbol{F}}=(\boldsymbol{Z}_2^{\mathrm{T}}\bar{\boldsymbol{H}}_{22}\boldsymbol{Q}_2^{(2)})^{-1}\boldsymbol{Z}_2^{\mathrm{T}}\bar{\boldsymbol{H}}_{21}\boldsymbol{Q}_1^{(2)} \tag{8-79}$$

令 T_i 为

$$T_1=\left\{\prod_{i,j=1,i\neq j}^{2}\bar{e}_{ij}^{r_{ij}}\prod_{i,j=1}^{2}\bar{f}_{ij}^{S_{ij}}:r_{ij},S_{ij}=1,\cdots,m\right\} \tag{8-80}$$

$$T_2=\left\{\prod_{i,j=1,i\neq j}^{2}e_{ij}^{r_{ij}}\prod_{i,j=1}^{2}f_{ij}^{S_{ij}}:r_{ij},S_{ij}=1,\cdots,m\right\} \tag{8-81}$$

其中 $\bar{e}_{ij}^{r_{ij}}$ 是矩阵 $\bar{\boldsymbol{E}}$ 的第(i,j)个元素，与 $\bar{f}_{ij}^{S_{ij}},e_{ij}^{r_{ij}},f_{ij}^{S_{ij}}$ 含义类似。令 $\boldsymbol{t}_1$、$\boldsymbol{t}_2$ 分别是由 T_1、T_2 中所有元素构成的向量。然后可以为接收机 1 安全地解码 $\boldsymbol{V}_1^{(2)}$、$\boldsymbol{U}_2^{(2)}$，为接收机 2 可以安全地解码 $\boldsymbol{V}_2^{(2)}$、$\boldsymbol{U}_1^{(2)}$。从 $\bar{\boldsymbol{Y}}_i$ 中消除 $\boldsymbol{V}_i^{(2)}$ 并得到

$$\bar{\boldsymbol{Y}}_1=(\bar{\boldsymbol{H}}_{11}\boldsymbol{P}_1^{(1)}\quad \bar{\boldsymbol{H}}_{11}\boldsymbol{Q}_1^{(1)}\quad \bar{\boldsymbol{H}}_{12}\boldsymbol{Q}_2^{(1)}\quad \bar{\boldsymbol{H}}_{11}\boldsymbol{Q}_1^{(2)})\times\begin{pmatrix}\boldsymbol{V}_1^{(1)}\\ \boldsymbol{U}_1^{(1)}+\boldsymbol{V}_2^{(1)}\\ \boldsymbol{U}_2^{(1)}\\ \boldsymbol{U}_1^{(2)}+\boldsymbol{V}_2^{(2)}\end{pmatrix}+\bar{\boldsymbol{N}}_1 \tag{8-82}$$

$$\bar{\boldsymbol{Y}}_2=(\bar{\boldsymbol{H}}_{22}\boldsymbol{P}_2^{(1)}\quad \bar{\boldsymbol{H}}_{22}\boldsymbol{Q}_2^{(1)}\quad \bar{\boldsymbol{H}}_{21}\boldsymbol{Q}_1^{(1)}\quad \bar{\boldsymbol{H}}_{22}\boldsymbol{Q}_2^{(2)})\times\begin{pmatrix}\boldsymbol{V}_2^{(1)}\\ \boldsymbol{U}_2^{(1)}+\boldsymbol{V}_1^{(1)}\\ \boldsymbol{U}_1^{(1)}\\ \boldsymbol{U}_2^{(2)}+\boldsymbol{V}_1^{(2)}\end{pmatrix}+\bar{\boldsymbol{N}}_2 \tag{8-83}$$

其中总维数 $3\,\dfrac{(2D-M)}{3}+(2D-M)\bmod 3=2D-M$ 小于有效接收天线的数量，因此第一个 $\left\lfloor\dfrac{2D-M}{3}\right\rfloor$安全信号 $\boldsymbol{V}_i^{(2)}$ 可以通过迫零进行解码。

⑤ 对于 $D\geqslant\dfrac{N}{2}$和$\dfrac{3N-D}{4}\leqslant M\leqslant 2D$：在这种情况下，$d_{s,\Sigma}=\dfrac{4M-2D}{3}$，与先前的情况相同，因此可使用相同的可实现方案。容易发现对齐条件和可解码条件也可以得到满足，因此可以实现 SDoF。

8.3 非满秩信道的干扰网络性能

本节以 2×2×2 MIMO 非满秩干扰模型为例，给出了该模型下的系统总自由度，并通过分析其上界和可达，对该场景下的系统总自由度进行了证明。

8.3.1 模型

将 MIMO 技术与两跳中继网络相结合，此处以最基础的 2×2×2 MIMO 非满秩干扰模型为例，其模型结构如图 8-4 所示。

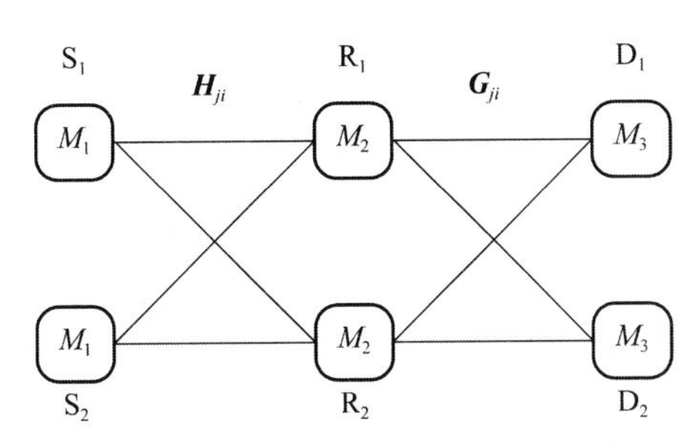

图 8-4　2×2×2 MIMO 非满秩干扰模型

该模型包含 2 个发送节点 S_1、S_2，两个中继节点 R_1、R_2 以及两个接收节点 D_1、D_2。S_1、S_2 分别发送一条消息给对应的接收者 D_1、D_2。其中，每个发送者配置 M_1 根天线，每个中继节点配置 M_2 根天线，每个接收者配置 M_3 根天线。将第一跳的信道矩阵表示为 $\boldsymbol{H}_{ji}$，即为第 i 个节点到第 j 个节点的信道状态信息；将第二跳的信道矩阵表示为 $\boldsymbol{G}_{ji}$，即为第 i 个中继到第 j 个接收者的信道状态信息，此处的 i、j 均取值{1,2}。基于上述模型假设，可以写出每一跳的接收信号信息为

$$\boldsymbol{Y}_{\mathrm{R}_i}(t)=\boldsymbol{H}_{i1}(t)\boldsymbol{X}_{\mathrm{S}_1}(t)+\boldsymbol{H}_{i2}(t)\boldsymbol{X}_{\mathrm{S}_2}(t)+\boldsymbol{Z}_{\mathrm{R}_i}(t) \tag{8-84}$$

$$\boldsymbol{Y}_{\mathrm{D}_i}(t)=\boldsymbol{G}_{i1}(t)\boldsymbol{X}_{\mathrm{R}_1}(t)+\boldsymbol{G}_{i2}(t)\boldsymbol{X}_{\mathrm{R}_2}(t)+\boldsymbol{Z}_{\mathrm{D}_i}(t) \tag{8-85}$$

根据发送者和接收者的天线数情况，可以很容易地看出，$\boldsymbol{Y}_{\mathrm{R}_i}(t)$、$\boldsymbol{Y}_{\mathrm{D}_i}(t)$分别是 $M_2\times1$、$M_3\times1$ 维的接收信号，$\boldsymbol{X}_{\mathrm{S}_1}(t)$、$\boldsymbol{X}_{\mathrm{R}_1}(t)$分别是 $M_1\times1$、$M_2\times1$ 的发送信号，而两跳的信道矩阵、$\boldsymbol{G}_{ij}(t)$分别为 $M_2\times M_1$ 和 $M_3\times M_2$ 的矩阵，另外，$\boldsymbol{Z}_{\mathrm{R}_i}(t)$和 $\boldsymbol{Z}_{\mathrm{D}_i}(t)$分别是 $M_2\times1$、$M_3\times1$ 维独立同分布的均值为 0，方差为 1 的加性高斯白噪声项。假设系统的平均功率限制为 P 且每个节点的信道信息 $\boldsymbol{H}_{ij}(t)$都是完美的。

在这个模型中，假设第一跳的所有信道矩阵的秩均为 r_1，且第二跳的所有信道矩阵的秩均为 r_2，即

$$\operatorname{rank}(\boldsymbol{H}_{ij}(t))=r_1 \tag{8-86}$$

$$\operatorname{rank}(\boldsymbol{G}_{ij}(t))=r_2 \tag{8-87}$$

首先，根据矩阵的知识，很容易可以得到这两个秩值的上限范围分别为 $r_1\leqslant\min\{M_1,M_2\}$，$r_2\leqslant\min\{M_2,M_3\}$。与前人研究工作中的满秩情况相比，这里可以假设每一跳的秩取限制范围中的任意一值。除了秩的约束以外，信道可以取任何值。

在此分析一下信道矩阵不满秩对信号空间的影响：由于信道矩阵处于不满秩的状态，且模型包含两个发送者，故在两个发送者同时发送消息时，整个信号空间会因其信道矩阵而分成三个部分，以第一跳为例进行说明。对于任一发送者 S_1，其发送空间可以看作由三个部分组成：由于中继节点 R_1 与其通信的信道矩阵不满秩而产生的 $\boldsymbol{H}_{11}$ 的零空间 $\mathcal{N}(\boldsymbol{H}_{11})$、由于中继节点 S_2 与其通信的信道矩阵不满秩而产生的 $\boldsymbol{H}_{21}$ 的零空间 $\mathcal{N}(\boldsymbol{H}_{21})$ 及由二者能共同接收到的交空间 $\operatorname{col}(\boldsymbol{H}_{11})\cap\operatorname{col}(\boldsymbol{H}_{21})$。正是因为有这三种空间的存在，在系统信道矩阵不满秩的情况下，才能通过充分地利用空间来填补不满秩的缺陷，使得不满秩的系统与满秩的情况能达到相同的

自由度。

8.3.2 结论

定理 3 满足模型假设的系统总自由度(DoF_{Σ})可以表示为

$$\mathrm{DoF}_{\Sigma}=\min\{4r_1,4r_2,2M_1,2M_2,2M_3,M_1+M_2-r_1+r_2,M_2+M_3+r_1-r_2\} \quad (8\text{-}88)$$

从中可以看出,该模型的总自由度由 7 项表达式的最小值决定,这个结论是参考文献[7]得到的。也就是说,当假设 $M_1=M_2=M_3$ 时,上述结果可以简化为

$$\mathrm{DoF}_{\Sigma}=\min\{4r_1,4r_2,2M-|r_1-r_2|\} \quad (8\text{-}89)$$

这也是文献[8]的主要结论。另外,当系统信道矩阵均为满秩时,上述的总自由度结果也是一种特殊情况,这种情况与文献[9]中的系统模型相同,结果也是一致的,即 $\mathrm{DoF}_{\Sigma}=\min\{2M_1,2M_2,2M_3\}$。

对于上述定理,证明它的一般方式为:首先找到该系统的上界,即系统无法超过的最大自由度值;接着通过寻找合适的编码方式,寻找系统可以达到的最大自由度值。若上述二者的结果相同,则证明完毕,该结果即为该系统总自由度的表达式。

8.3.3 模型上界证明

本部分是系统模型上界的证明。

首先,对于模型中的三层网络系统结构,系统的总自由度一定不会超过每一层用户的总天线数,否则用户没有多余的天线进行信号传输,即

$$\mathrm{DoF}_{\Sigma}\leqslant\min\{2M_1,2M_2,2M_3\} \quad (8\text{-}90)$$

接着,要寻找一个复杂网络系统的上界,这时会想到最大流-最小割定理。在这里先简要介绍一下最大流-最小割定理:

引理 1 一个 s-t 流的最大值等于其 s-t 割的最小容量。

上述引理表明,在一个网络流中,能够从源点到达汇点的最大流量等于如果从网络中移除就能够导致网络流中断的边的集合的最小容量和。对于所建立的模型,由于信道矩阵的不满秩因素,故每一条通信链路的容量均为该信道矩阵的秩,而对于每一个发送者 S_1、S_2,它们均可以通过两个中继进行传输,最后到可传输到自己的目标接收节点,故从每个源点到汇点的最大流量不能大于每一跳的最小容量和,即

$$\mathrm{DoF}_{\Sigma}\leqslant\min\{4r_1,4r_2\} \quad (8\text{-}91)$$

最后,对于剩下的两项上界值,需要通过信息论的相关知识进行推导计算。假设 S_i 要传输一条信息 W_i 给 D_i 接收节点,中间可以通过任意中继节点 R_1、R_2,其中 $i=\{1,2\}$。给定一系列跨越 n 个信道使用的可靠编码方案(由 n 索引),从传输信息时的系统速率入手,根据信息论的条件微分熵定理可得

$$\begin{aligned}n(R_1+R_2+\varepsilon)&\leqslant I(W_1,W_2;\boldsymbol{Y}_{\mathrm{R}_1}^n,\boldsymbol{Y}_{\mathrm{R}_2}^n,\boldsymbol{Y}_{\mathrm{D}_1}^n)\\&=h(\boldsymbol{Y}_{\mathrm{R}_1}^n,\boldsymbol{Y}_{\mathrm{R}_2}^n,\boldsymbol{Y}_{\mathrm{D}_1}^n)-h(\boldsymbol{Y}_{\mathrm{R}_1}^n,\boldsymbol{Y}_{\mathrm{R}_2}^n,\boldsymbol{Y}_{\mathrm{D}_1}^n|W_1,W_2)\end{aligned} \quad (8\text{-}92)$$

通过信息论的链式法则,可以将式(8-92)的第一项进行展开。另外,后一项由于接收信号可由发送信息 W_1、W_2 及噪声共同得到,故该条件熵即为噪声的信息熵。

$h(\boldsymbol{Z}_{\mathrm{R1}}^n,\boldsymbol{Z}_{\mathrm{R2}}^n,\boldsymbol{Z}_{\mathrm{D1}}^n)$ 等价于 $o(\log_2 P)$,故上述表达式可推导为

$$n(R_1+R_2+\varepsilon)\leqslant h(\boldsymbol{Y}_{\mathrm{R}_1}^n)+h(\boldsymbol{Y}_{\mathrm{D}_1}^n|\boldsymbol{Y}_{\mathrm{R}_1}^n)+h(\boldsymbol{Y}_{\mathrm{R}_2}^n|\boldsymbol{Y}_{\mathrm{D}_1}^n,\boldsymbol{Y}_{\mathrm{R}_1}^n)+o(\log_2 P) \quad (8\text{-}93)$$

由于 $\boldsymbol{Y}_{\mathrm{R}_1}^n$ 和 $\boldsymbol{X}_{\mathrm{R}_1}^n$ 是线性相关的，且 $\boldsymbol{X}_{\mathrm{S}_1}^n$ 是 W_1 的函数形式，于是上述不等式可继续进行如下推导：

$$\begin{aligned}&n(R_1+R_2+\varepsilon)\\ \leqslant\, & nM_2\log_2 P+h(\boldsymbol{Y}_{\mathrm{D}_1}^n|\boldsymbol{Y}_{\mathrm{R}_1}^n,\boldsymbol{X}_{\mathrm{R}_1}^n)+h(\boldsymbol{Y}_{\mathrm{R}_2}^n|\boldsymbol{Y}_{\mathrm{R}_1}^n,\boldsymbol{Y}_{\mathrm{D}_1}^n,W_1)+I(W_1;\boldsymbol{Y}_{\mathrm{R}_2}^n|\boldsymbol{Y}_{\mathrm{R}_1}^n,\boldsymbol{Y}_{\mathrm{D}_1}^n)+o(\log_2 P)\\ \leqslant\, & nM_2\log_2 P+h(\boldsymbol{G}_{12}^n\boldsymbol{X}_{\mathrm{R}_2}^n+\boldsymbol{Z}_{\mathrm{D}_1}^n|\boldsymbol{Y}_{\mathrm{R}_1}^n,\boldsymbol{X}_{\mathrm{R}_1}^n)+h(\boldsymbol{Y}_{\mathrm{R}_2}^n|\boldsymbol{Y}_{\mathrm{R}_1}^n,\boldsymbol{Y}_{\mathrm{D}_1}^n,W_1,\boldsymbol{X}_{\mathrm{S}1}^n)+o(\log_2 P)+o(n)\end{aligned}\tag{8-94}$$

根据条件熵的性质，因为减少条件不会增加条件熵的值，故式(8-94)可继续推导为

$$\begin{aligned}&n(R_1+R_2+\varepsilon)\\ \leqslant\, & nM_2\log_2 P+h(\boldsymbol{G}_{12}^n\boldsymbol{X}_{\mathrm{R}_2}^n+\boldsymbol{Z}_{\mathrm{D}_1}^n)+h(\boldsymbol{H}_{22}^n\boldsymbol{X}_{\mathrm{S}_2}^n+\boldsymbol{Z}_{\mathrm{R}_2}^n|\boldsymbol{H}_{12}^n\boldsymbol{X}_{\mathrm{S}_2}^n+\boldsymbol{Z}_{\mathrm{R}_1}^n)+o(\log_2 P)+o(n)\\ =\, & nM_2\log_2 P+nr_2\log_2 P-h(\boldsymbol{H}_{12}^n\boldsymbol{X}_{\mathrm{S}_2}^n+\boldsymbol{Z}_{\mathrm{R}_1}^n)+h(\boldsymbol{H}_{22}^n\boldsymbol{X}_{\mathrm{S}_2}^n+\boldsymbol{Z}_{\mathrm{R}_2}^n,\boldsymbol{H}_{12}^n\boldsymbol{X}_{\mathrm{S}_2}^n+\boldsymbol{Z}_{\mathrm{R}_1}^n)+\\ & o(\log_2 P)+o(n)\end{aligned}\tag{8-95}$$

对于式(8-95)，由于 $\boldsymbol{G}_{12}^n$ 的秩为 r_2，故可以简化。同理，由于 $\boldsymbol{H}_{12}^n$ 的秩为 r_1，所以第三项可以转化为 $nr_1\log_2 P$，至于第四项，由于要求 $\boldsymbol{H}_{22}^n$ 和 $\boldsymbol{H}_{12}^n$ 的熵，故应取两个矩阵按列组合的秩，即

$$h(\boldsymbol{H}_{22}^n\boldsymbol{X}_{\mathrm{S2}}^n+\boldsymbol{Z}_{\mathrm{R2}}^n,\boldsymbol{H}_{12}^n\boldsymbol{X}_{\mathrm{S2}}^n+\boldsymbol{Z}_{\mathrm{R1}}^n)\leqslant n\log_2 P\cdot\mathrm{rank}\begin{pmatrix}\boldsymbol{H}_{22}^n\\ \boldsymbol{H}_{12}^n\end{pmatrix}\tag{8-96}$$

由于上面的矩阵均是发送者 S_2 发送的信息所经过的信道矩阵，故发送的信息维度不会超过发送者的天线数，即

$$\mathrm{rank}\begin{pmatrix}\boldsymbol{H}_{22}^n\\ \boldsymbol{H}_{12}^n\end{pmatrix}\leqslant M_1\tag{8-97}$$

于是根据上面公式的推导，可以得到

$$n(R_1+R_2+\varepsilon)\leqslant n\log_2(M_2+M_1-r_1+r_2)+o(\log_2 P)+o(n)\tag{8-98}$$

最后，先令 n 趋于无穷，再令 P 趋于无穷，即可根据自由度的定义得到

$$\mathrm{DoF}_{\Sigma}\leqslant M_1+M_2-r_1+r_2\tag{8-99}$$

同理，可以根据上述通过信息论的推导得到另一个相似的上界 $\mathrm{DoF}_{\Sigma}\leqslant M_2+M_3+r_1-r_2$。至此为止，已经将这七项上界全部证明完毕，由此可以得到本模型的总自由度不会超过这七项中的任意一项。

8.3.4　模型可达证明

本节将证明上述自由度上界的紧性。证明的主要思路是根据不同区域的限制条件将系统分为若干子网络，对于每一个子网络找到适应的预编码矩阵并将其拼接在一起得到系统的总预编码矩阵，从而证明出该上界的可达性。预编码方式因其预编码向量选取的规则而对空间有着较强的限制，在这里需要进行一些说明。

第一，信号通过采取 ZF 机制及后文中会提到的 MAIN 机制进行第一跳传输，因其预编码均在信号发送空间的零空间内进行选择，故应保证维度之和不能超过系统某一跳某一个信号空间内的零空间维度。

第二，信号通过采用 X 机制、BC 机制及 AIN 机制进行预编码和传输，由于这些机制的预编码向量均需要在两个信号空间的交空间内选取，故应保证这些预编码向量的维度之和不能超过系统某一跳两个信号发送空间的交空间维度。

第三，对于某一个发送用户的预编码矩阵，由于其发送信号的总维数不得超过它的天线数

量，故预编码矩阵的总维数也不能超过它自身的天线数量。

第四，对于某一个发送用户给指定接收用户的信号，由于发送者与接收者的信道矩阵不满秩，故发送的信号最多不会超过其信道矩阵秩的大小，该预编码向量维度应不超过该信道矩阵秩的大小。

对于下文所有情况下得出的预编码矩阵，均应满足上述四条才是可行的预编码方案。事实上，对于每一种情况，本书均使用了线性规划的方式，在满足上述四条的前提下，而得到每一种预编码机制的维度数值，下文会一一向读者展示求解的简要过程及最终结果。

另外，为了方便证明，在此给出一些符号说明：将第 i 个发送者的预编码矩阵记为 $\boldsymbol{U}_i$，第 i 个中继的预编码矩阵记为 $\boldsymbol{V}_i$，第 j 个中继节点的信号接收空间为 $\boldsymbol{S}_j$，第 j 个接收者的接收信号空间为 $\boldsymbol{T}_j$。其中，对任意 i,j，定义

$$\hat{i}=\begin{cases}1, & i=2\\ 2, & i=1\end{cases} \tag{8-100}$$

$$\hat{j}=\begin{cases}1, & j=2\\ 2, & j=1\end{cases} \tag{8-101}$$

因此可以得到经过预编码矩阵编码后的两跳信号接收空间分别为

$$\boldsymbol{S}_j=(\boldsymbol{H}_{j1}\boldsymbol{U}_1,\boldsymbol{H}_{j2}\boldsymbol{U}_2) \tag{8-102}$$

$$\boldsymbol{T}_j=(\boldsymbol{G}_{j1}\boldsymbol{V}_1,\boldsymbol{G}_{j2}\boldsymbol{V}_2) \tag{8-103}$$

由于模型假设系统信道为一般性的时变信道，故可以不失一般性地假设系统第一跳的秩小于第二跳的，即 $r_1\leqslant r_2$。系统模型的变量较多，接下来，本节将根据天线数的大小分三种情况进行逐一证明。

(1) 情况一：$\min\{M_1,M_2,M_3\}=M_1$。

在系统发送者天线数最小的情况下，由于假设了 $r_1\leqslant r_2$，故可以得到在此情况下总有 $M_2+M_3+r_1-r_2\leqslant M_1+M_2-r_1+r_2$，于是已证明出的上界结果可简化为 $\min\{4r_1,2M_1,M_2+M_3+r_1-r_2\}$。另外，应注意到，由于矩阵的秩不能少于其维数，故在本部分中 $r_1\subseteq[0,M_1]$。证明将按照图 8-5 的划分逐一进行，其中不同颜色表示系统可达的不同自由度上界。

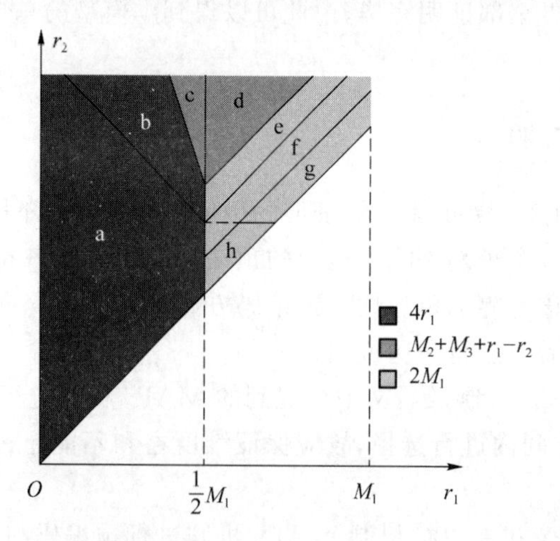

图 8-5 M_1 最小时不同条件下的系统自由度上界取值

a. $r_1\leqslant\dfrac{M_1}{2}$，$r_1+r_2\leqslant M_2$ 时：此时根据区域限制条件可以得到 $4r_1\leqslant 2M_1$，$4r_1\leqslant M_2+M_3+$

r_1-r_2。在这种秩严重亏损的情况下，两跳均可使用迫零(ZF)方式，即可达到 $4r_1$ 的自由度。在两跳中，分别从两个信道零空间中选取预编码矩阵，该矩阵满足：

$$\boldsymbol{H}_{\hat{j}i}\boldsymbol{U}_{\mathrm{ZF}ji}=0 \tag{8-104}$$

$$\boldsymbol{G}_{\hat{j}i}\boldsymbol{V}_{\mathrm{ZF}ji}=0 \tag{8-105}$$

两跳的预编码矩阵分别表示为

$$\boldsymbol{U}_i=(\boldsymbol{U}_{\mathrm{ZF}1i},\boldsymbol{U}_{\mathrm{ZF}2i}) \tag{8-106}$$

$$\boldsymbol{V}_i=(\boldsymbol{V}_{\mathrm{ZF}1i},\boldsymbol{V}_{\mathrm{ZF}2i}) \tag{8-107}$$

其中 $f_{\mathrm{ZF}}=r_1$，f_{ZF}是每一个使用了迫零机制的预编码矩阵列数，即迫零向量的个数。根据上述预编码矩阵的设置，每一个接收节点的信号空间可求解为

$$\boldsymbol{T}_1=(\boldsymbol{G}_{11}\boldsymbol{V}_{\mathrm{ZF}11},\boldsymbol{G}_{12}\boldsymbol{V}_{\mathrm{ZF}12}) \tag{8-108}$$

$$\boldsymbol{T}_2=(\boldsymbol{G}_{21}\boldsymbol{V}_{\mathrm{ZF}21},\boldsymbol{G}_{22}\boldsymbol{V}_{\mathrm{ZF}22}) \tag{8-109}$$

可见，上述接收信号均为有用信号，故该场景下可达到 $4r_1$ 的自由度。

b. $r_1\leqslant\frac{M_1}{2}$，$r_1+r_2\geqslant M_2$，$3r_1+r_2\leqslant M_2+M_3$ 时：此时 $4r_1$ 仍是三个上界中最小的一个，不同的是在这些限制条件下，在第二跳中有信道交空间的存在，此时，可以使用 ZF 和 X 结合的方式以充分利用交空间和零空间。其中，第一跳的预编码矩阵与①中的对应相同，此处不做过多赘述。在第二跳中，设计预编码矩阵如下所示：

$$\boldsymbol{V}_i=(\boldsymbol{V}_{\mathrm{ZF}1i},\boldsymbol{V}_{\mathrm{ZF}2i},\boldsymbol{V}_{\mathrm{X}1i},\boldsymbol{V}_{\mathrm{X}2i}) \tag{8-110}$$

其中，$f_{\mathrm{ZF}}=M_2-r_2$，$f_{\mathrm{X}}=r_1+r_2-M_2$，均小于其对应的零空间或交空间的最大维度，这说明预编码矩阵是可行的。在本节及之后的证明中，f_{X} 均表示 X 子信道使用干扰对齐机制的预编码向量个数，这些向量满足：

$$\boldsymbol{G}_{11}\boldsymbol{V}_{\mathrm{X}21}=-\boldsymbol{G}_{12}\boldsymbol{V}_{\mathrm{X}22}\subseteq\boldsymbol{G}_{11}\cap\boldsymbol{G}_{12} \tag{8-111}$$

$$\boldsymbol{G}_{21}\boldsymbol{V}_{\mathrm{X}11}=-\boldsymbol{G}_{22}\boldsymbol{V}_{\mathrm{X}12}\subseteq\boldsymbol{G}_{21}\cap\boldsymbol{G}_{22} \tag{8-112}$$

由于干扰信号被对齐到了一个单位的空间上，故接收信号空间可表示为

$$\boldsymbol{T}_j=(\boldsymbol{G}_{j1}\boldsymbol{V}_{\mathrm{ZF}j1},\ \boldsymbol{G}_{j2}\boldsymbol{V}_{\mathrm{ZF}j2},\ \boldsymbol{G}_{j1}\boldsymbol{V}_{\mathrm{X}j1},\ \boldsymbol{G}_{j2}\boldsymbol{V}_{\mathrm{X}j2},\ \boldsymbol{G}_{j1}\boldsymbol{V}_{\mathrm{X}\hat{j}1}) \tag{8-113}$$

其中，前四项为有用信号的接收空间，故每个接收者可以达到 $2f_{\mathrm{ZF}}+2f_{\mathrm{X}}=2r_1$ 个自由度，系统总共能达到 $4r_1$ 自由度。且总接收空间为 $3r_1+r_2-M_2\leqslant M_3$，故接收者可以接收到所有信号。

c. $r_1\leqslant\frac{M_1}{2}$，$3r_1+r_2\geqslant M_2+M_3$ 时：此时系统总自由度的上界应取 $M_2+M_3+r_1-r_2$。由于第一跳与第二跳的交空间维数差异较大，而使用 X 机制会导致接收初的干扰过多，故在此引用迫零机制在广播信道上的应用，记为 BC 机制。首先，对于第一跳的波束成形，建立一个$\frac{1}{2}(M_2+M_3+r_1-r_2)<M_1$ 维的预编码矩阵：

$$\boldsymbol{U}_i=(\boldsymbol{U}_{\mathrm{ZF}1i},\boldsymbol{U}_{\mathrm{ZF}2i},\boldsymbol{U}_{\mathrm{B}i}) \tag{8-114}$$

其中，$f_{\mathrm{ZF}}=\frac{1}{2}(M_2+M_3-r_1-r_2)\leqslant M_1-r_1$，$f_{\mathrm{B}}=\frac{1}{2}(3r_1+r_2-M_2-M_3)$，$\boldsymbol{U}_{\mathrm{B}i}$表示向两个中继发送相同的信号，是后续使用广播机制的准备，因此，$\boldsymbol{U}_{\mathrm{B}i}$必须从交空间 $\mathrm{col}(\boldsymbol{H}_{ji})\cap\mathrm{col}(\boldsymbol{H}_{\hat{j}i})$中选取，且 $f_{\mathrm{B}}\leqslant 2r_1-M_1$，故存在这样的预编码矩阵。中继的接收信号空间为

$$\boldsymbol{S}_j=(\boldsymbol{H}_{j1}\boldsymbol{U}_{\mathrm{ZF}j1},\boldsymbol{H}_{j2}\boldsymbol{U}_{\mathrm{ZF}j2},\boldsymbol{H}_{j1}\boldsymbol{U}_{\mathrm{B}j},\boldsymbol{H}_{j2}\boldsymbol{U}_{\mathrm{B}\hat{j}}) \tag{8-115}$$

对于第一跳中通过 ZF 收到的信号，在第二跳中可以使用 ZF 和 X 机制进行传输，而对于第一跳中后两项共同信号部分，可以将中继看作两个广播信道的形式，分别将两个接收者的有

用信号传输给各个接收节点，具体的传输过程可参考文献[7]。于是建立一个 $M_2\times 2r_1$ 的预编码矩阵：

$$\boldsymbol{V}_i=(\boldsymbol{V}_{\mathrm{ZF1}i},\boldsymbol{V}_{\mathrm{ZF2}i},\boldsymbol{V}_{\mathrm{X1}i},\boldsymbol{V}_{\mathrm{X2}i},\boldsymbol{V}_{\mathrm{BC}i}) \tag{8-116}$$

其中，$f_{\mathrm{ZF}}=M_2-r_2$，$f_{\mathrm{BC}}=r_2+3r_1-M_2-M_3$，$f_{\mathrm{X}}=\frac{1}{2}(M_3-M_2+r_2-r_1)\geqslant 0$。广播信道 $\boldsymbol{V}_{\mathrm{BC}i}=(\boldsymbol{V}_{\mathrm{BC1}i},\boldsymbol{V}_{\mathrm{BC2}i})$ 可以看作一种特殊的 X 机制，不同的是，由于两个中继发送的是相同的信息，故接收者虽然接收到两个看似是干扰的信号，但却可以通过解码的方式得到所有有用信号，不会对接收空间造成浪费，故接收者的接收信号可表示为

$$\boldsymbol{T}_j=(\boldsymbol{G}_{j1}\boldsymbol{V}_{\mathrm{ZF}j1},\boldsymbol{G}_{j2}\boldsymbol{V}_{\mathrm{ZF}j2},\boldsymbol{G}_{j1}\boldsymbol{V}_{\mathrm{X}j1},\boldsymbol{G}_{j2}\boldsymbol{V}_{\mathrm{X}j2},\boldsymbol{G}_{j1}\boldsymbol{V}_{\mathrm{X}\hat{j}1},\sum_i \boldsymbol{G}_{ji}\boldsymbol{V}_{\mathrm{BC}ji}) \tag{8-117}$$

需要注意的是，此时 f_{BC} 是预编码矩阵中的一半，故最终每一个接收者可以达到的自由度为 $2f_{\mathrm{ZF}}+2f_{\mathrm{X}}+\frac{1}{2}f_{\mathrm{BC}}=\frac{1}{2}(M_2+M_3+r_1-r_2)$，总自由度可以达到 $M_2+M_3+r_1-r_2$。

d. $r_1\geqslant\frac{1}{2}M_1$，$r_2-r_1\geqslant M_2+M_3-2M_1$ 时：在这个区域中最小的自由度上界依旧是 $M_2+M_3+r_1-r_2$。由于此时两跳都存在交空间，这可以构成一个使用 AIN 的子网络，因此，在第一跳可以构造一个 $\frac{1}{2}(M_2+M_3+r_1-r_2)$ 维预编码矩阵，如下所示：

$$\boldsymbol{U}_i=(\boldsymbol{U}_{\mathrm{ZF1}i},\boldsymbol{U}_{\mathrm{ZF2}i},\boldsymbol{U}_{\mathrm{B}i},\boldsymbol{U}_{\mathrm{A}i}) \tag{8-118}$$

其中，通过计算可以得到每一种预编码向量的维度分别为 $f_{\mathrm{ZF}}=\frac{1}{2}(M_2+M_3-r_1-r_2)$，$f_{\mathrm{A}}=2r_1-M_1$，$f_{\mathrm{B}}=\frac{1}{2}(2M_1-M_2-M_3-r_1+r_2)$。对于 AIN 机制，这里需要使用符号扩展的方式，S_1 发送 $p=2r_1-M_1$ 个符号，对应预编码向量为 $\boldsymbol{U}_{\mathrm{A11}},\cdots,\boldsymbol{U}_{\mathrm{A1}p}$，$\mathrm{S}_2$ 发送 $p-1=2r_1-M_1-1$ 个符号，对应预编码向量为 $\boldsymbol{U}_{\mathrm{A21}},\cdots,\boldsymbol{U}_{\mathrm{A2}p}$，为了对齐收到的干扰，这些预编码向量的关系满足：

$$\boldsymbol{H}_{11}\boldsymbol{U}_{\mathrm{A1}(i+1)}=\boldsymbol{H}_{12}\boldsymbol{U}_{\mathrm{A2}i} \tag{8-119}$$

$$\boldsymbol{H}_{21}\boldsymbol{U}_{\mathrm{A1}i}=\boldsymbol{H}_{22}\boldsymbol{U}_{\mathrm{A2}i} \tag{8-120}$$

具体的传输过程可以参考文献[10]，此处给出预编码需满足的条件是为了说明对于 AIN 机制，预编码矩阵需在两个传输空间的交空间上进行选择。明确了上述条件，所构造的预编码矩阵在中继节点的接收空间上被处理为

$$\boldsymbol{S}_j=(\boldsymbol{H}_{j1}\boldsymbol{U}_{\mathrm{ZF}j1},\boldsymbol{H}_{j2}\boldsymbol{U}_{\mathrm{ZF}j2},\boldsymbol{H}_{j1}\boldsymbol{U}_{\mathrm{B}j},\boldsymbol{H}_{j2}\boldsymbol{U}_{\mathrm{B}j},\boldsymbol{H}_{j1}\boldsymbol{U}_{\mathrm{A}j}) \tag{8-121}$$

接下来在第二跳的波束成形中，将通过 ZF 机制编码而来的向量分为 ZF 和 X 两种机制进行传输，预编码矩阵的构造如下：

$$\boldsymbol{V}_i=(\boldsymbol{V}_{\mathrm{ZF1}i},\boldsymbol{V}_{\mathrm{ZF2}i},\boldsymbol{V}_{\mathrm{X1}i},\boldsymbol{V}_{\mathrm{X2}i},\boldsymbol{V}_{\mathrm{B}i},\boldsymbol{V}_{\mathrm{A}i}) \tag{8-122}$$

其中，$f_{\mathrm{ZF}}=M_2-r_2$，$f_{\mathrm{X}}=(M_3-M_2-r_1+r_2)/2\geqslant 0$，$f_{\mathrm{A}}=2r_1-M_1$，$f_{\mathrm{B}}=2M_1-M_2-M_3-r_1+r_2\geqslant 0$。上面四个维度结果可以满足任一秩限制及传输限制，且根据这样的预编码矩阵，接收者 D_i 的接收空间可以表示为

$$\boldsymbol{T}_j=(\boldsymbol{G}_{j1}\boldsymbol{V}_{\mathrm{ZF}j1},\boldsymbol{G}_{j2}\boldsymbol{V}_{\mathrm{ZF}j2},\boldsymbol{G}_{j1}\boldsymbol{V}_{\mathrm{X}j1},\boldsymbol{G}_{j2}\boldsymbol{V}_{\mathrm{X}j2},\boldsymbol{G}_{j1}\boldsymbol{V}_{\mathrm{X}\hat{j}1},\sum_i \boldsymbol{G}_{ji}\boldsymbol{V}_{\mathrm{BC}ji},\boldsymbol{G}_{j1}\boldsymbol{V}_{\mathrm{A}j}) \tag{8-123}$$

从接收空间中可以看出，有 $2(M_2-r_2)$ 维信号通过 ZF 机制进行传输，$3(M_3-M_2-r_1+r_2)/2$ 维信号通过 X 机制进行传输，这其中有 $(M_3-M_2-r_1+r_2)/2$ 维信号为干扰信号，另外，还有 $(2M_1-M_2-M_3-r_1+r_2)/2$ 维信号通过 ZF 机制进行传输，有 $2r_1-M_1$ 维信号通过 AIN 机制进行传输，每一个接收者都接收到了 M_3 个单位的信号，且有用信号为 $(M_2+M_3+r_1-$

$r_2)/2$ 维，故在本区域中系统总自由度可以达到 $M_2+M_3+r_1-r_2$。

e. $r_1\geqslant\frac{1}{2}M_1, M_2-M_1\leqslant r_2-r_1\leqslant M_2+M_3-2M_1$ 时：考虑图 8-5 中 e 区域，此时 $2M_1\leqslant 4r_1$ 且 $2M_1\leqslant M_2+M_3+r_1-r_2$，故该部分的自由度上界应为 $2M_1$。这个结果说明，只要发送者每一根天线都发出有用信号且这些信号在接收者处均被无干扰地解码完毕，则可以达到 $2M_1$ 的系统总自由度。在此条件下，还可以得到 $M_2-r_2\leqslant M_1-r_1$ 和 $2r_1-M_1\leqslant 2r_2-M_2$，这说明了第一跳的零空间维数是多于第二跳的空间维数的，然而交空间的维数却相对较少。基于上述分析，可以分别给出预编码矩阵及中继节点接收信号的信号空间表达式：

$$\boldsymbol{U}_i=(\boldsymbol{V}_{\mathrm{ZF1}i}, \boldsymbol{V}_{\mathrm{ZF2}i}, \boldsymbol{V}_{\mathrm{A}i}) \tag{8-124}$$

$$\boldsymbol{S}_j=(\boldsymbol{H}_{j1}\boldsymbol{U}_{\mathrm{ZF}j1}, \boldsymbol{H}_{j2}\boldsymbol{U}_{\mathrm{ZF}j2}, \boldsymbol{H}_{j1}\boldsymbol{U}_{\mathrm{A}j}) \tag{8-125}$$

其中 $f_{\mathrm{ZF}}=M_1-r_1, f_{\mathrm{A}}=2r_1-M_1$。显然，中继节点的接收信号维度小于其天线数，中继是可以完全收到信号的。接下来，由于第二跳交空间维数的增加，通过 ZF 机制收到的信号将分成 ZF 和 X 两种机制进行传输，从而平衡不同空间的使用，第二跳中继节点的预编码矩阵及接收者的信号空间表示如下：

$$\boldsymbol{V}_i=(\boldsymbol{V}_{\mathrm{ZF1}i}, \boldsymbol{V}_{\mathrm{ZF}i}, \boldsymbol{V}_{\mathrm{X1}i}, \boldsymbol{V}_{\mathrm{X2}i}, \boldsymbol{V}_{\mathrm{A}i}) \tag{8-126}$$

$$\boldsymbol{T}_j=(\boldsymbol{G}_{j1}\boldsymbol{V}_{\mathrm{ZF}j1}, \boldsymbol{G}_{j2}\boldsymbol{V}_{\mathrm{ZF}j2}, \boldsymbol{G}_{j1}\boldsymbol{V}_{\mathrm{X}j1}, \boldsymbol{G}_{j2}\boldsymbol{V}_{\mathrm{X}j2}, \boldsymbol{G}_{j1}\boldsymbol{V}_{\mathrm{X}\hat{j}1}, \boldsymbol{G}_{j1}\boldsymbol{V}_{\mathrm{A}j}) \tag{8-127}$$

其中 $f_{\mathrm{ZF}}=M_2-r_2$，$f_{\mathrm{X}}=M_1-M_2+r_2-r_1\geqslant 0$ 且 $f_{\mathrm{A}}=2r_1-M_1$，这样便可以满足所有秩的限制及空间限制。每个接收者接收到的有用信号为 M_1，故在该情况下系统可以达到 $2M_1$ 的自由度。

f. $r_1\geqslant\frac{1}{2}M_1, \frac{1}{2}(M_2-M_1)\leqslant r_2-r_1\leqslant M_2-M_1$ 时：此时情况与图 8-5 中 e 区域的情况类似，只是第一跳传输信号的零空间和交空间都小于第二跳的空间维度，此时只要使用 ZF 和 AIN 的结合，将第一跳的所用空间维度都充分利用起来，即可完成全部的传输工作：

$$\boldsymbol{U}_i=(\boldsymbol{U}_{\mathrm{ZF1}i}, \boldsymbol{U}_{\mathrm{ZF2}i}, \boldsymbol{U}_{\mathrm{A}i}) \tag{8-128}$$

$$\boldsymbol{S}_j=(\boldsymbol{H}_{j1}\boldsymbol{U}_{\mathrm{ZF}j1}, \boldsymbol{H}_{j2}\boldsymbol{U}_{\mathrm{ZF}j2}, \boldsymbol{H}_{j1}\boldsymbol{U}_{\mathrm{A}j}) \tag{8-129}$$

这里 $f_{\mathrm{ZF}}=M_1-r_1, f_{\mathrm{A}}=2r_1-M_1$。对于第二跳，中继节点只要采取相同的方式对信号进行预编码即可把所有有用信号传输到接收者处，同时可达到 $2M_1$ 的总自由度。

g. $r_1\geqslant\frac{1}{2}M_1, r_2-r_1\leqslant\frac{1}{2}(M_2-M_1), r_2\geqslant M_2-\frac{1}{2}M_1$ 时：在这种情况下可以求得 $2r_1-M_1\geqslant 2r_2-M_2$，即第一跳的交空间维数较为充裕，故可以在第一跳采取 ZF+X+AIN 的策略，而在第二跳，把所用通过 ZF 和 X 机制传输到中继的信号都通过 ZF 的预编码矩阵进行编码发送，即可弥补第二跳交空间不足的劣势。于是对于第一跳，其预编码矩阵及中继信号空间为

$$\boldsymbol{U}_i=(\boldsymbol{U}_{\mathrm{ZF1}i}, \boldsymbol{U}_{\mathrm{ZF2}i}, \boldsymbol{U}_{\mathrm{X1}i}, \boldsymbol{U}_{\mathrm{X2}i}, \boldsymbol{U}_{\mathrm{A}i}) \tag{8-130}$$

$$\boldsymbol{S}_j=(\boldsymbol{H}_{j1}\boldsymbol{U}_{\mathrm{ZF}j1}, \boldsymbol{H}_{j2}\boldsymbol{U}_{\mathrm{ZF}j2}, \boldsymbol{H}_{j1}\boldsymbol{U}_{\mathrm{X}j1}, \boldsymbol{H}_{j2}\boldsymbol{U}_{\mathrm{X}j2}, \boldsymbol{H}_{j1}\boldsymbol{U}_{\mathrm{X}\hat{j}1}, \boldsymbol{H}_{j1}\boldsymbol{U}_{\mathrm{A}j}) \tag{8-131}$$

其中 $f_{\mathrm{ZF}}=M_1-r_2, f_{\mathrm{X}}=M_2-M_1$ 且 $f_{\mathrm{A}}=M_1+2r_2-2M_2\geqslant 0$ 均满足秩的限制及空间限制。而对于第二跳，有预编码矩阵及接收者信号空间如下：

$$\boldsymbol{V}_i=(\boldsymbol{V}_{\mathrm{ZF1}i}, \boldsymbol{V}_{\mathrm{ZF2}i}, \boldsymbol{V}_{\mathrm{A}i}) \tag{8-132}$$

$$\boldsymbol{T}_j=(\boldsymbol{H}_{j1}\boldsymbol{V}_{\mathrm{ZF}j1}, \boldsymbol{H}_{j2}\boldsymbol{V}_{\mathrm{ZF}j2}, \boldsymbol{H}_{j1}\boldsymbol{V}_{\mathrm{A}j}) \tag{8-133}$$

这样系统便可以将有用信号全部传输给接收者，使得系统达到 $2M_1$ 的总自由度。

h. $r_1\geqslant\frac{1}{2}M_1, r_2-r_1\leqslant\frac{1}{2}(M_2-M_1), r_2\leqslant M_2-\frac{1}{2}M_1$ 时：对于第一跳可以采用 ZF+X 的

机制进行预编码。

$$\boldsymbol{U}_i=(\boldsymbol{U}_{\text{ZF1}i},\boldsymbol{U}_{\text{ZF2}i},\boldsymbol{U}_{\text{X1}i},\boldsymbol{U}_{\text{X2}i}) \tag{8-134}$$

这时 $f_{\text{ZF}}=M_1-r_1$，$f_{\text{X}}=r_1-\frac{1}{2}M_1$，其在中继的接收空间为

$$\boldsymbol{S}_j=(\boldsymbol{H}_{j1}\boldsymbol{U}_{\text{ZF}j1},\boldsymbol{H}_{j2}\boldsymbol{U}_{\text{ZF}j2},\boldsymbol{H}_{j1}\boldsymbol{U}_{\text{X}j1},\boldsymbol{H}_{j2}\boldsymbol{U}_{\text{X}j2},\boldsymbol{H}_{j1}\boldsymbol{U}_{\text{X}\hat{j}1}) \tag{8-135}$$

注意到除去 X 机制所存在的一个单位干扰信号后，所有有用信号的维度刚好为 M_1，而根据该区域的限制范围，有 $\frac{1}{2}M_1\leqslant M_2-r_2$，故第二跳刚好可以通过 ZF 机制进行信号传输，即可使总系统达到 $2M_1$ 的总自由度。

至此图 8-5 中的所用情况均讨论完毕，结果表示，在 $\min\{M_1,M_2,M_3\}=M_1$ 的条件下，均可以找到对应的可达机制使得系统的总自由度达到上界的值。对于上述的所有可达证明，其按不同机制达到的自由度结果的总结见表 8-1。

表 8-1　在 M_1 最小情况下各机制对系统自由度的贡献情况

区域	迫零	X 信道	广播	AIN	总 DoF
a	$4r_1$	0	0	0	$4r_1$
b	$4(M_2-r_2)$	$4(r_1+r_2-M_2)$	0	0	$4r_1$
c	$4(M_2-r_2)$	$2(M_3-M_2+r_2-r_1)$	$r_2+3r_1-M_2-M_3$	0	$M_2+M_3+r_1-r_2$
d	$4(M_2-r_2)$	$2(M_3-M_2-r_1+r_2)$	$2M_1-M_2-M_3-r_1+r_2$	$2(2r_1-M_1)$	$M_2+M_3+r_1-r_2$
e	$4(M_2-r_2)$	$4(M_1-M_2+r_2-r_1)$	0	$2(2r_1-M_1)$	$2M_1$
f	$4(M_1-r_1)$	0	0	$2(2r_1-M_1)$	$2M_1$
g	$4(M_1-r_2)$	$4(M_2-M_1)$	0	$2(M_1+2r_2-M_2)$	$2M_1$
h	$4(M_1-r_1)$	$2(2r_1-M_1)$	0	0	$2M_1$

（2）情况二：$\min\{M_1,M_2,M_3\}=M_2$。

在中继节点的天线配置数最小的限制条件下，结合一般性假设 $r_2\geqslant r_1$，可以得到 $M_1+M_2-r_1+r_2\geqslant 2M_2$，因此，在这个条件下的系统自由度上界可以简化为 $\min\{4r_1,2M_2,M_2+M_3+r_1-r_2\}$。由于此时中继的天线数量最少，两跳信道矩阵的秩也因此有了限定范围，即 $r_1,r_2\in[0,M_2]$。图 8-6 为 M_2 最小时不同条件下的系数自由度上界，其中不同颜色表示不同系统上界的确定值。

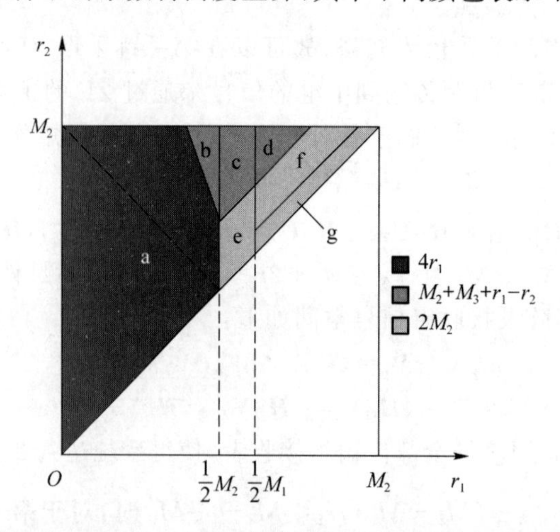

图 8-6　M_2 最小时不同条件下的系统自由度上界取值

a. $r_1 \leqslant \frac{1}{2}M_2, 3r_1+r_2 \leqslant M_2+M_3$ 时：根据限制条件可以得到该区域内的系统自由度上界为 $4r_1$，用直线 $r_1+r_2=M_2$ 将这个区域划分成两部分，其中区域 a 左边三角形区域可以由预编码方式得到。其预编码向量对应的维数也是对应相等的，故在此不做过多赘述。

b. $r_1 \leqslant \frac{1}{2}M_2, 3r_1+r_2 \geqslant M_2+M_3$ 时：此时由于区域限制条件，系统的总自由度上界为 $M_2+M_3+r_1-r_2$，只要按照预编码方式构造预编码矩阵，依然可以达到系统总自由度。

c. $\frac{1}{2}M_2 \leqslant r_1 \leqslant \frac{1}{2}M_1, r_2-r_1 \geqslant M_3-M_2$ 时：注意到在这一区域，系统总自由度的上界依旧为 $M_2+M_3+r_1-r_2$。根据区域的限制条件，此时第一跳的信道矩阵依旧没有交空间的存在，而若在第二跳只使用 X 机制则会造成很大的空间浪费。考虑可以改进 AIN 机制，使得在交空间不足的情况下依旧能够达到较好的自由度，于是本节将 AIN 机制进行了微调以满足所需要的限制条件，这也可以看作定理 3 的一个扩展定理。

推论 1　当 $M_1=M_2=2, M_3=1$ 且 $r_1=r_2=1$ 时，该系统的总自由度为 2。

证明：这是一个 AIN 机制等价形式。显然，相比于文献[10]中的模型，这个模型的第二跳与其相同，故只要保证本模型中两个中继接收到的信号与文献[10]中中继接收到的信号相同，则可以保证系统总自由度为 2。对于 AIN 机制，系统的预编码向量需满足式(8-130)，且预编码向量均需要从交空间上选择，这样每个发送者发送信息时，另一个中继接收到的干扰才能通过叠加的方式进行接下来的编码发送。而在该假设下，由于第一跳信道不满秩，这使得 S_1 发送给 R_1 的信号无法被 R_2 接收到。这个问题可以让发送者多出的天线解决，即对于发送者构造预编码矩阵 $\boldsymbol{U}_i=(\boldsymbol{U}_{\text{MA}1i}, \boldsymbol{U}_{\text{MA}2i})$，使得它们满足：

$$\boldsymbol{H}_{11}\boldsymbol{U}_{\text{MA}j1}(i+1)=\boldsymbol{H}_{12}\boldsymbol{U}_{\text{MA}j2}(i) \tag{8-136}$$

$$\boldsymbol{H}_{21}\boldsymbol{U}_{\text{MA}j1}(i)=\boldsymbol{H}_{22}\boldsymbol{U}_{\text{MA}j2}(i) \tag{8-137}$$

于是中继节点接收到的信号与 AIN 机制得到的信号一样。而对于第二跳，由于天线的配置与 AIN 机制相同，系统自然便可通过 AIN 的方式将有用信号传送到目标节点。故在该模型环境下，系统的总自由度也可以达到 2。

将上述推论表示为 MAIN 机制，其在第一跳中的预编码向量用 $\boldsymbol{U}_{\text{MA}}$ 表示，且预编码向量的维数用 f_{MA} 表示，由于 MAIN 第二跳的场景与 AIN 的相似，所以第一跳通过 MAIN 传输的信号在第二跳中会使用 AIN 机制进行继续传输。故在第一跳时建立如下预编码矩阵：

$$\boldsymbol{U}_i=(\boldsymbol{U}_{\text{ZF}1i}, \boldsymbol{U}_{\text{ZF}2i}, \boldsymbol{U}_{\text{B}i}, \boldsymbol{U}_{\text{MA}1i}, \boldsymbol{U}_{\text{MA}2i}) \tag{8-138}$$

其中各类预编码机制的向量维数通过计算分别取：$f_{\text{ZF}}=\frac{1}{2}(M_2+M_3-r_1-r_2)$，$f_{\text{MA}}=2r_1-M_2$，以及 $f_{\text{B}}=\frac{1}{2}(M_2-M_3-r_1+r_2) \geqslant 0$。根据推论 1，可以得到中继节点接收空间接收到的信号：

$$\boldsymbol{S}_j = (\boldsymbol{H}_{j1}\boldsymbol{U}_{\text{ZF}j1}, \boldsymbol{H}_{j2}\boldsymbol{U}_{\text{ZF}j2}, \boldsymbol{H}_{j1}\boldsymbol{U}_{\text{B}j}, \boldsymbol{H}_{j2}\boldsymbol{U}_{\text{B}\hat{j}}, \sum_i \boldsymbol{H}_{ji}\boldsymbol{U}_{\text{MA}ji}) \tag{8-139}$$

在第二跳中，由于信号空间的零空间维数减少，$(M_2+M_3-r_1-r_2)/2$ 维的迫零信号可分成 M_2-r_2 维并继续使用迫零机制进行预编码，另外，$(M_3-M_2-r_1+r_2)/2$ 维信号可以在交空间上使用 X 机制进行传输，故第二跳的预编码矩阵及接收空间可表示为

$$\boldsymbol{V}_i=(\boldsymbol{V}_{\text{ZF}1i}, \boldsymbol{V}_{\text{ZF}2i}, \boldsymbol{V}_{\text{X}1i}, \boldsymbol{V}_{\text{X}2i}, \boldsymbol{V}_{\text{BC}i}, \boldsymbol{V}_{\text{A}i}) \tag{8-140}$$

$$T_j=(G_{j1}V_{ZFj1},G_{j2}V_{ZFj2},G_{j1}V_{Xj1},G_{j2}V_{Xj2},G_{j1}V_{X\hat{j}1},G_{j1}V_{Aj},\sum_i G_{ji}V_{BCji}) \tag{8-141}$$

根据接收空间的信号表示可以看出，每一个接收者接收到的有用信号共 $2f_{ZF}+2f_X+f_A+\frac{1}{2}f_{BC}=\frac{1}{2}(M_2+M_3+r_1-r_2)$ 维，且总信号维数为 M_3 维，这表明接收者可以收到所有的信号，故在该区域内可以达到目标自由度。

d. $r_1\geqslant\frac{1}{2}M_1, r_2-r_1\geqslant M_3-M_2$ 时：该区域内的总自由度上界为 $M_2+M_3+r_1-r_2$，与图 8-6 中情况二中区域 c 中的限制条件相比，此时第一跳的信号空间中有交空间的存在，故在区域 c 的基础上，系统的预编码矩阵增加了 AIN 机制的预编码，其具体预编码矩阵及维数如下所示：

$$U_i=(U_{ZF1i},U_{ZF2i},U_{Bi},U_{Ai},U_{MA1i},U_{MA2i}) \tag{8-142}$$

这里 $f_{ZF}=\frac{1}{2}(M_2+M_3-r_1-r_2)$，$f_{MA}=M_1-M_2$，二者同属发送信道的零空间上，且有 $f_{ZF}+f_{MA}\leqslant M_1-r_1$，而 $f_A=2r_1-M_1$，$f_B=\frac{1}{2}(M_2-M_3-r_1+r_2)$，这两种机制的预编码是在交空间中选取的，且 $f_A+f_B\leqslant 2r_1-M_1$ 均满足空间限制条件，在秩限制方面，每个发送者发送给每一个中继的信号共有 $f_{ZF}+f_B+f_A+f_{MA}=r_1$ 维，故所有信号均可被中继节点接收，其接收到的信号为

$$S_j=(H_{j1}U_{ZFj1},H_{j2}U_{ZFj2},H_{j1}U_{Bj},H_{j1}U_{B\hat{j}},H_{j1}U_{Aj},\sum_i H_{ji}U_{MAji}) \tag{8-143}$$

对于第二跳，信道矩阵的预编码方式与上述区域 c 场景中的完全一致，此处不做过多赘述。

e. $\frac{1}{2}M_2\leqslant r_1\leqslant\frac{1}{2}M_1, r_2-r_1\leqslant M_3-M_2$ 时：根据后一个条件可以得到 $2M_2\leqslant M_2+M_3+r_1-r_2$，故本部分系统总自由度的上界为 $2M_2$。这意味着，中继节点接收到的所有信号需要保证均为有用信号，且将这些信号无损耗地发送给接收者。可以看出在这些限制条件下，第一跳的空间均为零空间。于是根据空间维数及秩的限制条件，可以建立预编码矩阵并得到中继节点的接收信号：

$$U_i=(U_{ZF1i},U_{ZF2i},U_{MA1i},U_{MA2i}) \tag{8-144}$$

$$S_j=(H_{j1}U_{ZFj1},H_{j2}U_{ZFj2},\sum_i H_{ji}U_{MAji}) \tag{8-145}$$

其中 $f_{ZF}=M_2-r_1, f_{MA}=2r_1-M_2$。这样可以充分利用系统的零空间且对于第二跳，ZF 机制的信号中的 $f_{ZF}=M_2-r_2$ 维空间依旧使用 ZF 机制进行传输，而考虑到零空间的维数，剩下的信号将使用 X 机制进行编码传输，另外，第一跳通过 MAIN 机制传输的信号在第二跳中依旧使用 AIN 机制进行信号传输。故第二跳的预编码矩阵及接收信号空间可表示为

$$V_i=(V_{ZF1i},V_{ZF2i},V_{X1i},V_{X2i},V_{Ai}) \tag{8-146}$$

$$T_j=(G_{j1}V_{ZFj1},G_{j2}V_{ZFj2},G_{j1}V_{Xj1},G_{j2}V_{Xj2},G_{j1}V_{X\hat{j}1},G_{j1}V_{Aj}) \tag{8-147}$$

故在本区域内，每一个接收者可以达到 $2f_{ZF}+2f_X+f_A=M_2$ 个自由度，故系统可以达到的总自由度为 $2M_2$。

f. $r_1\geqslant\frac{1}{2}M_2, \frac{1}{2}(2M_3-M_1-M_2)\leqslant r_2-r_1\leqslant M_3-M_2$ 时：首先，对于第一跳，建立一个 $M_2\times M_1$ 的预编码矩阵：

$$U_i=(U_{ZF1i},U_{ZF2i},U_{Ai},U_{MA1i},U_{MA2i}) \tag{8-148}$$

与 b 不同的是，在这个区域内，第一跳可以存在交空间，故在 e 的基础上加入了 AIN 机制以充分利用信道空间的交空间部分，其中，$f_{ZF}=M_3-r_2$，$f_A=2r_1-M_1$ 且 $f_{MA}=M_1+M_2-2M_3-2r_1+2r_2$，从零空间选取的预编码向量共有 $f_{ZF}+f_{MA}=M_1+M_2-M_3-2r_1+r_2$ 维，这小于零空间的总维数 M_1-r_1，故该预编码向量是有效的，中继节点的接收空间可表示为

$$\boldsymbol{S}_j=(\boldsymbol{H}_{j1}\boldsymbol{U}_{ZFj1},\boldsymbol{H}_{j2}\boldsymbol{U}_{ZFj2},\boldsymbol{H}_{j1}\boldsymbol{U}_{Aj},\sum_i \boldsymbol{H}_{ji}\boldsymbol{U}_{MAji}) \tag{8-149}$$

同理，对于第二跳，由于零空间维数有限，在 ZF 机制传输的信号中，只有 $f_{ZF}=M_2-r_2$ 维信号依旧使用 ZF 机制，剩余的则使用 X 机制进行预编码传输。而所有 AIN 和 MAIN 机制的信号依旧使用 AIN 机制进行预编码传输，预编码矩阵及接收信号可表示为

$$\boldsymbol{V}_i=(\boldsymbol{V}_{ZF1i},\boldsymbol{V}_{ZF2i},\boldsymbol{V}_{X1i},\boldsymbol{V}_{X2i},\boldsymbol{V}_{Ai}) \tag{8-150}$$

$$\boldsymbol{T}_j=(\boldsymbol{G}_{j1}\boldsymbol{V}_{ZFj1},\boldsymbol{G}_{j2}\boldsymbol{V}_{ZFj2},\boldsymbol{G}_{j1}\boldsymbol{V}_{Xj1},\boldsymbol{G}_{j2}\boldsymbol{V}_{Xj2},\boldsymbol{G}_{j1}\boldsymbol{V}_{Xj1},\boldsymbol{G}_{j1}\boldsymbol{V}_{Aj}) \tag{8-151}$$

于是在此区域内可以达到的系统总自由度为 $2M_2$。

g. $r_1\geqslant\frac{1}{2}M_2$，$r_2-r_1\leqslant\frac{1}{2}(2M_3-M_1-M_2)$时：使用 ZF 机制和 AIN 建立 $M_2\times M_1$ 维预编码矩阵：

$$\boldsymbol{U}_i=(\boldsymbol{U}_{ZF1i},\boldsymbol{U}_{ZF2i},\boldsymbol{U}_{Ai}) \tag{8-152}$$

其维度分别为 $f_{ZF}=\frac{1}{2}(M_1+M_2-2r_1)\leqslant M_1-r_1$，$f_A=2r_1-M_1$ 均满足秩的条件和空间的限制条件。中继的接收信号为

$$\boldsymbol{S}_j=(\boldsymbol{H}_{j1}\boldsymbol{U}_{ZFj1},\boldsymbol{H}_{j2}\boldsymbol{U}_{ZFj2},\boldsymbol{H}_{j1}\boldsymbol{U}_{Aj}) \tag{8-153}$$

对于第二跳而言，由于零空间维数的减少，仍需将部分 ZF 机制传输过来的信号通过 X 机制进行预编码发送，其预编码矩阵与区域 c 场景中的第二跳完全相同，在这里不再展示。不同的是，由于空间的限制不同，预编码的向量需要对应变化为 $f_{ZF}=M_2-r_2$，$f_A=2r_1-M_1$ 及 $f_X=\frac{1}{2}(M_1-M_2)+r_2-r_1$。

到此本节的所有情况均讨论完毕，总自由度关于不同机制的可达分配情况的总结见表 8-2，根据证明可以得到，对于本节的所有情况，系统均可以找到对应的可达方案以达到系统的上界值，这说明本节下的系统上界和可达是一致的。

(3) 情况三：$\min\{M_1,M_2,M_3\}=M_3$。

根据一般性假设 $r_2\geqslant r_1$ 及本节的前提假设，可以很明显地得到如下结论：$M_2+M_3+r_1-r_2\leqslant M_1+M_2-r_1+r_2$。故在此情况下，系统的总自由度的上界应为 $\min\{4r_1,2M_3,M_2+M_3+r_1-r_2\}$。同样地，证明过程将被分解成 7 个部分分别进行，如图 8-7 所示。

表 8-2　在 M_2 最小情况下各机制对系统自由度的贡献情况

区域	迫零	X 信道	广播	AIN	MAIN	总 DoF
a	$\min\{4r_1,4(M_2-r_2)\}$	$4(r_1+r_2-M_2)^+$	0	0	0	$4r_1$
b	$4(M_2-r_2)$	$2(M_3-M_2+r_2-r_1)$	$r_2+3r_1-M_2-M_3$	0	0	$M_2+M_3+r_1-r_2$
c	$4(M_2-r_2)$	$2(M_3-M_2-r_1+r_2)$	$M_2-M_3-r_1+r_2$	$2r_1-M_2$	0	$M_2+M_3+r_1-r_2$
d	$2(M_2+M_3-r_1-r_2)$	0	$M_2-M_3-r_1+r_2$	$2(2r_1-M_1)$	$2(M_1-M_2)$	$M_2+M_3+r_1-r_2$
e	$4(M_2-r_2)$	$4(r_2-r_1)$	0	$2(2r_1-M_2)$	0	$2M_1$
f	$4(M_2-r_2)$	$4(M_3-M_2)$	0	$2(M_2-2M_3+2r_2)$	0	$2M_2$
g	$4(M_2-r_2)$	$2(M_1-M_2+2r_2-2r_1)$	0	$2(r_1-M_1)$	0	$2M_2$

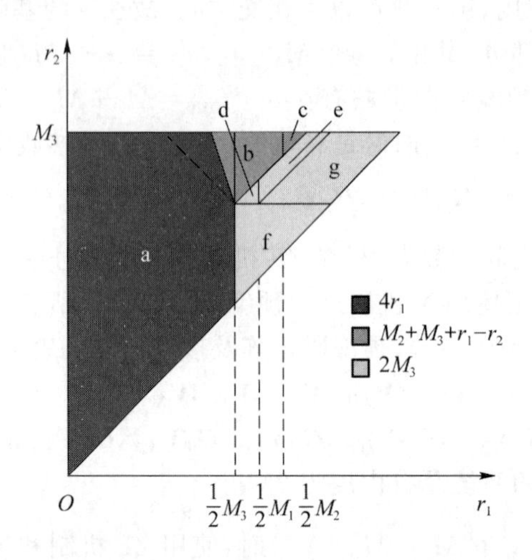

图 8-7 M_3最小时不同条件下的系统自由度上界取值

a. $r_1\leqslant\frac{1}{2}M_3, 3r_1+r_2\leqslant M_2+M_3$ 时：在这个情况下，系统的总自由度上界为 $4r_1$，将该区域用直线 $r_1+r_2=M_2$ 进行划分，这两个区域可以分别用预编码达到 $4r_1$ 的自由度，在此不过多阐述。

b. $r_1\leqslant\frac{1}{2}M_2, 3r_1+r_2\geqslant M_2+M_3, r_2-r_1\geqslant M_2-M_3$ 时：通过编码方式即可达到 $M_2+M_3+r_1-r_2$ 的总自由度。

c. $r_2-r_1\geqslant M_2-M_3, r_1\geqslant\frac{1}{2}M_2$ 时：在这个区域内，系统的总自由度上界为 $M_2+M_3+r_1-r_2$，由于此区域内并不知道 M_1 和 M_2 之间的大小关系，故无法得知第一跳的信道传输空间中是否存在交空间。于是建立 $(2r_1-M_1)^+$ 维预编码向量进行 AIN 机制的传输，这说明如果第一跳的传输空间中存在两个信道矩阵的交空间，则系统中可以存在一个 AIN 机制传输的子网络，相反地，若第一跳空间中并不存在交空间，则可以考虑用 MAIN 机制的第一跳代替 AIN 机制的第一跳进行传输，故系统第一跳的预编码矩阵为

$$\boldsymbol{U}_i=(\boldsymbol{U}_{\mathrm{ZF1}i}, \boldsymbol{U}_{\mathrm{ZF2}i}, \boldsymbol{U}_{\mathrm{B}i}, \boldsymbol{U}_{\mathrm{A}i}, \boldsymbol{U}_{\mathrm{MA1}i}, \boldsymbol{U}_{\mathrm{MA2}i}) \tag{8-154}$$

其中，在不同机制下建立的预编码向量维数分别为

$$\begin{cases} f_{\mathrm{ZF}}=\frac{1}{2}(M_2+M_3-r_1-r_2) \\ f_{\mathrm{B}}=\frac{1}{2}(M_2-M_3-r_1+r_2) \\ f_{\mathrm{A}}=(2r_1-M_1)^+ \\ f_{\mathrm{MA}}=2r_1-M_2-(2r_1-M_1)^+ \end{cases} \tag{8-155}$$

上面的维数设置满足 $f_{\mathrm{ZF}}+f_{\mathrm{B}}+f_{\mathrm{A}}+f_{\mathrm{MA}}=r_1$ 及 $f_{\mathrm{ZF}}+f_{\mathrm{MA}}\leqslant M_1-r_1$ 的秩限制，且满足空间维数的限制，于是中继节点的接收信号可表示为

$$\boldsymbol{S}_j=(\boldsymbol{H}_{j1}\boldsymbol{U}_{\mathrm{ZF}j1}, \boldsymbol{H}_{j2}\boldsymbol{U}_{\mathrm{ZF}j2}, \boldsymbol{H}_{j1}\boldsymbol{U}_{\mathrm{B}j}, \boldsymbol{H}_{j2}\boldsymbol{U}_{\mathrm{B}\hat{j}}, \boldsymbol{H}_{j1}\boldsymbol{U}_{\mathrm{A}j}, \sum_i\boldsymbol{H}_{ji}\boldsymbol{U}_{\mathrm{MA}ji}) \tag{8-156}$$

在第二跳中，根据第一跳的预编码向量的种类及维数，可将使用 ZF 机制传输的信号分为维数为 $f_{\mathrm{ZF}}=M_2-r_2$ 的 ZF 机制及维数为 $f_{\mathrm{X}}=\frac{1}{2}(M_3-M_2-r_1+r_2)$ 的 X 机制对应的预编码

向量，至于共同传输的向量则依旧使用 BC 方式进行传输，而所有 MAIN 及 AIN 机制传输过来的向量则通过 AIN 机制进行接下来的传输。于是中继节点的预编码矩阵形式及最终接收者的接收空间可表示为

$$\boldsymbol{V}_i=(\boldsymbol{V}_{\text{ZF1}i},\boldsymbol{V}_{\text{ZF2}i},\boldsymbol{V}_{\text{X1}i},\boldsymbol{V}_{\text{X2}i},\boldsymbol{V}_{\text{BC}i},\boldsymbol{V}_{\text{A}i}) \tag{8-157}$$

$$\boldsymbol{T}_j=(\boldsymbol{G}_{j1}\boldsymbol{V}_{\text{ZF}j1},\boldsymbol{G}_{j2}\boldsymbol{V}_{\text{ZF}j2},\boldsymbol{G}_{j1}\boldsymbol{V}_{\text{X}j1},\boldsymbol{G}_{j2}\boldsymbol{V}_{\text{X}j2},\boldsymbol{G}_{j1}\boldsymbol{V}_{\text{X}\hat{j}1},\boldsymbol{G}_{j1}\boldsymbol{V}_{\text{A}j},\sum_i\boldsymbol{G}_{ji}\boldsymbol{V}_{\text{BC}ji}) \tag{8-158}$$

通过计算可以得到，每个接收者都会接收到 M_3 维的接收信号，其中有 $\frac{1}{2}(M_2+M_3+r_1-r_2)$ 维信号为有用信号，因此，本区域内系统可以达到 $M_2+M_3+r_1-r_2$ 的自由度。

d. $r_2-r_1\leqslant M_2-M_3, r_1\leqslant\frac{1}{2}M_1, r_2\geqslant M_2-\frac{1}{2}M_3$ 时：此时系统的总自由度上界变成了 $2M_3$，这说明，对于每一个接收者，它们不可以有任何一根天线收到干扰信号，于是，在这种情况下，X 机制是肯定不会被应用到的。在本区域内，建立 ZF 和 MAIN 结合的机制，即两跳的预编码矩阵可表示为

$$\boldsymbol{U}_i=(\boldsymbol{U}_{\text{ZF1}i},\boldsymbol{U}_{\text{ZF2}i},\boldsymbol{U}_{\text{MA1}i},\boldsymbol{U}_{\text{MA2}i}) \tag{8-159}$$

$$\boldsymbol{V}_i=(\boldsymbol{V}_{\text{ZF1}i},\boldsymbol{V}_{\text{ZF2}i},\boldsymbol{V}_{\text{A}i}) \tag{8-160}$$

其中预编码向量的维度分别为 $f_{\text{ZF}}=M_2-r_2$ 且 $f_{\text{A}}=f_{\text{MA}}=M_3-2M_2+2r_2$。通过计算可以得到，预编码向量占用的零空间维数 $f_{\text{ZF}}+f_{\text{MA}}\leqslant M_1-r_1$ 小于第一跳零空间的总维数，且在第二跳中，系统占用的交空间维数为 $f_{\text{A}}\leqslant 2r_2-M_2$。故两跳的预编码矩阵均满足限制条件。因此中继节点和接收者的信号空间可表示为

$$\boldsymbol{S}_j=(\boldsymbol{H}_{j1}\boldsymbol{U}_{\text{ZF}j1},\boldsymbol{H}_{j2}\boldsymbol{U}_{\text{ZF}j2},\sum_i\boldsymbol{H}_{ji}\boldsymbol{U}_{\text{MA}ji}) \tag{8-161}$$

$$\boldsymbol{T}_j=(\boldsymbol{G}_{j1}\boldsymbol{V}_{\text{ZF}j1},\boldsymbol{G}_{j2}\boldsymbol{V}_{\text{ZF}j2},\boldsymbol{G}_{j1}\boldsymbol{V}_{\text{A}j}) \tag{8-162}$$

显然，在这种情况下，系统可以达到 $2M_3$ 的自由度。

e. $\frac{1}{2}(2M_2-M_3-M_1)\leqslant r_2-r_1\leqslant M_2-M_3, r_1\geqslant\frac{1}{2}M_3$ 时：在第一跳的系统中，使用 ZF+BC+X的组合机制建立一个 $M_3\times M_1$ 维预编码向量，其预编码矩阵及中继节点的接收空间表示如下：

$$\boldsymbol{U}_i=(\boldsymbol{U}_{\text{ZF1}i},\boldsymbol{U}_{\text{ZF2}i},\boldsymbol{U}_{\text{B}i},\boldsymbol{U}_{\text{A}i}) \tag{8-163}$$

$$\boldsymbol{S}_j=(\boldsymbol{H}_{j1}\boldsymbol{U}_{\text{ZF}j1},\boldsymbol{H}_{j2}\boldsymbol{U}_{\text{ZF}j2},\boldsymbol{H}_{j1}\boldsymbol{U}_{\text{B}j},\boldsymbol{H}_{j2}\boldsymbol{U}_{\text{B}\hat{j}},\boldsymbol{H}_{j1}\boldsymbol{U}_{\text{A}j}) \tag{8-164}$$

其中，各种机制的预编码向量维数分别为 $f_{\text{ZF}}=M_2-r_2\leqslant M_1-r_1$，$f_{\text{A}}=2r_1-M_1$ 及 $f_{\text{B}}=\frac{1}{2}(M_1-2M_2+M_3-2r_1+2r_2)\leqslant 0$，满足所有限制条件。对于第二跳，依旧采用与第一跳相同的模型进行信号传输，其预编码矩阵及接收节点的接收信号为

$$\boldsymbol{V}_i=(\boldsymbol{V}_{\text{ZF1}i},\boldsymbol{V}_{\text{ZF2}i},\boldsymbol{V}_{\text{BC1}i},\boldsymbol{V}_{\text{BC2}i},\boldsymbol{V}_{\text{A}i}) \tag{8-165}$$

$$\boldsymbol{T}_j=(\boldsymbol{G}_{j1}\boldsymbol{V}_{\text{ZF}j1},\boldsymbol{G}_{j2}\boldsymbol{V}_{\text{ZF}j2},\boldsymbol{G}_{j1}\boldsymbol{V}_{\text{A}j},\sum_i\boldsymbol{G}_{ji}\boldsymbol{V}_{\text{BC}ji}) \tag{8-166}$$

f. $r_1\geqslant\frac{1}{2}M_3, r_2\leqslant M_2-\frac{1}{2}M_3$ 时：可以看出在这种条件下，第一层用户和第二层用户之间的信号空间维数相当充足，故在第一跳时采取 ZF+X 的机制进行信号的传输，当然，由于不能保证第一跳的交空间一直存在，故其预编码矩阵及其维数选取如下：

$$\boldsymbol{U}_i=(\boldsymbol{U}_{\text{ZF1}i},\boldsymbol{U}_{\text{ZF2}i},\boldsymbol{U}_{\text{X1}i},\boldsymbol{U}_{\text{X2}i}) \tag{8-167}$$

在这里，令 $f_{ZF}=\min\{\frac{1}{2}M_3, M_1-r_1\}$ 且 $f_X=(\frac{1}{2}M_3-M_1+r_1)^+$，这表示，在存在零空间的情况下，系统第一跳采取 X+ZF 的机制进行传输，而如果 $\frac{1}{2}M_3 \leqslant M_1-r_1$，则系统在第一跳只需要采用 ZF 机制即可传输完所有的信号。

对于在该情况下的第二跳，由于 $\frac{1}{2}M_3 \leqslant M_2-r_2$，所以只需要采用迫零机制即可使系统的总自由度达到 $2M_3$。

g. $r_2-r_1 \leqslant \frac{1}{2}(2M_2-M_3-M_1)$，$r_2 \geqslant M_2-\frac{1}{2}M_3$ 时：由于无法确定两跳中零空间维数的大小，故建立的 $M_3 \times M$ 维预编码矩阵如下所示：

$$\boldsymbol{U}_i=(\boldsymbol{U}_{ZF1i}, \boldsymbol{U}_{ZF2i}, \boldsymbol{U}_{X1i}, \boldsymbol{U}_{X2i}, \boldsymbol{U}_{Ai}) \tag{8-168}$$

根据矩阵秩的限制及空间的限制条件，可以通过线性规划求得每种机制下的预编码向量维数：

$$\begin{cases} f_{ZF}=\min\{M_3-r_1, M_2-r_2\} \\ f_A=M_3-2M_2+2r_2 \\ f_X=(M_2-M_3-r_2+r_1)^+ \end{cases} \tag{8-169}$$

上述维数结果表明，当 $M_3-r_1 \geqslant M_2-r_2$ 时，系统只要采用 ZF+AIN 机制即可传输所有有用信号，否则需要在第一跳中引入 X 机制以充分利用交空间。这样在第二跳中，系统对于 ZF 和 X 机制传输的信号统一用 ZF 机制传输给接收空间，而 AIN 机制则依旧使用 AIN 方式进行传输，故第二跳的预编码矩阵的表达式及最终接收者的接收信号为

$$\boldsymbol{V}_i=(\boldsymbol{V}_{ZF1i}, \boldsymbol{V}_{ZF2i}, \boldsymbol{V}_{Ai}) \tag{8-170}$$

$$\boldsymbol{T}_j=(\boldsymbol{G}_{j1}\boldsymbol{V}_{ZFj1}, \boldsymbol{G}_{j2}\boldsymbol{V}_{ZFj2}, \boldsymbol{G}_{j1}\boldsymbol{V}_{Aj}) \tag{8-171}$$

注意，在这里 ZF 预编码向量的维度为第一跳中 ZF 与 X 之和，即 $f_{ZF}+f_X=M_2-r_2$，于是每一个接收者可以收到 M_3 维的信号，且这些均为有用信号，故系统在这种情况下可以达到的自由度上界为 $2M_3$。到这里已经证明完了所有 M_3 最小的情况。总自由度关于不同机制的可达分配情况的总结见表 8-3。

表 8-3　M_3 最小情况下各机制对系统自由度的贡献情况

区域	迫零	X 信道	广播	AIN	MAIN	总 DoF
a	$\min\{4r_1, 4(M_2-r_2)\}$	$4(r_1+r_2-M_2)^+$	0	0	0	$4r_1$
b	$4(M_2-r_2)$	$2(M_3-M_2+r_2-r_1)$	$r_2+3r_1-M_2-M_3$	0	0	$M_2+M_3+r_1-r_2$
c	$4(M_2-r_2)$	$2(M_3-M_2-r_1+r_2)$	$M_2-M_3-r_1+r_2$	$2r_1-M_2$	0	$M_2+M_3+r_1-r_2$
d	$4(M_2-r_2)$	0	0	0	$2(M_3-2M_2+2r_2)$	$2M_3$
e	$4(M_2-r_2)$	0	$2(M_1-2M_2+M_3-2r_1+2r_2)$	$2(2r_1-M_1)$	0	$2M_3$
f	$\min\{2M_3, 4(M_1-r_1)\}$	$2(M_3-2M_1+2r_1)^+$	0	0	0	$2M_3$
g	$\min\{4(M_3-r_1), 4(M_2-r_2)\}$	$4(M_2-M_3+r_1-r_2)$	0	$2(M_3-2M_2-2r_2)$	0	$2M_3$

综上，三种情况的所有区域的可达性均证明完毕，可达证明显示，对于任意一种情况，均可以找到对应的可达预编码机制使得系统总自由度达到前文中证明的上界值，由于上界和可达的一致对应性，故定理 3 成立。

8.3.5　实验结果分析

由于定理 3 中的结果值过多且证明过程较为抽象，故在本部分给出系统总自由度随天线数及信道矩阵秩变化的示意图，以方便读者理解。

首先，讨论天线数的变化对系统总自由度的影响，这里存在一种特殊情况，即当三层用户天线数相同的情况的（$M_1=M_2=M_3=M$），根据参考文献[10]及本章中的证明结果可知，系统的总自由度应为 $2M$。那么某一层天线数的增加或减少会对系统总自由度产生什么影响呢？此处给出变化图，如图 8-8 所示。其中，设 $M_1=5$，$r_1=3$ 且 $r_2=4$。根据矩阵秩与维数的关系，可以得到，M_2、M_3 的取值范围应该大于 4。

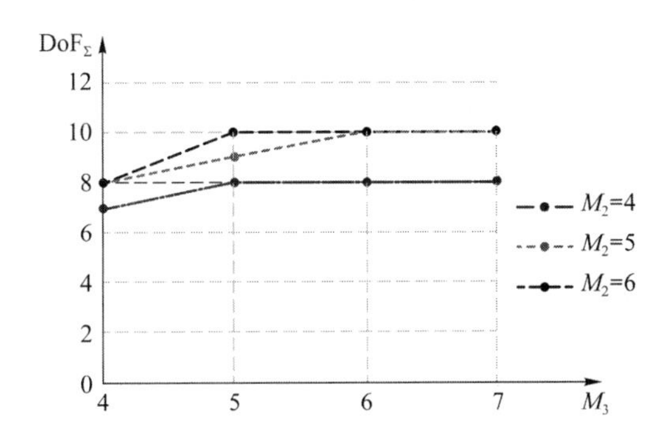

图 8-8　系统总自由度随天线数变化示意图

从图中可以看出，无论是系统中继天线数增加还是接收者的天线数增加，系统的总自由度总是处于增加的趋势并最终趋于系统的最小割上界。此处关注一个较为特殊的点，即 $M_1=M_2=M_3=5$ 时，系统的总自由度为 9。根据文献[7]可知，系统之所以无法达到最小割上界 10，是因为两跳的秩没有对应匹配，使得系统的总自由度减少了一。而从本章的证明中可以看出，只要中继节点或接收者的天线数增加 1 根，系统便可达到 10 的自由度，这是因为虽然两跳的秩与天线数均不匹配，但是由于数量的互补，所以系统可以增加一个自由度而达到 10。其中，增加中继节点的天线数时，系统总自由度可以通过预编码方式达到 10，而增加接收者天线数时，系统总自由度则可以通过预编码方式达到 10。

同理，图 8-9 给出了在信道秩取不同值时系统总自由度的变化情况。这里假设 $M_1=5$，$M_2=5$ 且 $M_3=6$。根据矩阵秩与维度的关系，r_1 和 r_2 的最大值均不能超过 5。图中给出了两跳信道矩阵秩从 2 到 5 的变化情况。值得注意的是，系统的总自由度并不是随着信道矩阵秩的提升而一直变大的，若两跳信道矩阵秩的差与维度差的差距过大，系统的自由度也会有下降的趋势。故对于一个 2×2×2 的 MIMO 干扰网络而言，并不是系统天线数或信道矩阵秩越大越好，而是应使其差值对应匹配，这样既不会浪费资源，也会使系统达到较大的自由度。

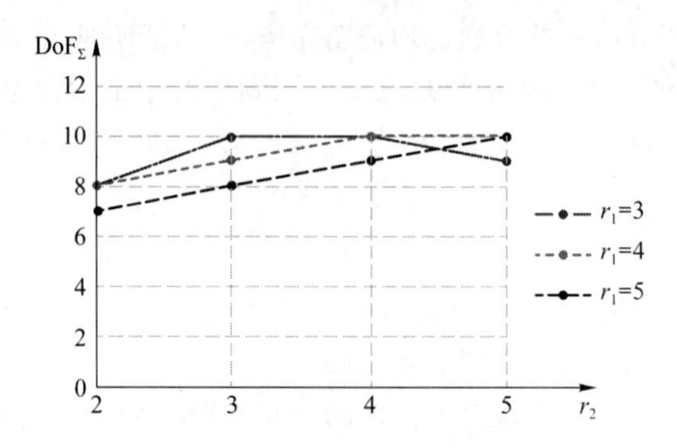

图 8-9　系统总自由度随信道矩阵秩变化的示意图

本章参考文献

[1] Jafar S A, Fakhereddin M J. Degrees of freedom for the MIMO interference channel [J]. IEEE Transactions on Information Theory, 2007, 53(7):2637-2642.

[2] Yang S, Kobayashi M, Piantanida P, et al. Secrecy degrees of freedom of MIMO broadcast channels with delayed CSIT[J]. IEEE Transactions on Information Theory, 2013, 59(9):5244-5256.

[3] Xie J W, Ulukus S, Secure degrees of freedom of one-hop wireless networks. [J]. IEEE Transactions on Information Theory, 2014, 60(6):3359-3378.

[4] Banawan K, Ulukus S. Secure degrees of freedom region of static and time-varying Gaussian MIMO interference channel[J]. IEEE Transactions on Information Theory, 2019, 65(1):444-461.

[5] Nafea M, Yener A. Secure degrees of freedom for the MIMO wiretap channel with a multiantenna cooperative jammer[C]// Information Theory Workshop. Australia: IEEE, 2015.

[6] Xie J W, Ulukus S. Secure degrees of freedom region of the Gaussian interference channel with secrecy constraints[C]// Information Theory Workshop. Australia: IEEE, 2014.

[7] Krishnamurthy S R, Jafar S A. Rank-matching for multihop multiflow[C]// 2014 IEEE Global Telecommunications Conference. [S. l.]: IEEE, 2014: 361-365.

[8] Sun H, Krishnamurthy S R, Jafar S A. Rank matching for multihop multiflow[J]. IEEE Transactions on Information Theory, 2015, 61(9):4751-4764.

[9] Vaze C S, Varanasi M K. The degrees of freedom region of the MIMO interference network[J]. Information Theory IEEE Transactions on, 2014, 60(12):7751-7759.

[10] Gou T, Jafar S A, Jeon S W, et al. Aligned interference neutralization and the degrees of freedom of the 2 × 2 × 2 interference channel[C]// 2011 IEEE International Symposium on Information Theory Proceedings. [S. l.]: IEEE, 2011: 2751-2755.

附　　录

2G	2nd-Generation Mobile Communication Technology	第二代移动通信技术
3G	3rd-Generation Mobile Communication Technology	第三代移动通信技术
4G	4th-Generation Mobile Communication Technology	第四代移动通信技术
5G	5th-Generation Mobile Communication Technology	第五代移动通信技术
6G	6th-Generation Mobile Communication Technology	第六代移动通信技术
AWGN	Additive White Gaussian Noise	加性高斯白噪声
AES	Advanced Encryption Standard	高级加密标准
AMPS	Advanced Mobile Phone System	高级移动电话系统
ASK	Amplitude Shift Keying	幅移键控
AI	Artificial Intelligence	人工智能
AN	Artificial Noise	人工噪声
AF	Amplify and Forward	放大转发
BS	Base Station	基站
BLAST	Bell Labs Layered Space-Time	贝尔实验室分层空时
BPSK	Binary Phase Shift Keying	二进制相移键控
BER	Bit Error Rate	误码率
BC	Broad Castchannel	广播信道
BSC	Binary Symmetric Channel	二进制对称信道
BRS	Best Relay Selection	最佳中继选择
BCCM	Broadcast Channel with Confidential Messages	机密信息广播信道
CPU	Central Processing Unit	中央处理器

CSI	Channel State Information	信道状态信息
CP	Circularly Polarized	圆偏振
CSG	Closed Subscriber Group	闭合用户组
CCI	Co-Channel Interference	同信道干扰
CDMA	Code Division Multiple Access	码分多址技术
CODEC	Coder-DECoder	编译码器
CR	Cognitive Relay	认知中继
CRN	Cognitive Radio Network	无线认知网络
CoR	Cooperative Relay	协作中继
CJ	Cooperative Jamming	协作干扰
CDD	Cyclic Delay Diversity	循环延迟分集
DES	Data Encryption Standard	数据加密标准
DOF	Degree of Freedom	自由度
D2D	Device to Device Communication	D2D 通信技术
D- BLAST	Diagonal-BLAST	对角线-BLAST
DPSK	Differential Phase Shift Keying	差分相移键控
DS-CDMA	Direct-sequence CDMA	直接序列 CDMA
DPC	Dirty Paper Coding	脏纸编码
DMT	Discreste Multi-Tone	离散多音频调制技术
DMC	Discrete Memoryless Channel	无记忆信道
DF	Decoding and Forward	译码转发
EGC	Equalgain Combining	等增益合并
ETSI	European Telecommunications Standards Institute	欧洲电信标准协会
FFT	Fast Fourier Transform	快速傅里叶逆变换
FDR	Full Duplex Relay	全双工中继
FDJ	Full Duplex Jamming	全双工干扰
FDHRJ	Full Duplex Hybrid Relaying-and-Jamming	全双工混合中继干扰
FIPS	Federal Information Processing Standard	联邦信息处理标准

1G	First Generation Mobile Communication Technology	第一代移动通信技术
FDD	Frequency Division Duplexing	频分双工
FDMA	Frequency Division Multiple Access	频分多址技术
FSK	Frequency Shift Keying	频移键控
FDE	Frequency-Domain Equalization	频域均衡
GFSK	Gaussian Frequency Shift Keying	高斯频移键控
GMSK	Gaussian Filtered Minimum Shift Keying	高斯最小频移键控
GSM	Global System for Mobile Communications	全球移动通信系统
GSVD	Generalized Singular Value Decomposition	广义奇异值分解
MAI	the Multiple Access Interference	多址干扰
HSPA	High-Speed Packet Access	高速分组接入
HiSea	Hybrid Cubes Encryption Algorithm	混合立方体加密算法
IC	Interference Channel	干扰信道
IMTS	Improved Mobile Telephone Service	改进型移动电话系统
INR	Interference-to-Noise Ratio	干扰噪声比
i. i. d.	Independent and Identically Distributed	独立同分布
IR	Instantaneous Relay	即时中继
IN	Interference Neutralization	干扰中和
IDMA	Interleave-Division Multiple Access	交错分区多址
ITU	International Telecommunication Union	国际电信联盟
IP	Internet Protocol	网际互连协议
IT	Internet Technology	互联网技术
ISI	Intersymbol Interference	符号间干扰
IFFT	Inverse Fast Fourier Transform	快速傅里叶逆变换
LMS	Least Mean Square	最小均方算法
LOS	Line-of-Sight	视距
ICCM	Interference Channel with Confidential Messages	机密信息干扰信道
LTE	Long Term Evolution	长期演进技术

MI	Matrix Inversion	矩阵求逆
MRC	Maximal-Ratio Combining	最大比合并
MLSE	Maximum-Likelihood Sequence Estimation	最大似然序列估计
MAC	Media Access Control	介质访问控制层
MMS	Multimedia Message Service	多媒体信息服务
MMSE	Minimum Mean Square Error	最小均方误差
MSK	Minimum Shift Keying	最小频移键控
MEC	Mobile Edge Computing	移动边缘计算
MAGIC	Mobile Multimedia Anywhere Global mobility over Customized services	移动多媒体全球移动定制服务
MTS	Mobile Telephone Service	移动电话系统
MISO	Multi Input Single Output	多输入单输出技术
MMDS	Multichannel Multipoint Distribution Services	微波多路分配系统
MPR	Multi-Packet Reception	多包接收
MIMO	Multiple Input Multiple Output	多输入多输出技术
MISO	Multiple Input Single Output	多输入单输出
MUD	Multi-User Detection	多用户检测
NLM	Network Listening Module	网络监听模块
OAM	Operations Administration and Management	操作维护管理
OFDM	Orthogonal Frequency-Division Multiplexing	正交频分复用
OQPSK	Orthogonal Quaternary Phase Shift Keying	偏移四相相移键控
ORS	Opportunistic Relay Selection	中继选择
OPA	Optimum Power Allocation	最优功率分配
PAN	Personal Area Network	个人局域网
PC	Personal Computer	个人计算机
PRK	Phase Reversal Keying	相位反转键控
PSK	Phase Shift Keying	相移键控
PDA	Probabilistic Data Association	基于概率数据关联

QAM	Quadrature Amplitude Modulation	正交调幅法
QPSK	Quadrature Phase shift keying	正交相移键控
QoS	Quality of Service	服务质量
RF	Radio Frequency	电磁射频
RLST	Random Layered Space-Time	随机分层时空
RLMS	Recursive Least Mean Square	递推最小均方算法
RSI	Residual Self-Interference	残余自干扰
RA	Resource Allocation	资源分配
SC	Select Combining	选择合并
SON	Self Organizing Network	自组织网络
SMS	Short Message Service	短信息服务
SINR	Signal to Interference plus Noise Ratio	信号与干扰加噪声比
SNR	Signal to Noise Ratio	信噪比
SISO	Single Input Single Output	单输入单输出
SIMO	Single Input Multi Output	单输入多输出
SINR	Signal to Interference plus Noise Ratio	信号与干扰加噪声比
SDR	Software Definition Radio	软件定义的无线电
SDMA	SpaceDivision Multiple Access	空分多址技术
STBC	Space-Time Block Code	空时分组码
SLC	Square Law Combining	平方律合并
SDoF	Secure Degree of Freedom	安全自由度
SOP	Secure Outage Probability	安全中断概率
TFTS	Terrestrial Flight Telecommunications System	陆地飞行通信系统
CSI	the Channel State Information	信道状态信息
NBS	the National Bureau of Standard	美国国家标准局
NIST	the National Institute of Standards and Technology	美国国家标准技术研究院
3GPP	Third Generation Partnership Project	第三代合作伙伴项目

TDD	Time Division Duplexing	时分双工
TDMA	Time Division Multiple Access	时分多址技术
3DES	Triple Data Encryption Standard	三重数据加密标准
T-BLAST	Turbo-BLAST	涡轮-BLAST
UMTS	Universal Mobile Telecommunication Systems	通用移动通信系统
UE	User Equipment	用户设备
V-BLAST	Vertical-BLAST	垂直-BLAST
VLSI	Very Large Scale Integration	超大规模集成电路
VoIP	Voice over Internet Protocol	网络电话
AP	Wireless Access Point	无线访问接入点
WPAN	Wireless Personal Area Network Communication Technologies	无线个人局域网通信技术
WiMAX	World Interoperability for Microwave Access	全球微波接入互操作性
ZF	Zero Forcing	迫零